U0175364

ENERGY AND
CIVILIZATION
A HISTORY

ENERGY AND
CIVILIZATION
A HISTORY

ENERGY AND
CIVILIZATION
A HISTORY

能量与文明

九州出版社
JIUZHOUPRESS

［加］瓦茨拉夫·斯米尔——著　吴玲玲　李　竹——译

专业推荐

《能量与文明》一书的作者从人类发展进程对能量的依赖谈起，诠释了能量利用对人类文明的作用，提出了一方面需要提高能量的利用效率、合理地利用能量，另一方面是要改善能量的来源，从两个方面推动人类文明的进步。尤其是作者对能量与文明的相互关系做了严谨的思考，期望能量更多用于推动文明的进步，而不是相反。总之，《能量与文明》一书值得能源工作者阅读和回味。

——李俊峰，国家应对气候变化战略研究和国际合作中心原主任、"扎耶德未来能源奖"终身成就奖得主

这本书回答了一个非常重要的问题——如何客观地衡量一个地区、一个时代的文明水平。全书通过俯视人类的文明史，给出了一个令人信服的答案，那就是使用能量这个标尺。《能量与文明》一书能够让我理解文明如何发展至今，又将向何处去。

——吴军，计算机科学家

能量是贯穿宇宙运行、文明演进、社会建构、产业创新的通行货币。这本《能量与文明》揭示的这个道理，令我震撼。全书糅合了历史学家、科学家、工程师、经济学家、社会学家的综合功力，帮助读者在一个全新侧面，重新了解我们所生活的世界及与之互动的社会。

——王文，中国人民大学重阳金融研究院执行院长、
国务院参事室金融研究中心研究员

人类社会数千年，如何生产与使用能量始终是最大的主题。在这本书里，作者将人类社会运用能量的轨迹清晰地描述了出来，堪称智者的深邃思考。喜欢思考底层逻辑的你不应该错过。

——仇子龙，中国科学院脑科学与智能技术卓越创新中心高级研究员、
神经科学国家重点实验室副主任

这是一本基于扎实研究的心血之作。只知道什么时代的人用什么方式取得能量是远远不够的，高级知识都在细节之中：这种方式和那种方式相比，消耗多少、取得多少、浪费多少，由此产生的社会组织方式的差异是什么？当时的人被能量限制而未必能意识到能量这条线索，我们却可以掌握这个思考维度。

——万维钢，科学作家、得到APP《精英日课》专栏作者

《能量与文明》追溯了人类的故事，以及能量是如何被人类发现、生产、使用、食用以及浪费的。能量在很多方面统治着我们人类社会。这是一本细节丰富的书，所以有些人可能会觉得似乎有些出于意料。在书的最后部分，作者总结了能量对文明所有主要领域的影响。这是一本让人类思考自身命运与未来的好书。

——李大光，中国科学院大学教授

作者瓦茨拉夫·斯米尔教授通过一个有趣的角度给我们展示了，人类文明的发展史就是人类控制能量的演化历史。通过详细分析不同历史时期人类能够利用的能量形式，让我们能够更深入地理解能量是如何改变人类文明的发展并且驱动其进步的，很是值得一读。

——苟利军，中国科学院国家天文台研究员、
中国科学院大学天文学教授、《中国国家天文》杂志执行总编

有些读者试图从思想和主义的角度理解文明，但实际上，那些都是被修饰过无数次的说辞。想要拨开各种迷雾，就要从资源、武器、人口上入手。而这三要素都是由能量转换效率、获取能量的成本决定的。这本书，扎实就扎实在这里。

——卓克，科普作者

目　录

序言与致谢

    1993 年 7 月，我完成了《世界历史中的能量》一书。该书于 1994 年出版，20 年来一直在售。1994 年以来，能量研究经历了一个大发展的时期，我也出版了 9 本能量问题专著和 12 本能量问题跨学科著作，为能量研究添砖加瓦。那么，倘若我决定重新审视能量这个迷人的话题，流于表面的拓展显然行不通。因此，本书基本上是一部全新的书：新标题，新内容，文本比原来多出近 60%，图像比原来多 40%，参考文献比原来多一倍以上。贯穿整本书的专栏包含一些令人惊叹的计算、对诸多重要主题的详细解释以及一些基本的表格。从阿普列乌斯、卢克莱修、普鲁塔克等人的古代经典著作，到 19 世纪和 20 世纪的观察者布罗代尔、伊登、奥威尔和塞南古的著作，都是我引用内容的来源。位于温尼伯的 Bounce 设计公司更新和制作了书中的图形，伊恩·桑德斯和阿努·霍斯曼从位于西雅图的 Corbis 公司收集来 20 多张档案照片。此类跨学科研究总是如此，若没有数百位历史学家、科学家、工程师和经济学家的努力，本书将无法问世。

2016 年 8 月于温尼伯

1

能量与社会

　　能量是唯一的通用货币：它有诸多形式，但需要在不同形式之间进行转化才能达到特定的目的。在宇宙中，从星系的巨大旋转到恒星内的热核反应都是能量转化的表现。在地球上，能量转化的范围也很广泛：大到构造地质学上的分开洋底、抬升山脉的塑造地球的力量（terra forming forces），小到微小雨滴的累积侵蚀作用（正如一句罗马古话，gutta cavat lapidem non vi，sed saepe cadendo——水滴石穿靠的不是力量，而是持之以恒）。尽管人类数十年来一直试图捕捉有意义的外星信号，但地球生命目前仍是已知宇宙中仅有的生命，而如果离开了将太阳能转化为植物量（phytomass，专指植物的生物量）的光合作用，地球上的生命将不可能存在。人类依靠这种能量转化来生存，且依靠更多能量流动来发展文明。正如理查德·亚当斯所言：

　　　　我们可以天马行空地思考。但如果没有把这些想法转化为行动的手段，那它们就永远只是想法……历史的运行方式无法预测。然而，历史事件必然呈现出一种结构或组织，这种结构或组织一定符合其能量组成。（Richard Adams 1982, 27）

人类社会的发展带来了人口的增长、社会和生产安排的日趋复杂，使越来越多人的生活质量得到提高。根据一种基本的生物物理学观点，史前人类的进化和人类历史都可视作寻求控制更多样、更集中的可用能量并使其实现更大规模的存储和流动，以及用更实惠的方式、更低的成本和更高的效率将能量转化为光、热以及运动的历程。美国数学家、化学家、统计学家阿尔弗雷德·洛特卡（Alfred Lotka，1880—1949）在其最大能量定律中对这一趋势做出了归纳："在所有情况下，只要存在着未被利用的残余物质和可用能量，自然选择就会增加有机系统的总质量，提高通过系统的物质循环率，增加通过系统的总能量通量。"（Lotka 1922, 148）

连续文明——生物圈中最大、最复杂的有机体——的历史就遵循了这一过程。人类对更高的能量流动的依赖可看作有机体进化的必然延续。威廉·奥斯特瓦尔德（Wilhelm Ostwald，1853—1932，因对催化作用的研究而获得 1909 年诺贝尔化学奖）首次明确将热力学第二定律"拓展到了一切行为，尤其是全部人类行为……并非所有能量都能进行转化，为此做好准备的只有一些特定的能量形式——它们也因此被称为自由能（free energy）……因此，自由能是各种生物所消耗能量的根本来源，任何事物都因为自由能的转化才成其如此"。（Ostwald 1912, 83）基于此，他提出了他的能量规则"Vergeude keine Energie，verwerte sie"——意思是"不要浪费任何能量，把它们利用起来"（Ostwald 1912, 85）。

奥斯特瓦尔德的追随者不仅重申了其结论，其中某些人甚至更明晰地阐释了能量与全部人类事务之间的联系。下面将引用三段话加以阐释。20 世纪 70 年代初，霍华德·奥德姆（Howard Odum，1924—2002）在奥斯特瓦尔德所论述之主要主题上做出了引申："可获取的能量总量决定了可实现的作业活动总量，而一个人对这些能量流动的掌控决定了其在人类事务上的权力以及对自然的相对影响力。"（Odum 1971, 43）在 20 世纪 80 年代后期，罗纳德·福克斯（Ronald Fox）为一本主题为能量进化的著作写了这样的结束语："能量流动方式每更新一次，文化机制都随之得到一次改进。"（Fox 1988, 166）

不只科学家，其他人也能看到能量供应和社会进步之间的联系。乔治·奥威尔（George Orwell，1903—1950）在参观了地下煤矿后，于

1937 年在《通往威根码头之路》（*The Road to Wigan Pier*）第二章中写了下面这段话：

> 抱歉，我不同意切斯特顿先生的说法。我们的文明是以煤炭为基础的。我们对煤炭的依赖程度比你所能想象到的更为彻底。我们赖以生存的机器，以及用于制造机器的机器，都直接或间接地依赖煤炭。在西方世界的新陈代谢中，煤矿工人的重要性仅次于犁地的农夫。在某种程度上，煤矿工人们就像是女像柱，肩上扛起了脏兮兮的煤，却支撑着这个光鲜的世界。正因如此，如果有机会且不怕麻烦的话，开采煤炭的实际过程值得一看。（Orwell 1937, 18）

但是，〔像奥威尔那样〕重申这一基本联系与〔像福克斯那样〕声称能量流动方式的每次改进都关联着文化机制的更新，完全是两码事。奥威尔的结论当然无可指摘。福克斯的措辞则显然是在重申人类学家莱斯利·怀特（Leslie White, 1900—1975）早在两代人之前所表达的决定论观点。怀特将这一观点称为文化发展的第一定律："在其他条件相同的情况下，文化发展的程度与每人每年平均获取和投入使用的能量总量直接相关。"（White 1943, 346）不论是奥斯特瓦尔德提出的基本公式，还是能量对演化中的社会的结构和动态细节的全面影响（抱歉，我还是不同意奥威尔的看法），都不存在争议。但是，认为能量的使用水平与"文化"成就的取得具有必然联系，就很值得商榷了。我在本书最后一章中对这种因果关系究竟是否存在进行了探讨。

"能量"是一个基础性概念，它的这一本质是毋庸置疑的。正如罗伯特·林赛所言：

> 如果我们能用某个词语来表述一种概念，而这种概念适用于我们生活的一切要素，并使我们感觉能精准地把握住它，那么我们就找到了一种经济而有力的方式。这就是我们使用"能量"（energy）这个词语表示概念时的感觉。没有任何其他概念能够如此契合我们对经

验的理解。（Robert Lindsay 1975, 2）

　　然而什么是能量？令人讶异的是，即便是诺贝尔奖获得者也很难对这个看似简单的问题给出令人满意的答案。理查德·费曼（Richard Feynman, 1918—1988）在其著作《物理学讲义》（*Lectures on Physics*）中指出："在现今的物理学中，我们对能量是什么一无所知。认识到这一点很重要。我们不知道能量到底是不是以一定数量的团状形式出现的。"（Feynman 1988, 4-2）

　　我们知道的是，所有物质都是处于静止状态的能量，还知道能量有多种形式，这些形式各异的能量通过多种转化联系起来，其中许多转化是普遍的、无处不在的、不间断的，另一些则是高度局部化的、罕见的、短暂的（表 1.1）。对能量的储存、潜藏和转化的解释主要在 19 世纪得到了迅速的拓展和系统化，并在 20 世纪得到完善。在 20 世纪，相比于理解光合作用的运行（其序列直到 20 世纪 50 年代才被解开），我们更早理解了如何释放核能（理论上在 20 世纪 30 年代末，实际上在 1943 年第一个核反应堆开始运行）。这是对能量转化之复杂性的强有力的注解。

表 1.1　能量转化矩阵

从 到	电磁能	化学能	核能	热能	动能	电能
电磁能		化学发光	核弹	热辐射	加速电荷	电磁辐射
化学能	光合作用	化学处理		沸腾	辐射分解	电解
核能	γ 中子反应					
热能	太阳能吸收	燃烧	裂变、聚变	热交换	摩擦	电阻加热
动能	辐射计	新陈代谢	放射性活动、核弹	热膨胀、内燃	变速	电动机
电能	太阳能电池	燃料电池、蓄电池	核电池	热电	发电机	

注：存在多种可能的情况下，只展示两种最主要的转化方式。

能量的流动、存储和控制

　　所有已知形式的能量对人类生存都至关重要，这一事实也就断绝了对能量重要性进行等级排序的任何可能。宇宙和行星的能量流动和它们的区域或局部显现在很大程度上决定和限制了历史的发展进程。引力支配着无数星系和恒星系统的秩序，决定了宇宙的基本特征。引力也使地球在运行时与太阳保持适当的距离，使地球拥有足够巨大的大气层，从而适合居住（专栏 1.1）。

　　正如所有活跃的恒星一样，太阳由聚变提供能量，这些热核反应的产物以电磁能（太阳能、辐射能）的形式到达地球。其通量涵盖的波长

专栏 1.1

重力与地球的可居住性

　　碳基生命新陈代谢的耐受极限取决于水的冰点——水的液态形式是有机分子形成和发生反应所必需的（下限），也取决于能够打破氨基酸稳定以及分解蛋白质的温度和压力（上限）。地球的持续可居住区（即行星适合生命居住的最佳条件的轨道半径范围）非常狭窄（Perkins 2013）。最近一次计算得出结论，我们甚至比之前认为的更接近极限：科帕拉普和同事得出结论，鉴于地球的大气组成和压力，它的轨道位于〔太阳系〕可居住区的内边缘，刚好处在强温室效应可能带来的极度高温半径范围之外（Kopparapu et al. 2014）。

　　约 20 亿年前，海洋、古细菌和藻类吸收了足量的二氧化碳（CO_2），使地球免受强温室效应的影响。而如果地球与太阳的距离再远 1%，那么地球上几乎所有的水都会被冰川锁住。没有那独一无二的大气层，即便温度处于最佳范围内，这个星球也无法维持高度多样化的生命。大气主要由氮气构成，包含光合作用产生的氧气，并含有能够调节地表温度的多种重要微量气体——然而这就要求这个星球足够庞大，以施加足够的引力，使大气保持在适当的位置，否则这个稀薄的气体外壳就无法持续存在。

范围广泛，包括可见光。这一巨大能量流动的约 30% 被云层和地表反射，约 20% 被大气层和云层吸收，其余部分（约占总量的一半）被海洋和大陆吸收，转化成热能，再辐射到太空（Smil 2008a）。与这些能量相比，地球地热能的总热通量小得多：它由行星质量的原始引力吸积和放射性物质的衰变产生；它驱动大型构造运动，不断改造海洋和大陆，引发火山爆发和地震。

到达地球的辐射能只有很小一部分（不到 0.05%）通过光合作用被转化为植物体内新的化学能储存起来，为所有更高阶的生命提供不可替代的基础。动物的新陈代谢将营养物质重组为生长的组织，使所有高等物种能够维持身体功能和恒定的温度。消化也为工作的肌肉提供机械（动）能。在能量转化方面，动物天生就受到个体大小和可获得的营养的限制。但人类这个物种与它们相区别的一个基本特征是，通过对肌肉的更高效利用和对体外能量的控制来突破这些物理限制。

人类已经通过自己的智慧解锁这些体外能量，将其用于完成越来越多的任务。它们既可作为更强大的原动力，也可作为燃料通过燃烧释放热量。引起能量供应的诱因包括信息的传递和各种各样的人造物，后者涵盖的范围很广，从简单的工具如锤子、杠杆，到复杂的烧燃料的发动机、释放核裂变能量的反应堆等。对这些进步的基本演变和历史顺序进行广义定性并不困难。与任何并非由光合作用合成的生物一样，人类最基本的能量需求是食物。人类的采集和觅食行为与其灵长类祖先的食物获取行为非常相似。尽管一些灵长类动物——以及其他一些哺乳动物（包括水獭和大象）、一些鸟类（渡鸦和鹦鹉），甚至一些无脊椎动物（头足类动物）——已经发展出一些简单的工具使用能力（Hansell 2005; Sanz, Call, and Boesch 2014; 图 1.1），但只有人类从事工具制造，这是其行为独有的显著标志。

工具让我们在获取食物、住所和衣物方面获得了机械效益。对火的掌握大大扩展了我们的居住范围，拉大了我们与动物的距离。新工具帮助人类控制被驯养的动物，制造更为复杂的用体力驱动的器械，把风和水的动能的一小部分转化为可用动力。这些新的原动力使得人类掌握的动力成

图 1.1　加蓬的一只黑猩猩（学名：Pan troglodytes）用工具敲碎坚果（来源：Corbis）

倍增加，但在很长一段时间里，对它们的使用受到所掌握的能量流动的性质和规模的限制。这方面最明显的例子就是帆，这种古老而有效的工具的能力几千年来一直受到盛行风和持续洋流的限制。这些巨流引领了 15 世纪末的欧洲人穿越大西洋航行到加勒比海，也阻止了西班牙人发现夏威夷——尽管西班牙商船（马尼拉大帆船）在 1565—1815 年的 250 年间，每年都有一到两次从墨西哥（阿卡普尔科）越过太平洋航行到达菲律宾（Schurz 1939）。

　　各种炉具中的可控燃烧将植物的化学能转化为热能。这种热被直接用于家庭日用、冶炼金属、烧制砖块以及加工和完成无数产品。化石燃料的燃烧使得这些直接利用热量的传统方式变得更加广泛和有效。诸多基础发明的诞生使人们有可能将化石燃料燃烧产生的热能转化为机械能。这种可能性先在蒸汽机和内燃机中，之后在燃气轮机和火箭中得到实现。1882年以来，我们一直通过燃烧化石燃料和控制水的动能发电，1956 年以来，我们又开始通过铀同位素的裂变反应来发电。

　　燃烧化石燃料和发电创造了一种新形式的高能文明。它已经扩展覆盖了整个地球，它的主要能量来源包括一些目前所占份额较小，但在迅速增长的可再生的新能源，特别是太阳能（通过光伏装置或集中太阳能发电厂而获得）和风能（由大型风力涡轮机转化而获得）。反过来，这些进步又是以一系列其他进步为前提的。如果用水流模型进行类比，则可理解为需设立一系列阀门，这些阀门以适当的顺序被激活，以实现人类创造力的流动。

用以释放巨大的能量潜力所需的最重要的闸门包括必要的教育机会、可预料的法律设置、透明的经济规则、充足的资本供应以及有利于基础研究的多种条件。毫不奇怪，大幅增加或改善能量流动，或大规模利用全新能源，通常需要几代人的努力。时机、整体的动力以及由此产生的能量流的构成非常难以预测。在最初过渡阶段，我们不可能评估变化中的原动力和燃料基础对农业、工业、运输、居住、战争和地球环境产生的所有最终影响。定量描述对于评估我们的行为限制条件和我们取得的进展程度至关重要，而这就要求我们对基本的科学概念和测量方法有所了解。

概念与测量

所有能量转化都以几个第一原理为基础。每种形式的能量都可以转化为热能。在这些转化过程中没有能量损失。能量守恒定律（热力学第一定律）是最基本和最普遍的现实之一。但当我们沿着转化链不断前进，潜在有用功逐渐减少（专栏 1.2）。这种无法回避的现实构成了热力学第二定律，与有用能量的损失相关联的度量被称为"熵"（entropy）。虽然宇宙的能量含量是恒定的，但能量转化过程增加了它的熵（降低了它的效用）。一篮子谷物或一桶原油是一种低熵的能量储存方式，它们一旦被代谢或被燃烧，就能产生许多有用的功，但最终会表现为微热空气分子的随机运动，进入一种不可逆的高熵状态。这代表着效用的无法挽回的损失。

这种单向熵耗散导致了复杂性的损失，在任何封闭系统中产生更大的无序性和同质性。然而所有有机生命体——无论是微小的细菌还是全球范围的文明——都能通过输入和代谢能量来暂时对抗这一趋势。这意味着每个有机生命体都必须是能保持能量与物质连续流入和流出的开放系

专栏 1.2

能量转化过程中效用的递减

任何一种能量转化都能对该原理进行说明。如果一位美国读者用电灯来照亮这页书，电灯的电磁能只是用来发电的煤所含化学能的一小部分（2015 年，煤电占美国发电总量的 33%）。煤所含的能量至少有 60% 在工厂烟囱和冷却水中流失，如果读者使用旧式白炽灯，那么被输送过来的电能的 95% 以上最终会在灯泡内缠绕着的金属丝抵制电流的过程中发热流失掉。到达书页的光或被页面吸收，或被页面周围的环境反射和吸收，并作为热再次辐射掉。最初低熵输入的煤的化学能量已经达到扩散的高熵热耗散状态，加热了发电站上方、电线周边和灯泡周围的空气，并导致书页上方产生了难以察觉的温度升高。虽然没有能量损失，但一种非常有用的形式已经退化到没有实际用处的程度。

统。只要还活着，这些系统就不能处于化学和热力学平衡状态（Prigogine 1947, 1961; von Bertalanffy 1968; Haynie 2001）。它们的负熵——这些有机体的增长、更新和演化——导致了异质性加大，结构与系统的复杂程度增加。正如许多其他科学进步一样，随着 19 世纪时物理学、化学和生物学等学科在迅速的理论发展中对能量转化问题有了共同的关注，这些事实才得到了清晰的理解（Atwater and Langworthy 1897; Cardwell 1971; Lindsay 1975; Müller 2007; Oliveira 2014; Varvoglis 2014）。

对于这些关键要素，我们需要编纂一些测量标准。有两个用来测量**能量**的常用单位：公制单位卡路里（Calorie，缩写为 cal）和英制热量单位（或称英热，缩写为 Btu）。现今科学上的基本能量单位是焦耳（Joule，缩写为 J），以发表第一部精确计算功和热当量的著作（专栏 1.3）的英国物理学家詹姆斯·普雷斯科特·焦耳（James Prescott Joule, 1818—1889）的名字命名。**功率**表示能量流动的比率。它的第一个标准单位马力（horsepower，缩写为 hp）是由詹姆斯·瓦特（James Watt, 1736—1819）制定的。瓦特希望能用一种易于理解的计量方式来为他的蒸汽机作业定价，于是相比于原动机，他选取了通常用来拉动磨坊或水泵的马匹（专栏 1.3，图 1.2）。

　　另一个重要比率是**能量密度**（energy density），即某种物质在单位质量内包含的能量（专栏 1.4）。这一概念对食品至关重要：即便是在物质供应丰富的地方，能量密度低的食品也永远不可能成为主食。例如，墨西哥

专栏 1.3

能量和功率的测量

　　焦耳的正式定义是 1 牛顿（力学单位，缩写为 N）的力作用于 1m 的距离所做的功。我们也可以通过热需求来定义基本能量单位。1cal 热量指将 $1cm^3$ 水的温度升高 1℃所需的热量。这是很少的能量：对 1kg 水进行同样的操作需要 1,000 倍的能量，即 1 千卡（kcal，有关倍数前缀的完整列表，请参见附录"基本测量单位"）。考虑到热量和功的等效性，对于卡路里和焦耳的转换，我们只需记住 1cal 大约等于 4.2J。对于仍然常见的 Btu 而言，换算同样简单。1Btu 等于大约 1,000J（确切地说是 1,055J）。一项较好的比较尺度是每天平均食物需求，对于多数进行中等强度活动的成年人，日常需求是 2,000—2,700kcal，或约 8—11MJ，食用 1kg 全麦面包就可以获得 10,000kJ 能量。

　　1782 年，詹姆斯·瓦特在他的《印迹与计算》（*Blotting and Calculation Book*）一书中计算出，一匹磨坊马以每分钟 32,400ft·lb（英尺·磅，英制单位，1ft 约合 0.35m，1lb 约合 0.45kg。——编者）的功率工作，第二年他把这个数字取整为 33,000ft·lb（Dickinson 1939）。他假设马匹的平均行走速度约为每秒 3ft，但我们不知道他假设的平均拉力约 180lb 是如何得来的。一些大型动物确实可以达到这个标准，但 18 世纪欧洲的大多数马都无法维持 1hp 的功率。今天的标准功率单位 1W（瓦特）等于 1J 能量在一秒钟内的流动。1hp 约等于 750W（准确地说是 745.699W）。每天 8MJ 的食物消耗相当于功率为 90W（8MJ/24h×3,600s），低于标准灯泡的额定功率（100W）。双烤面包机需要 1,000W 或 1kW，小型汽车输出功率约为 50kW，大型燃煤或核电厂以 2GW 的功率发电。

图 1.2　18 世纪中叶的法国地毯厂，两匹马转动绞盘来抽水（来源：狄德罗和达朗贝尔《百科全书》，1769—1772）。那个时期的普通马匹无法一直维持 1hp 的稳定工作功率。詹姆斯·瓦特的蒸汽机取代了牲畜，为了让顾客对这种以马力为单位的蒸汽机感到满意，他夸大了这一额定值

盆地的前拉丁裔居民总是吃大量的刺梨，这种食物很容易从仙人掌属的众多仙人掌种植物中采集到（Sanders, Parsons, and Santley 1979）。但是，与大多数水果一样，刺梨果肉绝大部分（约 88%）是水，碳水化合物含量少于 10%，蛋白质含量少于 2%，脂质含量为 0.5%，能量密度仅为 1.7MJ/kg（Feugang et al. 2006）。这意味着如果只靠刺梨提供的碳水化合物（姑且如此假设，实际还需要另外两种营养素）为生，即便是一位瘦小的女性，每天也需要吃 5kg 刺梨——而相同的能量只需约 650g 玉米面或玉米粉饼即可提供。

专栏 1.4

食物和燃料的能量密度

密度高低	举例	能量密度（MJ/kg）
食物		
极低	蔬菜、水果	0.8—2.5
低	块茎、牛奶	2.5—5.0
中	肉类	5.0—12.0
高	谷类和豆类	12.0—15.0
极高	油、动物脂肪	25.0—35.0
燃料		
极低	泥炭、绿色木材、草	5.0—10.0
低	作物残渣、风干木材	12.0—15.0
中	干燥木材	17.0—21.0
	烟煤	18.0—25.0
高	木炭、无烟煤	28.0—32.0
极高	原油	40.0—44.0

来源：Merrill and Watt（1973）、Jenkins（1993）以及 USDA（2011）列出的食物和燃料的具体能量密度。

功率密度（power density）是单位面积产生或消耗能量的速率，因此是能量系统关键结构的决定因素（Smil 2015b）。例如，所有传统社会的城市规模都取决于薪材，木炭则明显会受到植物生长量的低功率密度的限制（专栏 1.5，图 1.3）。在温带气候地区，每年可持续的树木生长的功率密度至多等于传统城市供暖、烹饪和制造业能量消耗的功率密度的 2%。因此，城市不得不依赖面积至少等于其 50 倍的周边地区来供应燃料。即便这些城市在粮食和水等其他资源方面十分充足，上述现实仍旧会限制城市的增长。

另一个比率对推进工业化具有重要意义，它就是**能量转化率**（efficiency of energy conversions）。这种输出与输入之比描述的是能量转化器

专栏 1.5

植物燃料的功率密度

光合作用只能将接收到的不超过 0.5% 的太阳辐射转化为新生植物量。传统速生树种（杨树、桉树、松树）每年最佳薪材生产率不超过 10t/ha（吨每公顷），更干旱地区薪材生产率在 5—10t/ha 之间（Smil, 2015b）。干木材能量密度平均为 18GJ/t（吉焦每吨，$1GJ = 10^9J$），10t/ha 的采伐量可转化为约 $0.6W/m^2$（瓦每平方米）的功率密度：（10t/ha × 18GJ）/3.15×10^7（一年的秒数）= 5,708W；5,708W/ 10,000 m^2（ha）= $0.6W/m^2$。18 世纪一座大城市至少需要 20—30W/m^2 的建筑用于取暖、烹饪和手工制造，因此其薪材必须来自至少 30—50 倍于其面积的地区。

城市需要大量的木炭，在所有传统文明的室内供暖方面，木炭是在前工业时代广受青睐的唯一的无烟燃料，但木炭的使用会进一步造成巨大的能量损失。即便到了 18 世纪中叶，木材到木炭的标准转化率仍然高达 5:1，这意味着在能量方面（干木材为 18GJ/t，木炭——基本是纯碳——为 29GJ/t），这种转化效率只有约 30%（29 ÷ 18 ÷ 5 = 0.32），用于木炭生产的木材收成的功率密度只有约 $0.2W/m^2$。因此，位于北温带气候区并严重依赖木炭的前工业化大城市（中国的西安或北京就是很好的例子）将需要面积至少为其 100 倍的林区以确保这种燃料的持续供应。

（包括炉子、发动机和灯）的性能。我们虽然对于熵耗散无能为力，但可以通过减少完成特定任务所需的能量来提高转化效率（专栏 1.6）。这类改进面临着基本的〔热力学的、机械的〕限制，尽管在大多数情况下，诸如内燃机和灯之类的普通能量转化器仍有很大的改进余地，但我们已将一些能量转化过程推向了接近实际效率的极限。

粮食生产效率（粮食中的能量与粮食生长过程投入的能量之比）、燃料或电力的生产效率，通常被称为**能量回报**（energy returns）。在每一个仅仅依靠生物能量的传统农业社会中，能量回报净值必须大大超过 1：可

图 1.3 约翰·伊夫林的《森林志》(*Silva*, 1607 年）描绘了 17 世纪早期英国的木炭生产过程

食用收成包含的能量，必须超过生产粮食和饲料的人与动物以及不事生产的人与动物所消耗的食物或饲料的能量。当我们试图将传统农业的能量回报与现代农业的能量回报进行比较时，就会出现一个无法克服的问题：传统农业完全由生物能量提供动力（因此只涉及最近接收到的太阳辐射的转化），现代农业直接（为田野作业提供的燃料）或间接（合成肥料和农药以及制造农业机械所需的能量）获得补贴，因此后者的能量回报必定总是低于前者（专栏 1.7）。

最后，**能量强度**（energy intensity）使用标准能量单位来测量产品、服务、总经济产出的成本及能量本身的成本。在常用材料中，铝和塑料是高能量强度的材料，而玻璃和纸张能量强度相对较低，木材（不包括其光合作用成本）则是广泛使用的材料中能量强度最低的（专栏 1.8）。过去两个世纪的技术进步带来了能量强度方面许多实质性的下降。或许最值得注意的是，如今在大型高炉中以焦炭为燃料的生铁冶炼过程中，每个单位质量的铁水所需的能量仅为工业化前以木炭为基础的生铁生产所需的 10%（Smil 2016）。

能量成本（the energy cost of energy，通常称为 EROI，即能量投入回报值，虽然 EROEI——即能量投入的能量回报——更加准确）是一个

专栏 1.6
效率提高与杰文斯悖论

技术进步带来了许多令人印象深刻的效率收益，照明发展史就是最好的例子之一（Nordhaus 1998；Fouquet and Pearson 2006）。蜡烛只能把牛脂或蜡中 0.01% 的化学能转化为光。到了 19 世纪 80 年代，爱迪生的灯泡效率大约是其 10 倍。到 1900 年，燃煤发电厂的效率只有 10%，灯泡将不超过 1% 的电力转化为光，因此煤的化学能只有大约 0.1% 以光的形式出现（Smil 2005）。而如今最好的联合循环燃气轮机发电厂（使用从燃气轮机排出的热气为汽轮机产生蒸汽）的效率约为 60%，而荧光灯的效率可达到 15%，发光二极管也是如此（USDOE 2013）。这意味着天然气中约 9% 的能量最终以光的形式出现，其效率是 19 世纪 80 年代后期的 90 倍。这种效率收益节省了资本和运营成本，降低了对环境的影响。

但在过去，转化效率提高并不一定带来实际的节能。1865 年，英国经济学家斯坦利·杰文斯（Stanley Jevons, 1835—1882）指出，效率更高的蒸汽机的使用通常伴随着煤炭消耗量的大幅增加，他进而得出结论："认为节约使用燃料等同于减少消耗，这完全是一种思想混乱。事实恰恰相反。一般说来，新的经济模式将导致消耗增加，这一原则已在许多相互独立的情况下得到印证。"（Jevons 1865, 140）许多研究证实了这一事实（Herring 2004, 2006；Polimeni et al. 2008），但在富裕国家（这些国家的人均能量使用量已经高度接近或已达到饱和水平），这种影响已经越来越弱。因此，最终使用层面效率的提高而产生的消耗量反弹往往很小，并随着时间推移而减少，具体的经济方面的反弹，即使是正数，可能也微不足道（Goldstein, Martinez, and Roy 2011）。

有揭示性的衡量标准。仅在我们使用标准假设并清楚地确认了分析边界的情况下，使用统一的方法对价值进行评估，能量成本才适用。现代高能社会倾向于开发能量回报净值最高的化石燃料资源，这是人类偏爱原油特别

专栏 1.7
粮食生产过程中的能量回报比较

　　20 世纪 70 年代初以来，人们已经用一些能量比率的比较来说明传统农业的优越性以及现代农业的能量回报之低。由于两种比率之间存在根本差别，因此这些比较具有误导性。传统农业的能量比率反映的仅仅是农作物中收获的粮食能量与整个收获过程中部署人力和畜力所需的粮食和饲料能量的比值。相反，在现代农业中，用以驱动田间机械和制造机器与农药所需的不可再生的化石燃料的投入占据了这一比值的分母的绝大部分；劳动力投入则可以忽略不计。

　　如果这些比率仅仅反映可食用能量输出与劳动力输入的比值关系，那么现代生产系统，由于人力投入极小而且不使用役畜，看起来似乎优于任何传统生产。如果生产现代作物的成本包括所有被转化成共同分母的化石燃料和电力，那么现代农业的能量回报将大大低于传统农业。能量具有物理等效性，因此这样的计算是可行的。食物和燃料都可以用统一的单位表示，但是存在着一个明显的"苹果和橘子"问题：想要简单而直接地比较以两种根本不同的能量投入为基础的两种农业系统的能量回报，这样一种令人满意的方法是不存在的。

是中东的丰富油田的主要原因。石油还有能量密度高（因此便于运输）等显著优点（专栏 1.9）。

难点与注意事项

　　使用标准单位来测量能量储存和流动，在物理操作上简单明了，在科学理论上也无可挑剔——然而简化到一个统一标准同样具有误导性。最重要的是，这些标准单位无法捕捉各种能量之间的关键性质差异。比如，两种煤的能量密度可能相同，但其中一种可能燃烧得很干净，只留下少

专栏 1.8

常用材料的能量强度

材料	能量成本（MJ/kg）	过程
铝	175—200	铝土矿金属
砖	1—2	黏土烧制
水泥	2—5	来自原材料
铜	90—100	来自矿石
炸药	10—70	来自原材料
玻璃	4—10	来自原材料
碎石	<1	挖掘
铁	12—20	来自铁矿石
木材	1—3	来自立木材
纸	23—35	来自立木材
塑料	60—120	来自碳氢化合物
夹板	3—7	来自立木材
沙	<1	挖掘
钢	20—25	来自生铁
钢	10—12	来自废金属
石	<1	开采

来源：Smil（2014b）。

量灰，而另一种可能大量冒烟，排放大量二氧化硫，留下大量不可燃残余物。英国能够在 19 世纪海上运输中占主导地位，最主要原因无疑是拥有大量能作为理想的蒸汽机燃料的高能量密度的煤（经常使用的"无烟"一词，必须相对而言），相比之下法国和德国都没有同等质量的丰富煤炭资源。

抽象的能量单位无法帮助我们区分可食用和不可食用的生物量。相同质量的小麦和干燥小麦秸秆含有几乎相等的热量，但秸秆主要由纤维素、半纤维素和木质素组成，不能被人类消化，而小麦（由大约 70% 的

专栏 1.9

能量投入的能量回报（EROEI）

　　不同化石燃料在质量和可及性方面存在巨大差异：比如，低质量煤较薄的地下煤层与可在露天煤矿开采的优质烟煤较厚的煤层相比差异巨大，中东超大型油气田与需要不断抽运的低产率油井相比差异巨大。因此，具体 EROEI 值会有很大差异——随着更加高效的开采技术的发展，这些值可能会发生变化。以下范围仅为近似指标，阐释几种主要的提取和转化方法之间的差异（Smil 2008a; Murphy and Hall 2010）。对煤炭开采而言，指标在 10—80 之间；对石油和天然气开采而言，指标在 10 至高于 100 这一区间；对于位于风力最大处的大型风力涡轮机而言，指标可能接近 20，但在多数情况下小于10；对于光伏太阳能电池而言，该指标不超过 2；现代生物质燃料（乙醇、生物柴油）的这一指标最多只有 1.5，但生产这些燃料往往导致能量损失，或者该指标就不是净值了（EROEI 仅为 0.9—1.0）。

复合淀粉碳水化合物和高达 14% 的蛋白质组成）是基本营养的极好来源。抽象的能量单位还会隐藏食物能量的具体来源，而后者对于适当的营养非常重要。许多高能量食物不含或几乎不含蛋白质和脂质，这些正是身体正常生长和生命维持所必需的两种营养素。这些高能量食物可能也无法提供任何必需的微量营养素——维生素和矿物质。

　　还有一些重要特质被抽象的测量标准掩盖了。如何获得能量储备显然是一个关键问题。树干木材和枝杈木材具有相同的能量密度，但是在许多前工业社会，人们没有好的斧锯，所以只能采集枝杈做燃料。这仍然是非洲或亚洲最贫穷地区的常见情况，那些地方的儿童和妇女收集木本植物；这些木材的形状决定了可运输性，这一点也很重要，因为他们必须将木材（枝杈）顶在头上运回家，通常需要行进相当长的距离。使用的便捷性和转化效率是燃料选择的决定性因素。我们可以用木材、煤、燃油或天然气为房屋取暖，但是如今最好的煤气炉效率高达 97%，因此燃气比任何其他选项都要便宜得多。

使用简易炉子燃烧秸秆需要频繁地添加燃料，而大块木头可以在无人看管的情况下燃烧几个小时。在不通风（或通风不畅，比如通过天花板上的一个洞通风）的室内用干粪燃烧来烹饪，产生的烟雾比用上好的炉子燃烧风干木材产生的烟雾多得多。在许多低收入国家，在室内燃烧生物质燃料仍是诱发呼吸系统疾病的主要原因（McGranahan and Murray 2003; Barnes 2014）。除非具体说明了来源，否则我们不能从密度或能量流方面对可再生能源和化石能源进行区分——然而这种区分对于理解特定能源系统的性质和可持续性而言至关重要。化石燃料的大量（且日益增多的）燃烧创造了现代文明，但这种做法显然受到它们的地壳储量的限制，也受到燃烧煤与碳氢化合物对环境的影响的限制，而高能社会最终只有将自身的能量来源向非化石能源方向过渡才能确保其生存。

当我们比较生命能量和无生命能量的转化率时，还会产生更多问题。在后者中，能量转化率仅仅是燃料或电力输入与有用能量输出的比率；但在前者中，每日食物（或饲料）摄入不应被算作人类或动物劳动的能量输入，因为这种能量大部分是基础代谢必需的（用以支持重要器官的正常运作和血液循环，保持体温稳定），而且人或动物无论休息或工作，基础新陈代谢都在进行。因此计算能量成本净值也许是最令人满意的解决办法（专栏1.10）。

但是，即便在比我们简单得多的社会里，也有大量劳动始终是脑力劳动，而不是体力劳动——比如决定如何去完成一项任务，如何以有限的可用能量来完成它，如何降低能量支出。而思考（即便是非常艰深的思考）的新陈代谢成本与剧烈的肌肉运动相比是非常小的。另外，心理的发育需要以经年累月的语言习得、社会化过程以及通过教育和积累经验而进行的学习为基础，随着社会的进步，这种通过正规教育和培训的学习过程要求越来越高，持续时间越来越长。为了支撑必要的物质基本结构和人类技能，这些事务需要大量的间接能量投入。

我的描述已经形成了一个闭环。我已注意到量化评估标准的必要性，但如果想要真正理解历史上的能量发展，我们要做的远不止把一切都简化为以焦耳和瓦特为单位的数字，并把这些当作万能的解释。我将以两种方

专栏 1.10

人类劳动能量成本净值的计算

目前仍然没有一种可以被普遍接受的方式来表达人类劳动的能量成本，而计算能量成本净值也许是最佳选择：能量成本净值指超出一个人的基本生存所需（即使他并不工作这些需求也必须得到满足）之外的能量消耗。这种方法将实际增加的能量成本借记为人力劳动。总能量消耗（TEE）是基础代谢率（或静息代谢率，BMR）和体力活动水平（PAL）的乘积（TEE = BMR × PAL），额外增加的能量消耗明显是 BMR 与 TEE 之间的差值。一名体重 70kg 的成年男子基础代谢率约为 7.5MJ/d（兆焦每天），一名体重 60kg 的成年女子基础代谢率约为 5.5MJ/d。假设辛勤工作会将每日能量需求提高约 30%，那么男性的能量成本净值就是大约 2.2MJ/d，女性是大约 1.7MJ/d，因此我将在对锻造、传统农业和工业工作日常能量成本净值的大致估算中，使用 2MJ/d。

每天的食物摄入不应算作劳动能量输入：无论我们休息还是工作，基础代谢（支持重要器官运作，保持血液循环和体温稳定）都在进行。肌肉生理学的研究，特别是阿奇博尔德·V. 希尔（Archibald V. Hill，1886—1977，1922 年诺贝尔生理学或医学奖获得者）的研究，使得量化肌肉工作效率成为可能（Hill 1922; Whipp and Wasserman 1969）。稳定的有氧工作表现的效率净值约为 20%，这意味着可用于体力任务的 2MJ/d 的代谢能产生相当于约 400kJ/d 的有用功。我将在所有相关计算中使用此近似值。相比之下，坎德、马拉尼马和沃德在他们对能量来源的历史比较中使用的是食物摄入总量，而不是实际的有用能量消耗（Kander, Malanima, and Warder 2013）。他们假设平均每人每年食物摄入量为 3.9GJ，且在 1800—2008 年间没有变化。

式应对这一挑战：我将关注能量和动力的需求和密度，提出改进效率的方法，但也不会忽视限制或促进能量具体使用的许多定性因素。虽然能量需求和使用的重要性在历史上留下了强大印记，但这些决定基本演化的的因素，其中许多的细节、顺序和后果或许只能通过理解人类动机和偏好，或者通过承认那些令人惊讶的、看似无法解释的选择（这些选择往往塑造了人类文明史）来进行解释。

2

史前时代的能量

新发现推翻了许多原有的认知，而无法被轻易归入现有划分体系的物种的发现使整体情况变得更为复杂，从而让理解人属（Homo）的起源并补足随后的进化细节变成了一项永无止境的探索（Trinkaus 2005; Reynolds and Gallagher 2012）。截至 2015 年，已发现的最古老的可靠古人类遗迹是始祖地猿（Ardipithecus ramidus，440 万年前，1994 年发现）和湖畔南方古猿（Australopithecus anamensis，410 万—520 万年前，1967 年发现）。2015 年，来自埃塞俄比亚的南方古猿近亲种（Australopithecus deyiremeda，330 万—350 万年前）的发现为相关研究添加了引人注目的新内容（Haile-Selassie et al. 2015）。较早发现的古人类按次序包括阿法南方古猿（Australopithecus afarensis，1974 年在坦桑尼亚的莱托里和埃塞俄比亚的哈达尔出土）、能人（Homo habilis，1960 年在坦桑尼亚发现）和直立人（Homo erectus，其化石在非洲、亚洲和欧洲多地都有发现，始于 180 万年前，直至 25 万年前）。

通过对理查德·李基（Richard Leakey）1967 年在埃塞俄比亚发现的第一批智人（Homo sapiens）骨骼进行重新分析，我们推定出了智人生活的时代大约在 19 万年前（McDougall, Brown, and Fleagle 2005）。我们的直系祖先就过着简单的采集生活，直到大约一万年前，我们这个物种的第一个小群体首先开始了驯化植物和动物的定居生活。这意味着几百万年来，原始人的采集策略与他们的灵长类祖先相似。但现在来自东非的同位素证据表明，到大约350万年前，原始人与现存类人猿的饮食就开始出现不同。施蓬海默和同事指出，从那时起，一些原始人族群开始将富含 ^{13}C 的食物（由 C_4 或景天酸代谢产生）纳入饮食中，因此他们由可变性很高的碳同位素组成，这在当时的非洲哺乳类动物中并不典型（Sponheimer et al. 2013）。因此人类对 C_4 植物的依赖由来已久，在现代农业中，玉米和甘蔗这两种 C_4 作物的平均产量高于任何其他谷物或产糖作物。

第一次革命性进化（最终创造了我们这个物种）不是更大的脑容量或工具制造，而是直立行走。这是一种在结构上不太可能，却产生了巨大影响的适应性变化，其起源可以追溯到大约700万年前（Johanson 2006）。人类是唯一一种将直立行走作为日常运动方式的哺乳动物（其他灵长类动物只是偶尔如此），因此直立行走应该被视为最终使我们成为人类的关键性突破因素。然而直立行走（基本质是一系列受阻的退化）从根本上说是不稳定又笨拙的："人类行走是一项冒险的事情。不到一秒钟时间，人就可能直接脸着地摔倒；事实上，人每走一步，都是在灾难的边缘摇摇欲坠。"（Napier 1970, 165）除了使我们容易受到肌肉骨骼损伤之外，随着年龄增长，直立行走还会导致骨丢失、骨质减少（低于正常骨密度）和骨质疏松症（Latimer 2005）。

那么为什么还要这样做？对于这个显而易见的问题，人们已经给出了许多答案，而其中的一些——比如约翰逊所概括的（Johanson 2006）——似乎很没有说服力。直立行走可以显得更高从而恐吓捕食者，然而这似乎对野狗、猎豹或鬣狗不起作用，因为它们不会被比自己体形大得多的哺乳动物所吓倒。直立起来高过草地只会吸引掠食者。在低挂枝条上摘取果实也不必通过放弃四足快速奔跑来实现。而要想使身体凉爽，只要在阴凉处休息、只在凉爽的早晨或晚上觅食就能做到。因此，对于人类为何选择直立行走，能量总消耗的差异可能是最好的解释（Lovejoy 1988）。人类和其他哺乳动物一样，将大部分精力都花在繁殖、进食和确保安全上，而如果直立行走能够帮助完成这些任务，人类就会将直立行走作为习惯确定下来。

正如约翰逊所言，"仅靠自然选择无法**创造**直立行走这样的行为，但一旦直立行走出现了，自然选择就可以选中它"（Johanson 2006, 2）。从狭义角度来看，仅就行走的能量成本而言，直立行走未必具有足够的生物力学优势使其被自然选择所选中（Richmond et al. 2001）。尽管佐克尔、赖希和庞泽在测量了黑猩猩和成年人行走的能量消耗后发现，人类行走消耗的能量比黑猩猩使用四足和两足行走消耗的能量少 75%（Sockol, Raichlen, and Pontzer 2007）。这种差异由解剖学和步态生物力学差异产生，尤其是因为人类臀部更大，后肢更长。

直立行走引发了一系列巨大的进化调整（Kingdon 2003; Meldrum and Hilton 2004）。它解放了人的双臂，使他们能够携带武器，把食物带到集体场所，而不是即时吃掉。此外，直立行走对于提高手的灵活性和增强工具的使用是十分必要的。桥本和同事得出结论认为，工具使用的适应性演化是独立于人类直立行走的进化需要的，因为无论是人类还是猴子，每个手指在初级感觉运动皮层中都是分开的，就像手指实际上也是分开的一样（Hashimoto et al. 2013）。这就赋予了人类在工具的运用所要求的复杂操作中独立使用每根手指的能力。但是，如果没有直立行走，在工具制造和使用过程中，人类就不可能使用躯干作为杠杆来加速手的运动。直立行走也解放了嘴和牙齿，人可以由此发展出一个更为复杂的呼叫系统，这是语言形成的先决条件（Aiello 1996）。这些进化需要更大的大脑来支持。最终，人类大脑的能量消耗达到了黑猩猩的 3 倍，它的代谢也占到基础代谢率的 1/6（Foley and Lee 1991; Lewin 2004）。灵长类和早期人类的平均脑指数（动物脑的实际大小与预期大小的比值）为 2—3.5，而现代人类的平均脑指数略高于 6。300 万年前的阿法南方古猿的脑体积小于 500mL；到了 150 万年前，直立人的脑体积比前者翻了一番；后来智人的脑体积又比直立人增加了大约 50%（Leonard, Snodgrass, and Robertson 2007）。

脑指数的提升对增加社会复杂性至关重要（增加了存活机率，使人类区别于其他哺乳动物），并与所消耗食物的质量变化密切相关。大脑对特定能量的需求大约是骨骼肌的 16 倍，人脑消耗了人体静息代谢能量的 20%—25%。相比之下，其他灵长类动物的这一比例为 8%—10%，其他哺乳动物的这一比例仅为3%—5%（Holliday 1986; Leonard et al. 2003）。在保持总代谢率（人的静息代谢不比其他质量相似的哺乳动物高）不变的同时，要想适应更大的大脑体积，唯一的方法是减少其他代谢率高的身体组织的质量。艾洛和惠勒认为，解决这一问题最好的方法是缩小胃肠道大小，因为肠道的质量会因饮食不同而发生很大变化，在这一点上，肠道跟心脏和肾脏有很大的区别（Aiello and Wheeler 1995）。

菲什和洛克伍德（Fish and Lockwood 2003），莱昂纳德、斯诺德格拉斯和罗伯逊（Leonard, Snodgrass, and Robertson 2007），以及于布兰和理查兹（Hublin and Richards 2009）证实，灵长类动物的饮食质量和脑的重量存在显著的正相关关系，包括肉类在内的较好的人类饮食，能够支持更大的大脑。大脑的高能量需求部分地被减少的胃肠能量需求所抵消了（Braun et al. 2010）。如今在除了人类之外的灵长类动物中，结肠占据肠道质量的45%以上，小肠只占14%—29%，但对人类而言，这一比例正好相反，人类小肠占肠道质量的比例超过56%，结肠只占17%—25%，这清楚地表明人类小肠为了消化高质量、高能量食物（肉、坚果）而发生了适应性的转变。肉类消费的增加也能用来解释人类体重和身高的增长，以及颌骨和牙齿为何变小（McHenry and Coffing 2000; Aiello and Wells 2002）。但更高的肉类摄入并不能改变进化中人类的能量基础：他们仍然只能依靠肌肉和简单策略才能采集、捡拾、狩猎和捕鱼以获取食物。

对于第一批木制工具（棍、棒）的起源，我们大概永远都搞不清楚。因为只有那些保存在缺氧环境（其中最常见的是沼泽）中的人工制品，才能长时间存留。对于用来制造简单工具的坚硬的石头来说，并不存在分解的问题。新发现已经将人类最早使用石制工具的时间大大提前了。几十年以来，人们普遍认为最早的石器可以追溯到大约250万年前。由卵石制成、相对较小和简单的奥杜威（Oldowan）锤石（将石头弄出一个棱角）、石斧和薄石片，更容易用来屠宰动物和折断它们的骨头（de la Torre 2011）。但在肯尼亚西图尔卡纳的洛迈奎遗址（Lomekwi site）的最新发现，将已知最古老石器的年代推到了大约330万年前（Harmand et al. 2015）。

大约150万年前，古人类开始开采更大的薄石片制作双面手斧、镐和阿舍利时期（Acheulean，10 万—120 万年前）样式的劈刀。虽然凿下单个石芯只能生产小于 20cm 的锋利刀刃，但这些实践生产出了各种各样的特殊手持石制工具（图 2.1）。木矛是捕猎大型动物的必需工具。1948年在德国发现的一具大象骨架中发现了几乎完好的矛，而这可以追溯到上一次间冰期（11.5 万—12.5 万年前）。1996 年在舍宁根露天褐煤矿中发现的投掷矛可以追溯到 38 万—40 万年前（Thieme 1997）。从大约 30 万年前开始，就出现了木柄石头尖的矛。

但南非的新发现表明，制造带柄多部件工具的最早年代比此前报道的要早 20 万年：威尔金斯和同事的研究表明，大约 50 万年前制作的卡图潘（Kathu Pan）石尖就已经被用来做成矛尖（Wilkins et al. 2012）。真

图 2.1　阿舍利石器最早由能人制造，是通过去除石屑而形成的专门用于切割的刀片（来源：Corbis）

正的远程投射武器是 7 万—9 万年前在非洲逐步发展出来的（Rhodes and Churchill 2009）。最近另一项在南非的发现表明，早在 7.1 万年前人类就取得了一项重大技术进步——生产小刀片（细石器），这一过程主要用到经过热处理的石头，小刀片又被用来制造复合工具（Brown et al. 2012）。较大的复合工具在大约 2.5 万年前（欧洲的格拉维特时期，Gravettian period）才开始普及，当时的人能够生产出磨细了的带柄的锛子和斧头。随着更多高效的燧石薄片的生产，许多锋利的工具也被生产出来，鱼叉、针、锯、陶器和纺织纤维制品（衣服、网、篮子）也在此期间被发明和使用。

马格德林技术（Magdalenian techniques，1.7 万—1.2 万年前，该时代以人们发现这些工具的法国南部马德兰的一个岩石掩体来命名）用单个石头制造出了最长达 12cm 的薄刀片，用它们的现代复制品（装在长矛上）进行的实验证明了它们的捕猎效果（Pétillon et al. 2011）。旧石器时代晚期，投掷矛被发明出来后，石尖矛成为一种更为有效的武器。杠杆投掷能轻易地将武器的速度加倍，降低了接近猎物的必要性。石尖箭矢进一步发挥了这些优势，增加了精确度。

我们永远也不会知道我们的祖先最早是在什么时候控制使用火来取暖和做饭的：户外的任何相关痕迹都被随后的事件抹除掉了，而在定居的洞穴中，相关痕迹在他们后代的活动中被摧毁。被充分证明的最早控制使用火的时间已经被提前了：古德斯布卢姆把它定在大约 25 万年前（Goudsblom 1992）；十几年后，戈伦-因巴尔和同事又将它推到 79 万年前（Goren-Inbar et al. 2004）。而化石记录显示，最早在 190 万年前人类的祖先就能够吃到一些熟食。但毫无疑问，在旧石器时代晚期（2 万—3 万年前，智人取代了欧洲的尼安德特人），火的使用已经得到普及（Bar-Yosef 2002; Karkanas et al. 2007）。

烹饪一直被视为人类进化的重要组成部分。但兰厄姆认为，烹饪对我们的祖先产生了"可怕"的影响，因为烹饪极大地拓展了可获得食物的范围，提高了它们的质量；也因为使用烹饪技术带来了许多身体变化（包括牙齿变小和消化道变小）和行为调整（例如由于需要保护积累下来的食物，产生了出于保护行为的男女之间的结合），最终导致了复杂的社会化、定居生活和"自我驯化"（Wrangham 2009）。史前所有的烹饪都是用明火完成的，人们将肉放置在火焰上方，埋在炽热的余烬中，放在滚烫的岩石上，包裹在坚硬的兽皮里，用黏土覆盖或与炽热的石头一同放入装满水的皮袋中。由于烹饪装置和烹饪方法的多样性，因此我们不可能引用典型的燃料转化效率来进行估算。实验表明，木材 2%—10% 的能量最终会转化为烹饪的有用热量，合理的假设表明，当时人们的木材消费量的最大值为每人每年 100—150kg（专栏 2.1）。

除了取暖和烹饪，火还被当作工程工具使用：现代人早在 16.4 万年前就对石头进行热处理，以改善它们的切削性能（Brown et al. 2009）。梅拉斯指出，有证据表明早在 5.5 万年前的南非就有植物经历了受控的燃烧（Mellars 2006）。在全新世早期，采集者很可能将燃烧林地作为一种环境

专栏 2.1

使用明火烹饪肉类过程中的木材消耗

为了确定旧石器时代晚期明火烹饪肉类过程中的木材消耗量的合理最大值，这里给出一些较为实际的假设（Smil 2013a）：人均每日食物能量摄入量为 10MJ（对成人而言是足够的，高于全部人口的平均值），肉类占总食物摄入量的 80%（8MJ）；动物作为食物的能量密度为 8—10MJ/kg（这是猛犸象的常规值，大型有蹄类动物一般为 5—6MJ/kg）；温暖气候平均环境温度为 20℃，寒冷气候平均环境温度为 10℃；80℃可以得到熟肉（对已处理好的肉来说，77℃就已经足够）；肉的热容量约为 3kJ/kg·℃；明火烹饪效率仅为 5%；风干木材的平均能量密度为 15MJ/kg。这些假设意味着平均每人每天摄入将近 1kg 猛犸象肉（或大约 1.5kg 大型有蹄类动物的肉），并且每天需要大约 4—6MJ 的木材。每年消耗的木材总量为 1.5—2.2GJ 或 100—150kg（有些是新鲜木材，有些是风干木材）。对于生活在 2 万年前的 20 万人来说，全球需求约为 2 万—3 万吨，这在农业社会前的本木植物群中所占的份额是微不足道的（大约为亿分之一）。

管理方法（通过促进饲草再生以吸引动物和提高能见度）来帮助狩猎，或用来使人类移动更为容易，或用以改善与同步处理采集植物食物的情况（Mason 2000）。

　　考古学记录具有巨大的时空不确定性，这就排除了对史前社会的能量平衡进行简单概括的可能性。对于幸存采集者的首次接触的描述及其人类学研究提供的类比结果具有不确定性：现代科学方法研究了在极端环境中生存了足够长时间的一些群体的信息，但这些信息对于我们理解更稳定的气候、更肥沃的地区环境中的史前采集者的生活只能提供有限的参照。此外，之前研究过的许多采集社会已经受到与牧民、农民或海外移民长期接触的影响（Headland and Reid 1989; Fitzhugh and Habu 2002）。然而，典型采集模式的缺失并没有阻碍对于控制能量流动和决定采集和狩猎群体行为的若干生物物理学必要条件的认识。

采集社会

　　最为全面的可靠证据集表明，现代采集种群的平均人口密度（反映了种群的自然栖息地状况和获取食物的技能）分布在三个数量级上（Murdock 1967; Kelly 1983; Lee and Daily 1999; Marlowe 2005）。对全球340种文化展开的研究发现，他们的种群密度的最低值从每平方千米仅1人到每平方千米几百人不等，其最终的平均数大约为每平方千米容纳25人。这个数值实在太低，无法支持专业分工程度越来越高、层级日趋增加的复杂社会。采集种群的平均密度低于能够消化大量植物纤维素且有着与人类相似体重的大型食草哺乳动物的密度。

　　我们根据异速生长方程推测出，在每平方千米的土地上约有5只50kg的哺乳动物，而黑猩猩的密度为1.3—2.4只每平方千米。存活到20世纪的狩猎采集者的密度在温暖气候下远低于1人每平方千米，旧世界每平方千米只有0.24人，新世界也只有0.4人每平方千米（Marlowe 2005; Smil 2013a）。将采集大量植物与狩猎结合在一起的群体人口密度明显更高（得到充分研究的例子包括冰后期的欧洲族群，以及时间稍近一些的墨西哥盆地的族群），严重依赖水生物种的沿海社会人口密度也明显更高（如波罗的海地区有文献详细记载的考古学遗址，时间稍近一些的有关于太平洋西北地区的人类学研究）。

采集软体动物、捕鱼和近岸捕猎海洋哺乳动物供养了最高密度的采集社会，并促使他们半永久甚至永久性地定居。太平洋西北沿岸村庄的人们建造了较大的房屋，能够有组织地集体捕猎海洋哺乳动物，这种定居生活非常特殊。这里密度变化大不是生物圈能量流的简单作用：它们并不均匀地向两极递减和向赤道递增（与更高的光合作用产出率成正相关），或对应于可供捕猎的动物的总质量，而是由生态系统变量、对植物和动物食物的相对依赖以及季节性储存的使用决定的。与非人灵长类动物很相似，所有的采集者都是杂食动物。对于他们来说，杀死体形较大的动物在能量方面是一个巨大的挑战，因为相比于采摘植物，以较大体形的动物为食用目标可得到的能量库要小得多。这是营养级之间能量递减的自然结果。

食草动物仅消耗温带落叶林初级净产量的 1%—2%，在一些热带草原，该数字最高可达 50%—60%，而陆地放牧的一般值为 5%—10%（Smil 2013a）。被食草动物摄取的植物量通常只有不到 30% 能被消化；哺乳动物和鸟类消化的植物量大多数经过呼吸作用消散了，只有 1%—2% 转化为动物生物量。因此，最常被捕猎的食草动物所包含的能量不到最初储存在它们栖息的生态系统植物群中的能量的 1%。这一事实解释了为什么捕猎者更喜欢捕杀成年体质量相对较大、生育力和地域密度较高的动物：野猪（90kg）、鹿和羚羊（大部分是 25—500kg）是较常见的捕猎目标。

在这些动物较为常见的地方（例如热带或温带草原或热带林地），狩猎所获回报更大。热带森林虽然被普遍认为动物物种丰富，但实际上它是一个次等的狩猎生态系统。大多数热带森林动物是生活在树上以树叶或果实为食物的物种（猴子、鸟），它们在高耸的树冠中活动且无法接近（许多也主要在夜间活动），捕猎它们能得到的能量回报较低。西利托发现，在巴布亚新几内亚高地的热带雨林中，采集和狩猎的成本都很高，采集者在狩猎中消耗的能量甚至会达到获得的食物能量的四倍（Sillitoe 2002）。显然，如此低下的能量回报决定了狩猎不可能成为食物供应的主要手段

（为何能量回报率为负值，狩猎活动还是会进行？这只能用它能提供动物蛋白来解释），为了获得足够的食物，人们还需要进行某些形式的游耕。

贝利等人得出结论，没有任何明确的人种学文献表明，采集者可以不依赖种植作物和驯养动物而在热带雨林中生存（Bailey et al. 1989）。后来贝利和黑德兰改变了这一结论，因为马来西亚的考古学证据表明，西谷米和猪的高密度分布意味着情况有了例外（Bailey and Headland 1991）。同样，在物种丰富的热带地区进行采集，有时也会像在温带森林那样出人意料地毫无成果。这些生态系统储存了地球上大部分植物量，但后者主要储存在高大树干的死亡组织中，人类无法消化其中的纤维素和木质素（Smil 2013a）。富含能量的果实和种子在总植物量中所占比例很小，而且通常处在高耸的树冠上，无法获取；种子通常由硬壳层保护，在摄取它们之前要经过一些颇耗能量的过程。在热带雨林中进行采集也需要更多的搜索：物种种类繁多，意味着树木或藤本植物可供采集的部分之间可能离得相当远（图2.2）。收获巴西坚果的过程就是这些限制的最好范例（专栏2.2）。

与热带和北方森林中常常令人沮丧的狩猎相反，草原和开阔林地为采集和狩猎提供了极好的机会。它们每单位面积储存的能量比茂密森林少得多，但其中易于采集的营养丰富的种子和果实或密集的大块根和块茎比例更高。坚果因其能量密度高（高达25MJ/kg）而特别受欢迎，其中一些（如橡子和栗子）也很容易获取。与在森林中不同，许多在草原啃食牧草的动物可以长得很大，经常成群结队地迁徙，能够给狩猎行为带来极高的能量回报。

即便没有任何武器，人类也可以作为捡拾者、无与伦比的奔跑者和聪明的谋划者，在草原上和树林中获得肉食。鉴于早期人类身体素质并不优越，且缺乏有效武器，我们的祖先最初很可能是优秀的捡拾者而非猎人（Blumenschine and Cavallo 1992; Pobiner 2015）。大型食肉动物（狮子、豹子、剑齿猫）常常留下部分吃过的食草动物尸体。警觉的早期人类可以在秃鹰、鬣狗和其他食腐动物吃掉这些东西之前，获取一部分肉，或至少获取一些营养丰富的骨髓。但多明格斯-罗德里戈认为，捡拾食物不能提供足够的肉食，在草原上只有通过狩猎才能获得足够的动物蛋白

图 2.2　热带雨林物种丰富，能够支持较大的采集种群的植物却相对贫乏。图片显示的是位于哥斯达黎加拉福图纳的树冠（来源：Corbis）

专栏 2.2
收获巴西坚果

　　由于脂质含量高（66%），每千克巴西坚果含有约 27MJ 能量（相比之下每千克谷物含有约 15MJ 能量），巴西坚果中约 14% 是蛋白质，它也是钾、镁、钙、磷和高级硒的来源（Nutrition Value 2015）。收获坚果既费力又危险。巴西栗树可长至 50m，而且分布零散。重重的蒴果（最重达 2kg）里面包含着 8—24 颗坚果，蒴果被椰子状的坚硬内果皮所包裹着。坚果采食者必须规划收获时间：太早，蒴果仍然在树冠上无法采摘，采集者就不得不多耗费一次能量；太晚，刺豚鼠（Dasyprocta punctata）这种唯一能够打开掉落的蒴果的大型啮齿动物会马上吃掉种子，或把其中一些埋在食物储藏处（Haugaasen et al. 2010）。

（Dominguez-Rodrigo 2002）。无论如何，人类拥有直立行走能力和比任何其他哺乳动物都强的出汗能力，因此能将速度最快的食草动物追逐至筋疲力尽（专栏 2.3）。

卡里尔相信，人类卓越的散热速率为其提供了一项显著的进化优势，很好地帮助我们的祖先占据新的生态位——在日间高温中活动的昼行性捕食者的生态位（Carrier 1984）。大量出汗从而拥有在较热环境中努力工作的能力，随着人们迁移到较冷气候环境，仍得到了保留：不同气候区人群的小汗腺密度没有重大差异（Taylor 2006）。来自中高纬度地区的人们经过一段时间的适应后，出汗率可与炎热气候的当地人相当。

但是，人们一旦发明和使用了恰当的工具，用它们来狩猎比起追逐猎物就更为可取。费思在研究了 51 个石器时代中期和 98 个石器时代晚期的遗迹组合后证实，早期非洲猎人完全有能力捕杀大型有蹄动物，包括水牛（Faith 2007）。猎捕大型动物的能量需求也对人类的社会化做出了不可估量的贡献。特林考斯总结道，"人类的大部分显著特征，如直立行走、灵巧的手、精细的技术和明显的脑化，都可看作是由机会性采集系统的需求所促成的"（Ttrinkaus 1987, 131–132）。

狩猎在人类社会进化中的作用不言而喻。个体使用原始武器捕猎大型动物的成功率低得令人无法接受，而可行的狩猎团队必须保持最低限度的合作规模，以便追踪受伤的猎物、屠宰它们、运输它们的肉，然后将成果集中起来。到目前为止，经过周详的计划，忠实地实施着驱赶动物围着圈跑（利用灌木和石头来带动线、木栅栏或其他倾斜装置）的策略，并在准备好的围栏或自然陷阱中捕获它们，或者——也许是最简单、最巧妙的解决方案——将它们驱赶到悬崖上，集体狩猎带来了最大的回报（Frison 1987）。许多大型食草动物（如猛犸象、野牛、鹿、羚羊、山羊）都可以用这些方式来捕杀，作为冷冻或加工（进行烟熏，制成肉糜饼）肉食来贮藏。

加拿大艾伯塔省麦克劳德堡附近的野牛跳崖处，是联合国教科文组织的世界遗产，也是一个能让我们体会这种有创意的狩猎策略的壮观去处。人们在此处使用这种策略长达约 5,700 年。"狩猎开始时……年轻人……会模仿离群小牛的叫声引诱牛群跟着他们。当野牛靠近驱逐道（为

专栏 2.3
人类的奔跑和散热

所有的四足动物都有不同的步态以适应最佳速度的需要，如马的步行、疾走和慢跑。与体重相似的哺乳动物的奔跑成本相比，人类奔跑的能量成本相对较高，但不同的是，人类可以在 2—6m/s 的普通速度下，让能量成本与奔跑速度脱钩（Carrier 1984; Bramble and Lieberman 2004）。直立行走和有效的散热解释了这一现象。四足动物由于受到换气的限制，一次呼吸只能对应一个运动周期。它们的胸部骨骼和肌肉必须承受前肢受到的冲击，因为背腹的连接会有节奏地压缩和扩张胸部。但人类的呼吸频率可以相对于步幅频率而做出调整：人能够以各种速度运行，而四足动物的适宜速度则由其身体结构决定。

人类非凡的体温调节能力依赖于极高的出汗率。马的皮肤每小时出水 $100g/m^2$，骆驼的皮肤每小时出水 $250g/m^2$，而人类皮肤每小时出水 $500g/m^2$ 以上，峰值出水率超过 2kg/h（Torii 1995; Taylor and Machado-Moreira 2013）。这种出汗率相当于 550—625W 的热量耗散率，使得人类即使在极其艰苦的工作中也足以调节体温。人类还可以喝水少而出汗多，并在几小时后弥补这种暂时的局部脱水。奔跑使人类变成日间的高温掠食者，能够追赶动物至其筋疲力尽（Heinrich 2001; Liebenberg 2006）。有记载的此类追逐包括墨西哥北部的塔拉乌马拉印第安人追赶鹿、派尤特人（Paiute）和纳瓦霍人（Navajos）追赶叉角羚。卡拉哈里地区的巴萨瓦人（Basarwa）能够追逐小羚羊、南非剑羚，在旱季甚至可以追逐斑马至其筋疲力尽，就如同一些澳大利亚土著人追赶袋鼠那样。赤足奔跑的猎人比穿着运动鞋的现代奔跑者能减少大约 4% 的能量消耗，并且也减少了患急性踝关节损伤和慢性小腿损伤的可能（Warburton 2001）。

帮助猎人把野牛引向悬崖上的猎杀点，人们建造了长长的石堆）时，猎人们会在牛群后面逆风绕圈，通过喊叫和挥舞袍子来吓唬它们"，把牛群赶下悬崖（UNESCO 2015a）。动物蛋白质和脂肪的净能量回报比较高。更新世晚期的猎人可能已经对此相当熟练，以至于许多第四纪研究者得出结论，狩猎是造成旧石器时代晚期体重超过 50kg 的大型动物相对迅速消失的主要（甚至全部）原因（Martin 1958, 2005; Fiedel and Haynes 2004），但这一观点仍未成定论（专栏 2.4）。

所有前农业社会都是杂食性社会，其中的人们无法忽视任何可用粮食资源。虽然可供采集者食用的动植物种类繁多，但主宰他们饮食的通常只有少数几种。采集者偏爱种子是必然的。除了相当易于收集和储存外，种子还有较高的蛋白质含量，能量含量也较高。野生草籽具有与栽培谷物相同的食物能量（小麦为 15MJ/kg），而坚果的能量密度比它们高出约80%（核桃为 27.4MJ/kg）。

所有野生动物的肉都是极好的蛋白质来源，但是大部分脂肪含量很少，因此能量密度非常低——不到瘦小的哺乳动物所食用的谷物能量密度的一半。毫不意外，人们狩猎时普遍偏爱体形较大、脂肪含量较高的物

专栏 2.4

更新世晚期大型动物的灭绝

持续捕杀那些繁殖缓慢的动物（在长时间怀孕后只生一个后代的动物）可能导致它们灭绝。如果假设更新世晚期采集者的日均食物需求最多为每人 10MJ，且主要来自肉类，其中大部分（80%）来自大型动物，那么 200 万人每年将需要近 200 万吨（鲜重）的肉食（Smil 2013a）。如果猛犸象是唯一遭捕杀的物种，则需每年捕杀 25 万—40万头。这种狩猎还以其他大型哺乳动物（大象、巨鹿、野牛、欧洲野牛）为目标，若以平均每年从这些动物中获取 200 万吨肉计算，每年需杀死约 200 万头。更新世晚期大型动物灭绝更为可能的解释是自然（气候和植被变化）和人为（狩猎和火灾）因素的结合（Smil 2013a）。

种。一头小猛犸象提供的可食用能量相当于 50 头驯鹿，一头野牛则相当于 20 头鹿（专栏 2.5）。这就解释了为何我们新石器时代的祖先愿意使用简单的石尖武器伏击巨大的猛犸象，为什么北美平原上的印第安人为了寻找脂肪丰富的肉食来制作能够长久保存的肉糜饼，甘愿在追捕野牛上花费如此多精力。

然而，单单是能量方面的考虑不足以全面解释觅食行为。如果这些

专栏 2.5

被捕获动物的身体质量、能量密度和食物能量含量

动物	身体质量（kg）	能量密度（MJ/kg）	每只动物的食物能量（MJ）
鲸	5,000—40,000	25—30	80,000—800,000
大型长鼻动物（大象、猛犸象）	500—4,000	10—12	2,500—24,000
大型牛科动物（原牛、野牛）	200—400	10—12	1,000—2,400
大型鹿科动物（麋鹿、驯鹿）	100—200	5—6	250—600
海豹	50—150	15—18	500—1,800
小型牛科动物（鹿、瞪羚）	10—60	5—6	25—180
大型猴	3—10	5—6	5—30
兔形目（野兔、兔子）	1—5	5—7	3—17

注：以上动物，我假设鲸和海豹身体质量的 2/3 为可食用部分，其他动物身体质量的一半为可食用部分。计算鲸的平均能量密度时，我假设它们身体质量的 25% 为鲸脂。

来源：Sanders, Parsons, and Santley（1979）、Sheehan（1985）和 Medeiros and co-workers（2001）等的数据。

因素总是占据主导地位，那么最优觅食（Optimal foraging）——采集者和猎人将尽量减少获取食物所花费的时间和精力，从而最大限度地增加他们的能量收获净值——将是采集者的普遍策略（Bettinger 1991）。最优觅食解释了人们为什么更喜欢猎捕体形较大、脂肪含量较高的哺乳动物，宁愿采集营养成分低但不需要加工的植物部分，而不是能量密集的坚果（坚果可能很难凿开）。毫无疑问，许多采集者的行为方式旨在最大限度提高能量回报净值，但其他生存必要条件往往与此相反。其中最为重要的几个因素包括：夜间能得到安全庇护，保护领土不受竞争群体侵害的需要，对可靠水源以及维生素和矿物质的需要。此外，食物偏好和工作态度也是重要因素（专栏 2.6）。

我们无法重建史前能量平衡，这导致了一些令人难以接受的笼统概括。对于一些群体来说，总觅食工作量相对较低，一天只有几个小时。这一发现使得这些采集群体被描绘成"原始富裕社会"，生活在一种物质富足、有闲暇、有觉睡的状态里（Sahlins 1972）。最值得注意的是，博茨瓦纳卡拉哈里沙漠的杜比昆人（Dobe !Kung）以野生植物和肉类为生，据说过着满足、健康、充满活力的生活。他们被认为是一窥史前采集者生活的良好例证（Lee and DeVore 1968）。但这一结论因为证据有限且可疑，必然（实际上也一直）受到质疑（Bird-David 1992; Kaplan 2000; Bogin 2011）。

对富足的采集者进行任何过分简单的概括，既容易忽略觅食过程中会遭遇诸多艰苦和危险的事实，也容易忽略环境压力和传染病对大多数采集社会所施加的高频率的蹂躏。季节性食物短缺使得人们被迫食用难吃的植物组织，导致体重减轻，也常常导致毁灭性的饥荒。季节性食物短缺还导致婴儿高死亡率（包括杀婴行为）和低生育率。毫不奇怪，人们对 20世纪 60 年代收集的能量支出和人口统计数据进行再分析发现，杜比昆人的营养和健康状况"往好了说是处于危险状态，往坏了说，这些状况预示着他们的社会濒临灭绝"（Bogin 2011, 349）。正如弗罗门特所言，"狩猎采集者面对诸多危险和种种疾病的沉重负担，他们并不生活在——也从未生活在——伊甸园里；他们不是富裕的，而是贫穷的。他们的需求有限，满足更为有限"（Froment 2001, 259）。

专栏 2.6

食物偏好和工作态度

比较以下两个非常相似的采集群体，能够十分有力地说明食物偏好情况。在人类学文献中，〔博茨瓦纳的〕巴萨瓦的昆人（!Kung）因大量依赖营养丰富的蒙刚果而恶名昭著，这种选择使他们得到有食物采集记录以来最好的能量回报。但是另一个能够接触到这种坚果的巴萨瓦人族群——埃斯人（/Aise）并不食用它们，因为对他们而言，蒙刚果味道不好（Hitchcock and Ebert 1984）。类似地，澳大利亚南部的沿海族群通过捕鱼获得了高密度的能量，但是对于海峡对岸的塔斯马尼亚，有考古证据显示鱼鳞残渣从此处的垃圾堆中逐渐消失（Taylor 2007）。

利佐对（亚马孙北部）雅诺马米两个临近的印第安人群体的比较，很好地说明了文化现实与简化的能量模型存在着差距（Lizot 1977）。被森林包围的族群，生活在有着野猪、貘和猴子的环境中，他们所消耗的动物食物能量和蛋白质总量却不到那些跟他们拥有同样的狩猎技能和工具却没有这样的生存环境的邻居所消耗的一半。利佐给出的解释是，前者更为懒惰，不常打猎，简而言之，他们宁愿吃得差点儿。"在其中的一周内……男人们一次也没有出去打猎，他们只是收集他们最喜欢的致幻剂（Anadenanthera peregrina），整天吸毒。女人们抱怨没有肉吃，但男人们对此充耳不闻。"（Lizot 1977, 512）

这代表了一种常见的情况，即狩猎提供的能量有很大变化，这种变化与资源的可获得性（动物是否存在）或狩猎的能量成本（假定武器简单且几乎相同）都没有关系，而仅仅是工作态度影响的结果。对坦桑尼亚哈扎族人的肉类共享情况的数据分析结果也是一个不符合能量解释行为的例子（Hawkes, O'Connell, and Jones 2001）。大型动物的肉被广泛分享，对这一行为的最佳解释是降低大型狩猎中固有的风险——但是哈扎族人分享肉类并非出于期望降低风险、互利互惠，而主要是为了提升猎人作为理想邻居的地位。

对一小部分20世纪采集族群的粗略估算表明，采集某些植物的根部能得到最高的净能量回报，每消耗1个单位的能量，就能获得多达30—40个单位的食物能量。相比之下，许多狩猎活动，尤其是狩猎热带雨林中的小型树栖或地面哺乳动物，会导致净能量损失或能量消耗与回报刚好持平（专栏2.7）。典型采集活动的能量回报是10—20倍，与捕猎大型哺乳动物比较相近。毫无疑问，在许多生物量丰富的史前环境中，能量回报高得多，社会复杂性因此逐渐增加。

事实上，许多采集社会达到了通常只有在后来的农业社会才能达到的复杂程度。这些采集社会拥有永久定居点、高人口密度、大规模粮食储存、社会分层、精心的仪式和早期的作物栽培。旧石器时代晚期摩拉维亚黄土地区的猛犸象猎捕者拥有建造良好的石屋，他们能够生产各种各样的优质工具，还能烧制黏土（Klima 1954）。旧石器时代晚期在法国西南部，大西洋的强大影响导致夏季相当凉爽，冬季异常温和，生长季节变长，大陆最南端的开阔苔原或大草原植被的生产力也增强了，进而使得以此为食的畜群比处在冰川周缘的欧洲其他任何地方的畜群都大。因此当地采集族群的社会复杂性也有提高（Mellars 1985）。那些令人惊叹的雕塑、雕刻和洞穴绘画正是这些旧石器文化复杂性的最好证明（Grayson and Delpech

---

专栏 2.7

采集的净能量回报

我使用专栏1.10中描述的方法，假设史前采集者体形较小（成年人的平均体重只有50kg）。如此就需要约6MJ/d（约250kJ/h）的能量来维持基础代谢，成人维持生存的最低食物能量需求约为8MJ/d，或约330kJ/h。植物采集主要需要轻度到中度劳动，而狩猎和捕鱼所需劳动从轻到重不等。典型采集狩猎活动的能量消耗率大约4倍于男性基本代谢率，5倍于女性基本代谢率，即大约900kJ/h。除去基本生存需要，采集活动的净能量投入大约为600kJ/h。其能量输出就是所采集的植物或被猎杀的动物可食用部分的价值。

2002; French and Collins 2015；图 2.3)。

　　复杂采集活动的最高生产率与水中资源的开发有关（Yesner 1980 ）。斯堪的纳维亚南部中石器时代遗址的发掘结果表明，后冰川时代的猎人在耗尽大型食草动物资源后，就开始捕猎海豚、鲸、鱼类，采集贝壳类食物（Price 1991 ）。他们的定居点更大，通常是永久性的，还拥有墓地。太平洋西北部依靠捕鱼为生的几百人的部落，有建造良好的木屋。他们定期猎捕鲑鱼，将它们安全储存（烟熏）以提供优良营养，保证了可靠又易于利用的能量来源。鲑鱼脂肪含量高（约 15% ），其能量密度（9.1MJ/kg ）几乎是鳕鱼（3.2MJ/kg）的 3 倍。阿拉斯加西北部的因纽特人就是依赖海洋捕猎来保持高人口密度的典型，他们捕杀迁徙的须鲸能得到超过 2,000 倍的净能量回报（Sheehan 1985；专栏 2.8 ）。

　　粮食供应依赖一些季节性能量流动，因此大量的、经常通过精心设计的储存方式就变得十分必要。储存方式包括在永久冻土层中进行冷藏，

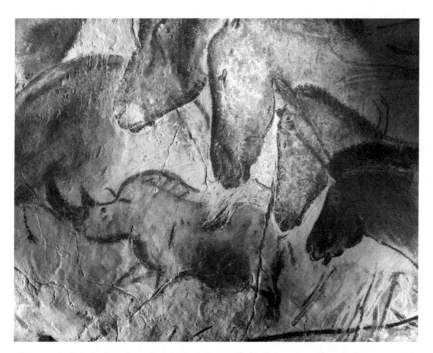

图 2.3　法国南部肖维岩洞墙壁上的动物炭画栩栩如生，令人惊叹。它们可以追溯到 3 万—3.29 万年前

对海鲜、浆果和肉类进行干燥和烟熏，对种子和块根进行贮藏，在油中保存，制作成香肠、坚果糕饼、面粉。大规模、长时间的食物储存改变了采集者对时间、工作和自然的态度，有助于促进更高密度群体的稳定（Hayden 1981; Testart 1982; Fitzhugh and Habu 2002）。对时间进行计划和预算的需求也许是最为重要的进化益处。这种新的生存方式防止了人口的频繁流动，并引入了一种基于剩余积累的不同生存方式。这是一个自我增强的过程：人类不断寻求越来越广泛地掌握太阳能量的流动，让社会走上复杂化的道路。

尽管在过去两代人的时间里，我们对人类进化过程的理解有了惊人的进步，但仍存在一个关键的不确定性领域：与所有关于旧石器时代饮食益处的流行说法相反，我们仍然无法重建前农业社会维持生存所需的典型要素，这并不奇怪（Henry, Brooks, and Piperno 2014）。食物消耗中的植物残渣容易降解，很少能够保存几万年，几乎不可能保存数百万年，因此

专栏 2.8
阿拉斯加捕鲸者

须鲸沿着阿拉斯加海岸迁徙。在不到 4 个月的近岸猎捕须鲸的旅程中，爱斯基摩皮筏（上有浮木或鲸须架，船体覆盖着海豹皮，最多可搭载 8 人）上的人们为定居点积累食物，这些定居点的人口在与现代文明接触之前接近 2,600 人（Sheehan 1985; McCartney 1995）。成年须鲸最重可达 55t，即使最常见的两岁幼崽平均重量也近 12t。鲸脂（约 36MJ/kg）和鲸皮（皮肤和鲸脂，其维生素 C 含量相当于葡萄柚）的能量密度高，因此捕鲸的能量回报超过 2,000 倍。

西北太平洋沿岸部落捕捞每年洄游的鲑鱼，能量回报比猎捕须鲸稍低，但仍相当高：洄游的鲑鱼密度通常很高，渔民很容易就能把它们捞上船或捕上岸。这些高能量回报支撑了大型永久居住区、社会复杂性和艺术创造力（大型木制图腾）。而这些沿海定居点的人口增长最终也会受到限制，因为必须捕杀其他海洋物种和陆地猎物，以获得衣服、被褥和狩猎设备的原材料。

我们很难为植物类食物在典型饮食中所占的份额给出一个量化的比例。骨头虽然经常保存下来，但对于保存下来的骨头哪些是动物捕猎获取的，哪些是人类狩猎获取的，需要小心分清。即便如此，我们也无法解释它们在特定饮食中的代表性。

正如普赖尔和同事所指出的，欧洲旧石器时代晚期的狩猎采集者被普遍认为是能够捕捉大型哺乳动物的熟练的猎人，在这些动物生活地点的古代遗迹中的植物残留保存不善，因此它们被普遍认为生活在树木稀少的地方（Pryor et al. 2013）。普赖尔和同事对大型化石遗迹的研究表明，这些地方提供植物以供人类使用的潜力被低估了，"人类能够充分利用各类植物食物的能力可能是他们在这些寒冷的欧洲地区成功集群生活的重要原因"（Pryor et al. 2013, 971）。亨利、布鲁克斯和皮佩尔诺分析了牙石和石器中残留的植物微粒（淀粉粒和植硅体）得出结论：现代人和同龄的尼安德特人有着相似的植物食谱，其中包括根茎和草籽（Henry, Brooks, and Piperno 2014）。

身高和体重以及头颅特征的变化（下颌骨薄化）是主要饮食情况的间接指标，它们可能由多种食物的混合引起。用于猎捕和宰杀动物的石器工具的发现，不能想当然地与长时间的人均肉类摄取量联系起来，因此只有直接的稳定同位素证据（$^{13}C/^{12}C$ 和 $^{15}N/^{14}N$ 之比）才能准确说明蛋白质的长期来源、营养水平以及它究竟来自海洋还是陆地，才能区分由两种主要途径（C_3 和 C_4）合成的植物量和以这些植物为食的外养生物的饮食，才能揭示总体饮食的基本组成。然而就算是这些研究，也无法直接转化为常规营养物（碳水化合物、蛋白质、脂类）可信的平均摄入量模式，但同位素数据表明，在欧洲格拉维特时期，动物蛋白是膳食蛋白的主要来源，水生生物占比为 20% 左右，在沿海地区比例甚至更大（Hublin and Richards 2009）。

在结束采集社会的能量的相关内容之前，应该指出的是采集行为在所有早期农业社会中仍然扮演着重要角色。恰塔霍裕克（Çatalhöyük）是安纳托利亚高原上的一个新石器时代大型农业聚居地遗址，可追溯到约公元前 7200 年，那里的早期农民饮食以谷物和野生植物为主，但此处也挖掘出了被猎杀动物的骨骼，这些动物大到大型欧洲野牛，小到狐狸、獾和野

兔（Atalay and Hastorf 2006）。在叙利亚北部的阿布胡赖拉遗址，在植物
驯化开始后的 1,000 年里，狩猎仍一直是食物的一个重要来源（Legge and
Rowley-Conwy 1987）。在前王朝时期（公元前 3100 年以前）的埃及，在种
植二粒小麦（Triticum dicoccum）和大麦（Hordeum vulgare）的同时，人
们也猎捕水禽、羚羊、野猪、鳄鱼和大象（Hartmann 1923; Janick 2002）。

农业的起源

为什么一些采集者会开始耕种？为什么这些新的实践传播得如此广
泛？为什么从进化角度而言这些实践如此迅速地得到采用？这些问题具有
挑战性，而如果同意林多斯的观点，则可以很好地回避这些问题，他认为
农业没有单一成因，而是由多种相互依存的相互作用共同产生的（Rindos
1984）。换句话说，正如布朗森所说，"我们所面对的是一个复杂的、多
方面的适应系统，而在人类适应系统中……单一而又全效的'成因'并不
存在"（Bronson 1977, 44）。然而许多人类学家、生态学家和历史学家一
直在努力寻找这种主要原因，许多出版物也提出了各种关于农业起源的解
释理论（Cohen 1977; Pryor 1983; Rindos 1984; White and Denham 2006;
Gehlsen 2009; Price and Bar-Yosef 2011）。

关于农业演变具有进化特征的压倒性证据，让缩小农业起源可能性
的范围成为可能。对农业起源最有说服力的解释结合了人口增长和环境压
力两方面因素，并且意识到了向长期种植社会的过渡是自然因素和社会因
素共同驱动的结果（Cohen 1977）。旧石器时代晚期气候太冷，二氧化碳
含量太低，这些情况还随着后来的气候变暖而发生了改变。因此里彻森、
博伊德和贝廷格认为，农业在更新世时期不可能存在，而在全新世时期必
定存在（Richerson, Boyd, and Bettinger 2001）。距今 5,000—10,000 年前，
种植实践至少在三大洲的七个地方各自发展，因此上述观点得到了事实的
支撑（Armelagos and Harper 2005）。

从根本上讲，种植作物是一种确保粮食供应充足的尝试，因此农业
的起源完全可以看作满足能量需求的又一实例。由于采集和狩猎的收益减

少，初期耕作在许多采集社会逐渐扩大。如前所述，在很长一段时间内，采集和耕种在粮食产量的各种份额中共存。但是，有关农业起源的任何合理解释都不能忽视耕种的诸多社会优势。定居式作物种植保证了更多人一起生活，因此更容易形成更大的家庭，积累物质财富，组织防御和进攻。

奥姆甚至得出结论，粮食生产本身可能并不重要，但毫无疑问，农业的起源和传播都伴有重要的社会辅助因素（Orme 1977）。使用任何过于简化的能量驱动理论解释农业起源，其说服力都会因以下事实而削弱：早期农业净能量回报往往低于更早的或同时期的采集活动。与采集活动相比，早期耕作通常需要更高的人类能量投入——但它可以支持更高的人口密度，并提供更可靠的食物供应。这就解释了为什么许多采集社会在走向持续性耕作之前的几千年（或者至少几百年）一直与邻近的农耕族群保持互动——这些互动也包括经常进行大量贸易（Headland and Reid 1989）。

并不存在一个单一的将作物和产肉产奶的牲畜向四方传播的驯化中心，但旧世界最为重要的农业起源地并非先前所认为的黎凡特南部，而是底格里斯河和幼发拉底河上游（Zeder 2011）。这意味着粮食生产始于最理想地区的边缘，而不是它的中心地带。来自伊朗扎格罗斯山脉山麓乔加·戈兰（Chogha Golan，如今的伊朗伊拉姆省。——编者）的植物学记录为这一事实提供了最新证据（Riehl, Zeidi, and Conard 2013）：人类在大约 11,500 年前开始在此地种植野生大麦（Hordeum spontaneum），之后才开始种植野生小麦和野生小扁豆。

必须强调的是，就过程而言，采集活动和农业之间没有明确界限，因为在野生动植物的真正驯化之前，对它们的管理要经历漫长的时间。驯化最明显的特征是形态学变化清晰可辨。与先前的理解相反，植物和动物的驯化几乎同时进行，并且相当迅速地产生效果（Zeder 2011）。中东植物物种二粒小麦、一粒小麦（Triticum monococcum）和大麦（图 2.4）的第一次驯化最早大约距今 10,000—11,500 年，而中国小米（Setaria italica）距今约 10,000 年，水稻（Oryza sativa）距今约 7,000 年，墨西哥南瓜（Cucurbita species，南瓜属）距今约 10,000 年，玉米（Zea mays）距今约 9,000 年，安第斯马铃薯（Solanum tuberosum）距今约 7,000 年（Price

图 2.4　最早驯化的几种谷物：从 a 到 c 分别是二粒小麦、一粒小麦和大麦，它们是中东农业起源的基础（来源：Corbis）

and Bar-Yosef 2011）。动物驯养最早可追溯到 9,000—10,500 年前，开始是山羊和绵羊，而后是牛和猪。

　　新石器时代的欧洲向农耕过渡，主要可以有两种解释：由模仿带动的本土行动（文化扩散）带来的过渡；由分散人口驱动的扩散（居民扩散）。平哈西、福特和安默曼对新石器时代早期遗址材料进行放射性碳年代测定，结果与居民扩散的预测一致。最有可能的情况是从黎凡特北部和美索不达米亚地区出发，以 0.6—1.1km/yr（千米每年）的平均速度向西北扩散（Pinhasi, Fort, and Ammerman 2005）。对较晚的欧洲狩猎采集者骨骼线粒体 DNA 序列与早期农民和现代欧洲人骨骼线粒体 DNA 序列的比较研究支持了这一结论：研究结果有力地说明了，最初的农民不是当地采集者的后代，而是在新石器时代初期从别处移民而来的（Bramanti et al. 2009）。

　　早期农业往往采取游耕的形式（Allan 1965; Spencer 1966; Clark and Haswell 1970; Watters 1971; Grigg 1974; Okigbo 1984; Bose 1991; Cairns 2015）。这种做法通常是以较短的耕作期（1—3 年）和较长的休耕期（10 年或更长）互相交替。游耕形式之间尽管存在许多差异（由生态系统、气候和主要作物决定），但仍有诸多相似之处，其中多数显然意在尽量减少能量消耗。这类耕种循环从清除自然植被开始，通过砍伐或焚烧原生植物，足以为种植做好准备。为尽量减少步行距离，耕作者在尽可能靠近定居点的地方开辟田地或园子，首选的方法便是清除植物二次生长：例如，拉帕波特发现，在策姆巴加（新几内亚）人的 381 个菜园中，只有 1 个是由原始森林清除而来的（Rappaport 1968）。有些地块必须使用栅栏围护以防止被动物破坏：在这种情况下，砍伐树木制作栅栏需要的劳动力投入最大。植物中的氮在燃烧过程中大量流失，但燃烧释放的矿物质丰富了土壤的营养。

男性从事繁重的工作（在缺少良好工具的情况下，处理植物的方法只有焚烧，同时必须砍伐一些树木以制作栅栏），而女性的劳动主要是除草和收割。谷物和块茎由于产量相对较高，成了主要作物（Rappaport 1968）。在所有较为温暖的地区都存在大量套种的情况，特别是在集约耕作的园子里；间作以及交错收割也很广泛。游耕农业在除澳大利亚以外的所有大陆都占据重要地位。在南美洲，这种古老的做法（大部分在公元前 1000—前 500 年间）在整个亚马孙流域留下了黑土地（terra preta）的痕迹，在深达 2m 的深色土壤中，残留着烧焦的木材和作物、人类排泄物和骨骼（Glaser 2007; Junqueira, Shepard, and Clement 2010）。在北美，游耕的痕迹向北一直延伸到加拿大，那里的休伦人（Huron）以漫长轮作周期（35—60 年）种植玉米和豆类，每公顷耕地可养活 10—20 人（Heidenreich 1971）。

在人口密度低、可用土地充足的地区，游耕是从采集活动向永久种植进化过程中的一个连接部分。土地供应减少、环境退化和集约耕作的压力增大使其重要性不断降低。游耕的净能量回报差异很大。新几内亚高地策姆巴加人的园艺可以获得大约 16 倍的能量回报（Rappaport 1968）。另一项新几内亚的研究得出的回报率不超过 6—10 倍（Norgan et al. 1974），但是凯克奇玛雅（危地马拉）的玉米收成可以带来至少 30 倍的能量回报（Carter 1969）。通常而言，小颗粒作物净回报多数为 11—15 倍，大部分块根作物、香蕉和玉米的净回报最多是 20—40 倍（专栏 2.9）。养活一个人通常需要定期清理 2—10ha 土地，实际耕种面积仅为每人 0.1—1ha。即便只是中等生产率的游耕农业，能够支持的人口密度也比最佳采集社会高出一个数量级。

一些地方降水稀少或长期季节性缺水，因此在这种地方种植毫无回报或完全不可行。在这种情况下，游牧畜牧业便成为一种有效的替代方式（Irons and Dyson-Hudson 1972; Galaty and Salzman 1981; Evangelou 1984; Khazanov 2001; Salzman 2004）。旧世界许多社会一直将管理良好的放牧作为能量基础，尽管其中一些仍然处于贫穷和与世隔绝的状态，另外一些则因为在历史上对远方地区进行干涉而令人生畏：匈奴与中国早期王朝的冲突历时数百年，1241 年蒙古人向西的入侵远至今天的波兰和匈牙利。

畜牧业是一种保存猎物的方式，一种推迟收获的战略，对于较大型动物（特别是牛）而言，畜牧业的机会成本更高（Alvard and Kuznar 2001）。人们偏爱大型动物，但也会驯养生长率高的绵羊和山羊。在动物将草转化成牛奶、肉和血液的过程中，人类只需要付出很低的能量成本（图 2.5）。牧民的劳动仅限于放牧，保护牲畜免受捕食者侵害，喂水，帮助分娩，定期挤奶，不定期屠宰，有时还包括建造临时围栏。这些社会的持续人口密度并不比采集社会高（专栏 2.10）。

千百年来，游牧在欧洲和中东部分地区以及非洲和亚洲大片地区占

图 2.5　马赛牧人和他的牛群（来源：Corbis）

专栏 2.9

游耕农业的能量成本与人口密度

净能量成本被用于计算游耕的回报。我假设平均劳动力投入是 700kJ/h。产出则以没有除去储存损失和种子需求的可食用收成来计算。

人口	主要作物	能量投入（小时数）	能量回报	人口密度（人每公顷）
东南亚	块茎	2,000—2,500	15—20 倍	0.6
东南亚	水稻	2,800—3,200	15—20 倍	0.5
西 非	小米	800—1,200	10—20 倍	0.3—0.4
中 美	玉米	600—1,000	25—40 倍	0.3—0.4
北 美	玉米	600—800	25—30 倍	0.2—0.3

来源：Conklin（1957）、Allan（1965）、Rappaport（1968）、Carter（1969）、Clark and Haswell（1970）、Heidenreich（1971）、Thrupp and co-workers（1997）和 Coomes, Girmard, and Burt（2000）。

主导地位。在所有这些地方，它有时混合成了半游牧农牧业——特别是在非洲部分地区，采集活动也混入其中并占据很大一部分。这些游牧民往往被生产率更高的农民所围绕，他们通常依赖于和定居社会开展贸易，其中一些与自己生活的有限世界之外的天地基本互不影响。但也有很多游牧族群通过反复入侵和暂时征服农业社会，对旧世界的历史产生了巨大影响（Grousset 1938; Khazanov 2001）。在一些地方，至今依然生活着一些纯粹的牧民和农牧民（主要是在中亚、萨赫勒和东非），但他们的生存越来越边缘化。

专栏 2.10

游牧民

赫兰通过以下事例指出，游牧社会的劳动力要求很低（Helland 1980）。在东非，一位牧民就能够管理大量主要品种的牲畜：100 头骆驼、200 头牛、400 只绵羊和山羊。哈扎诺夫指出亚洲牧民可以管理类似的庞大畜群：蒙古的两位骑马的牧人就能管理 2,000 只羊，土库曼的一位成年牧人和一个男孩可以共同管理 400—800 头牛（Khazanov, 1984）。低劳动力需求相当具有吸引力，这是许多牧民不愿放弃游牧去当定居农民的关键原因之一。因此，许多游牧社会与定居农民世代相邻，只有严重干旱或现有牧场大量丧失，他们才会放弃牧群。

牧民的人均最低牲畜存栏数为 5—6 头牛、2.5—3 头骆驼或 25—30 只山羊或绵羊。传统马赛人的牛只拥有率（人均 13—16 头）要高得多，主要原因是采集血液的最低要求。他们每 5—6 周一次，刺穿牛收紧的颈静脉，抽取 2—4L 血液（饮用鲜牛血是马赛人日常饮食习惯的一部分）。在干旱期，一个五六口之家需要 80 头牛的牧群供应血液，即人均 13—16 头牛（Evangelou, 1984）。在任何情况下，游牧人口密度都比定居农民低，在东非这个数字一般为 0.8—2.2 人每平方千米，牲畜密度则在 0.03—0.14 头每公顷之间（Helland 1980; Homewood 2008）。

3

传统农业

从采集到农业的转变不能仅仅用能量必要性来解释。农业发展可看作为了适应更庞大的人口而不断努力提高土地生产率（以提高可消化能量的产量）的过程。但即便在这一狭窄框架内，我们仍不应忽视诸多重要的非能量因素（如微量营养素、维生素和矿物质的充足供应）。由于传统农民社会的饮食大多以素食为主，因此将重点放在主要作物特别是谷物产生的可消化能量产出上，并不是对事实的歪曲性简化。

唯有谷物的产量相当高（最初只有约 500kg/ha，最终在一些集约化程度最高的传统农业中超过 2t/ha），其中易消化的碳水化合物含量高，蛋白质（其中一些，尤其玉米还含有大量脂质）含量也比较高。它们成熟时的能量密度（15—16MJ/kg）约为新鲜块茎的 5 倍，风干后水分含量低，能够长期储存（用家用容器放在粮仓大规模储存）。主要作物的成熟速度（传统品种在 100—150 天内成熟）也足够快，因此每年将谷物与其他作物（主要是油籽和豆科作物）轮作或双季种植谷物可以提高粮食产量。

博斯鲁普将粮食能量与农民社会演变之间的联系概念化，将其变为一个选择问题（Boserup 1965; 1976）。一旦某个特定农业系统达到生产率的极限，人们可以选择迁移，或者留下并维持固定的人口数量，或者留下并减少人口数量，或采取一种生产率更高的耕作方式。最后一种选择并不一定比其他方案更有吸引力或可能性更大，它往往被推迟，或只是出于迫不得已而被接受，因为这种转变几乎总是需要更高的能量投入：在大多数情况下，人力和畜力都需要增加。生产率提高之后，种植相同（甚至更小）面积的土地能够支持更多人口，但集约化农业的净能量回报也许不仅不会增加，实际上还可能下降。

人们不愿扩大永久耕地（这需要更高的能量投入，首先需要清除原始森林、排干沼泽或建造梯田），因此周边土地的开垦受到拖延。加洛林王朝时期，欧洲村庄人口过剩，粮食供应长期不足，但只有德国和佛兰德斯部分地区的人们在不易耕种的地方开辟了新田地（Duby 1968）。在中世纪的欧洲出现过一股迁徙的浪潮：德国农民从人口稠密的西部地区向波希米亚、波兰、罗马尼亚和俄罗斯的森林或草原地区迁徙并开辟新农田，而这些地区在附近的耕种者那里并不受欢迎。即便是现在，印度尼西亚边远岛屿的种植密度（耕种强度）仍然低于人口稠密、生产率高的爪哇岛。在任何地方，从常规大面积休耕转变为一年一度种植再转变为多熟复种种植，都需要上千年时间。

虽然在农业实践和栽培的作物方面存在诸多差异，但是所有传统农业都有相同的能量基础。这些传统农业都由太阳辐射的光合作用提供能量，以此为人类生产食物，为动物提供饲料，为土壤提供循坏废弃物以补充肥力，以及提供燃料来熔炼制作简单农具所需的金属。因此，传统农业原则上完全是可再生的。但实际上，它往往导致积累的能量储备枯竭，尤其在拓荒阶段，人们需要通过大范围砍伐原始森林来开垦农田。无论如何，所有的传统农业几乎都依赖于对太阳能量的即时转换（通常来说，这一过程的延迟时间短至从耕种到收割作物所需的几个月，长至树木从发芽到能够砍伐所需的几十年）。

然而，即便作物种植取代天然草地（储存的植物量损失也由此而大大降低），这种再生能力的可持续性也不能得到保证。拙劣的农业实践会降低土壤肥力，或者造成过度侵蚀或荒漠化，导致产量下降，甚至是耕地的荒废。在大多数地区，传统耕作从粗放型逐步发展到集约型。其原动力（人类和动物的肌肉）几千年来保持不变，但耕作方法、耕作品种和劳动力组织情况都经历了很大变化。因此，稳定性和流动性都是传统农业历史的标志。

农业不断地集约化，在使人口密度持续增加的同时，也提出了更高的能量消耗需求，这些能量消耗不仅被直接用于农业活动，还用于诸如打井、修建灌溉渠和道路、储存粮食以及平整田地等关键辅助措施。反过来，由于这些改进，人们又需要更多的能量来制造更多种类的由家畜、水和风提供动力的先进工具和简单机器。更集约的耕作方式至少需要在犁地时用到畜力，通常而言，犁地是迄今为止能量需求最高的田间作业。美洲是一个明显的例外：无论是中美洲的种植者，还是印加的马铃薯、玉米种植者，都没有任何可供役使的动物。为保证被饲养的家畜得到充足的饲料，种植就需要为更集约。除谷物脱粒和碾磨外，许多其他田间作业也广泛使用动物。动物还是陆上食物配送中不可或缺的一部分。它们的圈厩、饲养和繁殖以及轭具、蹄铁和其他工具的生产变得更为复杂，技术也随之发展。

然而，并非发展出集约农业的所有步骤都像多季复作那样高耗能。多季复作给种植和收获期间的可用劳动力反复施加压力。此外，它还越来越依赖于更强壮的役畜，这进一步导致人们需要更多土地来生产饲料喂养这些牲畜。多季复作也必须通过修建和维护灌溉渠来支撑，它是一项需要反复付出繁重劳动的生产方式。用机械来类比的话，这种耕种方式引起的一些变化，使得植物可以更高比例地使用可用光合能量，就好像打开了机器关键的非能量闸门（阀），而这些闸门（阀）要么限制现有的能量流动，要么几乎阻止了能量转化为可消化的植物量。

氮是植物的关键常量营养素，氮的供应情况也许是上述效应最重要的例子。固氮豆科作物与谷类和块茎轮流种植（轮作），在增加粮食总产量的同时，也带来重要的农业生态系统效益。同样，改进灌溉装置的设计、采用新栽培的品种和新的作物品种有助于提高生产率和年产量。反过来，集约农业不仅带来了能量方面的巨大效益（更多的食物和饲料），也促进了前工业文明的进步（因为它需要长期规划、长期投资，改进劳动力组织情况，进而更为广泛地促进了社会和经济一体化）。

当然，并非任何形式的集约化种植都需要集中的组织和监督。挖掘短距离的、浅的灌溉渠道或水井，修建梯田或抬高田地，都来自单个农民家庭或村庄的反复实践。然而，随着此类活动规模越来越大，它们最终需要分级协调和超地域的管理。它还需要更强大的能量来源，为发展壮大的城市加工更多谷物和油籽，这种需要是发展一种替代人类和动物肌肉的技术的最初动力，也是利用水流和风来碾磨谷物和压榨油籽的重要刺激因素。农业经过几千年的发展，在共同的农艺措施和能量需求的制约下，形成了广泛的经营模式和生产率。

基本的田间劳动和收割后的工作、谷物在种植中占据的普遍主导地位以及生产周期顺序是集约农业的主要共同点，它们都主要由环境条件决定。传统农业集约化的四个主要步骤是：更有效地利用畜力；改进灌溉；增加施肥；轮作和多熟复种。虽然存在许多环境和技术限制，但传统农业可支持的人口密度的数量级高于除部分采集社会外的大多数社会。在它存在的相对早期，传统农业就能创造能量剩余，使最初数量很少但所占比重很大的成年人能够从事范围不断扩大的非农业活动，最终促使前工业社会变得高度多样化和层级化。只有通过增加化石燃料投入才能突破传统农业的极限。化石燃料作为一种能量补贴，使农业劳动力份额缩减到只占总劳动力的一小部分，促进了现代高能城市社会的兴起。

共性与特性

作物生长的需求规定了田间作业顺序的一般模式。种植相同的作物促使人们发明或采用非常相似的农艺措施、工具和简单机器。其中的一些创新出现很早，传播很快，然后在上千年里基本保持不变。还有一些发明在很长一段时间内仍然局限于其发源地，但一旦传播开来，就迅速得到改进。镰刀和连枷属于第一类，铁犁和条播机属于第二类。工具和简单机器这使田间作业变得更容易（从而提供了机械效益）、更快，提高了生产率，使得人们可以用更少的人员投入来种植更多农作物，由此而产生的能量剩余可以用在建造和其他活动中：没有镰刀和犁，就不会有大教堂——也不会有欧洲发现之旅。下面，我将首先简要介绍田间作业、工具和简单机器，然后描述谷物的主导地位和种植周期的特点。

田间作业

大部分传统农业需要繁重的劳动。但过了重体力劳动时期，随后往往就是一段能量要求较低的活动或季节性休息，这种模式（繁重劳动、轻松劳动和休息交替）与需要几乎持续高流动性的采集模式大不相同。从采集到务农的转变在人类骨骼中留下了清晰的实体记录。对从旧石器时代晚期到 20 世纪（跨越 33,000 年）的欧洲近 2,000 个个体的骨骼遗骸进行检测表明，随着逐渐转向定居的生活方式，人类腿骨的弯曲强度有所下降（Ruff et al. 2015）。这一过程大约在两千年前就已完成，自此腿骨强度稳定下来不再继续下降，此时正当粮食生产变得更加机械化。有观察证实，从采集到务农、从迁徙到定居的转变，在人类进化中具有真正划时代的意义。

传统农业中，环境要求决定着田间作业的时机，《农业志》（*De agri cultura*）强调了这一要求。《农业志》是现存最古老的农业建议汇编，由马尔库斯·加图（Marcus Cato）在公元前 2 世纪所著，其中写道："必须确保所有田地作业都按时进行，因为这是农业存在的方式：一件事推迟，那么每件事都会推迟。"数千年来播种都由手工完成，而所有其他田间作业都需要工具。随着时间推移，工具种类越来越多，尽管存在着一些早期农业机械设计，但它们直到近代早期（1500—1800 年）才开始普及。

本章后面引用的关于特定地区和国家农业历史的相关书籍中有关于传统农具、器具和机器的评论，在这方面更为详细的专业书籍有：怀特（White 1967）关于罗马世界、富塞尔（Fussell 1952）和摩根（Morgan 1984）关于英国、莱尔歇（Lerche 1994）关于丹麦、阿德里（Ardrey 1894）关于美国和布雷（Bray 1984）关于中国的著作。接下来，我将援引上述资料来描述所有重要工具和关键的栽培实践以及进展。在关于传统畜力一节中将只讨论动物轭具。

在旧世界所有的高级文明中，农业耕作序列的第一步都是犁地。引用一篇中国经典论著来说，"任何国家的国王或统治者都不能抛弃它"。它的不可或缺也体现在了古代文字中。苏美尔楔形文字和埃及象形文字都有代表犁的文字（Jensen 1969）。犁地能比锄地更彻底地为播种做好准备：犁地能粉碎压实的土壤、拔除杂草，犁过的土壤疏松、通气良好，可以供幼苗发芽和苗壮成长。公元前 4000 年后在美索不达米亚为人们所使用的是最早的刮犁，这种犁还只是带柄的尖木棒。

后来的犁大部分加上了金属尖端，但是几个世纪以来都保持对称（在两边沉积泥土）且轻便。这种简单的犁具（拉丁语 aratrum，意为轻型犁）仅为种子开辟一条浅沟，并在地面留下被切割的杂草，它是希腊、罗马农业的支柱。直到 20 世纪，它们才在中东、非洲和亚洲大部分地区被人使用。在最为贫穷的地方，在极端情况下会使用人力拉犁。只有在较轻、沙性大的土壤中，人力犁地才会比锄地更快（Bray 1984）。添加犁铧是迄今为止最为重要的改进。犁铧将犁过的土壤引导到一侧，将其（部分或全部）翻转，掩埋被切割的杂草，并清理犁沟底部，为下一轮犁地做准备。犁铧的使用使得在一次操作中耕种一整块田地成为可能。人们不再需要按照刮犁的要求进行交叉犁地（就像使用原始刮犁要做的那样）。最早的犁铧只是一些直木块，但在公元前 1 世纪之前，汉人就开始将弯曲的金属板连接到犁头上（图 3.1）。

中世纪欧洲重型犁有一个木制犁铧和一个犁刀，犁刀安装在锻铁犁

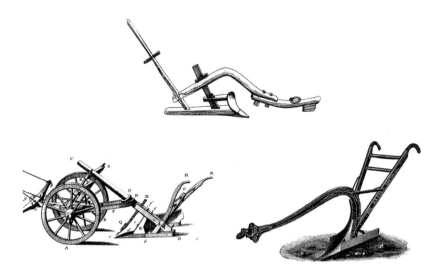

图 3.1　曲面犁的演变。中国传统犁（上）有一小块平滑弯曲的由非脆性铸铁制成的犁铧。欧洲中世纪重型犁（左下）附在一个前车架上，在犁铧前有一个用来割断植物根部的尖头犁刀。19 世纪中期的美国高效的梁式犁（右下），犁铧和犁头融合成一个平滑弯曲的钢制三角［来源：Hopfen（1969）、Diderot and D'Alembert（1769—1772）和 Ardrey（1894）］

铧之前，它可用来切入土壤。18 世纪下半叶，西方的犁仍然保留着沉重的木轮，但带有弯曲性能良好的铁犁铧（图 3.1）。只有当钢铁变得廉价可得，这类铧式犁才在欧洲和北美逐渐普及开来。钢铁最初是在 19 世纪 60 年代通过贝塞麦法生产的，不久之后开始在平炉中大量生产（Smil 2016）（图 3.1）。在大多数土壤中，犁地后会留下相对较大的土块，人们在播种前必须先将其打碎。用锄头锄地也有效果，但太耗时又太费力。这就是所有古老犁文化中都会使用耙的原因。它们从原始刷耙发展到各种木制或金属结构的耙，其上固定着木栓或金属齿或圆盘。人们通常也用倒置的耙或磙来使地面更平整。

犁地、耙地、平整处理之后，就可以准备在地里播种了。虽然早在公元前 1300 年美索不达米亚人就已经使用条播机，汉人也使用播种犁，但 19 世纪前，欧洲仍普遍采用手工播种的方式，尽管这种方式比较浪费资源，会导致发芽不均匀。16 世纪后期，一种简单的播种机开始流行于意大利北部，种子被装在犁上的一个桶中，通过一根导管撒下。不久，人们又用诸多进一步的创新将其改造成复杂播种机。作物的中耕主要通过锄头来完成。人们用手推车、木制水具或肩挑水桶将粪肥和其他有机废料运输到田地里，这在东亚非常普遍。然后，人们用叉、倒、舀的方式将其送到土里。

镰刀（第一种收割工具）最初被用来代替许多采集社会使用的短而锋利的石刀。在罗马高卢时代的记载中就有大型镰刀，其刀刃长度可达 1.5m（Tresemer 1996; Fairlie 2011）。镰刀边缘可分为锯齿状边缘（最为古老的设计）或光滑边缘，刀片可分为圆形、直形或轻微弯曲形。用镰刀切割速度很慢，而长柄大镰刀因配有采摘谷物的支架，更适合用于大面积收割（图 3.2）。但用镰刀收割造成的谷物损失要比用长柄大镰刀大面积清扫更小，因此镰刀收割在亚洲得以保留，人们用它来收割易碎的稻米。机械收割直到 19 世纪初才被应用到美国和欧洲的粮田里（Aldrich 2002）。收获谷物之后，人们将其一束一束顶在头上、用挂篮挂在肩上或动物体侧，使用独轮车、手推车或由人或牲畜推拉的货车运回。

农作物加工过程需要相当多的能量投入。人们将谷物撒在打谷场上，使用棍棒或连枷击打，将它们一捆捆撞击格筛，或放在特制梳具上进行处

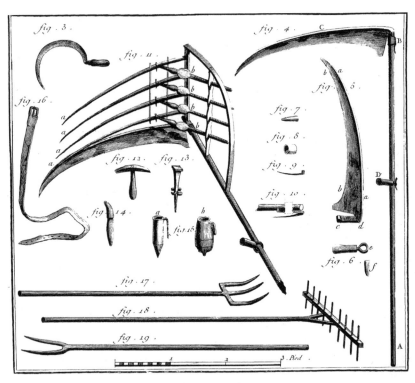

图 3.2 《百科全书》所展示的镰刀和长柄大镰刀图片。上图右边的简易长柄大镰刀用来割草，附有支架的长柄大镰刀则被用来收割谷物。上图同时还展示了用来锤击（矫直）和打磨镰刀的工具，以及耙和干草叉。下图展示了 19 世纪美国人使用镰刀和长柄大镰刀收割谷物的情形

理。人们驱使动物踩踏摊开的谷物，或让它们拉着沉重的滑橇或磙子在上面碾过。在采用曲柄风扇之前，扬谷（从谷物中分离谷壳和污垢的过程）只能依靠篮子和筛子来手动完成。在使用动物、水和风车来实现机械化之前，谷物的碾磨需要沉闷的体力劳动。油则需通过人工或动物操作产生压力，从种子中榨取。甘蔗甜汁的榨取也是如此。

谷物的优势

所有传统农业社会都种植各种谷物、产油作物、纤维植物和饲料作物，见诸记载的田间作业顺序的内容却多与谷物相关。除了犁地之外，谷物在一年生作物中占据优势地位是旧世界农业的另一个共同特征。不耕地的中美洲社会有着依赖玉米这一共同特点，即便是印加人也只在一定程度上是个例外：他们在高海拔的陡峭山坡上种植不同品种的马铃薯，在低海拔地区种植玉米，在地势高的安第斯高原种植藜麦（Machiavello 1991）。这类耕作依赖一种脚踏犁（chaki taklla），它由一根弯而尖的木杆和一根横杆组成，人们用脚推动它开出一条沟。

不同于其他谷物（包括最近在西方人的素食中流行的印加藜麦）主要流行于当地或者某一具体地域，一些基本谷物属类已从其原产地逐渐扩散到世界各地，比如来自近东的小麦、来自东南亚的水稻、来自中美洲的玉米和来自中国的小米（Vavilov 1951; Harlan 1975; Nesbitt and Prance 2005; Murphy 2007）。谷物的重要性归功于它既能随进化做出适应性调整，也能满足能量需求。采集社会聚集了种类繁多的作物，根据已得到开发的生态系统的不同，大部分食物能量的来源要么是块茎，要么是作物种子。在定居社会，将块茎作为主食相当具有局限性。

在缺乏有效的控温和控湿手段的情况下，刚收获的新鲜块茎由于含水量太高而无法长期储存。即使能够克服这一挑战，人们也需要大量储存这种蓬松的块茎，才能在纬度更高（或海拔更高）的人口稠密的定居社会度过长达几个月的冬季。高海拔的安第斯社会通过将土豆保存为干土豆（chuño）解决了这一问题。克丘亚人和艾马拉人通过冷冻、踩踏和干燥等过程的交替生产出这种脱水食品，它们可以储存数月甚至数年（Woolfe

1987）。块茎的蛋白质含量低（一般约为谷类的 1/5；有些硬粒小麦的蛋白质含量高达 13%，白薯则仅含 2% 的蛋白质）。豆类的蛋白质含量是谷类的两倍（豌豆约 20%，菜豆和扁豆约 18%—26%），大豆的蛋白质含量（35%—38%，有些品种的蛋白质以重量计甚至达到 40%）甚至达到谷类的三倍以上。但豆科作物的单位面积产量不到主粮谷物产量的一半：美国 1960 年谷物平均产量为 2.5t/ha，2013 年为 7.3t/ha，而同时期的豆科作物产量分别为 1.4t/ha 和 2.5t/ha（FAO 2015a）。

因此以谷物为主食有着明显的能量优势。这种优势源于相当高的产量、良好的营养价值（碳水化合物含量高、蛋白质含量相对丰富）、成熟时较高的能量密度（大约比块茎高 5 倍）以及水分含量较低因此适合长期储存（在通风良好的储存情况下，谷物在含水量低于 14.5% 时就不会变质）。某一特定物种的优势主要取决于环境条件（尤其是生长期的长度、合适的土壤以及充足的水分）和口味偏好。所有谷物在总能量含量方面非常相似：各种谷物成熟种子之间的差异一般小于 10%（专栏 3.1）。

谷物中的食物能量主要包含在碳水化合物中，主要表现为易消化的多糖（淀粉）形式。人类饮食中淀粉含量增加，在第一批驯养动物的饮食中引起了显著的适应性变化：相对于食肉的狼，狗的基因突变使其更容易消化淀粉，这是驯养该物种的关键步骤（Axelsson et al. 2013）。谷物的蛋

专栏 3.1
主要谷物的能量密度、碳水化合物含量和蛋白质含量

谷物	能量含量（MJ/kg）	碳水化合物（%）	蛋白质（%）
小麦	13.5—13.9	70—75	9—13
水稻	14.8—15.0	76—78	7—8
玉米	14.7—14.8	73—75	9—10
大麦	13.8—14.2	73—75	9—11
小米	13.5—13.9	72—75	9—10
黑麦	13.3—13.9	72—75	9—11

来源：USDA（2011）和 Nutrition Value（2015）。

白质含量范围更广，许多水稻品种的蛋白质含量不到 10%，硬粒夏小麦的蛋白质含量为 13%，藜麦的蛋白质含量高达 16%。蛋白质具有与碳水化合物相同的能量密度（17MJ/kg），但它在人体营养中的角色主要不是能量提供者，而是 9 种必需氨基酸的提供者，这些氨基酸的摄入对建立和修复身体组织至关重要（WHO 2002）。如果不从植物、动物食物中获取这些必需氨基酸，我们就不能合成身体蛋白质。

所有肉食和蘑菇都是完美的蛋白质来源（所有 9 种必需氨基酸的含量都比较充足），但 4 种主要谷物（小麦、大米、玉米、小米）和其他重要谷物（大麦、燕麦、黑麦）缺乏赖氨酸，块茎和大多数豆类缺乏甲硫氨酸和半胱氨酸。即使是最严格的素餐，也可以通过搭配含有特定氨基酸的食物来提供完整的蛋白质。对这种根本的缺点，素食（以谷物为主）占主导地位的所有传统农业社会都独立地（显然是在缺乏任何生化知识的情况下：氨基酸及其营养作用直到 19 世纪才被发现）找到了简单的解决办法，那就是将谷物和豆类互相搭配食用。

在中国，大豆（拥有完整蛋白质的少数重要素食的一种）、菜豆、豌豆、花生与北方的小米、小麦以及南方的大米互相补充。在印度，豆类（dal，印地语中豆类的通称，包括扁豆、豌豆和鹰嘴豆）中的蛋白质一直丰富着以小麦和大米为主的饮食。在欧洲，最常见的豆类－谷物的组合依赖豌豆、菜豆以及小麦、大麦、燕麦和黑麦。在西非，人们将花生、豇豆与小米一起食用。在新世界，玉米和豆类不仅在各种各样的菜式中被一起食用，而且通常在同一块地里交叉种植。

这意味着，即使是纯粹的素食也能保证充足的蛋白质摄入。与此同时，几乎所有传统社会都高度重视肉类，即使在禁用肉食的地方，人们也能依靠奶制品（印度）或鱼类（日本）来获得高质量动物蛋白。小麦含有两种独有的蛋白质，其独特性不是因为营养价值，而是因为物理特性（黏弹性）。单体面筋蛋白（醇溶蛋白）具有黏性，聚合面筋蛋白（谷蛋白）具有弹性。与水混合时，它们就会形成面筋复合物，这种复合物富有弹性，因此发酵的面团能够膨胀，而且其强度使其足够保留酵母发酵过程中形成的二氧化碳气泡（Veraverbeke and Delcour 2002）。

没有这些小麦蛋白，就没有发酵面包，这是西方文明的基本食物。获得酵母菌从来不成问题：野生（天然存在的）酿酒酵母（Saccharomyces cerevisiae）存在于多种水果和浆果表皮上，并且许多菌株已经被驯化，这导致基因表达和菌落形态发生了改变（Kuthan et al. 2003）。谷物在传统饮食中占据主导地位，这使得谷物生产的能量平衡成为反映农业生产力的核心指标。本章也提供了关于各种单个农田或农场劳作任务的典型劳动力需求及其能量成本的数据（专栏 3.2）。

计算近似的能量平衡则不需要如此详细的数据。在传统农业作业中，使用典型净能量成本的代表性平均值就已足够。男性中等活动的典型能量需求是自身基本代谢率的 4.5 倍，女性则是 5 倍，即分别是 1MJ/h 和 1.35MJ/h（FAO 2004）。除去各自的基本生存需要，男女的劳动力净能量成本分别为 670kJ/h 和 940kJ/h。简单来说平均数约为 800kJ/h，我将把它作为传统农业劳动力每小时的平均粮食净能量成本。类似地，我也通过将收成质量乘以适当能量当量（对于水分比例小于 15% 的可储存谷物，通常乘以 15GJ/t）来计算谷物的总能量产量。

这两项指标能够揭示这些关键农业工作的总能量回报，也就进而反映了生产率的情况。扣除种子需求以及碾磨和储存的能量损失后，净能量回报大幅降低。农民不得不把每次收成的一部分预留下来，以备来年播种。在中世纪，手工播种产量低、种子浪费大，这意味着农民可能必须预留多达 1/3 甚至一半的谷物。随着收成的增加，这一份额逐渐降至不到 15%。有些谷物是整粒食用的，但在实际制备（烹饪或烘焙）前，大多先被碾磨过，在此过程中整粒谷物质量的很大一部分又损失掉了（专栏 3.3）。

传统农场的贮藏损失（由霉菌和昆虫的蔓延以及能够进入储存箱或储存罐的啮齿动物造成）通常会使可食用谷物总量减少几个百分点，甚至十个百分点以上。如前所述，水分低于 15% 的谷物可以长期储存；水分含量更高，特别是当温度也更高时，种子的萌芽以及昆虫和霉菌的生长便有了绝佳的条件。此外，储存不当的谷物可能会被啮齿动物吃掉。即使近至 18 世纪中叶，播种需求加上储存损失，也可能使欧洲谷物的总能量收益减少 25% 左右。

专栏 3.2

传统农业的劳动力和能量需求

任务	人 / 动物	每公顷小时数	能量成本
锄地			M—H
一般土壤	1/—	100—120	M—H
潮湿土壤	1/—	150—180	H
犁地			M—H
使用木犁犁地	1/1	30—50	H
使用木犁犁地	1/2	20—30	H
使用钢制犁犁地	1/2	10—15	M
耙地	1/2	3—10	M
播种			L—M
撒播	1/—	2—4	M
播种机	1/2	3—4	L
除草	1/—	150—300	M—H
收割			M—H
镰刀收割（小麦）	1/—	30—55	H
镰刀收割（水稻）	1/—	90—110	H
带架的长柄大镰刀	1/—	8—25	H
捆扎成束	1/—	8—12	M—H
堆成禾束堆	1/—	2—3	H
收割机	1/2	1—3	M
割捆机	1/3	1—2	M
联合收割机	4/20	2	M
脱粒			L—H
踩踏	1/4	10—30	L
剥壳	1/—	30—100	H
脱粒机	7/8	6—8	M

注：对于普通成年人来说，轻体力劳动（L）每分钟消耗的食物能量不到 20kJ，中度体力劳动（M）每分钟消耗 20—30kJ，重体力劳动（H）每分钟消耗 30—40kJ。女性各项数值要比这些值低约 30%。

来源：数据根据 Bailey（1908）、Rogin（1931）、Buck（1937）、Shen（1951），以及 Esmay and Hall（1968）整合计算而来。能量成本指标根据 Durnin and Passmore（1967）新陈代谢研究而来。

专栏 3.3

谷物碾磨

全麦面粉含有完整籽粒，但白色小麦粉仅由籽粒胚乳（约占总重量的 83%）制成，麸皮（约 14%）和胚芽（约 2.5%）被分离用于其他用途（Wheat Foods Council 2015）。生产白米的碾磨损失更高。稻壳层占稻谷质量的 20%，将其去除之后产生糙米。麸皮层占谷物的 8%—10%，将其以不同程度去除之后产生不同程度的碾净（白色）稻米，这种稻米仅占谷物初始质量的 70%—72%（IRRI 2015）。

在日本，食物短缺时，人们被迫食用糙米，情况更糟时食用糙米与大麦的混合物，情况再糟就只能食用大麦了（Smil and Kobayashi 2011）。玉米的碾磨过程会除去其顶冠、麸皮和胚芽，留下占玉米籽粒约 83% 的胚乳。用于制作玉米饼、玉米粉蒸肉、玉米面团的玉米粉，是通过将玉米粒浸在石灰溶液中进行湿磨生产出来的，这种方法又叫碱化湿磨法（Sierra-Macías et al. 2010; Feast and Phrase 2015）。这一过程使得玉米粒外壳变松，溶解了半纤维素，使玉米粒软化，减少了真菌毒素，提高了烟酸（维生素 B_3）的生物利用率。

种植周期

作物年种植周期的共性和谷物种植的优势掩盖了许多局部和区域特点。它们当中的一些明显具有文化渊源，大多数则可归因于对不同环境的反应和适应。最值得注意的是，环境条件决定了人们会选择哪些主要作物，进而决定了典型饮食的构成。环境条件还塑造了年种植周期的节奏，从而决定了农业劳动的具体安排。小麦之所以能够从中东传播到所有大陆，是因为只要排水良好，它在不同气候（比如在半荒漠地区和多雨温带地区，小麦是北纬 30°—60° 之间地区的主要食物品种）、不同海拔（从海平面到海拔 3,000m）和不同土壤中都能生长良好（Heyne 1987; Sharma 2012）。

相比之下，水稻最初是一种生长在热带洼地的半水生植物，它在溢满水的田里生长，直到被收割（Smith and Anilkumar 2012）。它的种植范围也远远超出了最初的南亚核心地带,但它一贯只在热带和亚热带多雨地区才有最高的产量(Mak 2010)。种植水稻需要建造和维护脊状湿地,在苗圃中培育种子使其发芽,移栽幼苗,提供辅助灌溉,这些活动加起来的劳动力需求比栽培小麦要高得多。与小麦不同,玉米在温暖的地区、多雨的季节长势最好,但它也喜欢排水良好的土壤(Sprague and Dudley 1988)。土豆则在夏季凉爽、雨水充沛的地方长得最好。

在干旱的亚热带地区和季风区,年种植周期取决于水的供应情况,而在温带气候地区,它取决于生长季的长短。在埃及,尼罗河的潮水决定了每年的种植周期,这种情况一直到 19 世纪下半叶人们广泛采用常年灌溉才结束。潮水一退,人们就开始播种(通常在 11 月),从 6 月底水位上升到 10 月底水位迅速下降,人们在田里做不了任何事。作物从播种到收割一般要经过 150—185 天(Hassan 1984; Janick 2002)。直到 19 世纪,这种模式基本都没有发生变化。

在季风气候的亚洲,水稻种植不得不依赖于夏季降水,降水通常都很丰富,但往往来得有点迟。例如,在中国的集约种植模式下,人们在 4 月将早稻幼苗从秧田移往稻田。7 月,第一季作物收获后,人们立即移栽晚稻,晚稻在晚秋收获,再之后是冬季作物。温带地区两熟种植所承受的压力要小得多。在西欧,人们在秋季种植越冬作物,5—7 个月后收获。紧随其后的是春天播种的作物,在 4—5 个月内成熟。在寒冷的北部地区,4 月土地将会解冻,但一年生作物的种植时间必须等到 5 月下旬,到那时严霜的危害将会减弱,在下次严霜到来之前,作物只有大约 3 个月的时间来发育成熟。

由于受到由气候决定的耕作节奏的影响,人力和畜力的调动和管理具有高度的波动性。种植单一的一年生作物的地区有着漫长的冬季空闲期,这是北欧和北美平原地区谷物种植的典型特征。照料家畜当然也是全年的工作,但仍然会留下许多空闲时间,人们在其中一些时候从事家庭手艺劳动,修理农具,建造房屋圈舍。中国北方冬季相对较短,冬天的许多时间会被用于维护和扩大灌溉工程。

春耕和播种通常需要几个星期的艰苦劳动,之后的几个月则以较为轻松的常规工作为主（尽管稻田除草工作可能也很艰苦）。收割工作则最为繁重，秋耕可能会持续更长的时间。包括西欧、中国华北平原、北美东部大部分地区等一些地方的气候并不那么极端，可以种植冬季作物，在这些地方从收获夏季作物到种植冬季作物之间有两三个月时间。相比之下，在降水分布极不均匀的地区，特别是在季风气候的亚洲，田间劳作的时机有限，及时的种植和收获便尤为关键。即便只比最佳种植期晚了一周，产量也会大幅度下降。过早收割的谷物含有很高的水分，可能需要劳动力密集的干燥过程；谷物收割太迟，可能会造成损失，因为抽穗太迟的谷物易碎。

在采用收割机和割捆机之前，手工收割谷物的过程最为耗时，它所花费的时间比犁地时间要长 3—4 倍，而且它明确地限制了一个家庭可以管理的最大种植面积。当人们必须快速收割一种作物之后才能种植下一种作物时，劳动力需求猛增。中国有句谚语生动地反映了这一情形，大意为"小麦发了黄，秀女也下床"。巴克在针对中国传统农业的综合研究中量化了这一要求：中国的两熟耕作地区的种植和收获（从 3 月到 9 月）几乎使用了所有（平均 94%—98%）可用劳动力（Buck 1937）。在印度的部分地区，夏季两个高峰月需要的劳动力是实际可用劳动力的 110% 以上甚至 120%，类似情况在季风气候的亚洲其他地区也普遍存在（Clark and Haswell 1970）。只有每个家庭都努力地长时间工作或依靠外来劳动力，人们才能克服这一共同的能量瓶颈。

在许多农业生产中，人们都将畜力留给最为苛刻的田间作业，畜力的使用因而更不均衡。例如，中国的华南水牛最为繁重的工作情况分别是：在早春的两个月里播种、耙耕和平土，在夏天的 6 周里收获，然后在一个月的时间里为冬季作物的耕种做准备（再次犁耕和耙耕），总共耗时约 130—140 天，不到一年的 40%（Cockrill 1974）。在北欧的单季种植地区，春耕、秋耕和夏季收获期间，牲畜只需做 60—80 天艰苦的田间劳动，其他大部分时间被广泛用于运输。在非洲许多地区，牛每天工作 5 小时，而亚洲稻田里的水牛和欧洲或北美的马在收获期间每天工作时间则在 10 小时以上。

农业集约化的途径

任何想要成功提高产量的努力，都离不开下面三项必要的进步。第一，用畜力部分地替代人力。在水稻种植过程中，单调的锄耕被使用水牛犁田所取代，这通常只是消除了最令人筋疲力尽的人力劳动。在旱地耕作过程中，畜力取代人力，大大加快了许多田地和农场的工作速度，使人们可以从事其他生产活动或缩短工作时间。原动力的转变不仅使工作更快、更容易了，还提高了犁地、播种和脱粒的工作质量。第二，灌溉和施肥缓和了（如果不是完全消除的话）作物生产率的两项关键制约——缺水和养分短缺。第三，人们通过多熟复种种植或轮作的方式种植更多种类的作物，提高了传统耕作的韧性和生产率。

两句中国农谚反映了解决这两项制约和使得产出更加多样化的重要性，大意为"有收无收在于水，多收少收在于肥"和"小米之后种小米，收成少得让人流泪"。使用牲畜是一项根本的能量进步，其影响超过了田间耕作和收获。牲畜在施肥过程中必不可少，它们既是肥料养分的来源，也是将养分散发给作物的原动力。在许多地方，它们还为灌溉提供能量。更强大的原动力和更好的水分与养分供应，也带来了更多的多作物种植和轮作。反过来，这些进展可以支持大量更强壮的动物，因为集约化的这三项途径是相互影响、相互加强的。

役 畜

驯化的过程培育出了许多具有独特特征的劳作物种，它们的体重跨度可能超过一个数量级：比如一头小驴重量可能只有约100kg，最重的挽马可超过1,000kg；印度公牛体重不足400kg，意大利罗曼诺拉牛或契安尼娜牛的体重很容易达到其两倍（Bartosiewicz et al. 1997; Lenstra and Bradley 1999）。亚洲地区和欧洲部分地区的马匹大多数是小马，身高不足14掌（hand），体重不超过一头亚洲牛。掌是传统英制测量单位，一掌等于四英寸（英寸，inch，缩写为in。1hand = 4inch，1hand ≈ 10.16cm，1in ≈ 2.54cm。——编者），动物的身高测量的是从地面到马肩隆的距离（马肩隆是肩胛骨之间的脊，在脖子和头下面）。罗马马种有 11—13 掌高。现代早期欧洲体重最重的品种（比利时的布拉班特、法国的布洛奈马和佩尔什马、苏格兰的克莱兹代尔马、英格兰的萨福克马和夏尔马、德国的莱茵兰德马、俄罗斯的大驮马）的身高接近甚至超过 17 掌，体重接近甚至略高于 1,000kg（Silver 1976; Oklahoma State University 2015）。水牛的体重范围在 250—700kg 之间（Cockrill 1974; Borghese 2005）。

传统农业使用动物来完成各种各样的田间和农场劳作，但耕地无疑是它们发挥最大作用的活动（Leser 1931）。一般来说，劳作动物的牵引力与体重大致成正比，而决定实际表现的其他变量包括它们的性别、年龄、健康状况和经验、挽具的效率以及土壤和地形条件。由于这些变量的变化范围很广，因此最好使用标准范围来概括常见劳作动物的有用功率（Hopfen 1969; Cockrill 1974; Goe and Dowell 1980）。动物的标准牵引力是其自身体重的 15%，但马在短时间内的牵引力能够达到体重的 35%（对应的功率约为 2kW），在竭尽全力的几秒钟内甚至更高（Collins and Caine 1926）。质量较大和速度相对较高，使得马匹成为最好的牵引动物，但是大多数马匹都不能以 1hp（745W）的功率稳定工作，它们传送能量的功率通常在 500—850W 之间（专栏 3.4，图 3.3）。

由于任务（深耕和耙地可能分别是作业轻重程度的两个极端）和土壤类型（重黏土的要求苛刻，沙土要求较低）的不同，实际的牵引要求有着很大差异。浅犁（使用单犁铧）和割草需要 80—120kg 的持续牵引力，深犁需要 120—170kg 的牵引力，谷物收割机和割捆机需要 200kg 的牵引力。两匹普通的马就能完成所有这些任务，两头牛却不能完成深耕或使用收割机来收割的任务。与此同时，牵引任务的力学结构更适合较小的动物：在其他条件相同的情况下，它们的牵引线更接近于牵引方向，因此效率更高；在耕作中，牵引线较低也能够减少犁的上扬，从而使耕作的人更容易引导犁。体重较轻的动物通常也更敏捷，它们可以用韧性和耐力来弥补体重较轻的缺点。

只有在拥有实用的挽具的情况下，人们才能将潜在牵引力转化为高效的性能（Lefebvre des Noëttes 1924; Haudricourt and Delamarre 1955;

专栏 3.4

家畜的典型体重、牵引力量、工作速度和功率

动物类别	体重（kg）		典型牵引力量（kg）	通常的速度（m/s）	功率（W）
	通常范围	大型动物			
马	350—700	800—1,000	50—80	0.9—1.1	500—850
骡子	350—500	500—600	50—60	0.9—1.0	500—600
公牛	350—700	800—950	40—70	0.6—0.8	250—550
母牛	200—400	500—600	20—40	0.6—0.7	100—300
水牛	300—600	600—700	30—60	0.8—0.9	250—550
驴	200—300	300—350	15—30	0.6—0.7	100—200

注：功率值四舍五入到 50W。

来源：Hopfen（1969）、Rouse（1970）、Cockrill（1974）和 Goe and Dowell（1980）。

Needham 1965; Spruytte 1983; Weller 1999; Gans 2004）。牵引力必须通过一个传动装置传递到作用点（无论是犁铧还是收割机边缘），该装置要能够有效地传递牵引力，同时还能让人控制动物的运动。这种设计可能看似很简单，但它的出现经历了很长时间。牛是第一种劳作动物，它被轭架（固定在角或脖子上的或直或弯的木杆）所驾驭。

最古老的美索不达米亚挽具（最适合强壮的短颈动物，后来在西班牙和拉丁美洲流行开来）是双头轭，固定在头的前方或后方（图 3.4）。这是一种原始的挽具：它仅仅是一根长长的木梁，其喉部紧固件可能会使动物在繁重的劳动中窒息，而且它的牵引角度过大。此外，为了避免牛窒息，两头牛必须身高相同，并且即使依靠一头牛就能完成的轻量的工作也必须使用两头牛。欧洲一些地区（波罗的海东部地区、德国西南部）使用更为舒适的单头轭。连接着两根木辕或牵拉带和一根横木的单颈轭在整个东亚以及中欧都很常见（图 3.4）。非洲、中东和南亚的人们则更喜欢使用双颈轭。

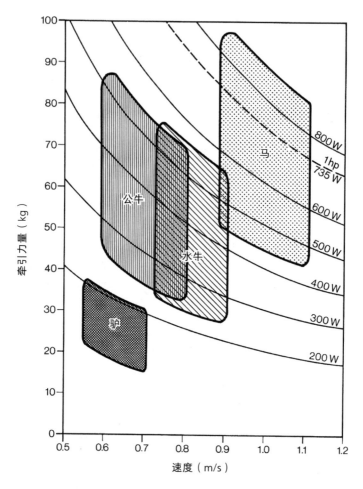

图 3.3 动物牵引力量的比较显示马明显占优势。数据来自 Hopfen（1969）、Rouse（1970）和 Cockrill（1974）

　　马是最强大的役畜。与身体前后重量分布基本均匀的牛不同，马的身体前部明显比后部重（比例约为 3∶2），因此马可以比牛更好地利用惯性运动（Smythe 1967）。马一般都能以大约 1m/s 的稳定速度在田地里工作（除了在黏重、潮湿的土地上），比牛快 30%—50%。两匹重型马两小时牵拉的最大拉力能够达到表现最好的两头牛的两倍。因此，个头最大的马在较短的时间内能以超过 2kW（或超过 3hp）的功率工作。但是驼背的瘤牛有着高效的热调节能力，因此在热带地区占优势地位；它们对于蜱虫的侵扰也不那么敏感。水牛在潮湿的热带地区繁衍生息，相比于黄牛，它们能更有效地转换粗饲料，能够在完全浸没于水中的情况下吃水生植物。

　　在现存最古老的关于劳作马匹的图像中，马匹并未在田间劳作，而是拉着轻便的仪仗马车或战车。在古代的大部分时间，人们使用背轭来

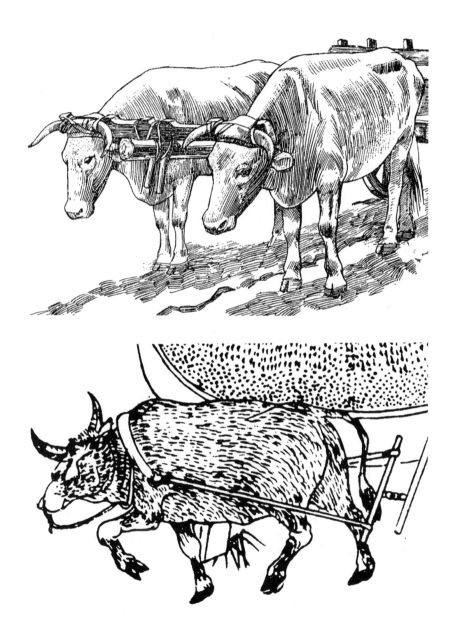

图 3.4　头轭（上）是最早被用在耕牛身上的挽具，效率较低。在整个旧世界，颈轭（下）是驾驭牛的主要工具 [来源：Hopfen（1963）和一幅明末的插图]

驾驭马匹（Weller 1999）。背轭是一种木制或金属制的叉形装置，人们将其直接放置在马的肩隆后面，通过胸带固定在适当位置，胸带横过马的胸部，并通过肚带被固定在轭的两侧（肚带穿过马的背部和腹部）。勒菲弗·德·诺特对罗马挽具的还原并不准确，得出了一个几十年来被广泛接受的错误结论，他认为这种挽具效率非常低下，因为胸前的项圈往往会向上移动，会使马匹窒息（Lefebvre des Noëttes 1924；专栏 3.5）。

中国引进胸带挽具的时间不迟于汉代早期，这种挽具的牵引点离马

专栏 3.5

挽具和牵引力的比较

几十年来，在许多著作中反复出现这样的描述，即古代的喉－腰挽具牵引点过高，而且喉带会产生窒息效应，因此不适合用于繁重的野外作业。这一结论基于 1910 年法国军官理查德·勒菲弗·德·诺特（Richard Lefebvre des Noëttes，1856—1936）在其著作《古往今来的驱动力量》（*La Force Motrice à travers les Âges*）中对一条被还原的挽具所做的真实实验而得出。这些发现不仅为许多古典主义者所接受，也为 20 世纪三位主要的研究技术进步的史学家所接受，他们分别是李约瑟（Joseph Needham 1965）、林恩·怀特（Lynn White 1978）和让·金佩尔（Jean Gimpel 1997）。

但他们接受这一结论是建立在一个错误的还原之上的：让·斯普鲁特在 20 世纪 70 年代使用被准确还原的背轭挽具（直接放置在马的肩后并用胸带系紧）所做的实验并未导致窒息，当两匹马所拉动的负荷接近 1t 时，挽具仍然表现良好（Spruytte 1977）。这一事实驳斥了"古典文化被一个有缺陷的动物驾驭系统所'阻断'"的观点（Raepsaet 2008, 581）。但在测试中，斯普鲁特使用的是 19 世纪的轻型马车（比罗马货车轻得多），因此即使忽略马的体形差异，他的实验也不能完全还原两千年前的一般情况。无论如何，《狄奥多西法典》（*Theodosian Code*，439）对于马拉货车的重量做出了限制（500kg），可见"罗马人显然知道拉运重物对马匹造成的痛苦"（Gans 2004, 179）。

图 3.5 胸带挽具直至 20 世纪一直被用来完成较轻的任务（来源：《百科全书》）

匹最有力的胸肌太远（图 3.5）。尽管如此，这种设计还是传遍了欧亚大陆，它最早在公元 5 世纪就传到了意大利（很可能是随着东哥特人的迁徙而传过去的），然后在大约 300 年后传到了北欧。但中国的另一项发明才真正把马匹变成更好的劳作动物——项圈挽具最早在公元前 1 世纪就作为硬轭的软支撑开始在中国使用，然后逐渐转变成单一组件。到公元 5 世纪，它的简单变体可以在敦煌壁画中看到。语言学证据表明，到 9 世纪它已经传播到欧洲，在大约 3 个世纪内会得到普遍使用，直至 700 多年后，马匹被机器代替，项圈挽具的设计基本保持不变。在中国，劳作马匹的数量在逐渐减少，但这种设计仍在使用。

标准的项圈挽具由单个椭圆形木制（后来也有金属制）框架（颈轭）组成，衬里舒适地贴合马肩，下面通常有单独的项圈护垫。牵拉带连接着马肩胛骨正上方的颈轭（图 3.6）。马的动作受笼头控制，马笼头是由缰绳连接着、被放在马口中的金属嚼子，由一个马镳支撑。项圈挽具提供了理想的低牵引角度，使得马匹可以依靠有力的胸部和肩部肌肉从事繁重的劳动。项圈挽具也有助于将马匹结成单列或双列队进行异常繁重的劳动。

高效的马具并不是马匹表现优异的唯一先决条件，因此它的推广并未引发农业革命（Gans 2004）。辛勤劳作的马匹所食用的谷物需要一个种植周期才能生产出来，它们也需要相对昂贵的马具和马蹄铁。相对较弱和劳作较慢的牛只需喂以稻草和谷壳，且只需以较低价格制作挽具。马蹄铁是一种较窄的 U 形金属板，贴合蹄子的边缘，人们用钉子把它们固定在马蹄不敏感的蹄壁中（图 3.6）。使用它们能防止马的软蹄过度磨损，还可以提高马的牵引力和耐力。这在西欧和北欧凉爽潮湿的气候中尤为重要。希腊人没有马蹄铁，他们把马蹄裹在装满稻草的皮制凉鞋里。罗马人听说过马蹄铁（但他们的马蹄铁被称为 soleae ferreae，使用夹子和带子固定），而用钉子固定的马蹄铁直到 9 世纪之后才普及开来。

马匹身后的横杠（横木）被系在牵拉带上，两者连在一起，然后固定在田间工具上，它可以平衡由不均匀的拉动产生的拉力。横木使人们更容易驾驭马匹，且可以驾驭奇数或偶数匹马。与牛相比，马的耐力也更好（每天工作 8—10 小时，而牛每天工作 4—6 小时），寿命更长，牛和马都从 3—4 岁开始工作，牛通常只工作 8—10 年，而马通常工作 15—20 年。最后，马的腿部解剖显示，它在站立时几乎不消耗能量，这赋予了它独特的优势。马有着非常强大的悬韧带，从马胫骨后面一直延伸到一对肌腱处（浅、深趾屈肌），可以"锁定"肢体而无须调动肌肉。这样马就可以在站立时休息甚至打盹，而不需要任何能量代谢，而且吃草时消耗的能量很少（Smythe 1967）。相比之下，其他所有哺乳动物站立比躺着都需要多消耗约 10% 的能量。

即便是体形较小、挽具简陋的动物也能够起很大作用（Esmay and Hall 1968; Rogin 1931; Slicher van Bath 1963）。为了完成在 1ha 土地上种植谷物的准备工作，一位农民需用锄头劳作至少 100 小时，如果是在黏重土地上则需要 200 个小时。而用简单的牛拉木犁，这项工作可以在 30 多个小时内完成。依赖锄头的耕作不可能达到畜力耕作所能达到的耕种规模。除了加快耕作和收割，有了动物劳动的帮助，人们就可以从深井中获得大量灌溉用水了。用畜力来操作诸如磨坊、研磨机和压力机这样的食品加工机器，其速度远远超过使用人力。减轻长时间劳动的劳累这一点的重要性不亚于提高产量，但如果更多动物被用于劳动，人们就需要更多耕地

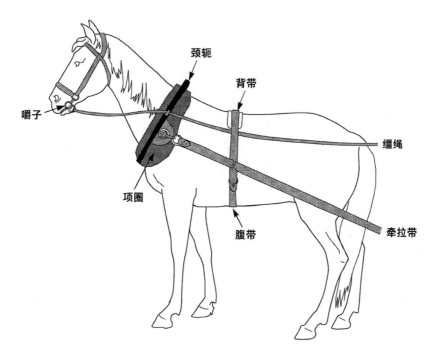

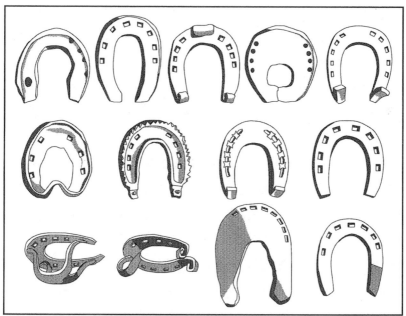

图 3.6　19 世纪晚期典型项圈挽具的构成部件（Telleen 1977; Villiers 1976）以及 18 世纪中期的各种马蹄铁（Diderot and d'Alembert 1769–1772）。它们按形状（从 左往右）分别是典型的英国、西班牙、德国、土耳其和法国马蹄铁

来种植饲料作物。这种需求在北美和欧洲部分地区很容易得到满足，在那些地方，喂养马匹所需的饲料有时会占用所有农业区面积的 1/3。

毫不奇怪，在中国和其他人口稠密的亚洲国家，牛是首选的役畜。作为反刍动物，它们只依靠稻草和放牧的粗饲料就能生存。它们劳作时也不需要喂以太多谷物：它们的精饲料主要从麸皮和油渣饼这样的作物加工残渣制得。据我估计，在中国传统农业中，养殖牲畜所需饲料的种植面积只占每年收获面积的 5% 左右。在印度，饲料作物通常也只占用全部耕地的 5% 左右，但大部分饲料被用来供应产奶动物，其中一些被用来喂养神圣的奶牛（Harris 1966; Heston 1971）。喂养劳作的公牛所需的饲料占用的土地可能不到全部田地的 3%。在印度次大陆人口最稠密的地区，牛依靠路边和运河岸边的草场和稻草、芥子油渣饼以及碎香蕉叶等作物副产品为生（Odend'hal 1972）。

印度或中国的役畜显然在能量上占优势。许多役畜完全不用和人争抢作物收成，其中的一些最多只占用一片每年只能种植一人所需粮食的耕地，但是它们每年的有用劳动相当于 3—5 位农民一年工作 300 天。在 19 世纪的欧洲或美国，一匹普通马匹不可能给我们带来如此高的相对回报，但它在能量方面可能仍对人们有益（专栏 3.6）。它每年的有用劳动大约相当于 6 个农民的劳动量，用来喂养它（包括所有非劳作动物）的土地可以用来为约 6 个人种植食物。即使 19 世纪的挽马仅仅被当作单调的人力劳动的替代品，它们也值得饲养，而体格强壮、吃得好的马匹可以完成的任务远超人的能力与耐力所能及。

当人们把森林变成耕地，以深耕的方式开垦肥沃的草原土壤时，马可以拖动木料、拔取树桩或拉动重型机械。当然，除了饲养繁殖畜群和为田间劳作动物提供足量的饲料外，使用役畜还会带来额外的能量成本；这些额外的能量成本首先在于挽具、蹄铁和马厩的建造。回收的粪肥、牛奶、肉和皮革等则是饲养役畜带来的额外的收益。粪肥的循环利用作为稀缺养分和有机质的来源，在所有集约化传统农业中都占有重要地位。在以素食为主的社会中，肉（包括欧洲大陆部分地区的马肉）和牛奶是完美的蛋白质的宝贵来源。皮革被用于制造农业和传统制造业所必需的大量工具。此外，毫无疑问，这些动物是能够自我繁殖的。

专栏 3.6

挽马的能量成本、效率和表现

一匹 500kg 的成年马每天需要大约 70MJ 的可消化能量来维持体重（Subcommittee on Horse Nutrition 1978）。如果饲料中谷物含量高，可能意味着所需的总能量摄入仅为 80MJ；如果饲料主要是不易消化的干草，那么总能量摄入可能会上升到 100MJ。根据任务的不同，劳作期间的饲料需求是维持生命的基本需求的 1.5—1.9 倍。布罗迪发现，一匹 500kg 的佩尔什马以大约 500W 的功率工作，其能量消耗大约为 10MJ/h，按照工作 6 小时、休息 18 小时（3.75MJ/h）算，一天的能量消耗大约为 125MJ（Brody 1945）。

不出所料，诸多传统饲养的建议也达成了一致：20 世纪初的美国农民普遍被建议每天以 4.5kg 燕麦和 4.5kg 干草喂养他们的劳作马匹（Bailey 1908），相当于 120 MJ/d。一匹马平均功率为 500W，在 6 小时内可完成约 11MJ 有用工作，而一名普通男性 6 小时的贡献不到 2MJ。此外，他不能保持 80W 以上的稳定能量输出，尽管他能暂时达到 150W 以上的峰值；而一匹马可以在 500W 以上稳定地工作，并且可以达到 1kW 以上的短暂峰值功率，而这需要 12 个人的体力消耗。

灌 溉

作物的需水量取决于许多因素，比如环境、农业技术和遗传因素，但季节性总需水量通常约为最后收获的谷物质量的 1,000 倍。种植 1t 小麦最多需要 1,500t 水，1t 稻米至少需要 900t 水。玉米是一种更节水的 C_4 作物，也是水分利用效率最高的主粮，1t 玉米只需约 600t 水（Doorenbos et al. 1979；Bos 2009）。也就是说，要达到 1—2t/ha 的小麦产量，在 4 个月的生长期内，总需水量应达到 150—300mm。相比之下，中东地区干旱和半干旱区域的年降水量最多不超过 250mm，有的区域甚至几乎没有降水。

因此，在这些地区，人们只能靠季节性洪水浸润谷地土壤，使一季的作物成熟。一旦田地的开垦范围超出了季节性洪水可达到的范围，或者因人口不断增长需要在枯水期种植第二季作物，这就需要人工灌溉。灌溉也是一种应对季节性缺水的方法，这种季节性缺水在亚洲季风区最北部、印度旁遮普邦和中国的华北平原等地尤为显著。种植水稻则需要人工引水和排水。

利用运河、池塘、水库或水坝等进行自给水灌溉，无须人工运水，能量成本是最低的。但是在河流比降最小的河谷和大型耕地平原上，人们还是需要提升大量的地表水或地下水。许多取水器械只需跨过低矮的堤岸，但也有许多器械时常需要越过陡峭的河岸或伸到深井中。由于一些器械的运转部件加工粗糙，缺乏润滑剂，因此效率无可避免地进一步下降，这延长了工作时间。即使在习惯了烦琐工作的社会，人力灌溉也意味着巨大的劳动负担。人类凭智慧设计出了依靠动物或水流驱动的机械装置，大大减轻了这种负担，并使得人们可以从落差更大的地方取水。

人们发明了各种令人印象深刻的机械装置来取水灌溉（Ewbank 1870; Molenaar 1956; Oleson 1984, 2008; Mays 2010）。最简单的工具包括编织紧密的或者有内衬的、像铲子一样的水瓢、篮子和水桶，它们提水的高度不足1m。将水瓢或水桶用绳子悬挂在三脚架上的方法效率稍高一些。这些设备都曾在东亚和中东被采用，但最古老的为人们所广泛使用的取水装置是一种运用杠杆原理的汲水吊杆（阿拉伯的Shaduf）。汲水吊杆的形象最早出现在公元前2000年的巴比伦滚筒印章上，它在古埃及被广泛使用，并于公元前500年左右传到了中国，最终遍布整个旧世界。简单来说，汲水吊杆使用一根长杆作为杠杆，这根长杆连接在一根横木或另一根长杆上。它制作和修理起来都很容易（图3.7）。

吊杆长臂的末端悬挂着水桶，另一端由一块大石头或一团干泥浆来保持平衡。它的有效提升高度通常为1—3m，但在中东地区，人们经常会设置两到四级的连续阶梯式装置。一个人每小时可以将$3m^3$左右的水提到2—2.5m的高度。尽管拉绳子使用汲水吊杆会很麻烦，但是使用曲柄来驱动阿基米德螺旋泵（古罗马人称之为cochlea，阿拉伯人称之为tanbur）以带动圆柱体内的螺旋对操作者的要求更高，并且抬升高度较低（25—50cm）。亚洲人普遍采用桨轮。中式水梯（也叫龙骨水车、龙骨车）是一

图 3.7　19世纪的版画，展示了埃及农民使用汲水吊杆的场景（来源：Corbis）

种由方形刮板组成的木制链状水泵，一系列小刮板通过链轮形成一条循环链，将水引入木槽，提升至指定位置（图 3.8）。用来驱动水车的链轮插在水平轴上，由两名或两名以上的男子靠着杆子，踩踏带动。有些水梯由手摇曲柄带动，有些靠动物绕圈带动。

接下来介绍的这些机械一般均采用畜力或水流作为动力源。印度常见的绳索提桶式取水机（被称作 monte 或 charsa）由两头或四头牛拉着绳索在斜坡上行走来拉动，与此同时它会提起一个固定在长绳上的皮包。希腊人使用由拴着陶土罐的两串绳子形成的循环链，在一个木绞盘上，转动链条，使其上上下下，让陶土罐在绞盘的下方装满水，注入绞盘顶部的水槽。但这一装置的阿拉伯名称罐式链泵（saqiya）更为人所知，它传遍了整个地中海区域。如果使用畜力，让蒙着眼睛的动物绕圈行走来带动这个装置，其效率通常不超过 8m³/h，取水深度通常不到 10m。埃及人将其改进之后（此版本称 zawafa），效率有所提升，可从 6m 深的井中以 12m³/h 的速度取水。

戽水轮（noria）是一种在穆斯林国家和中国（筒车）被广泛使用的取水装置，它是一种边缘固定着陶土罐、竹管或金属桶的单个转轮。它可以通过绕圈的动物带动直角齿轮来驱动，或者通过水流带动桨叶来驱动。

图 3.8 中国古代的"龙骨水车"。农民倚靠在杆子上，踩踏轮轴带动机器转动（来源：一幅晚明插图）

这个装置效率低下的原因之一是它需要将水桶提升至高出接收槽水平面一个转轮半径的位置，但埃及人的改进版（tabliya）已消除了这一缺陷。这种改进的装置由牛提供动力，它包括一个双面全金属轮，在外缘舀起水并将其排入转轮中心的一个侧槽。当我们将人力与传统提水装置的一般功率限制、提升高度和每小时的输出量进行对比，可以明显看出人力所受的限制（专栏 3.7，图 3.9）。

　　人力灌溉的能量成本异常的高。一名工人在 8 小时内可以用长柄大

镰刀割下一公顷小麦，但他需要 3 个月（每天以 8 小时计）才能将半公顷
地所需的水从邻近的运河或小溪中提升至比水面高 1m 的田地。不同作物
对灌溉情况的反应有着很大差异，因此对传统灌溉所获得的能量回报进行
简单概括完全不可行。不仅如此，作物产量也和供水时间息息相关（花生
可以承受暂时的缺水，玉米则相当脆弱）。一个实际的例子表明，作物灌
溉的能量回报可轻易达到 10 倍甚至 10 倍以上（专栏 3.8）。

相比之下，印加文明中一些工程的净能量回报往往很低。尽管自流
灌溉不需要将水往高处运，但是用简单的工具从岩石上凿刻出又长又宽的

专栏 3.7
传统取水工具的动力需求、提升高度和功率

设备	人 / 动物	提升高度 （m）	功率 （m³/h）	做功 （kJ）	输入 （kJ）	效率 （%）
勺	2/—	0.6	5	30	440	7
吊斗	2/—	1	8	80	440	18
汲水吊杆	1/—	2.5	3	75	220	34
螺旋泵	2/—	0.7	15	100	440	23
桨轮	1/—	0.5	12	60	220	27
龙骨水车	2/—	0.7	9	60	440	14
绳索提桶式						
取水机	3/4	9	17	1,500	5,690	26
罐式链泵	1/2	6	8	470	2,740	17
埃及链泵	1/2	6	12	710	2,740	26
高戽水轮	1/2	9	9	790	2,740	29
低戽水轮	1/1	1.5	22	325	1,480	22
埃及戽水车	1/1	2.5	12	295	1,480	20

注：能量成本的计算方法是假设人力的平均输入功率为 60W，而役
畜的输入功率为 350W。

来源：Molenaar（1956）、Forbes（1965）、Needham et al.（1965）和
Mays（2010）。

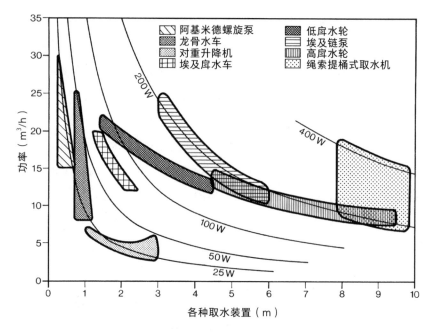

图 3.9　工业革命前各种取水装置和机器的提升高度、工作量和动力需求的比较。图片根据 Molenaar（1956）、Forbes（1965）和 Needham et al.（1965）的数据绘制而成

专栏 3.8

小麦灌溉的能量回报

　　一项具体的计算即可表明传统灌溉有着可观的能量回报。田野调查表明，如果每年供水量 20% 的缺口集中在小麦关键的开花期，冬小麦的产量将减少一半（Doorenbos et al. 1979）；在晚清典型的 0.2ha 的小块田地上，本可以达到 1.5t/ha 的好收成将由于这种缺水而减少约 150kg。想要通过灌溉弥补 100mm 降水的短缺，需要 200t 水——但由于垄沟灌溉的效率只有 50%（由于有土壤渗漏和水分蒸发），运河的实际供水量必须是它的两倍。两名农民踩踏龙骨水车将 400t 水运往 1m 以内高度的地方，大约需耗时 80 小时，需要大约 65MJ 的额外的食物能量，而这种灌溉带来的小麦增加的产量将包含（在减去约占 10% 的种子和贮藏损失之后）约 2GJ 的可消化的能量。因此，人力踩踏龙骨水车会得到比食物成本高 30 倍的能量回报。

运河（主干线宽达 10—20m）是一项劳动密集型工程。帕科伊（Parcoy）和皮奎（Picuy）之间的运河主干道长达 700km，用来灌溉牧场和农田（Murra 1980）。西班牙征服者们看到坚固的运河将水输送到一块块玉米地里时，感到十分惊讶。为了确保运河有着合适的坡度，所有的大型灌溉工程都需要认真规划和严格执行，这需要动员大量的工人。然而显然要在几年甚至几十年后，这种工程才能见到回报，受惠于灌溉工程的粮食能量输出才能超过巨大的劳动力投入。只有运作良好的中央政府，才能在其治下的不同区域之间转移资源，开展这样的公共建设工程。在大多数情况下，为了提高作物产量而进行的水管理就是指田间灌溉，但在某些情况下，人们需要通过相反的水管理（排出田间的水）来强化种植。

在许多地区，人们必须排出土地里多余的水才能进行连续种植。禹是在孔子之前的中国七大圣贤之一，他在中国历史上的地位主要归功于他在治理洪水方面的总体规划和长期努力（Wu 1982）。玛雅人和墨西哥盆地后来的居民采用了更密集的作物种植形式，需要更多种形式的水资源管理，从简单的梯田和泉水灌溉系统到精心设计的排水系统，以及大量高位农田的建造（Sanders, Parson and Santley 1979; Flannery 1982; Mays and Gorokhovich 2010）。经过几个世纪的发展，中国广东的部分地区形成了一种独特的基塘农业（Ruddle and Zhong 1988）。作物密密麻麻的堤坝将池塘分隔开来，池塘中养殖了多种鱼。人、猪和蚕的排泄物，农作物残留、杂草、草籽和池塘沉积物等有机物的循环利用，保证了喂养蚕的桑叶、甘蔗、水稻和许多蔬菜以及水果的高产量，也保证了鱼类的高产量。

施　肥

大气中的二氧化碳和水提供了碳和氢两种元素，它们将合成新的碳水化合物，组成植物组织的主体。但还有一些元素是光合作用所必需的。根据所需的量，它们被分为常量营养素和微量营养素。后者种类更多，比较重要的有铁、铜、硫（S）、硅和钙（Ca）。常量营养素只有三种：氮（N）、磷（P）、钾（K）。氮是一种尤其重要的元素：它存在于所有的酶和蛋白质中，是连续耕种的土壤中最容易缺乏的元素（Smil 2001; Barker and Pilbeam 2007）。产量达到 1t/ha（1800 年前后，法国或美国的一般产量）的小麦（谷粒和秸秆）要消耗约 1kg 钙、1kg 镁（Mg）、2.5kg 硫、4kg 钾、4.5kg 磷和 20kg 氮（Laloux et al. 1980）。

在大多数情况下，雨水、灰尘、风化和作物残余物的回收，能够补充流失的磷、钾和微量营养素，但连续耕作而不施肥会造成土壤缺氮。由于能否获得氮在很大程度上决定了谷粒大小和蛋白质含量，因此缺氮会导致作物生长迟缓、产量低下和营养不良。传统农业只能通过三种方式补充氮：直接回收废弃的作物残茬，也就是将留在地里没有被清除的部分稻草和秸秆犁入土里（这些稻草和秸秆一般会被用作饲料、燃料，或充作其他家庭用途）；施用各种有机物，最常见的是（经过堆肥之后的）动物和人类的尿液、粪便以及其他有机废物；种植豆科作物来提高土壤中的氮含量，为后续种植非豆科作物做准备（Smil 2001; Berklian 2008）。

谷物秸秆是一种主要的潜在氮源，但是直接回收利用有一定限制。与现代矮秆植物不同，传统栽培品种的秸秆产量远远高于谷物，秸秆与谷物比率一般为 2∶1。在众多植株间耕作本应对许多动物的生存造成很大压力——但事实上这种情况几乎从未出现。只有很小一部分作物残余会直接回到土壤，它们中的大部分都会用作动物饲料和垫料（然后才以肥料的形式回收），被当成家用燃料，或者用作建筑和制造业的原材料。但在林区，秸秆往往在田间被简单地就地焚烧，几乎完全丢失了氮元素。

在欧洲和东亚，对尿液和粪便的回收利用经历了数百年，已经十分成熟。在中国的城市中，大部分的人类排泄物（70%—80%）都得到了回收利用。17 世纪 50 年代，江户地区（今天的东京）几乎所有的人类排泄物也都得到了回收利用（Tanaka 1998）。但这种做法的实用性有限，因为排泄物的量不多，营养含量又低，而且排泄物回收需要大量重复而繁重的劳动。即使是刚收集起来未经储存和运输的损耗，人类排泄物中的平均氮产量也只有每人每年 3.3kg 左右（Smil 1983）。城市中的排泄物经过收集、贮存和运输，到达周围的农村，形成了一个臭气弥漫的庞大产业。甚至在 19 世纪运河开通之前的大部分时间里，欧洲也是这番景象。巴勒斯估计，到 1869 年，巴黎每年产生约 420 万吨氮，其中约 40% 来自马粪，约 25%

来自人类排泄物（Barles 2007）。到 19 世纪末，该市约有一半的人畜排泄物都被收集起来，经过工业加工制成硫酸铵（Barles and Lestel, 2007）。

回收其他种类动物的更大量的排泄物也更耗时，这些废物包括从畜栏和猪圈中清理出的废物、液体发酵物以及施肥前的混合废物堆肥。由于大部分粪便中只含 0.5% 左右的氮，而且养分在施用前和在田间的损失通常占到初始含量的 60%，因此人们需要大量施用有机肥来提高产量。在 18 世纪，佛兰德斯地区平均 1ha 土地要施用 10t 粪肥、油渣饼和灰肥，有些地方 1ha 土地所需的肥料甚至高达 40t，大革命之前法国典型的肥料施用率约为 20t/ha（Slicher van Bath 1963; Chorley 1981）。同样，有详细统计显示，在 20 世纪 20 年代的中国，田地的平均肥料施用率在 10t/ha 以上，西南地区的小型农田的平均值则接近 30t/ha（Buck 1937）。

在传统农业中，你能想到的每一种有机废料都可以被用作肥料。加图在《农业志》中就列出了鸽子、山羊、绵羊、牛的粪便和"所有其他粪便"，以及由稻草、羽扇豆、草料、豆秆、谷壳、冬青叶和橡树叶制成的混合肥料，罗马人知道将其他作物和豆科作物（他们主要种植羽扇豆、菜豆和豌豆）轮作能提高产量。亚洲人利用有机废弃物的方式更为多样化，他们不仅使用含氮相对丰富的废料（如油渣饼、鱼废料），还利用上了仅含有微量营养的河泥。随着城市的发展，食物残渣（特别是植物残余）成了一种新的可循环利用的资源。

鸟粪石（guano）是含氮量最高（最高可达 15%）的传统有机肥，它是秘鲁沿海岛屿干燥气候中保存下来的海鸟粪便。西班牙征服者被印加人对鸟粪石的利用所震撼到了（Murra 1980）。他们从 1824 年开始将鸟粪石出口到美国，1840 年开始出口到英国；在 19 世纪 50 年代，出口量迅速增长，但是到 1872 年，秘鲁钦查群岛（Chincha Islands）储量最丰富的鸟粪石的出口直接停止了（Smil 2001）。后来，随着工业化国家开始将燃油、金属、机器和无机肥料投入农业生产中，智利的硝酸盐成了全球最重要的氮贸易来源，这一过程在第 5 章中有详细描述。

因可回收粪肥的比例（圈养的动物比例很高，散养的动物可以忽略不计）、对回收人类排泄物的态度（从禁止回收到回收常态化）以及作物的种植密度等因素影响，实际的田间肥料投放量有很大差别。对回收废弃物中的氮含量的任何理论估算都与实际情况相去甚远。这是因为从排泄、收集、堆肥、施用到作物最终吸收氮的整个流程中，氮损失（主要是氨的挥发和渗入地下水）非常大（Smil 2001）。这些损失通常占初始氮含量的2/3以上，需要通过进一步投入大量的有机肥来弥补。因此，在所有的密集型传统农业中，人们不得不将大量的农业劳动力投入收集、发酵、运输和施用有机肥这一枯燥而繁重的工作中。

绿肥早在欧洲的古希腊和古罗马时代就得到了有效使用，在东亚也被广泛使用。它主要依靠有固氮作用的豆科作物，主要包括最初的紫云英和野豌豆（Astragalus, Vicia）、三叶草（Trifolium, Melilotus）以及后来的苜蓿（Mecdicago Sativa）。这些植物每年可固定100—300kg/ha的氮，当与其他作物轮作时（气候较温和的地区通常在冬季种植），在耕作前的3—4个月，它们会使土壤增加30—60kg的氮，可供随后种植的谷类作物或产油作物吸收，以促进其产量增加。

人口密度更高的地区更喜欢在冬季种植新的粮食作物。这样一来，不可避免地会减少土壤中的可用的总含氮量，影响作物产量。从短期来看，这样耕作具有一定的能量优势，能够提供更多的碳水化合物和油。然而从长远来看，保证土壤中充足的氮含量非常重要，因此密集型农业必须在种植其他作物品种的间歇期，轮作豆科固氮植物。这种理想的种植方式可每年重复，或作为长期轮作序列的一部分，甚至可能是传统农业中最值得称道的能量优化方式。所有依赖复杂的轮作制度的集约农业系统都以其为核心，这一点令人毫不意外。但是直到1750—1880年，标准的轮作模式——包括种植豆科肥田作物（例如诺福克地区在4年里轮流种植小麦、芜菁、大麦和三叶草）——才在欧洲得到普及，当地的共生固氮率由此至少提升到原来的3倍，非豆科作物的产量也因此得到了提升（Campbell and Overton 1993）。

乔利认识到这一变化具有真正的划时代意义，并将其定义为"农业革命"：

尽管进步是广泛的，而且建立在各种微小的变化之上，但有一个高于一切的重大进步，那就是豆科作物的推广以及由之而来的氮供应的增加。可以说，这个未受重视的革新的重要意义，完全可以媲美工业革命时期蒸汽动力对于欧洲经济发展的重要意义。（Chorley 1981, 92）

里格利通过对比 1300 年和 1800 年英国的农业情况，展示了英国农业取得的进步（Wrigley 2002）。穆德鲁记录了 1650 年以后农业上的变化提升了人们饮食的多样性与营养的丰富性，以及工人饮食的改善是如何提高生产力、稳定就业和提高富裕程度的（Muldrew 2011）。

作物多样性

现代农业以单种栽培为主，一年中种植同一类作物，这反映了商业性农业的区域专业化。但是在同一块土地上反复种植同一种作物会带来很高的能量和环境成本，需要用肥料来补充消耗掉的养分，也需要化学品来控制害虫（这些害虫在大规模统一种植的作物中大量生长）。像玉米这种作物单一地成行种植，土地的大部分土壤在植株冠层能够将其覆盖之前会暴露在雨水中，若种植在斜坡上，土壤就会受到严重侵蚀。在缺氧的浸水土壤中持续种植水稻也会降低土壤质量。

长期的经验让古人认识到了单一耕作的危害。相比之下，让谷物和豆科作物轮作能够补充土壤中的氮含量，或至少能在一定程度上减轻土壤流失。种植多种谷物、块茎作物、产油作物和纤维作物能够降低歉收的风险，防止持久性虫害的发生，减少土壤流失，并保持土壤的高质量（Lowrance et al. 1984; USDA 2014）。要选择哪些作物来轮作，可以根据气候、土壤条件以及当地饮食偏好来决定。从农学的角度来看，这是一种非常理想的耕作方式，但是每年种植一种以上的作物（多熟复种）显然需要更多的劳动力。在干旱地区，灌溉必不可少；在密集复种的地方，每年在同一块地里种植三四种不同的作物，这就需要大量施肥。如果两种或两种以上的作物同时种植在同一片农田（间作），劳动力需求可能会更高。多熟复种最基本的回报就是能在耕地数量不变的情况下养活更多的人口。

传统的农作物品种和轮作方式非常多。例如，巴克在关于中国农业的第二次调查中惊讶地发现，在 168 个地方有着多达 547 种不同的耕作方式（Buck 1937），其中有一些明显的关键共同点，最引人注目的就是前文已提到的普遍将豆科作物与谷物联系在一起，这几乎已是一种全球性的做法。一些豆科作物，尤其是大豆和花生，除了能增加土壤肥力和提供蛋白质外，也能产出在传统饮食中一直很受欢迎的优质食用油。榨油后剩下的物质被压紧做成油渣饼，既可以成为家畜的高蛋白饲料，也可以做优质的有机肥料。

这些耕作方式的第二个共同点上面已经提及：将绿肥用在粮食作物的轮作里，这在每一种传统密集型农业中都占有重要地位。第三个共同点是，轮作反映出人们对纤维和基本碳水化合物（谷类作物、块茎作物）与食用油有着同样的需求。因此，中国传统的轮作方式包括将小麦、水稻、大麦与大豆、花生轮作，或将芝麻与棉花、黄麻轮作。欧洲农民除了种植主食谷物（小麦、黑麦、大麦、燕麦）和豆类作物（豌豆、扁豆、蚕豆）外，还种植亚麻和大麻来获取纤维。玛雅人的农作物不仅包括新世界农业的三大主食——玉米、豆子和南瓜，还包括块茎作物（红薯、木薯、豆薯）和产出纤维的龙舌兰和棉花（Atwood 2009）。

坚持与创新

在许多情况下，即使历经几千年，传统耕作方式的惯性也是显而易见的：手工播种旱地作物和将稻秧移植到水田中的繁重劳动；操控由牛拉的缓慢移动的简易木制犁具；用镰刀或长柄大镰刀手工收割；使用连枷或利用动物打谷。然而这些循环过程的明显衡定性也隐藏着许多虽然缓慢却为数众多的变化。从推广更好的农艺技术到选用新作物，创新无处不在。

新的碳水化合物主食（玉米、马铃薯）、富含微量营养素的蔬菜以及水果的传播影响深远。其中的一些传播较慢，传播路线也不止一条。例如，黄瓜是通过两条相互独立的传播路线传入欧洲的，早先的一条是从波斯（在伊斯兰教兴起前）经陆路传入东欧和北欧，后来的一条是经海路传入安达卢西亚（Paris, Daunay, and Janick 2012）。毫无疑问，欧洲人征服美洲后，影响最深远的作物传播就是马铃薯、玉米、西红柿和辣椒被带到了全世界，以及菠萝、木瓜、香草和可可树在泛热带地区的广泛种植（Foster and Cordell 1992; Reader 2008）。理解农业发展最好的方法也许就是先考察持续时间最长的四种传统农业制度，然后了解一下前工业时代北美地区农业的快速发展。

从历史的角度看，首先要看的是中东的农业制度，其中以埃及人的经验为典范。埃及自然条件的限制（可耕作的土地有限，严重缺乏降水）和大自然的慷慨馈赠（尼罗河每年的洪水为土地带来了可观的水和养分）共同作用，使得早在王朝初期，当地的农业就已十分高产。20世纪初，经过长期的停滞，埃及农民的种植仍然能够达到太阳能农业（没有投入化石能源进行补贴）可以达到的最高产量。

东亚地区的农业相当高产，其中又以中国传统农业为代表。中国的农业实践养活了世界上数量最多、最有文化凝聚力的人口，令人惊奇的是，这种农业实践完整地保持到了20世纪50年代。正因为这种持续性，人们可以用现代科学方法对它进行研究，并得到关于农业表现的可靠的量化结果。复杂的中美洲社会依赖于一种独特而高产的耕作方式，既不犁地，也不需要役畜。欧洲农业经历了从简单的地中海式农业到18和19世纪的快速发展的阶段。欧洲传统农耕技术向北美的转移和19世纪美国前所未有的农业革新速度，创造了世界上最高效的传统农耕方式。

古埃及

埃及前王朝时期的农业可追溯到公元前5000年之前，农业活动与狩猎（羚羊、猪以及鳄鱼和大象）、猎捕禽类（鹅、鸭）、捕鱼（在浅水区尤其简单）、采集植物（草本植物、根茎植物）等多种方式并存。二粒小麦和二棱大麦是最早的谷物，绵羊（Ovis Aries）是最早驯养的动物。尼罗河的洪水退下去之后，人们在10月和11月开始播种，很少给作物除草，五六个月后即可收获。基于考古学资料的计算表明，前王朝时期埃及每公顷耕地大约可以养活2.6人，但更长时间内的平均值似乎只能达到这个数值的一半左右。

由于得到了灌溉，埃及的农业一直保持着繁荣，但无论是在古王国（公元前 2705—前 2205 年）还是在新王国（公元前 1550—前 1070 年），灌溉都涉及对每年的洪水进行简单处理。这包括修建更高更坚固的堤坝，截断排水沟和细分洪水流域（Butzer 1984; Mays 2010）。美索不达米亚或印度河流域常年应用的运河灌溉不适合尼罗河流域，尼罗河的比降非常小（1:12,000），很难开凿放射状的沟渠。直到托勒密王朝时代（公元前 330 年以后），灌溉渠才在法尤姆洼地第一次得到了有限的利用。

同样，因为缺乏有效的提水装置，地势较高的农田很难灌溉。自公元前 14 世纪阿马尔纳王朝时期起，平衡提水机开始为人们所使用，但它只适用于灌溉花园大小的土地。到托勒密王朝时期，人们才开始采用持续大容量提水所需的畜力罐式链泵。

因此，埃及王朝基本不种植夏季作物，而是更广泛地种植冬季作物。小麦和大麦是主要的谷物，人们使用带有短切口或锯齿状燧石刀片的木制镰刀收割。割掉的部分很少，有时候仅仅割下麦子顶部，麦秆高高地立在地面上。这种做法在中世纪的欧洲也很常见，它便于收割，便于将作物运输到脱粒场，脱粒也更加干净。埃及气候干燥，地里剩下的麦秆可以在以后根据需要割下来，用于纺织、制砖或用作烹饪燃料，茬子则任由家畜啃食。

埃及墓葬中的绘画生动地重现了这些场景。乌叟（Unsou）墓室里的绘画表现了农民锄地、撒种、用镰刀收割、将割下来的粮食放在箩筐里、利用牛脱粒的场景（图 3.10）。帕黑里（Paheri）墓室中的铭文形象地表达了当时的能量限制与现实（James 1984）。监工催促工人："动作快一点，加紧脚步，洪水要来啦，再不快点麦子要被淹了。"工人们回答："太热啦！洪水要是淹了多少麦子就送来多少鱼该多好！"对话完美地展示了工人们的疲惫，以及对洪水毁坏了粮食却可以用鱼来补偿的认识。

赶牛的男孩试图给耕牛打气："脱粒是为了你们自己呀，脱粒是为了你们自己。……麦麸留给你们，大麦给你们的主人。不要心生厌倦！心静自然凉。"除了麦麸之外，牛还吃大麦和小麦的麦秆，也啃食泛滥平原上的野草和人工栽培的野豌豆。随着耕作强度的提高，人们需要季节性地将牛赶往三角洲湿地放牧。犁地的时候，人们给牛套上双头轭，用木锄和木槌打碎土块。撒落的种子靠羊踩进土里。古王国的记录显示，当时的人们不仅饲养了大量的耕牛，还养了数量可观的奶牛、驴、绵羊和山羊。

布策对埃及的人口历史进行了重建，发现公元前 2500 年，尼罗河流域的人口密度为 1.3 人每公顷耕地，到公元前 1250 年增加到了 1.8 人每公顷，到罗马摧毁迦太基（公元前 149—前 146 年）时增加到了 2.4 人每公顷（Butzer 1976）。罗马统治时期，埃及的总耕地面积约为 270 万公顷，其中约 60% 位于尼罗河三角洲。这片土地的粮食产量大约是近五百万人口的需求的 1.5 倍。粮食盈余是维持帝国繁荣的关键，对于不断扩张的罗马帝国至关重要：埃及正是其最大的粮仓（Rickman 1980; Erdkamp 2005）。后来埃及的农业逐渐衰退，陷入停滞。

在近代，直至 19 世纪第二个十年，这个国家的耕地也只有罗马统治时期的一半。但由于产量更高，这片土地不仅支持国内人口，还可输出粮食到国外，养活了总数大约两倍于约 2,000 年前它所能养活的人口。1843

图 3.10　位于底比斯东部的（新王国）第十八王朝时期乌叟墓中的绘画，展现了埃及人民从事农事活动的场景

年，尼罗河上第一座水坝提高了比降，使得运河网络终于有了充足的水源。之后随着常年灌溉的普及，生产率才开始迅速提高。全国多熟复种指数从 19 世纪 30 年代的 1.1 上升到了 1900 年的 1.4，并在 20 世纪 20 年代超过了 1.5（Waterbury 1979）。农耕仍靠动物提供动力，但已开始辅以无机肥料，每公顷耕地可以养活 6 个人。

中 国

帝制时期的中国也经历了长期的动荡和停滞，但它的传统农业在很大程度上比埃及农业更具创新性（Ho 1975; Bray 1984; Lardy 1983; Li 2007）。同其他地方一样，中国的早期农业也不是密集型的。公元前 3 世纪以前，中国没有大规模灌溉，很少甚至没有复种或轮作。北方的主要作物是旱地小米，长江下游流域的主要作物是雨养水稻。猪是最古老的驯养动物，也是迄今为止数量最多的——最早的驯化证据来自距今约 8,000 年前（Jing and Flad 2002），但确切的粪便证据直到公元前 400 年以后才出现。

埃及向罗马帝国供应剩余粮食时（也就是中国的汉代，公元前 206—公元 220 年），中国人已经开发出了一些新的工具和方法，而欧洲和中东在几个世纪甚至 1,000 多年后才开始采用它们。这些工具中最重要的是铁铧犁、马项圈、播种机和旋转风谷机，均在汉朝早期（公元前 207—公元 9 年）就已得到了广泛应用。其中最重要的是铸铁犁的广泛应用。

这些大规模生产的犁由非脆化金属制成（其铸造工艺在公元前 3 世纪得到完善），在减轻繁重劳动的同时，扩大了耕作的可能性。尽管比木犁重，但它们产生的摩擦力要小得多，即使在积水的黏土中，也能靠一只动物牵拉。多管播种机减少了手工播种导致的种子浪费，曲柄操作的风谷机大大缩短了清理脱粒谷物所需的时间。马项圈虽然有效，但对田野劳作没有太大贡献，因为在整个贫穷的北方，要求较低的牛仍然是比马（马需要更好的饲料或谷物）更便宜的选择，而在南方的水田中人们只能使用套着颈轭的水牛。

在农业的根本变化方面，没有任何朝代能与汉朝相比（Xu and Dull 1980）。汉朝之后的农业发展逐渐趋缓，公元 14 世纪以后，农业技术几乎停滞不前。明朝（1368—1644 年）至清朝（1616—1911 年）初期粮食的增产约有一半以上要归功于耕地面积的扩大（Perkins 1969）。其他原因主要是劳动力投入的增加——主要是增加了灌溉和施肥。在部分地区，粮食增产是因为种子质量的提高和新作物的引进，尤其是玉米的推广。

毫无疑问，对中国的集约型农业的发展起到最重要、最持久贡献的因素是大规模灌溉系统的设计、建造和维护（图 3.11）。到 1900 年仍在运作的所有灌溉项目中几乎有一半是在 1500 年之前完工的，这很好地体现了中国灌溉系统悠久的历史（Perkins 1969）。其中最著名的可能是四川都江堰，它可以追溯到公元前 3 世纪，至今仍在滋养着为数千万人口提供粮食的耕地（UNESCO 2015b）。岷江的河床在灌县平原的入口处被切开，随后水流被河道中间的箭头状石制工程（分水鱼嘴）不断细分。

水被分流到支渠，人们用竹笼装卵石建造堤坝来调节水流。人们在枯水期疏浚河道、修复堤防，使这个灌溉系统得以运行 2,000 多年。这样一个灌溉工程的建设和长期维护（以及长运河的修建和疏浚）需要长期的规划、大量劳动力的动员和巨大的资本投入。没有运作高效的中央政府，这些要求一项也达不到。显然，中国令人惊叹的大型水利工程与国家等级制度的兴起、完善和延续密不可分。

人力取水既烦琐又耗时，能量成本也相当高，但是也会带来作物的高产。如果作物在生长关键期通过灌溉获得了额外的水，直接的粮食净能量回报（除去灌溉渠的建造和维护成本）很容易达到 30 倍（专栏 3.8）。在最关键的生长期之外的时间为作物提供充足的水分，所收获的额外的食物能量仍能达到农民踩踏龙骨水车灌溉所需食物能量的 20 倍。

19 世纪末 20 世纪初，中国水稻种植区畜禽粪便和人类粪便的施用量一般平均为 10t/ha。大量的有机肥被人从城镇收集到农村，一个庞大的粪肥处理和运输行业由此形成（专栏 3.9）。西方旅行者对这种高集成度的有机肥回收利用模式十分赞赏，却没有意识到它与早期欧洲的做法异曲同工（King 1927）。但没有哪个地方对有机肥的利用量超过中国南部广东省的基塘农业区，在那里每公顷施用的猪和人类粪便达到 50—270t（Ruddle and Zhong 1988）。

图 3.11 广西桂林北部广袤的龙脊梯田一角，这种梯田可追溯到元朝（1206—1368 年）（来源：https://en.wikipedia .org/wiki/Longsheng_Rice_Terrace#/media）

专栏 3.9
中国有机肥料回收行业的氮含量

因为被施用到田里或者（以绿肥的形式）被犁入土中的有机废弃物的氮含量很低，因此传统农业不得不大量施用回收的有机肥，也因此导致在收集、处理和施用有机肥的过程中总生物量耗费大大提高：人和动物粪便中含有大量的水分和绿肥，只有油渣饼（产油作物榨取食用油后的残渣）的氮含量相对较高。相比之下，尿素这种典型的现代人工合成肥料的氮含量则为 46%。

肥料种类	氮含量（鲜重中氮的质量所占百分比）
猪的粪便	0.5—0.6
人的粪便	0.5—0.6
绿肥（野豌豆和菜豆）	0.3—0.5
油渣饼（大豆、花生和油菜籽）	4.5—7.0
河流湖泊淤泥	0.1—0.2

来源：斯米尔收集的数据（Smil 1983, 2001）和大量历史资料及现代中国研究资料。

其他有机肥包括蚕蛹、渠塘泥、水草、油渣饼等，它们的堆肥和定期施用进一步增加了收集、发酵和分配的负担。正因如此，中国传统农业至少需要用 10% 的劳动力来管理肥料。在华北平原，小麦和大麦都需要大量施肥，而这项工作一般是人力劳动中最耗时的部分（几乎占了 1/5），也是畜力劳动中最耗时的部分（占了约 1/3）。但是这项投入回报很高：它的净能量回报通常是成本的 50 倍以上（专栏 3.10）。

即使是在 20 世纪前几十年的高产时期，中国传统农业总体的粮食能量回报也没有那么高。其主要原因是农业机械化程度极低，这意味着人类劳动在耕作中继续占据主导地位。关于二十世纪二三十年代中国传统农业几乎所有方面的情况，都有大量的量化信息记录（Buck 1930; 1937），这些资料使我们能够对当时的农业系统进行更详细的描述，对能量进行准确的计算。大部分田地都很小（只有大约 0.4ha），离农舍只有 5—10 分钟的路程。有近一半的农田得到了灌溉，1/4 的农田属于梯田。

在中国，90% 以上的耕地被用来种植谷物，不到 5% 种植红薯，2% 种植纤维作物，1% 种植蔬菜。只有大约 1/3 的北方田地拥有一头以上的牛，而在南方，只有不到 1/3 的田地拥有一头水牛。耕作占用了大部分的畜力（水稻需要 90%，小麦需要 70%），但除了犁地和耙地，中国的田间劳动几乎完全依靠人力。耕牛几乎不用喂任何谷物，因此计算能量回报时只需考虑人力成本。在北方，1 公顷未经灌溉的小麦产量通常不超过 1t，其生产过程需要 600 多个小时的劳动。在田间劳动和作物加工上，每消耗一个单位的粮食能量，可以获得 25—30 单位的粮食能量回报（按照未碾磨的谷粒计算）。

在明朝，部分地区的水稻产量已经相当高了，20 世纪初全中国的平均水稻产量约为 2.5t/ha，仅次于日本。要达到这样的产量，人们大约需要投入 2,000 小时的劳动，可以获得 20—25 倍的总能量回报。玉米的总能量回报高达 40 倍，但玉米面在中国并不很受欢迎。豆科作物（大豆、豌豆、蚕豆等）的能量回报率则通常只有 10 倍左右，很少高于 15 倍。产油作物（如油菜籽、花生或芝麻）榨出的植物油能量回报也在 10 倍左右。农民家庭 90% 左右的食物能量来自谷物，肉类消费（通常只在节日有一

专栏 3.10

施肥的净能量回报

晚清时，1 公顷冬小麦要达到约 1.5t 的高产量，只需要 300 多小时的人力劳动和约 250 小时的畜力劳动。其中，施肥分别要占用上述劳动时间的 17% 和 40%。保守估计，每公顷土地施用的 10t 肥料仅含 0.5% 的氮（Smil 2001）。经过不可避免的流失和挥发后，农作物实际上只能利用这些氮中的一半。1kg 氮有助于额外产出约 10kg 谷物。与未施肥时相比，施肥后每公顷至少能够增产 250kg 谷物。这些谷物不到 3%—4% 会被用作动物饲料。这些谷物经过碾磨后，至少能够得到 200kg 面粉，或约 2.8GJ 的食物能量。相比之下，人力劳动所需的食物能量投入约为 40MJ，因此施肥的净能量回报约为成本的 70 倍，收益与成本的比率相当高。

些消费）可忽略不计，但这些单一的素食最终支撑了很高的人口密度。

中国古代的人口密度与埃及的人口密度相差不大，最贫穷的北部地区每公顷仅有 1 人左右，南部稻区每公顷远超过 2 人。而其区域内的差异很大，在清代前两个世纪，清廷禁止人们从关内向东北关外移民，而南方部分山区的人口密度又很低。然而逐渐加强的种植密集程度，加上比较简单的饮食，最终使人口密度有所上升。对明、清两代人口密度的大致估算表明，1400 年人口密度约为 2.8 人每公顷耕地，到 1600 年增至 4.8 人每公顷耕地（Perkins 1969）。在比较繁荣的乾隆年间（1736—1796 年），由于增加的人口开辟了新农田，人口密度略有降低。19 世纪人口密度开始回升，19 世纪末时平均人口密度超过了 5 人每公顷，高于同一时期爪哇的平均人口密度，比印度至少高出 40%（图 3.12）。

巴克关于 20 世纪 30 年代初中国农业情况的调查显示，全中国平均每公顷耕地至少有 5.5 人（Buck 1937）。这和当时埃及的人口密度几乎一样高，但此时的埃及所有的耕地都得到了灌溉，无机肥料也已投入使用。相比之下，中国的农作物平均产量被北方旱地农业拖了后腿。到 1800 年，南部水稻种植区人口密度已经超过 5 人每公顷耕地，到 20 世纪 20 年代末，大部分稻区每公顷耕地已经能够养活超过 7 个人。与旱地小麦种植相比，水稻种植的净能量回报始终较低，但这一点被水稻每公顷更高的产量抵消了：在土地最肥沃的地区，通过双季种植水稻和小麦，每公顷耕地可养活12—15 人。

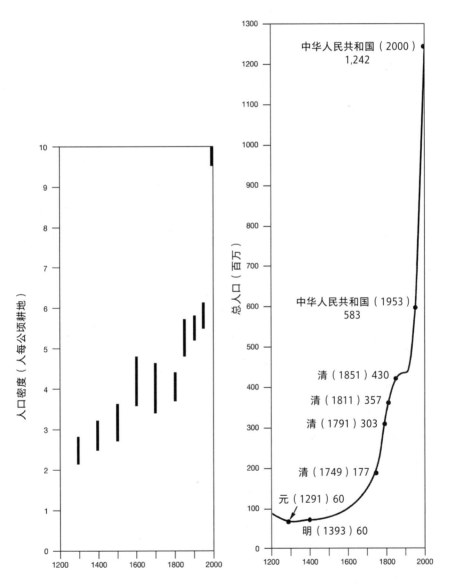

图 3.12 从较长的时期观察中国人口密度。清朝时，虽然耕地面积大幅扩大，但密度很快就被人口的持续增长补上了。密度条显示了历史估算的不确定性 [来源：Perkins（1969）和 Smil（2004）]

中美洲农业

传统中美洲文明的农业系统与旧世界的农业系统大不相同，它不使用任何役畜（因此也不犁地）。但他们也发展出了更密集的种植方法，可以养活密度极高的人口。他们驯化了几种重要的粮食作物，主要包括目前已传播到世界各地的玉米、辣椒（Capsicum annuum）和西红柿（Solanum lycopersicum）。棉花（Gossypium barbadense）是原产于中美洲的最重要的非粮食作物。分子分析的结果表明，尤卡坦半岛是棉花的原始驯化地，现代棉花栽培品种基因库则显示它们起源于墨西哥南部和危地马拉（Wendel et al. 1999）。

位于热带的玛雅低地和墨西哥一个更为干燥的高山盆地是中美洲农业成就最高的地区。尽管这两个地区的居民频繁互动，而且都以玉米为主食作物，但他们的历史大相径庭。玛雅文明衰落的原因仍然有争议（Haug et al. 2003; Demarest 2004），后者则因为西班牙人入侵而被摧毁（Leon, 1998）。直到公元 300 年左右，（中美洲编年的）古典时期开始之前，玛雅社会经历了一段漫长的发展过程。古典时期的玛雅文明不断丰富，一直持续到公元 1000 年左右，其范围包括今天墨西哥的部分地区（尤卡坦）、危地马拉和伯利兹。此后，古典玛雅文明突然分崩离析，其人口从公元 8 世纪的 300 万人左右下跌至西班牙人征服时的 10 万人左右，这是世界历史上最神秘的大转折之一（Turner 1990）。

农业上的失当被认为是玛雅文明崩溃的原因之一，它们可能包括过度的水土侵蚀和水资源管理失控（Gill 2000）。玛雅人在发展早期采用游耕的做法，但后来逐渐转向密集型农业（Turner 1990）。高地玛雅人修建了大量岩垒梯田，以保护水源，防止持续耕作的山坡受到过度侵蚀。低地玛雅人修建了壮观的运河网，并把耕地抬高，直至高于洪泛平原，以防止季节性的洪水泛滥。我们在现代航拍照片上仍然可以辨认出古代玛雅人抬高的脊状耕地，有些可以追溯到公元前 1400 年。20 世纪 70 年代，对这些耕地的清晰的鉴定和年代测定推翻了长期以来认为玛雅农业仅限于游耕的说法（Harrison and Turner 1978）。

墨西哥盆地拥有一系列复杂文明，首先是特奥蒂瓦坎文明（Teotihuacanos，公元前100—公元850年），其次是托尔特克文明（Toltecs，960—1168年），14世纪初阿兹特克文明（Aztecs）开始兴起（其首都特诺奇蒂特兰建于1325年）。从采集植物和猎鹿到定居农耕，此地经历了漫长的转变过程。特奥蒂瓦坎时代早期，人们开始通过调节水资源来促进农业集约化。到西班牙人征服时，水资源管理带来的食物至少养活了这一地区1/3的人口（Sanders, Parsons, and Santley 1979）。

特奥蒂瓦坎附近的永久性灌溉渠可以滋养大约10万人，但中美洲地区密集程度最高的耕作形式是浮园耕作法（chinampas）（Parsons, 1976）。浮园为长方形平台，建造在特斯科科湖（Texcoco）、泽尔高湖（Xalco）和霍奇米尔科湖（Xochimico）之间的浅滩上，一般高出浅滩1.5—1.8m。建造过程中挖掘出的泥土、作物残余、杂草和水草都有用处。人们在肥沃的冲积土壤上持续耕作，或者只间隔几个月，同时在浮园边缘种植树木来固定水土。浮园耕作法使得无法出产作物的沼泽变为高产的田地和果园，还解决了土壤渍水的问题。因为船可以直达浮园，因此将粮食运往城市中的市场十分方便。浮园耕作法为投入的劳动力提供了巨大的回报，因为有着很高的效益成本比，因此这种方式被反复使用。它始于公元前100年，最终在阿兹特克统治的最后几十年达到顶峰（专栏3.11）。

西班牙人征服这一地区时，特斯科科湖、泽尔高湖和霍奇米尔科湖

专栏3.11

墨西哥盆地"浮起来"的田地

一块浮园的产量可达到未灌溉土地的4倍。收成好时，每公顷可产出3t玉米，除去约占1/10的种子和残余物外，能够比旱地耕作多提供30GJ的食物能量。浮园需要从水平面抬高至少1.5m，每公顷需要积累15,000m³的淤泥。一个人每天工作5—6小时最多能够处理2.5m³的淤泥。因此抬高1公顷的浮园需要6,000个人一天的劳动，每小时消耗的900kJ能量需要额外30GJ的食物能量来提供，仅需一年的增产即可收回成本。

共拥有约 12,000 公顷的浮园耕地（Sanders, Parsons, and Santley 1979）。建设这些浮园至少需要 7,200 万人一天的劳动。在一般情况下，一位农民每年至少需要在田间劳作 200 天才能养活一家人，所以他每年在大型水利工程上工作的时间不能超过 100 天。由于这部分时间绝大多数都要用于维护现有的堤坝和水渠，所以每增加 1 公顷新的浮园，至少需要 60—120 名农民的季节性劳动。尽管利用水资源的方式不同，但西班牙人征服前的墨西哥盆地文明显然与同时代伟大的亚洲国家——明代中国一样，是一个水利发达的文明。这里的农业成功的关键因素包括长期的精心规划、集中协调的努力和巨大的劳动力投入。

得到灌溉的玉米本来就比小麦产量高，因此中美洲农业发展最好的时候，人口密度非常高。一公顷高产的浮园可以养活多达 13—16 人，他们 80% 的食物能量来自谷物。自然，整个墨西哥盆地的平均水平要比这低得多，其边缘地区人口密度不足 3 人每公顷耕地，长期合理灌溉的地区人口密度则约为 8 人每公顷（Sanders, Parsons, and Santley 1979）。被西班牙征服之前（1519 年），该盆地人口约为 100 万人，谷地所有可以耕种的土地均已被开发，平均人口密度约为 4 人每公顷耕地。印加文明的核心地区——的的喀喀湖（Titicaca）周围的湿地（今天的秘鲁和玻利维亚之间）人口密度几乎与此相同，该地主要依靠浮园耕作法种植土豆（Denevan 1982; Erickson 1988）。

欧　洲

与中国类似，欧洲也有交替出现的生产率相对稳定的上升期和停滞期。直到 19 世纪，和平时期仍有区域性的大饥荒出现。但 17 世纪前，欧洲由于农业发展普遍不如中国农业，始终跟在后面学习东方的新技术发明。我们知之甚少的希腊农业明显不如同时代的中东农业有名。罗马人曾逐步发展出一种中等复杂的农业，对它的描述在加图的《农业志》、瓦罗（Varro）的《论农业·卷三》（*Rerum rusticarum libri III*）、科路美拉（Columella）的《农业论》（*De re rustica*）和帕拉迪乌斯（Palladius）的《论农业》（*Opus agriculturae*）等著作中得以保留。这些著作经常被重印——其中最好的可能是盖斯纳（Gesner 1735）出版的带评论和标注的单卷本——并且直到 17 世纪都还在产生重大影响（White 1970; Fussell 1972; Brunner 1995）。

中国的核心地区人口稠密，因为缺乏牧场且人口密度高，很难拥有大量牲畜。与中国不同，欧洲农业一直将畜牧业作为重要组成部分。罗马的混合农业包括谷物和豆类作物的轮作、堆肥以及将豆科作物作为绿肥进行翻耕。从营养丰富的鸽子排泄物到油渣饼，所有可利用的有机废物的回收都很彻底。为了降低土壤酸度，人们反复对农田施用石灰（白垩或泥灰）。至少 1/3 的田地处于休耕状态。

牛是主要的役畜，通常钉蹄铁。犁是木制的，播种靠手工，收割用镰刀完成。普林尼（Pliny）曾描述过高卢人的一种机械收割机，一些残存的浮雕对此也有描绘，但它的用途十分有限。脱粒是通过畜力或连枷来完成的，产量既低又极不稳定。相关研究还原了在公元纪元的前几个世纪里罗马的小麦种植情况，一般要投入 180—250 小时的人力劳动（以及大约 200 小时的畜力），才能达到接近 0.5t/ha 的一般产量。尽管如此，通常 30—40 倍的粮食总能量回报还是相当高的（专栏 3.12）。

从西罗马帝国灭亡到欧洲扩张开始的一千年里，欧洲农业的生产率发展非常缓慢。13 世纪初，小麦生产方式基本没有改进，产量基本不变，无法维持高于前王朝时期埃及平均水平的人口密度。但中世纪绝对不是一个缺少重要技术创新的时期（Seebohm 1927; Lizerand 1942; Slicher van Bath 1963; Duby 1968, 1998; Fussell 1972; Grigg 1992; Astill and Langdon 1997; Olsson and Svensson 2011）。在这一时期最重要的变化之一，就是给挽马套上项圈挽具。

在欧洲大陆每一个较为富饶的地区，在很大程度上要得益于这种改良的挽具，马开始取代牛，成为主要的役畜。但这种过渡非常缓慢，通常需要几个世纪才能完成。在欧洲比较富裕的地区，这一过程从 11 世纪（此时马蹄铁和项圈挽具开始普及）一直延续到 16 世纪。英国对这一变化有详细的记载，英王威廉一世于 1086 年颁布《土地调查清册》（Domesday Book）时，马只占领主领地役畜的 5%，却占了农民所持牲

专栏 3.12

公元 200—1800 年，欧洲小麦收割的劳动力需求

任务类型	每生产 1 公顷小麦所需的劳作时间（人力 / 畜力）		
	意大利，200 年	英国，1200 年	荷兰，1800 年
犁地			
牛	37/74	25/150	
马			15/30
耙地	8/16	7/14	5/10
播种			
手工撒播	4/—	4/—	
条播机			3/6
施肥			40/60
收割			
镰刀	50/—	50/—	
长柄大镰刀			24/—
搬运	15/30	10/20	7/14
脱粒			
踩踏（牛）	30/60		
连枷		30/—	33/—
风选	25/—	25/—	30/—
称重，装袋	8/—	7/—	10/—

来源：Baars（1973）、Seebohm（1927）、White（1970）、Stanhill（1976）和 Langdon（1986）等。

畜的 35%（Langdon 1986）。到 1300 年，这两项占比分别上升到 20% 和 45%，经过一段时间的停滞，到 16 世纪末，马才成为主要的役畜。

英国相对丰富的数据也说明了这一转变的复杂性。长期以来，马只是代替牛在混合队伍中充当排头兵。它们的使用模式有着明确的区域差异（东安格利亚远远领先于英格兰其他地区），而小农户在农场中的用马方式

要先进得多。主要土壤类型（黏土土质适合养牛）、饲养方式（粗放放牧更适合养牛）和到可以进行役畜与肉品买卖的市场的距离（靠近城镇的地方更喜欢养马）等方面的差异共同作用，产生了复杂的结果。其他的消极因素包括保守、抵制变革和降低运营成本的考虑以及开拓精神等。简陋的犁和中世纪马匹普遍较弱的体质进一步阻碍了这一转变。

宽木底、重木轮和大木犁铧的结合，会使木犁和地面产生巨大的摩擦。在潮湿的土壤中犁地时，为了克服这种阻力，不管是牛还是马经常都要用到4—6头（匹）。尽管效率相对较低，但平板犁和更大的役畜队伍（其中马匹的数量渐多）的结合对扩大耕地至关重要。通过将田地分割成凸起的土地和凹陷的垄沟，犁耕创造了一种有效的人工排水模式。尽管这种控制农田多余水分的方式显然远不如浮园壮观，但其空间与历史的影响要广泛得多。有了犁耕，北欧广阔的积水平原能够种植小麦和大麦了（这两种作物原产于干旱的中东）。

到中世纪晚期，犁耕往东边最远传播到了德国人定居点的边缘。直到19世纪，这项技术才覆盖北海和乌拉尔之间的欧洲平原，并且直到那时，它才开始出现在巴尔干半岛的大部分地区。显然，犁耕技术的应用既是一个革命性的变化（确保了西北欧、中欧以及波罗的海地区的农业进步），又是凉爽湿润的低地区域的农业持续繁荣的关键因素。19世纪欧洲农场和道路上常见的重型挽马是经过多个世纪繁育的品种（Villiers 1976），但这种繁育过程缓慢，中世纪的马体形基本并不比罗马时期的大（Langdon 1986）。甚至在中世纪晚期，大多数马匹都不超过13—14掌高，只有到17世纪，西欧身高达到16—17掌、体重接近1t的挽马变得更加普遍后，它们的力量才开始明显上升（图3.13）。

这就解释了为什么中世纪的英国人抱怨马在重黏土地上毫无用处。相比之下，19世纪的重型挽马在潮湿、厚重和不平的土地上表现出色。19世纪，一对好马一天能轻易地比四头牛多完成25%—30%的田间劳动。效率的提高带来了三种集约化收益：更频繁地耕种现有的田地（特别是对休耕地进行翻耕以除草）；开荒；为其他田地或农场活动腾出劳动力。而且在欧洲大部分地区，轮作很容易为两匹马提供足够的精饲料，饲养成本

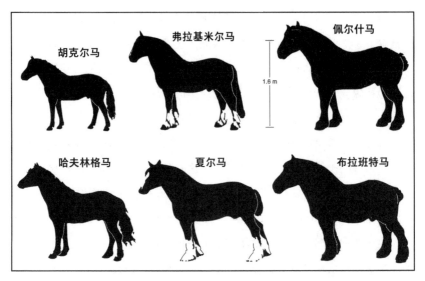

图 3.13 欧洲挽马,体形包括高度 12 掌以下的小型矮马到高度 16 掌以上的重型马（重约 1t）。它们的轮廓基于西尔弗的研究（Silver 1976）。它们已经按比例缩放

低于饲养四头牛。然而从养牛向养马的这一转变进展缓慢,不同区域农业产量波动大,主粮产量持续低迷。这几种因素共同作用,使得挽马数量的增加对生产力的稳定提振作用完全无法体现出来。

只有在更强大的马匹成为主要的役畜,并且在 17 世纪和 18 世纪开始为更密集的农业模式工作时,它们的优势才变得明显。但在道路运输方面,它们的优势很早就体现出来了。役用马的食物供应也是一个巨大的能量挑战。要想让马戴着高效的挽具和蹄铁开展繁重的工作,就必然需要更好的饲料提供能量,而不仅仅喂以能够养活牛的粗饲料（草或秸秆）。强大的役用马需要喂以精饲料、谷物或豆类。因此,农民不得不加强种植,以养活家人和牲畜。而只有在人口密度很低,没有饲养动物的需求的地区,才能加强农业的集约程度。

丰富的历史价格数据有助于重建一些国家长期的农业生产趋势（Abel 1962）。大量的区域性差异自然存在,但大规模的周期性波动也显而易见。一些时期（最有代表性的是 1150—1300 年、16 世纪以及 1750—1800 年）相对繁荣的标志是湿地和森林被大量变为农田。这一进程还推进了偏远地区的殖民,带来了更多种类的食物,作为对面包这种最常见

的主食的补充。在重大的经济衰退或战争时期，会出现饥荒、人口大减和农田与村庄大量废弃的情况（Centre des Recherches Historiques 1965; Beresford and Hurst 1971）。在 14 世纪，流行病和战争造成了巨大的人口损失。在 15 世纪的前几十年，欧洲的人口比 1300 年时少了 1/3 左右，1618—1648 年，德国大约失去了 2/5 的农民。

直到 18 世纪末，没有保障仍然是欧洲农业的一贯属性，即使在 19 世纪的前几十年，欧洲较富裕地区的农民生活的惨状依旧随处可见。科贝特 1823 年在法国旅行时，惊讶地看到"女人用手撒粪"的场景，并注意到法国农民使用的农具"似乎与许多年前或一个世纪前英国人使用的农具差不多"（Cobbett 1824, 111）。然而不久之后，一种相当密集的种植模式终于成为欧洲靠近大西洋的部分大多数地区的常态。

这种密集型种植的特点是：逐渐放弃休耕；普遍采用几种标准的轮作模式。1770 年以后，马铃薯种植变得普遍，牲畜产量扩大，土地施肥量普遍增加。在 18 世纪的佛兰德斯，肥料、粪便、油渣饼和灰肥的年平均施用量普遍可轻易达到 10t/ha（Slicher van Bath 1963）。荷兰成为欧洲农业产量的标杆。大约在 1800 年，荷兰农场将小麦作为主要粮食作物，同时也种植大麦、燕麦、黑麦、蚕豆、豌豆、马铃薯、油菜籽、三叶草和青饲料；不到 10% 的农田休耕，农业与畜牧业生产紧密结合（Baars 1973）。

与中世纪或罗马时代相比，在荷兰种植一公顷小麦所需的劳动时间几乎没什么不同。由于强壮的马取代了牛，所以畜力劳动时间实际上减少了，但由于品种优化和密集施肥，此时荷兰的小麦产量比中世纪时的产量大约要高出 3 倍。因此，19 世纪初荷兰农业的净能量回报是 160 多倍，而中世纪英国小麦种植的净能量回报不到 40 倍，公元 200 年左右意大利罗马谷物种植的净能量回报还不到 25 倍（专栏 3.13）。

欧洲从 19 世纪初的生产过剩所引发的萧条中恢复过来后，其多数国家的农业继续向集约化发展。德国的两个例子说明了这些变化（Abel 1962）。1800 年，德国农田的休耕比例约为 25%，但到 1883 年，这一比例下降到不足 10%。1820 年以前，德国每年的人均肉类消费量不到 20kg，但到 19 世纪末，这一项指标已经接近 50kg。早期的三季轮作被各

专栏 3.13

200—1800 年，欧洲小麦的能量成本和能量回报

	小麦种植的能量成本和能量回报		
	意大利，200 年	英格兰，1200 年	荷兰，1800 年
劳动时间	177	158	167
能量成本（MJ）	142	126	134
作物产量（t/ha）	0.4	0.5	2.0
食物产量（GJ）	3.3	4.9	22.2
净能量回报	23	39	166
役畜劳动时间	180	184	120

来源：Seebohm（1927）、White（1970）、Baars（1973）、Stanhill（1976）、Langdon（1986）和 Wrigley（2006）。

种四季轮作所取代。在最常见的诺福克循环（Norfolk cycle）中，人们先种植小麦，之后种萝卜、大麦和三叶草，甚至六季轮作也在一定范围内得到传播。在比较富裕的地区，使用硫酸钙、泥灰或石灰来中和酸性土壤的做法十分常见。

在 19 世纪，更先进的工具的采用速度在加快，役畜群的数量也在增加：1815—1913 年，英国的马、牛和驴（等价于马计算）总数增加了15%，荷兰的增幅为 27%，德国的增幅为 57%（Kander and Warde 2011）。到 1850 年，每个重要农业区的作物产量都在增加，快速集约化的农业能够为不断增长的城市人口提供食物。经过几个世纪的波动，到 1900 年，在欧洲集约程度最高的农业区（包括荷兰、德国部分地区、法国和英国），每公顷可用耕地养活的人数达到了 7—10 人。这种农业水平反映出，以煤为能源带动的机械和肥料的生产间接地为农业提供了大量能量支持。19世纪晚期的欧洲农业发展成了一种混合能源系统：它仍然严重依赖生物原动力，但也越来越多地受益于大量化石能源的投入。

北　美

美国后革命时期的农业十分引人注目，因为创新层出不穷，而且不断加快。到 19 世纪末，这些变化造就了世界上劳动效率最高的作物种植模式（Ardrey 1894; Rogin 1931; Schlebecker 1975; Cochrane 1993; Hart 2004; Mundlak 2005）。在 18 世纪最后几十年，美国东北各州的农业均落后于欧洲，南部各州更是如此。人们使用的木犁要么使用锻铁犁铧，要么用的是简陋地盖着一层铁皮的木犁板，这种犁会造成很大的摩擦、严重的阻力和耕牛的劳损。人们用手工播种，用镰刀收割，通过拍打的方式脱粒；在南方，主要使用动物踩踏谷物来脱粒。

在新世纪，这一切迅速发生变化。首先是犁地的变化（Ardrey 1894; Rogin 1931）。1797 年，查尔斯·诺伊博尔德（Charles Neubold）推出了铸铁犁；杰思罗·伍德（Jethro Wood）开发了可以投入使用的可替换版本，并申请了专利（1814，1819）；19 世纪 30 年代初，改良后的铸铁犁开始被钢犁所取代。约翰·莱恩（John Lane）于 1833 年用锯片钢制造了第一个钢犁，约翰·迪尔（John Deere）实现了它的商业化生产。迪尔为锻铁犁铧打出的最早的（1843）广告声称，这种金属已被打磨光滑，"在任何土壤中都会保持闪亮，无惧恶劣的土壤环境"（Magee 2005）。

贝塞麦转炉（Bessemer converter）炼钢法降低了钢的价格，使得钢犁铧应用范围的扩大成为可能：1868 年，莱恩推出了他的分层钢犁。两轮和三轮乘式犁也在 19 世纪 60 年代普及开来（图 3.14）。19 世纪末以前，在美国北部平原各州和加拿大草原三省曼尼托巴、萨斯喀彻温和艾伯塔，人们用多达十几匹马牵拉最多由 10 个犁铧组成的联合犁来开垦农场。巨大的钢犁能够处理草木丛生的草原，有助于开辟北美的大片平原来种植谷物。

犁耕技术方面的进步与其他创新相辅相成。到 1850 年，条播机和马拉脱粒机开始被广泛使用。1799—1822 年，第一批机械谷物收割机在英国获得专利，从 1830 年开始，两位美国发明家塞勒斯·麦考密克（Cyrus McCormick）和奥贝德·赫西（Obed Hussey）在此基础上开发了可以大批量生产、可投入实用的收割机（Greeno 1912; Aldrich 2002）。这些机器在 19 世纪 50 年代开始大量销售，到美国内战结束时，已有 25 万台投入使用。

C. W. 马什（C. W. Marsh）和 W. W. 马什（W. W. Marsh）在 1858 年申请了第一台收割机的专利，该机器需要两个人将割下的谷物捆在一起。1878年，约翰·阿普尔比（John Appleby）推出了第一台成功的绳子打捆机。

该发明是全机械谷物收割机所需的最后一个组成部分，它将捆好的谷物卸下，为堆谷垛做准备（图 3.14）。19 世纪末以前，这些机器使用范围的迅速扩大加上使用联合犁来耕作，使得北美、阿根廷和澳大利亚的大片草原被辟为耕地。但是，最好的捆绳收割机的表现被加州的斯托克顿公司（Stockton Works）于 19 世纪 80 年代推出的第一批马拉联合收割机甩在了后面。该公司在 1886 年后推出的标准联合收割机名为豪瑟斯，到1900 年，加州 2/3 的小麦由该机器收割，当时有 500 多台机器在加州的农田里工作（Cornways 2015）。

最大的收割机需要 40 匹马牵引，能在 40 分钟内收割 1ha 小麦——但这对于畜力驱动的机械是一项极限考验，因为驾驭和引导 40 匹马是一项巨大的挑战。不过，这种运用是 19 世纪美国传统农业劳动力转移的最好例证。一开始，一个农民（80W）在地里干活，两头牛为他提供大约800W 的牵引力；到最后，一个加州农民可以支配 18kW 的力量（30 匹马组成的马队）来收割他的麦田。他成了能量流的控制者，而不再是农业活动必需的能量提供者。

1800 年，新英格兰的农民（手工播种，用牛拉木犁，结合覆土耙、镰刀和连枷来耕作）需要劳动 150—170h 才能收获小麦。而在 1900 年的加州，使用马拉联合犁、弹齿耙和联合收割机耕作，只需不到 9 小时的时间，就可以收获同样数量的小麦（专栏 3.14）。1800 年，新英格兰的农民生产1kg 小麦至少需要 7 分钟，但 1900 年加州中央山谷地区的农民生产同样数量的小麦只需不到半分钟，一个世纪以来劳动生产率增长了约 20 倍。

就净能量消耗而言，这些差异稍稍有点大：1800 年相比于之后几十年，大部分较长的劳动时间花在了扶犁、用镰刀收割和用连枷打谷等劳动上。播种和储存过程的损失则在这几十年中有了明显的下降。1900 年农业劳动消耗的每单位粮食能量（以小麦的形式）带来的平均可食用能量回报是 1800 年时的 25 倍以上。自然，机器改良带来的效率提升只是这些巨

图 3.14　三轮乘式钢犁（由迪尔公司于 19 世纪 80 年代在伊利诺伊州莫林制造）和捆绳谷物收割机（于 19 世纪最后几十年在纽约的奥本制造）。这两项创新为广袤的美国平原的开垦和大规模的谷物种植打下了基础［来源：Ardrey（1894）］

专栏 3.14

1800—1900 年美国小麦种植的劳动力需求（人力／畜力）（以小时每公顷计）以及能量成本

劳动项目	1800 年	1850 年	1875 年	1900 年
犁地				
木犁	20/40			
铸铁犁		15/30		
钢犁			8/24	
钢制联合犁				3/30
耙地				
覆土耙	7/14			
钉齿耙		5/10	5/15	1/4
播种				
手工撒播	3/—			
条播机		3/6	3/9	1/2
收割				
镰刀	49/—			
长柄大镰刀		25/—		
割捆机			11/6	
联合收割机				3/17
搬运	10/10	8/8	5/5	2/10
脱粒				
连枷	33/—			
脱粒机		10/10	8/8	
风选	40/—			
劳动时间	162	66	40	9
能量成本（MJ）	145	56	32	7
总食物能量回报	129	335	586	2,680
净食物能量回报	90	270	500	2,400
劳动生产率（分钟每千克谷物）	7.2	2.9	1.8	0.4

　　第一列有代表性的案例（1800 年）是典型的新英格兰式种

植，两头牛和一到四个人为耕作过程的所有任务提供动力。第二列（1850年）显示了19世纪中期俄亥俄州以马为动力的中世纪农业模式的劳动力投入。第三列（1875年）展示了伊利诺伊州取得的进一步的进展，最后一列（1900年）回顾了加州以马为动力的美国小麦种植最高产的情形。表中的数字是每种植一公顷小麦所需的总时间（人力/畜力）。由于19世纪美国小麦产量没有表现出任何上升趋势，我假设恒定产量为每英亩20蒲式耳，即1,350kg/ha（18.75GJ/ha）。数据主要基于Rogin（1931）计算出的比率。

大进步的部分原因。人力劳动的能量回报迅速上升的另一个主要原因在于用马的力量代替了人力。美国发明家生产了各种各样的高效工具和机器，但它们在作为农业原动力取代役畜方面成效有限。

脱粒是唯一一项用蒸汽机逐渐取代马匹来提供动力的主要农活。美国迅速发展的农业必须依靠不断增多的马匹和骡子。这些动物一般都很强壮，体形较大，娇生惯养，它们的能量成本也高得惊人。1900年，它们对饲料能量的需求比1800年新英格兰的牛高出50%，它们不仅需要干草或稻草，还需要燕麦或玉米。种植这些饲料降低了人类所需农作物的产量，我们可以对这些成本进行相当准确的量化计算（USDA 1959）。20世纪前20年，美国的马和骡子的数量保持在2,500万匹（头）左右。为满足它们的生存和工作所需而种植的作物占用了美国大约1/4的耕地（专栏3.15）。美国之所以能够满足这一巨大的需求，只是因为它有着丰富的耕地资源。1910年，美国人均土地拥有量接近1.5公顷，是1990年的2倍，是同时代中国的10倍左右。

19世纪最后几十年，美国农业的高产不仅仅是因为先进的发明和充足的马匹。19世纪80年代，美国的煤炭消耗量超过了木料燃烧量，原油的重要性也日益明显。工具、设备和机器的生产、销售，以及农产品的运输开始依赖于煤炭和石油的投入。美国农民不再只是可再生的太阳能的娴熟管理者，他们已开始借助化石燃料提高产量了。

专栏 3.15

美国挽马的饲养

1910 年，美国的农场中有 2,420 万匹（头）马和骡子，小型拖拉机则只有 1,000 台；1918 年，役畜的数量达到峰值，为 2,670 万匹（头），拖拉机的数量也上升到 85,000 台（USBC 1975）。一匹（头）役畜平均每天需要 4kg 谷物，其他牲畜每天需要 2kg 精饲料（Bailey 1908），这些牲畜每年总共需要 3,000 万吨的燕麦和玉米。按1.5t/ha 的产量计算，生产这些饲料至少需要 20Mha（Mha，百万公顷）土地。如果提供粗饲料，役用马每天需要 4kg 干草，其他动物的每天需要 2.5kg，一年总共要消耗 3,000 万吨左右的干草。按 3t/ha的产量计算，生产这些干草至少需要 10Mha 耕地。每年的总耕地面积为 125Mha，生产马匹饲料至少需要约 30Mha，也就是说美国农场的马群（包括役畜和非役畜）需要约 25% 的耕地。美国农业部计算得出的数据与估计值十分相近，为 29.1Mha（USDA 1959）。

传统农业的限制

从中国第一个统一的朝代秦朝（公元前221—前206年）到最后一个封建王朝清朝，或者从罗马高卢时期的凯尔特到大革命之前的法国，人们生活中社会经济的巨大变化让我们忽略了一个事实，那就是工业革命前的上千年里，原动力和基本耕作方式并没有发生根本性的变化。传统农业模式投入人力和畜力，结合有机废弃物的循环利用，同时种植豆类植物。由此而养活的人口，随着对生物力量的更高效的利用和更密集的作物种植而增长。

19 世纪末期，欧洲西北部、日本中部和中国沿海地区等高产区域的作物产量基本触及了可用能量和营养流利用率的上限。与此同时，前工业时代的农业平均产量进步十分有限。即使是丰年，大多数人也只能保证基本的温饱，无法避免长时间的营养不良，抵抗不了周期性的饥荒。传统农业虽然历史悠久，复原能力和适应性强，但也脆弱，容易受到冲击，无法满足日益增长的需求。

成　就

传统农业进步缓慢，采用新方法并不意味着完全舍弃传统方法。在19世纪晚期的欧洲，尽管连年种植、谷物收割机和高效的马队已经非常普遍，但是休耕、使用长柄大镰刀收割以及将效率低下的牛用作役畜等情况依然存在。在只依靠生物力量完成田间劳作的农业系统中，减轻人力劳动的唯一方法就是更加广泛地利用役畜。这种转变不仅需要更好的挽具、饲料以及育种，更需要在替代人力劳动的专门农具和机械上面进行创新。

传统农业的进步一开始非常缓慢，之后在18世纪逐渐加快。小麦种植情况的对比或许是反映这一进步的最好的指标。18世纪前几十年，在欧洲和北美种植1ha小麦需要约200个小时，与中世纪中期相差无几。到1800年，在美国种植1ha小麦的平均时间降到了150个小时以下，1850年降到了100个小时以下。到1900年，只需不到40个小时，其中最高产的模式（加州那种使用联合犁和联合收割机的耕作模式）仅需不到9个小时（图3.15）。

畜力代替人力使得传统农业逐渐走向集约化，提高了生产力，但长期以来，这种集约化对平均产量基本没有产生明显的影响。尽管可用信息的缺乏和不准确使得长期评估变得很艰难，但很明显，发展停滞和收成少在欧洲和亚洲都是常态。可靠的全国平均数据或地区平均数据只能追溯到19世纪前几十年。来自欧洲的数据多数都和植物种子的相对回报有关，通常以体积而非重量作为单位。当时的种子比现在的高产品种要小，因此很难进行重量换算。再者，即使最好的修道院或庄园的记录也常有空白，且它们几乎都显示不同年份之间存在着较大的波动。中世纪时期，极端气候甚至会导致产量低到没有足够的种子以供下一次耕种。

对中世纪早期的相关数据进行的最好估算显示，当时的小麦能量回报仅为成本的两倍。我们可以使用现存的数据还原过去7个世纪的英国全国农业趋势（Bennett 1935; Stanhill 1976; Clark 1991; Brunt 1999）。在13世纪，英国小麦籽实的能量回报一般在3—4倍，最高纪录达到了5.8倍。换算之后平均产量仅仅略高于500kg/ha。我们对英国的所有相关数据进行严谨分析后发现，直到约5个世纪之后，这种极低的产量才稳定地翻了一番。

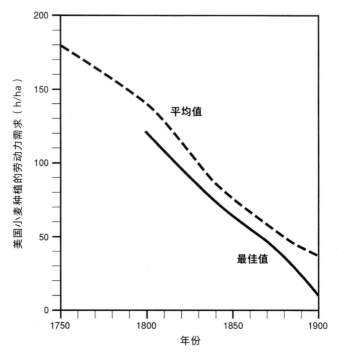

图 3.15　19 世纪美国小麦生产效率提高示意图。图片根据 Rogin（1931）和 USDA（1959）的数据相对准确地绘制而成

英国小麦产量一直保持在中世纪水平，直到 1600 年之后开始持续增长。

　　与 1500 年相比，1800 年前英国小麦的平均产量涨了一倍，到 1900 年涨了两倍，这主要得益于土地排水系统的推广、轮作的实施和施肥的集约化（图 3.16）。到 1900 年，英国农业已大大得益于机器的改进，更得益于不断增加的煤炭消耗带动的国家经济的快速发展。化石能源的投入对荷兰农作物产量的影响也很明显；相比之下，即使在 19 世纪，法国小麦产量的上升趋势也要温和得多，高效但粗放的美国农业的产量实际上还有所下降（图 3.16）。根据现有最好的平均产量数据得出的结果显示，中世纪农民劳动 1h 的谷物产量不超过 3—4kg。到 1800 年，每人每小时的平均产量约为 10kg。一个世纪后，产量接近 40kg，最好的时候远超 100kg。

　　19 世纪后期，由于 1h 田间作业的平均体力消耗比中世纪的少，所以能量回报增加得比较快：用牛拉手扶重木犁来耕地比用强壮的马队拉钢犁要费力得多。罗马时代晚期或中世纪早期，一个完整的小麦种植周期产出的谷物能产生大约 40 倍的净能量收益。在 19 世纪初的西欧，较好的小麦收成能够提供超过 200 倍于生产成本的能量回报。到 19 世纪末，这个比例一般在 500 倍以上，最好的时候能超过 2,500 倍。

净能量收益（减去种子需求和储存损失后）必然相对要低一些，中

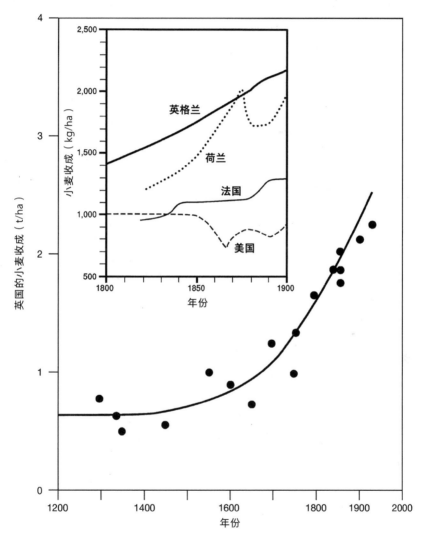

图 3.16 英国小麦产量曾经历长期停滞，但在 1600 年后开始迅速增长。19 世纪，荷兰小麦产量的增长更加惊人，但法国的增长情况微不足道。在美国，由于小麦种植开始向干燥的西部内陆地区扩展，实际上小麦平均产量反而下降了。本图根据 USDA（1955）、USBC（1975）、Stanhill（1976）、Clark（1991）和 Palgrave Macmillan（2013）的数据绘制而成

世纪时的能量回报通常不超过 25 倍，19 世纪初为 80—120 倍，19 世纪末通常为 400—500 倍。但劳动生产率的飙升源于畜力投入的不断增加，因此也就源于人们在役畜饲养方面投入的大量能量。在罗马时代，每投入 1 个单位的有用人工劳动力，都要辅以大约 8 个单位的畜力。在 19 世纪早期的欧洲，典型的牲畜与人的劳动力比例上升为大约 15:1，而到了 19 世纪 90 年代，在生产率最高的美国农场，这一比例远远超过了 100:1。人力成为可有可无的机械能来源，农民的劳动价值大都转移到了管理、控制这些低能耗、高产出的活动上。

畜力的能量成本增长得更快。在罗马时代，一对靠粗饲料为生的牛不需要食用任何谷物就能完成农活，因此它不会降低农民的潜在粮食供应。在 19 世纪早期的欧洲，一对中型马每年消耗近 2t 的谷物，大约是每年的人均粮食总食用量的 9 倍。在 19 世纪 90 年代的美国，12 匹强壮的马每年需要大约 18t 燕麦和玉米，约为其主人粮食总食用量的 80 倍。只有少数土地广袤的国家能提供如此多的食物。喂养 12 匹马需要大约 15ha 的土地。1900 年，一座美国农场平均拥有近 60ha 土地，但只有 1/3 是耕地。显然，即使在美国，也只有大农场主才能养得起十几只甚至更多的役畜。1900 年平均每座农场只有三匹马（USBC 1975）。

并非所有传统社会都能依靠更高的畜力投入来加强农业生产。在亚洲水稻种植区，因为可耕土地有限，人们通常会采用更精细的耕作方式使种植更集约。这一模式的代表地区有日本、中国和越南的部分地区、印度尼西亚群岛中人口最密集的爪哇岛。格尔茨恰如其分地称之为农业内卷化（Geertz 1963），它建立在灌溉水稻的高产潜力上，也建立在几十年乃至上百年对灌溉系统、湿地和梯田的建设与维护所投入的大量能量上。

旱地农业的集约型种植很容易导致环境退化（尤其是水土流失与养分流失），水田农业生态系统则更有弹性。农民的辛勤耕作消耗了大量的人力劳动。这一过程从精心平整田地与在苗圃中育苗开始，涉及一些细微的管理技术，比如精心控制种植间隔、手工除草以及收获单个植株等。内卷的倾向一旦建立起来就很难打破。它能支撑逐步提高的人口密度，但最终会导致极端贫困。劳动生产率一开始会停滞不前，然后开始下降，越来越多的人开始食不果腹。明清时期，中国许多地区都出现了明显的农业内卷化迹象。

经历了 20 世纪上半叶的动荡之后，新中国以大量农村劳动力为基础的农业政策将内卷趋势延续了 20 多年。20 世纪 70 年代，中国仍有几亿农民，占总人口的一大半，他们的口粮虽然分配得更公平，但仍然只是勉强够用。到 1978 年，农村开始实行联产承包责任制，农业内卷化趋势才从根本上得到扭转。一些亚洲水稻种植国即使在 1950 年以后还陷在内卷化螺旋中。相比之下，日本的内卷化趋势随着 1868 年的明治维新而被打破。从 19 世纪 70 年代初至 20 世纪 40 年代，日本的总人口增长了 2.2 倍。与此同时，日本的水稻平均产量也有所增加，而农村人口减少了一半，仅占总人口的 40%（Taeuber 1958）。

两种大规模的农业集约化模式（一种是以畜力替代人力劳动，另一种是使农民劳动投入最大化）尽管存在根本差异，却将农业生产推向了同一个方向，那就是逐渐增加的人口密度。这一过程对于释放越来越多的劳动力去从事非农工作至关重要。从事非农工作的人口比例越来越高，导致了职业专业化、居住区规模的扩大、城市文明开始出现并日趋复杂。

我们只能对这些变化进行大致的还原。因为过去的人口总数很难确定，即使对具有相对全面的统计传统的社会来说也是如此（Whitmore et al. 1990）。而要找到可靠的耕地数据更加困难，特别是实际用于种植一年生或者多年生作物的可用耕地各自所占的份额数据。因此，我们不可能描述人口密度的可靠趋势。现在我们确定可以做到的是，将早期农业最低限度的特征与一些典型表现（基于书面记录）进行对比，然后与前工业时代最密集的农业模式取得的最佳成就（现代研究对此有充分记录）进行对比。

所有古代文明的平均人口密度一开始似乎都在 1 人每公顷耕地左右。在经历了几个世纪的缓慢发展之后，这一比率才翻了一番。在埃及，人口密度翻一番花了大约 2,000 年，中国和欧洲似乎也差不多（图 3.17）。到 1900 年，最高的全国平均人口密度约为 5 人每公顷耕地，最密集的区域人口密度是它的两倍以上（到了 20 世纪人口密度增长得更快：到 2000 年，埃及人口密度接近 25 人每公顷，中国为 12 人每公顷，欧洲为 3 人

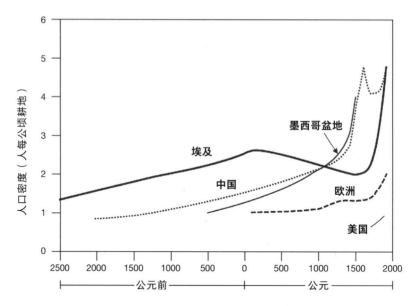

图 3.17　公元前 2500—公元 1900 年，埃及、中国、墨西哥盆地和欧洲每公顷耕地人口密度的大致长期趋势。图片根据 Perkins（1969）、Mitchell（1975）、Butzer（1976）、Waterbury（1979）、Richards（1990）和 Whitmore et al.（1990）提供的数据绘制而成

每公顷）。但我们在比较人口密度时，还应考虑营养的充足性和饮食的多样性。

营　养

　　前工业社会的人口密度值基本无法揭示出当时典型饮食是否充足、质量如何。计算传统社会的平均食物需求不能仅靠合理的确定性：缺失的信息需要以太多的假设来填补。估算产量必须依赖不断积累的假设，收获后的极不确定而又数量巨大的损失也会影响实际消耗。如果按照文献和人体测量的证据，可能只有一种总结可以被接受：在数千年中，传统农业的人均粮食供应没有明显的上升趋势。一些早期农业社会在某些方面比他们的后继者相对更好，或者至少没有比他们的后继者更糟糕。例如，埃利森对古代美索不达米亚的口粮配额表单进行还原后发现，公元前 3000—前 2400 年，此处的每日人均能量供应比 20 世纪初同一地区的平均水平高出约 20%（Ellison 1981）。

基于汉代的记载所得出的估值表明，在公元前 4 世纪，魏国一位农民通常每天要为他的 5 个家人每人提供将近 0.5kg 粮食（Yates 1990）。这一总数与 20 世纪 50 年代没有引进抽水灌溉和合成肥料的中国北方地区的平均值相同（Smil 1981a）。更多的可靠数据表明，现代欧洲早期，即使在享有粮食运送特权的城市，主食消费也有显著下降。例如，罗马的年人均粮食供应量从 16 世纪末的 290kg 下降到了 1700 年的 200kg 左右，年人均肉食供应量也从近 40kg 下降到 30kg 左右（Revel 1979）。

在大多数情况下，越是近现代的饮食，就越不多样化。它们所含的动物蛋白比早期饮食中所含的要少，因为早期人们的食物经常还包括野生动物、鸟类和水生物种。这种质量的下降并没有被更公平的基本食品供应所抵消：到 18 世纪末，地区性的、社会经济方面的消费严重不平等现象普遍存在，并一直持续到 19 世纪。在所有的传统农业社会，有很大一部分人（甚至经常是绝大多数人）能得到的食物供应并不能保证一种健康、有活力的生活。

弗雷德里克·莫顿·伊登（Frederick Morton Eden）在 1797 年对英国穷人的生活状况进行调查时发现，即使在这个国家比较富裕的南方，主食也只是干面包和奶酪。在莱斯特郡一名工人的家里，

> 很少有黄油，但星期天偶尔会有一点奶酪，有时有些肉。……面包才是家里的主要食物，但是现在他们也没有足够的面包，他的孩子几乎赤身裸体，处于半饥饿状态。（Eden 1797, 227）

关于英格兰和威尔士贫穷的农村劳动人口的食物摄取量的还原情况表明，1787—1796 年间，他们平均一年只吃 8.3kg 肉（Clark, Huberman, and Lindert 1995），到了 19 世纪 60 年代，英国较贫穷的那一半人口每年的人均肉类消费才刚刚超过 10kg（Fogel 1991）。在东普鲁士，有 1/3 的农村人口买不起足够的面包，这种状况一直持续到 1847 年（Abel 1962）。

即使在相当繁荣的时期，典型的饮食（从总能量和基本营养上来说，能够提供充足营养的那些食物）也非常单调，还不太可口。在欧洲的大部

分地区，面包（大部分是黑面包，在北方地区很少放或不放小麦粉）、粗粮（燕麦、大麦、荞麦）、芜菁、卷心菜以及后来的土豆是人们日常的主食。它们经常被混在一起做成稀汤和炖菜。晚餐和早餐、中餐没有太大区别。如果存在着所谓的典型乡村饮食的话，亚洲农村要更依赖于一些谷物。在近代中国，小米、小麦、大米和玉米提供了超过 4/5 的食物能量。印度的情况几乎一样。

丰富的季节性蔬菜和水果经常能够调剂这种饮食单调的情况。亚洲人最喜欢的蔬果包括卷心菜、小萝卜、洋葱、大蒜、姜、梨、桃和橙子。除了芜菁和胡萝卜，卷心菜和洋葱在欧洲也很受欢迎；收获最多的水果有苹果、梨、李子和葡萄。中美洲最重要的作物是番茄、佛手瓜、辣椒、木瓜和鳄梨。典型的亚洲农村饮食总是以素食为主，中美洲社会的饮食也是如此。除了狗之外，中美洲从来没有任何成规模的家养动物。不过，欧洲一些地区的人们在社会繁荣的时候肉类摄入量相对较高。在典型的饮食中，肉类仍然只是偶尔少量摄入的那一类。动物蛋白主要来源于乳制品。烤肉、炖肉、啤酒、蛋糕和葡萄酒等仅在宗教节日、婚礼或行会宴会等节庆场合才比较常见（Smil 2013d）。

日常饮食即使能够提供足够的能量和蛋白质，也常常可能缺乏维生素和矿物质。以高产的大麦为主食的美索不达米亚人缺乏维生素 A 和维生素 C；古代碑文提到过失明和类似坏血病的症状（Ellison 1981）。在随后的几千年中，这两种物质的缺乏在热带地区之外的大多数地区也很常见。在人们很少食用绿叶蔬菜的地方，肉类摄入严重不足会导致长期缺铁。以大米为主的饮食结构主要缺钙，对于成长期的儿童来说尤其如此：在中国南方，人们的平均每日钙摄入量不到建议摄入量的一半（Buck 1937）。如今，在许多贫穷的国家，人口密度超过了最密集的传统农业所能承受的极限，饮食单调、不足和普遍的营养不良都已成常态。

极　限

尽管产量和劳动生产率发展缓慢，然而传统农业在进化上仍取得了巨大成功。如果没有永久种植所支持的高密度人口，复杂的文化就不会产生。假如同一块土地分别交给流动农民和定居农民来耕种，后者主食谷物的一次普通收成能养活的人口比前者高十倍。但传统农业模式下所能达到的人口密度明显有限。此外，平均粮食供应很少大幅超过生存所需的最低限度，即使是人口密度较低、土壤肥沃、耕作技术高超的社会，也可能因季节性食物短缺和经常性的饥荒而遭到削弱。

在用役畜代替人类劳动的过程中，能量供应的限制最为常见。役畜所需的精饲料生产要能够不影响粮食的产量。即使是在土地广袤、饲料生产能力强大的农业社会，畜力替代人力的趋势也不会比19世纪末的美国所达到的顶峰高多少。重型联合犁和联合收割机使畜力耕作达到了实际操作的极限。除了要饲养大量用于完成短期田间作业的牲畜外，人们还需要投入大量的劳动来维护马厩、清洁役畜、给它们钉蹄铁。驾驭和引导大型马队对后勤也是一种挑战。显然，人们需要一种远比役畜更强大的原动力——很快，内燃机的出现正好满足了这种需要。

在经历了农业内卷化的社会，人们通过不断减少的人均劳动收益来维持生计的能力将人口密度推向了极限。人均劳动收益则会被氮回收的可能性上限所限制。对传统氮源（主要来自有机废弃物的回收和绿肥的种植）的最高效利用能提供足够的营养素，支撑12—15人每公顷的人口密度。粪肥的产量无法超过动物饲料供应所设定的限度。在集约化种植地区，动物饲料只能来自农作物和食品加工残渣。此外，收集、运输和分配有机肥料需要艰苦、重复的劳动，因此大量施肥和利用人类粪尿是一项相当繁重的工作。

唯一普遍可行的有效替代方法是将需要施肥的作物和豆科植物轮作。但这个解决方案效果也有限。频繁种植豆科绿肥作物能够让土壤保持较高的肥力，但不可避免地会降低主食谷物的平均年产量。种植豆科作物在很大程度上不需要外部的氮供应，但豆科作物和谷物只能在总食物能量含量方面互相置换。豆类蛋白质含量高，但是难以消化，口感差。此外，它们不能用来烤面包，也基本不能（除了少数例外）用来做面条。一直以来，一个社会一旦变得富有，最显著的营养转变之一就是豆类消费下降。

除去历史时期、环境条件或普遍的种植方式和密集程度的影响，没有一种传统农业能够持续生产足够的粮食来消除广泛的营养不良。它们都很容易受到主要由干旱和洪水等自然因素引发的大饥荒的冲击，即使是农业密集程度最高的社会也不能幸免于难。20 世纪 20 年代，中国农民们回忆说自己一生中平均会遭受 3 次足以引发饥荒的作物歉收（Buck 1937）。

这些饥荒平均会持续约 10 个月，1/4 的受灾人口被迫依靠树皮和草果腹。将近 1/7 的人离开自己的村庄搜寻食物。大多数亚洲和非洲社会也会出现类似的情况。某些饥荒带来的毁灭性后果存在于几代人的集体记忆中，导致了重大的社会、经济和农业变化。这类事件的显著例子包括 1450—1454 年墨西哥盆地由霜冻和干旱导致的玉米歉收（Davies 1987）、1845—1852 年爱尔兰马铃薯因感染疫霉而绝产（Donnelly 2005）以及 1876—1879 年由干旱导致的印度大饥荒（Seavoy 1986; Davis 2001）。

为什么前工业社会不能避免如此严重的粮食短缺的反复出现？他们可以避免——要么扩大耕地，要么加强种植，或者两者兼而有之——并且一直在努力这样做。但在绝大多数情况下，这些行动进行得都很勉强，而且往往会被拖延很长时间，以致自然灾害一再转化为大饥荒。显然，能量因素是这种拖延的原因之一。扩大耕地和加强种植都需要更高的能量投入。即使是在能养得起大量役畜的社会，这些额外的能量投入也大多来自更长的劳动时间和更辛苦的人力劳动。

此外，相比于之前，作物生产集约化之后的能量回报与能量成本之比往往更低。这并不奇怪，传统耕作者会试图延缓这些较大的劳动负担，避免较低的相对回报。通常只有在被迫满足逐渐增加的人口的基本需要时，他们才会扩大或加强种植。从长远来看，这种不情愿的扩大和加强的确可以养活更多的人口——但人均食物供应和平均饮食质量在之后的几个世纪甚至几千年里几乎没有改变。

这种〔对于扩大和加强种植的〕不情愿一再出现于能量密集程度较低的农业模式中。从游耕发展到永久种植通常会经历漫长的过渡期，农民不愿意向新的地区扩大耕作面积，也不愿意往集约农业发展。当局部地区的产量无法维持逐渐增长的人口，不得不做出改变时，人们也主要是通过扩大耕地面积（而不是将现有的土地向集约型农业发展）来解决的。因此，从长时间、大面积的休耕转向连年种植，花费了几百年甚至几千年的时间。

有许多历史记录反映了这些不情愿的转变。森林环境中的游耕只能提供基本的生存需要和微薄的物质财产，但在许多社会中，即使几代人都与永久种植的农民接触过，他们仍然将游耕作为首选的生活方式。即使到了 20 世纪，冲积平原地区的农民和山区农民之间的鲜明对比在中国南部省份、整个东南亚以及拉丁美洲和撒哈拉以南非洲的许多地区仍十分清晰，令人吃惊的是，游耕甚至在欧洲也一直存在。

12 世纪初，在巴黎周围肥沃的法兰西岛地区（Île-de-France），游耕（土地仅收获两季就弃耕）仍然非常普遍（Duby 1968）。在欧洲大陆边缘的俄罗斯北部和芬兰，这种做法到 19 世纪仍然存在，在某些地方甚至持续到了 20 世纪（Darby 1956; Tvengsberg 1995；图 3.18）。在不愿扩大耕地这一点上，最好的例子是低地农民不愿在附近的山区边缘或湿地土壤上开荒。加洛林王朝时期，欧洲的农村人口过剩，粮食供应一直不足，但人们只利用最容易耕种的土地，除了在德国和佛兰德斯的部分地区外，几乎没有哪个地方的人努力开辟新的土地（Duby 1968）。后来的欧洲历史上多次出现从人口稠密的德国西部地区向别处移民的浪潮。这些移民来到波希米亚、波兰、罗马尼亚和俄罗斯，用上好的木板犁，开垦当地农民眼中的那些劣质土地。这为未来几个世纪的民族冲突埋下了伏笔。

扩大种植、开垦田地需要额外的劳动力——而大多数情况下，这种一次性能量投入只是集约农业中的多熟复种、施肥、修筑梯田、灌溉、开沟或农田耕作所需的额外投入的一小部分。因此，即便在亚洲和欧洲人口相对密集的地区，从粗放的休耕逐步过渡到一季种植和多熟复种也需数千年时间。在中国，每个朝代在早期都把扩大耕地当作养活不断增长的人口的主要政策手段（Perdue 1987）。在欧洲，直到 17 世纪初，35%—50%的土地休耕率仍很常见。在英国，自 12 世纪以来，两年生植物的种植与更为集约的三年生植物的种植持续共存——通常而言，三年生植物的种植仅在 18 世纪盛行（Titow 1969）。

毫不奇怪，从游耕向永久种植的转变及随后的集约化，通常首先发生在土壤贫瘠、可耕土地有限、干旱或降水不均的地区。并非每种集约农业都可以归因于环境压力和人口密度，但它们之间无疑存在着一种牢固的联系。欧洲西北部的考古发现为此提供了一个绝佳的范例。有确切的证据表明，从新石器时代到青铜时代的过渡首先发生在今天的瑞士和英国一些耕地有限的地区（Howell 1987）。

塞纳河-瓦兹河-马恩河文化核心区域的大量潜在耕地仅仅导致了粗

图 3.18　19 世纪末，欧洲的刀耕火种。这张照片是 1892 年 I. K. Inha 在芬兰的 Eno 拍摄的，照片展示了妇女们在犁地和种植谷物或根茎作物之前，将山坡清理干净的场景

放种植的进一步扩大，却并未让农业走向更集约化和随后的集中化。考古证据还表明，尤卡坦玛雅人的农业集约化首先始于比一般地区更为边缘（干燥）或更为肥沃（因此定居人口更密集）的环境（Harrion and Turner 1978）。历史记录显示出明显的一致性：集约化通常首先发生在有压力的环境（干旱和半干旱气候、贫瘠土壤）或人口密集的地区。

例如，湖南省有着优质的冲积土壤，降水丰富，目前是中国最大的水稻生产地。但在 15 世纪初，在渭河流域（中国古代王朝的都城西安所在地）这个干旱和受侵蚀频繁的地区转向集约农业 1,000 多年后，湖南仍然人烟稀少。佛兰德斯地区定居人口稠密，此处的农民在开垦湿地和大量施肥方面领先德国或法国的多数农民一两个世纪之久（Abel 1962）。通过这些现实我们可以得出结论，农民社会偏向于最大限度地减少用于保障基本粮食供应和基本财产安全的劳动力需要。撇开文化差异不谈，几乎所有的传统农民行事都像赌徒一样。他们试图长期依赖粮食剩余的微薄利润，押注于天气有利于明年再次丰收。而由于主粮产量低，种子占收成的比例又相对较高，他们一再遭受损失，而且常常是灾难性损失。

塞沃将这种行为——以最少的体力劳动支出，保障最低水平的食品安全和物质福利——称为生存妥协（Seavoy 1986）。他还认为，高出生率是减少人均劳动力消耗的另一个关键策略。怀孕和养育新生儿的能量成本与这些行动将带来的劳动贡献相比微不足道，因为孩子可以在年纪很小的时候就开始劳动。塞沃认为，"在农民社会中，多生孩子（平均 4—6 个孩子）并尽早将劳动转移给孩子是高度理性的行为，因为美好生活等同于最低限度的劳动支出，而非拥有大量物质财富"（Seavoy 1986, 20）。

但塞沃坚持认为农民普遍将懒惰作为首要社会价值，这一观点令人难以接受。同样，克拉克显然没有意识到塞沃的假设，反而试图将 19 世纪初美国和英国农业生产率与中欧和东欧的巨大差异几乎全部归因于两个英语国家的工作速度更快（Clark 1987）。这种笼统的概括忽略了许多其他关键因素的影响。环境条件（如土壤质量、降水量及其可靠性、人均土地可利用量、肥料、食物、饲养役畜的能力）总会起很大作用。同样，社会经济特性（土地保有权、劳役、税收、租赁、动物所有权和资本获得情况）和技术创新（更好的农学方法、动物品种、犁具以及耕作和收割工具）也是如此。

科姆洛什在对克拉克的夸大之词进行有力驳斥的过程中，考虑到了上述因素中的一部分（Komlos 1988）。毫无疑问，在许多文化中，耕作的体力劳动只能得到较低的社会评价，传统农业的工作效率也有很大差异。但这些现实是由复杂的社会和环境因素共同作用产生的。因此，我们不能简单地认为一些农民是缺乏积累物质财富的动力的、自给自足的、懒惰的，另一些农民则是被积累商业财富的意愿所驱动的、勤奋的。

还有一种概括认为，体力劳动得到了尽可能的传播，这个观点比较少有争议。实际上这就意味着把很大一部分劳动转移给在农民社会中〔一般来说〕地位较低的妇女和儿童。在几乎所有的传统社会，妇女都承担着很高比例的田间和家务劳作。孕期和哺乳期也并未在额外食物需求方面造成太多负担，而且因为孩子通常在四五岁时就开始干活，所以要想让成年人的劳动力需要最小化，当年老、生病时可以得到充足的食物，能量密集程度最低的方式便是生出一个大家庭。

在那些以人力劳动为主的传统农业社会，通过建立大家庭将个人劳动量降至最低显然是合理的。与此同时，这一策略使得增加人均粮食供应和避免饥荒的再次发生变得更加困难。在役畜承担大部分或几乎全部繁重任务的传统农业中，人类劳动和作物生产率之间的联系被削弱了。这种联系只有在大量土地被用来种植作物以喂养役畜时才能发挥作用。

只有化石能源的投入（要么直接作为燃料和电力，要么间接应用在农业化学品和机械上）才能够维持不断增长的人口和更高的人均粮食供应需求。混合农业——首次（间接）投入了化石能源——首先出现在英国，然后是西欧和美国，这些地方采用焦炭而非木炭冶炼金属（1709 年首先在英国出现），以制作钢铁工具和机械。然而即便到了 1850 年，西方农业仍主要依靠太阳能，尽管金属设备和机器在 19 世纪下半叶得到普及。但直到 1910 年后人们开始广泛使用拖拉机、卡车和合成氮肥，化石能源作为太阳能农业的能量补贴，才开始发挥重要作用。我将在第 5 章回溯这一过程。

4

前工业社会的原动力和燃料

前工业社会的大多数人只能选择终生务农，在一些社会中他们以几千年来基本未曾改变的方式劳作着。然而，借助自身肌肉和役畜的力量以及一些简单工具的帮助，他们不固定地产出一些食物盈余，足以支撑城市社会不均衡地推动其复杂性。在物质方面，这些成就首先反映在宏大建筑的建造（从古埃及的金字塔到现代早期的巴洛克教堂）、运输能力的不断提高和运输范围的日益扩大上（从缓慢的陆上轮式运输到能够环球航行的更快的船只），以及靠冶金技术的进步驱动的多种制造技术的改进上。

几千年来，用以推动这些进步的原动力和燃料一直没有改变，但人类的智慧使得它们在许多方面的性能上得到了显著改善。其中的一些转变强大而有效，以至于能为现代的工业化初始阶段提供动力。有两条能够提高产量和效率的主要途径。一是小股力量的倍增，这主要依靠组织优势，特别是运用生物能量。二是技术创新，即推出新的能量转换方法或提高现有流程的效率。在实践中，这两种方法往往相互融合。例如，几乎每一个古老的高级文明建造的纪念性建筑，都需要大量劳动力和广泛使用减轻劳动力的装置，简单一点的如杠杆和斜面，复杂一些的包括滑轮、起重机、绞盘和踏车（treadwheel）。

有文献记录的第一批机械能转换设备和其在工业时代初期的后继者之间往往存在着相当显著的差别。最早的槽碓设计是一种由水的下落来驱动的最简单的机器，甚至不涉及连续旋转运动；它只是一种不断重复同一种操作的简单杠杆（图 4.1）。后来，立式水车的运用使锻锤成为亚洲和欧洲锻造厂的有力帮手。在 19 世纪，一些水力锻锤因其复杂性和高性能而令人印象深刻（图 4.1）。

每一种水力和风力原动力都可进行相似的类比。粗糙的中世纪卧式木制水车的功率只有几百瓦（不到半马力）。17 世纪工艺更好的立式水车，额定功率可轻易达到前者的 10 倍。英国最大的钢铁上射式水车"伊莎贝拉夫人"（Lady Isabella）的输出功率超过 400kW，相当于约 600 匹强壮的马。它们之间的差距非常大！欧洲中世纪后期效率低下、笨重的风车，使用了劣质的帆和粗糙的传动装置，只能费力地将风能转化为机械能，在此过程中损失了超过 80% 的潜在能量。相比之下，19 世纪美国的同类装置能够自我调节，它们配备了弹簧帆和光滑的传动装置，常常被用来抽水——它们可以帮助人们开辟北美中部大平原。

生物转化和植物质燃烧的对比结果同样令人印象深刻。19 世纪一匹配有马蹄铁和项圈挽具的重型挽马，拴在轻型平板马车上，行走于硬质路面上。和它那些拴在笨重的木制大车上、行走在泥泞的道路上的祖先相比，前者能够拉动的货物重量可轻易达到后者的 20 倍，而后者往往体重轻得多，未配备马蹄铁，还要受到胸带的束缚。18 世纪的高炉每产出一单位铁水，消耗的炭不到它的中世纪早期前身消耗的 1/10（Smil 2016）。然而，从古代到工业化开始时，人类从事繁重工作的能力变化不大。即使在人们的平均体重随时间推移而逐渐增加的那些社会，平均体重的增长对最大肌肉力量的影响也很微弱，而繁重的任务总是需要许多个体的共同力量。

为了将重达 327t 的埃及方尖碑从罗马人放置它的地方（卡利古拉皇帝将它放置在梵蒂冈城墙围成的圈子的中轴上，就在如今的圣彼得大教堂以南）向东移动 269m，多梅尼科·丰塔纳（Domenico Fontana）使用巨大的（长达 15m）木制杠杆和滑轮把它从古老的基座上抬起。1586 年 9 月 10 日，它被竖立在了罗马圣彼得广场中心。丰塔纳动用了 900 人，使用 75 匹马拉动滑轮引导绳索，将其安置在新基座之上（Fontana 1590; Hemphill 1990）。整个项目在 13 个月内完成，安装耗时一天。后来著名的完成迁移

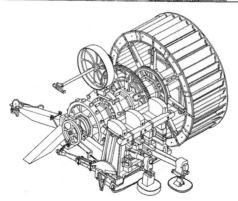

图 4.1 这三种锤子均依靠流水获得动力，但它们的复杂性和性能却大不相同。14世纪早期的原始的中国槽碓是一种由流水驱动的简单杠杆（上图）。16世纪晚期的欧洲锻锤由水车提供动力，水车旋转产生的动力通过连杆传递到锻锤上（中图）。19世纪英国铸造厂的锻锤是一种高性能、可调节的机器（下图）。此处的图例从Needham（1965）和Reynolds（1970）的图纸中复制而来

的方尖碑包括现在位于巴黎协和广场（1833 年完成）、泰晤士河堤岸（自 1878 年）和（1881 年以来）纽约中央公园的方尖碑（Petroski 2011）。

在 1832 年 8 月 30 日的圣彼得堡，当时世界上最重的圆柱——为纪念俄罗斯战胜入侵的拿破仑军队而打造的重达 604t 的红色芬兰花岗岩圆柱——被竖立了起来，法国建筑师奥古斯特·德·蒙费朗（Auguste de Montferrand）动用了 2,400 名男子（其中 1,700 人从事实际的牵拉工作）在不到两小时里完成了这项工作（专栏 4.1）。为这两次起重提供必要的机械

专栏 4.1

竖起亚历山大纪念柱

用以制作亚历山大纪念柱的大块红色花岗岩是从芬兰的维罗拉赫蒂开采出来的，它被运到一艘可载重 1,100t 的特制驳船上（石柱在装船时差点掉入水中），运输 190km 到达涅瓦河畔的圣彼得堡，卸载到实木甲板上，通过斜面向上移动 10.5m，并放置在一个平台上，与冬宫广场中心基座垂直。基座上方架设的实木脚手架高 47m，滑轮组悬挂在 5 根双橡木梁上。蒙费朗建造了一个 1∶12 比例的脚手架模型，指导木匠如何建造（Luknatskii 1936）。竖立工作由 60 个绞盘完成，它们被分成两排，交错地安装在脚手架上。充当棘轮的是安装在木制框架上的铁滚筒，它的上侧木板悬挂在双橡木梁上，522 根绳索——每根经测试能够承受 75kg（实际负荷的 3 倍）——连接着圆柱的轴。算上所有设备，整体总重量为 757t。

整个竖立过程在 1832 年 8 月 30 日完工，直接参与这项工作的士兵达 1,700 名，军官达 75 名，由工头监督，工头根据绳子的松紧程度协调速度和稳定的步伐。蒙费朗的助手们站在脚手架的 4 个角上，100 名水手注视着滑轮组和绳索，使它们保持笔直；塔架上站着 60 名工人；木匠、石匠和其他工匠也站在一旁。整个竖立过程涉及的总劳动力约 2,400 人，仅用 105 分钟就完成了。值得注意的是，圆柱没有被固定在底座上，仅凭自重就直接保持着直立姿态：一个 25.45m 高、略呈圆锥形（底部直径 3.6m，顶部直径 3.15m）的重物简简单单就站在了它的基座上。

效益、使人类能够完成许多惊人的升降和位移的两种基本装置是斜面和杠杆。这些装置不仅从古帝国时代起就一直伴随着我们，而且必然在此前很久就已存在——否则巨石阵那 40t 重的来自外部的石头是如何被竖起的？

　　本章首先评估了所有传统原动力（人类和动物肌肉、风和水）的种类、能力和限制，还评估了植物质燃料的燃烧——主要包括木材和由木材制成的木炭、森林被砍伐的地区的许多农作物残留物（特别是谷物秸秆）或者草地上的干粪。之后，我将详细介绍原动力和燃料在传统经济关键环节中的应用，比如在食品制备、供暖和照明、陆运和水运、建设、有色金属冶炼等方面的应用。

原动力

　　在蒸汽机传播开来之前，生物动力和转换水、风的动能的设备（帆和磨坊）是传统社会仅有的原动力。尽管后来传统原动力较快退出了历史舞台，但在 19 世纪上半叶，水车和风车仍然保持着重要性（甚至有所提高）。直到 1880 年以后，帆船才在海洋运输业中被边缘化。即使在西方最先进的农业中，役畜的主导地位也一直持续到一战之后。在工业化早期阶段，从采煤和钢铁工业中那些极其繁重的劳动，到无数令人厌倦的制造业工作，人力劳动需求实际上是在增加的。即便在 20 世纪初，童工在西方国家也很常见：1900 年，10—15 岁男孩中约有 26% 在工作，而女孩在从事农业劳动的孩子中占比高达 75%（Whaples 2005）。

　　在撒哈拉以南非洲国家的大多数农村地区和亚洲最为贫穷的地区，繁重的体力劳动和童工仍然普遍存在：在非洲，妇女将沉重的柴火裹在一起用头顶着；在印度，妇女使用小锤子打碎石头；在印度、巴基斯坦和孟加拉国，男人们在炎热的海滩上拆卸大型船只（Rousmaniere and Raj 2007）；在中国，农民在乡下小煤矿挖煤。仍有数百万人遭受着不同形式的强迫和奴役劳动以及人口贩运（国际劳工组织 2015）。对人类劳动（包括其最为令人厌恶的变体）的持续依赖是贫富世界巨大差距最明显的标志之一。即使在西方，直到 20 世纪 60 年代，繁重的劳动（地下采煤、炼钢、林业、渔业）也并不少见，使用生物原动力不仅仅是一个历史问题：它距离我们并不遥远，为我们目前的富足打下了基础。

如果不提及中世纪火药的发明、传播和历史重要性，关于前工业时代的原动力的描述就是不完整的。每一个古老的高级文明都敬畏雷电。许多故事与幻想都渴望着效仿它们强大的破坏力（Lindsay 1975）。但几千年来，人类仅有的模仿行为是在箭头上贴上燃烧材料，或用弹射器将它们扔进容器中，这种模仿显得苍白无力。这些燃烧物中混合着硫、石油、沥青和生石灰。直到火药的发明，推进力和巨大的爆发力、燃烧力才被结合在了一起。

生物能量

直到 20 世纪中叶，生物能量（animate energy）仍是大多数人最重要的原动力。它们有限的力量（受动物与人体新陈代谢的需求和机械特性的限制）限制着前工业文明的发展。几乎完全（如古代美索不达米亚或埃及，其中帆船是唯一的例外）或主要（中世纪欧洲就是很好的例子，在那里水能和风能仅限于完成部分特定任务；在中国农村，这种情况一直持续到两代人以前）依靠生物能量获得动能的社会无法为大多数居民提供可靠的食物供应和物质财富。

要想增加有用生物能量的传递，只有两种切实可行的方式：要么集中个体输入，要么使用机械装置改变和增强肌肉力量。第一种方式很快就遇到现实的限制，尤其是在直接利用人体肌肉的情况下。若要直接掌握和移动一个体积相对较小但重量很大的物体，即便有无穷的劳动力也几乎毫无用处，因为物体周围的空间所能容纳的人数有限。虽然一群人可以搬动一个重物，但此前的提起重物以插入吊索或撑杆的过程可能相当具有挑战性。人类提起和移动重物的能力受到重量的限制，所能抬起的重量一般都小于自身的体重。旧世界大多数社会使用的传统轿子需要两个人抬，每人至少负重 25kg，最多负重 40kg。人们肩上扛着扁担则可担负更多重量。

罗马搬运工在装卸船只和货车时，能够扛起并（短距离）搬运 28kg 的麻袋（Utley 1925）。搬运再重的货物就只能借助简单装置了，这些装置一般通过增大距离来减小受力，具有显著的机械效益。在古代的旧世界，有五种此类装置被广泛使用：斐洛（Philo，公元前 3 世纪）将它们分为轮轴、杠杆、滑轮组、楔子（斜面）和蜗杆。它们的常见变体和组合有螺丝和踏车等。使用这些工具和简单器械，人们可以通过增加距离来减小施力，从而扩大人类行动范围（专栏 4.2）。能够提供机械效益的三种最简单的辅助工具（杠杆、楔子和滑轮）几乎在所有古老高级文明中都有使用（Lacey 1935; Usher 1954; Needham 1965; Burstall 1968; Cotterell and Kamminga 1990; Wei 2012）。

杠杆由木头或金属制成，坚硬细长。它们围绕支点旋转时，我们很容易通过计算动力臂和阻力臂长度之商（从支点开始测量；数值越高，任务

专栏 4.2

功、力和距离

当一个力（无论是由生物原动力还是非生物原动力提供）改变物体的运动状态时，这个力就在对这个物体做功。功的数值等于力的大小和物体在力的方向上位移距离的乘积。标准算法是，1N 的力完成 1m 的位移需要 1J 的能量（J = N × m）。下面的例子可以帮助我们理解相关数量级：从桌上（离地板 0.7m）拿一本 1kg 的书并放在书架上（离地板 1.6m）需要将近 9J。将胡夫金字塔一块普通的石头（约 2.5t）往上抬高一级（约 75cm）需要大约 18,000 J（18kJ），约等于将书放上书架所需能量的 2,000 倍。

自然，在较短距离施加较大的力，或者在较长距离施加较小的力，可以做相同的功：任何将较小输入力转换成较大输出力的装置都提供了机械效益，这种机械效益的数值可以简单地通过这两个力的无量纲比率来测量得出。这种机械效益从史前时代就开始为人们所利用，史前人类最初使用杠杆和楔子，再后来使用滑轮。这些应用在日常生活中例子无数，比如用钥匙开锁（一把钥匙就是一排楔子，也就是斜面，通过楔子在锁内移动销子）或者用拔钉锤从木头上拔出钉子（杠杆）。

完成得越容易、越快）来算出它们表现出的机械效益。从驾驶划艇到移动重物，古代的杠杆作用范围十分广泛（图 4.2）。杠杆可以按照其支点位置来分类（图 4.2）。第一类杠杆的支点处于负载和施力点之间，力的作用方向与移动负载的方向相反。第二类杠杆的支点在一端，力的作用方向与移动负载的方向相同。第三类杠杆并不提供任何机械效益，但能提高负载的移动速度，我们可以从弹弓、锄头和镰刀的操作过程清楚地看到这一点。

使用第一类杠杆的常用手工工具有撬棍、剪刀和（双杠杆）钳子。独轮手推车是第二类杠杆最常见的应用之一（Needham 1965; Lewis 1994）。中国人自汉代开始使用手推车，这种手推车通常有一个较大（直径 90cm）的配有木制框架的中心轮。当负载正好处于车轴上方时，人们可以用它来搬运较大的重量（通常为 150kg）。农民用它把农产品运到市场上，有时也用它运送人，乘客一般坐在车子两侧（Hommel 1937）。人

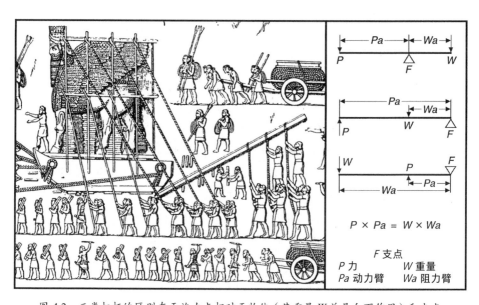

图 4.2　三类杠杆的区别在于施力点相对于物体（其重量 W 总是向下作用）和支点（F）的位置。第一类杠杆，力的方向与物体移动的方向相反。第二类杠杆，力的方向与物体移动的方向相同，但这两类杠杆具有同一种机械效益：它们都以距离为代价获得动力。第三类杠杆，力作用的距离比物体移动的距离更短，使得物体的移动速度增加。前两类杠杆在提升和移动物体以及机械施工方面有着无数应用。位于库扬及克（约公元前 700 年）的部分重建的亚述浅浮雕上的一个细节，向我们展示了人们利用一个巨大杠杆来移动一个人头带翼公牛的巨大雕像的场景。转载自 Layard（1853）

们还可以通过竖起小帆来减轻所需的推力。关于欧洲手推车的最早记载出现于 12 世纪末 13 世纪初，这种手推车后来主要在英国和法国使用，通常用于建筑和采矿。它们的支点在最后，这给推车的人带来更多压力，但它们仍可以提供相当大的（通常为三倍）机械效益。

车轮和车轴形成了一个圆形杠杆，其长臂是车轴和车轮外缘之间的距离，短臂是车轴半径，这就可以产生很大的机械效益，即便对于粗糙地面上的重型车轮也是如此。最早的轮子（公元前 3000 年以前在美索不达米亚使用）是实心木制的；约 1,000 年后，辐条轮出现，首先应用在战车上，而铁制轮圈的使用减小了摩擦。在旧世界，轮式车被发明之后就得到了迅速传播，轮子还被应用在无数机械上，这反映了车轮无与伦比的重要性。奇怪的是美洲没有本土车轮，而在许多穆斯林地区的沙漠环境中，使用骆驼运输比用牛拉轮式车辆运输更为重要（Bulliet 1975, 2016）。

若忽略摩擦力，斜面的机械效益等于斜面的长度与物体升起高度的商。摩擦可以大大减少这种效益，这就是我们需要光滑的表面和某种形式的润滑（水是最易得且最便宜的润滑剂）才能获得最佳实际性能的原因。据希罗多德所说，斜面是从尼罗河岸边向大金字塔建筑工地运送沉重石块所用的主要手段，在金字塔的实际施工过程中，人们对斜面的进一步使用有很多猜测（在本节稍后的部分，我将解释为什么我们不应完全相信这些猜测）。斜面最常见的现代用途是作为斜坡，比如用来向车辆和船只上运送货物的硬金属板和在紧急情况下从飞机上疏散乘客的软滑梯。

楔子是一种用来在较小距离上施加较大侧向力的双斜面。人们常通过把一片片木楔子塞入岩缝来劈开岩石，斧子的切割边缘也是一种楔子。最早出现在古希腊的用于榨橄榄和葡萄的压榨机（螺丝），仅仅是一个在中心圆柱周围包裹着环形斜面的物体。如前一章所述，提水器也采用螺旋设计（阿基米德螺旋泵）。它们巨大的机械效益意味着操作者能以最小的力量施加高压。在许多实际应用中，小螺钉（现在能够大量生产，通常以顺时针旋转拧紧）是不可替代的紧固件。

简单的滑轮由一条绳索和一个引导绳索的带滑槽的轮子组成，它发明于公元前 8 世纪。它通过改变力的方向，使处理负载变得更容易。但它不具备机械效益，而且使用它还可能导致荷载意外坠落。棘轮机构能够解决负载意外坠落的问题，滑轮组则可以用来解决没有机械效益的问题，因为提升物体所需的力几乎与用到的滑轮数量成反比（图4.3）。托名亚里士多德但并非由他所著的《力学》（*Mechanica*）一书清楚地展示了这种装置所提供的机械效益。

古代中国人经常使用滑轮，连宫廷娱乐也离不开它，曾有一个由220名女孩组成的舞团在船上被从湖中拉上一个斜坡（Needham 1965）。但可以肯定的是，阿基米德对希罗（Hiero）国王所做的演示，是最著名的证明复合滑轮功效的古老记载，见于普鲁塔克的《罗马希腊名人传》

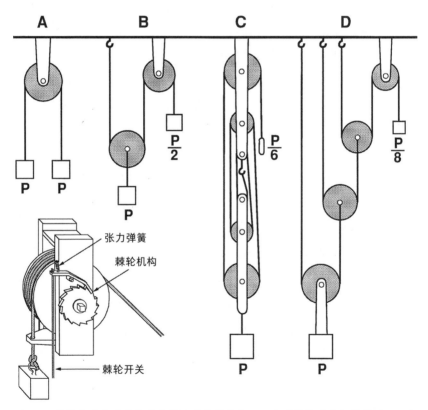

图4.3　滑轮系统中的平衡力由吊绳的数量决定。A中的滑轮没有机械效益，B中的重物P由两条平行绳索悬挂，因此自由端只需加载P/2的力就能达到平衡，C中的自由端只需P/6的力。工人用阿基米德滑轮（D）提升建筑材料，可以仅用25kg的力提升（忽略摩擦）200kg的石头，但是提升10m的高度需要拉动80m的配重绳索。用棘轮机构可以随时让这一过程暂停

（*Lives*）。当"阿基米德宣称，如果有另一个地球，且他有办法上去，他就可以移动我们这个地球"时，希罗要求他适当地展示这种力量。

> 阿基米德于是从国王的船队中选了一艘三桅商船，这艘商船先前刚由很多人花费很大力气才拖上岸。阿基米德要求船上满载乘客和常见货物，自己则远远离船坐下，手握绳子一端，轻轻拉动复合滑轮组，轻而易举将船平稳地拉向自己，船就像在水中滑行一样。（Plutarch 1961, iv: 78–79）

有三类机械装置——绞盘、踏车和齿轮——对于持续使用人力进行起重、研磨、压碎和捶击至关重要 [Ramelli 1976（1588）]。绞盘不仅常被用于从井中提水和搭配起重机来提升建筑材料，在古代也常用于缠绕最具破坏性的固定式武器——用于围困城镇和堡垒的巨型弩炮（Soedel and Foley 1979）。卧式绞盘（绞车）每旋转一圈需要将手柄推动四下（图4.4，左侧），立式绞盘（图4.5）使得仅靠简单的旋转运动通过绳索或链条传递动力成为可能。公元2世纪的中国人首先使用曲柄，它在约700年后传入欧洲（图4.4，右侧），它可以使绞盘的使用进一步简化，不过手摇（或脚踩）曲柄的速度必须与从动机器（通常是车床）的速度保持一致。

后来，人们用曲柄来驱动单独安装在重轴上面的大木轮或铁轮，大轮的旋转被交叉带传递到车床上，这一缺陷终于被解决了。这样一来，人们可以使用多种传动比，即使肌肉用力有所增减，大轮也足以利用自身的动量保持均匀的转速。这种中世纪创新使得木材和金属零件的精确加工成为可能，它被用来制造各种精密仪器，从钟表到第一台蒸汽机，但在切割硬质金属时，繁重的劳动仍旧无可避免（图4.6）。乔治·史蒂芬森（George Stephenson）的工人用大轮为第一台蒸汽机车制造零件，他们每五分钟就得休息一次（Burstall 1968）。

将全身最有力的背部和腿部肌肉运用在踏车上，施加的有用力量比用手转动的力要大得多。最大的踏车（也叫"大轮"，容易混淆）由两个轮子组成，两个轮子的边缘用木板连在了一起，形成一条供人踩踏的人行

图 4.4　矿工们用卧式绞盘（左）和手摇柄（右）从矿井中提水。绞盘上有一个沉重的木轮，它的辐条上有时系着铅块帮助保持动力，使得举升更为容易。图片摘自阿格里科拉（Agricola）的《矿冶全书》[*De re metallica*, 1912（1556）]

道。罗马的哈特利（Haterii）墓（公元 100 年）中的浅浮雕是现存最早的大型内踏式踏车（希腊的 polyspaston）图像。罗马的踏车起重机可以举起 6t 的重物，在中世纪和欧洲现代早期，这种大型机器主要被当作抽水机，应用于建筑工地、码头和矿山（图 4.7）。

　　外轮半径和内轴半径的差异给这些踏车带来了很大的机械效益，因此它们能够将拱顶石、大量木材或钟等重物提升到大教堂和其他高层建筑的顶部。1563 年，彼得·勃鲁盖尔（Pieter Bruegel the Elder）画了这样一幅画：一台踏车起重机将一块大石头吊到了想象中的通天塔的第二层（Parrott 1955; Klein 1978）。他画的起重机两边都有踏车，由 6—8 个人驱动。从外部驱动的立式踏车更少见一些，但当踩踏点与轮轴保持在同一水平面上时，踏车就能获得最大扭矩（图 4.7）。也有让工人倚靠在一根杆上来驱动的倾斜的踏车（图 4.7）。在 19 世纪初的英国监狱中，踏车变得十分常见（专栏 4.3，图 4.8）。

　　所有类型的踏车都可以为方便动物操作而进行设计或调整。所有圆形装置都有着相对容易移动这一额外优点：它们可以在相对平坦的表面上滚动，从一项工作换到下一项工作。在引进蒸汽动力轨道起重机之前，它们是解决重型起重问题的唯一切实可行的方法。踏车的最大输入功率受到尺寸和设计的限制。单个工人在短暂的艰苦劳动中，使用踏车的输出功率不超过 150—200W，在会使肌肉疲劳的持续劳动中，功率输出不超

图 4.5　18 世纪中期的法国工场里，8 个人在转动一个大型立式绞盘。绞盘上缠绕着被固定在钳子上面的绳索，将金线从模具中拉过。转载自《百科全书》

图 4.6 手摇曲柄驱动的绞盘，用来驱动金属加工车床。较小的轮子被用于加工较大的工件，反之亦然。在这张图片的背景中，一个人在一台脚踏车床旁边加工木材。转载自《百科全书》

过 50—80W。由 8 名工人提供动力的最大的踏车可以在短时间内以 1.5kW 左右的功率运行。

在整个操作序列的末端，一名工人使用曲柄、脚蹬、踏板或螺钉提供能量，以完成各种任务。这些用手或脚驱动的机器包括小型木工车床、印刷机和缝纫机等，第一批商用缝纫机机型出现在 19 世纪 30 年代，而其广泛使用（手摇和脚踏操作设计）始于 19 世纪 50 年代（Godfrey 1982）。在同一时期，印度的大量男性劳动者正在用滑轮不停地扇着手拉风扇（punkha，在印地语中叫 pangkha）、布扇和棕榈叶吊扇，对于有能力负担 punkhawallah（用滑轮操作的风扇）的人来说，这是忍受印度季风时节高温的唯一手段。

一个人一天能做多少有用功，这个问题长期处于待解决状态，将人一天的工作和马进行比较，得出的结果也是千差万别，最大比率可能达到 7 倍（Ferguson 1971）。瓦特对马力的定义——相当于 33,000lb·ft/min（磅英尺每分钟），或 745.7W（Dickinson 1939）——意味着一马力相当于约 7 名工人劳动的功率。纪尧姆·阿蒙东（Guillaume Amontons，1663—1705）首先对人的功率进行了可靠的测量，他将玻璃抛光工人在 10 小时

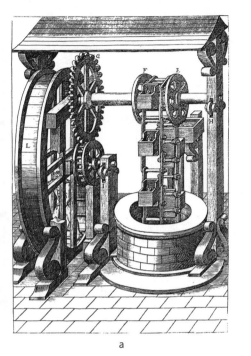

a

b

c

图 4.7　不同扭矩的踏车的细节。a. 内踏式踏车；b. 外踏式踏车（扭矩最大）；c. 斜踏式踏车。摘自阿格里科拉的《矿冶全书》[1912（1556）]

轮班中的工作功率与以 3ft/s 的速度持续提升 25lb 的重物的功率画上等号（Amontons 1699）。以现代科学单位衡量，这相当于以 102W 的功率输出 3.66MJ 的有用功。

人类作为原动力，能够有多强大，效率有多高？早在 19 世纪系统的能量研究开始之前，第一个问题就得到了相当准确的回答。根据早期的估算，为了做出同一匹马相等的功，需要的人数在 2—14 人之间（Ferguson 1971）。1800 年以前，大多数成年人在数小时内的稳定工作的最大功率介于 70—150W 之间。当以 75W 的功率稳定工作时，10 个人的功率才能达到一个标准马力。

1798 年，查利-奥古斯丁·库仑（Charles-Augustin de Coulomb, 1736—1806）对男性在日常工作中使用体力的不同方式进行了更系统的观察（Coulomb 1799）。其中包括在近 8 小时内攀登加那利群岛中的特

专栏 4.3

在踏车上工作

最大的踩踏装置首先应用在 19 世纪的英国监狱中，威廉·库比特（William Cubitt, 1785—1861）引进它们，把它们作为一种惩罚手段，但它们随后就被用来磨碎谷物和抽水，有时也只是用来锻炼身体（Mayhew and Binney 1862）。这些长长的倾斜式惩罚踏车的圆柱形铁架边缘有木制台阶，可以容纳多达 40 名囚犯并排站立。囚犯们抓住水平扶手以保持稳定，被迫同时踏步。这种惩罚性踏车直到 1898 年才被禁止。

1823 年，德文郡一位监狱长在回答一项问询时写道："我认为在踏车上劳动对犯人并无伤害，反而有益健康。"（Hippisley, 1823, 127）兰德指出，当谈论甚至想到这些机器时，我们无法无动于衷，同时他也强调设计精良的踏车不仅是高效的机械设备，而且能给操作者带来舒适体验，"倘若连续单调的体力工作可以带来舒适体验的话"（Landels 1980, 11–12）。对于这一观点，数百万热忱的现代跑步机使用者应该会感同身受。

图 4.8 布里克斯顿教养院的犯人站在踏车上（来源：Corbis）

内里费岛（2,923m），和在一天内使用木制工具将 68kg 的重物提升 12m
并重复 66 次。前者功率为 75W，共做功 2MJ；后者功率为 120W，共
做功 1.1MJ。后来的所有评估得出的结果都在库仑的调查所确定的功率
范围内：大多数成年男性能以 75—120W 的功率维持有用功输出（Smil
2008）。20 世纪初，波士顿卡内基研究所的弗朗西斯·G. 本尼迪克特
（Francis G. Benedict, 1870—1957）主持了有关人类基础代谢率（BMR）
的研究。它能让人们建立预期能量支出方程式，并建立不同体力活动水平
所对应的典型 BMR 系数（Harris and Benedict 1919），这两项指标对于各
种范围的身体类型和年龄都适用（Frankenfield, Muth, and Rowe 1998）。

　　如前所述，通过比较人力和畜力，我们得出了人与马输出功率的比值范
围。尼科尔森得出结论，"最为糟糕的用马方式，是让它负重上山；因为如
果山势陡峭，三个人的功率就要高于一匹马。……相反，在水平方向上，一
个人使出的力不到用于同样目的的马的 1/7"（Nicholson 1825, 55）。此外，役
畜并不是在所有场景下都适用。正如库仑所指出的，人们工作所需的空间
比动物小，人更容易运输，人也更容易联合起来一起工作（Coulomb 1799）。

　　中世纪早期体形瘦小、常常吃得很差的马匹的工作表现和人类的差
距要小于它们和 19 世纪更强壮的挽马之间的差距。它们通常会被蒙住眼

睛（或是失明），被直接拴在杠杆上，杠杆则被紧固在一个中轴上，它们推动中轴转动，从而研磨（主要是谷物，也包括制作瓷砖的黏土）、榨取（从种子中榨油，从甘蔗和水果中榨汁），或转动绳索负载重物（从矿井中往上提水、煤、矿石或矿工）。在有些企业里，它们也会推动连接着齿轮组件的绞盘，以增加机械效益。

对这些被迫连续数小时转着小圈的动物而言，吃得差和遭受虐待是常事，正如卢修斯·阿普列乌斯（Lucius Apuleius）在《金驴记》（*Golden Ass*，本书作于公元 2 世纪，这里引用的是威廉·阿德林顿在 1566 年的经典译本）一书中所阐述的一样：

> 但我又该如何形容这些当我的同伴的马呢？它们又老又瘦，头伸进马槽里；它们的脖子伤痕累累；它们不停地咳嗽，鼻子的震颤声此起彼伏；它们的体侧由于佩戴马具和长期劳作变得光秃秃的；它们的肋骨被打断；蹄子因不停劳动而变宽；皮肤因为劳动而变得粗糙。看到这幅恐怖景象时，我开始害怕，害怕自己会落入相同的境地。

人们一直这样用马，直到 19 世纪：到 19 世纪 70 年代，马匹为阿巴拉契亚地区各州和整个美国南部数以千计的绞盘提供动力，包括在农场工作（研磨谷物、提取油、压实棉包）、抽水，还有从矿井中拉起重物（Hunter and Bryant 1991）。它们绕行的圈子直径通常小于 6m（参见图 1.2，而实际上 8—10m 的直径会让它们更舒适），在有轨电车出现之前，西方城市许多公共汽车和货车都由马匹拉动（专栏 4.4，同时参见图 4.18）。

在运输或建筑行业使用马匹，与将它们作为役畜用于耕作，受到同几种因素的限制。在干燥的地中海地区或人口稠密的亚洲低地，由于缺少优质牧场和充足的饲料供应，人们对马匹利用不善使得它们的力量转换相当低效。在欧亚大陆的干旱地区，好养得多的骆驼被用来替代牛和马，完成后者在欧洲所做的许多工作，而在亚洲，驯养大象（用于收割大型木材，也用在建筑行业和战争中）也给饲料供应造成了相当大的压力（Schmidt 1996）。一本与大象传说有关的印度经典著作颂扬了大象的高效性，但也提到了人们在训练新捕获的大象的过程中，需要喂以煮熟的米饭、芭蕉混合牛奶和甘蔗这些成本较高的食品（Choudhury 1976）。如果它们能够保持健康，那么较高的能量成本就能因为它们的力量和长寿而得到补偿。

从小型的驴到大型的象等动物都被用于运输和执行固定劳动。在有些地方，狗在厨房帮忙，或拉小推车。不过牛科动物——水牛和牦牛——因为营养需求适度，毫不意外地成了农场和其他一些地方的主要役畜。牦牛是一种非常宝贵的驮畜，这并非因为它们力量非凡，而是因为它们能够在高山上和雪地中行走。作为役畜，牛在运输中的典型表现充其量只能算

专栏 4.4

城市交通中的挽马

在城市中，挽马被用于运送食物、燃料和材料（拉动不同大小的马车）以及人员。挽马也会被用来拉动出租马车和自 1834 年起使用的现代版本——由约瑟夫·汉瑟姆（Joseph Hansom, 1803—1882）申请专利的双轮双座马车（著名的 hansom）。但随着西方城市的发展，对更为高效的公共交通的需求导致了公共马车的出现。这种公共马车于 1828 年在巴黎首先开始使用，一年后出现在伦敦，1833 年出现在纽约，之后出现在美国东部大部分大城市（McShane and Tarr 2007）。1853 年，纽约公共马车的数量达到了 683 辆的历史高峰。

轨道马车（马拉有轨车辆）使运输更为高效，在 19 世纪 80 年代有轨电车普及之前十分常见。轻型公共马车（只搭载十几名乘客）只需两匹马拉动。但四匹马拉的也很常见，它们拉动的车厢最多可容纳 28 名乘客，往往过于拥挤。有的线路每小时都有班次，许多线路都按照既定郊区班次来划定，可以在约一小时内到达距离市区 8—10km 的目的地。辛勤劳动的马匹必须得到良好喂养，麦克肖恩和塔尔收集的数据显示，一般一匹挽马的口粮标准为每天 5—8kg 燕麦和差不多重量的干草（McShane and Tarr 2007）。在 19 世纪的所有大城市中，给挽马提供这些饲料都是一件大事。

中等。在路况良好的情况下，它们可以在短时间内拉动三四倍于体重的负荷，但它们的稳定功率不超过 300W。年老体弱的马匹，经常在需要稳定旋转动力的小工厂里工作，被用来拉动固定在绞盘中轴上面的杠杆，其工作效率也不比牛更高。因此在蒸汽机引进以前，许多马匹就已被更强大的水车和风车所取代了。

水　力

公元前 1 世纪，塞萨洛尼卡（Thessalonica）的安提帕特（Antipater）首次在文献中提到简单的水磨坊，它可以让人从手工碾磨谷物的辛苦中解放出来：

> 转动磨石的妇女啊，不要把手放在磨盘上！尽管公鸡啼鸣，宣告黎明，请继续酣睡，因为谷神已让仙女承担你的胳膊应承担的劳动。这些从轮子顶端冲出之物，使轮轴旋转，并借助其转动的辐条，启动四个空磨坊。我们重新体验先祖的生活，因为我们已学会无忧无虑地享受谷神的恩赐。（译自 Brunck 1776，119）

除古代帆船外，人类利用风能比利用水能要更晚。马苏迪（Al-Masudi）写于 947 年的一篇文献是最早的关于简单立式风车的可靠记录之一（Forbes 1965; Harverson 1991）。根据他的描述，在锡斯坦（Seistan，位于今天的伊朗东部）这样一片风沙之地，风推动磨坊，从溪流中抽水灌溉花园。这些磨坊的后继者们几乎没有变化——高高的泥墙有着狭窄的开口，为编好的芦苇帆制造更快的气流。它们直到 20 世纪在这个地区依然十分普遍。这两种机器在中世纪传播得很快，不过水磨坊要普遍得多。

《土地调查清册》证实了它们的普遍性。1086 年，英格兰南部和东部地区有 5,624 座磨坊，也就是说每 350 人就有一座磨坊（Holt 1988）。当我们说到最早的卧式水车，一般指的是希腊水车或北欧水车，但这种设计来源仍不确定。它们在欧洲多地和叙利亚以东各地十分普遍。流水的冲击一般会直接通过倾斜的木槽，被引导到安装在轮毂上的倾斜木桨之上，转动坚固的轴，直接带动与之相连、安装在中轴上方的磨盘（图4.9）。这种设计简单但相对低效，最适合小型磨坊。后来的设计是将水引入一个带有锥形孔的木槽中（Wulff 1966），水车的效率由此提高到了50%以上，最大功率超过3.5kW。

立式水车因其更高的效率而取代了卧式水车，它们通过直角齿轮转动磨石。在西方文献中，它们被称为维特鲁威磨坊，因为罗马建筑师维特鲁威首次对这种可追溯至公元前27年的设备（hydraletae）做了详细描述。但刘易斯认为，水磨坊最有可能起源于公元前3世纪上半叶的托勒密王朝亚历山大港，而到了公元1世纪，使用水力的情况已经十分普遍（Lewis 1997）。无论如何，因为它们最终的普及和持续存在，大量有关它们的历

图4.9 卧式水车，又称希腊水车或北欧水车。水车的轮子由流水的冲击驱动，直接带动上方的磨石旋转。转载自Ramelli［1976（1588）］

史、设计、性能和用途的文献得以留存下来（Bresse 1876; Müller 1939; Moritz 1958; Forbes 1965; Hindle 1975; Meyer 1975; White 1978; Reynolds 1983; Wölfel 1987; Walton 2006; Denny 2007）。

不过有一点我们是做不到的，即对水车在古代和中世纪社会总体的初级能量供应方面的贡献进行可靠评估。维坎德指出，在罗马时代，水车比通常认为的更为普遍（Wikander 1983）。尽管能够确认的中世纪早期水车遗址只有20个，但在11世纪的英格兰有6,500个地点存在水磨坊（Holt 1988）。但据我估计，即便对罗马帝国时代的单位功率和水车使用程度做出非常宽松的假设，水力提供的有用机械能跟人类和役畜提供的相比也只占一小部分，大约只有后者的1%（Smil 2010c）。

立式水车可以按照作用点来分类。下冲式水车由流水的动能推动（图4.10）。在平缓但稳定的水流作用下，它们可以良好运转，但如果水流更快就尤为理想了，因为下冲式水车的最大理论功率与水流速度的立方成正比：水流速度加倍，功率则变成8倍（专栏4.5）。在水流被初次蓄存起来的地方，下冲式水车被安置在出水口下游1.5—3m处。后来，人们给水车轮缘木板的背面加固，以防止水越过水车片。

将水车轮缘内侧的底板改造成能紧贴突出部分30°的弧形底面，以此增加水流的强度，可以进一步提高下冲式水车的效率。彭赛列（Jean-Victor Poncelet, 1788—1867）于1800年左右推出的水车设计是这一思路中最为有效的，它有着弯曲的叶片，可将约20%的水的动能转换成有用动力；在19世纪后期，这种水车的最佳性能被提高到了35%—45%。它们的轮子直径约为桨片长度的3倍，彭赛列水车则为2—4倍。

中击式水车由水流的冲击作用和水流与冲击点之间2—5m的重力落差共同驱动。水流需要配以紧密贴合的防壁，防止水过早溢出，这点对于保持良好的性能至关重要。对于低中击设计来说，水冲击水车的位置处于中轴高度之下，其效率并不比设计良好的下冲式水车更高。而高中击设计的水车水的冲击点高于水车中轴，其效率接近上射式水车。传统上射式水车主要由水的重力势能驱动，操作时水头高度超过3m，水车直径通常为水头高度的75%左右（图4.10）。水通过水槽或水道，以不满100L/s（升

专栏 4.5

下冲式水车的功率

流水的动能（焦耳）等于 $0.5\rho v^2$，即水的密度（$\rho=1{,}000\text{kg/m}^3$）和速度的平方（v 的单位是 m/s）的乘积的一半。冲击水车叶片的水的体积除以时间等于水的流速，因此水流的理论功率等于其能量乘以速度。以 1.5m/s 的速度流动的水冲击约 0.15m^2（约 0.3m × 0.5m）的桨片横截面，理论上能够产生略高于 400W 的功率，但中世纪下冲式水车低效的木制桨片实际传递的功率不超过这一功率的 1/5，也就是约 80W。

每秒）到超过 1,000L/s 的流量，被导入桶状隔室，带动水车以 4—12rpm（转每分）的速度旋转。因为大部分旋转动力来自下落的水的重力，所以上射式水车可以适用于水流缓慢的地方（专栏 4.6）。

但水车需要一个引流良好、可精密调节的供水系统，而这需要频繁建造蓄水池和沟槽，因此这一优势被部分地抵消了。上射式水车以超负荷运转（即运转时将水流控制在较小水平）可能比让机器全速运转效率更高，尽管如此操作水车的力量相对较小。直到 18 世纪头几十年，人们一直认为上射式水车效率不如下冲式（Reynolds 1979）。17 世纪 50 年代，安托万·德·帕西厄（Antoine de Parcieux）和约翰·阿尔布雷克特·欧拉（Johann Albrecht Euler）的著作证明这一观点是错误的。尤其是约翰·斯米顿（John Smeaton, 1724—1792），他通过模型进行仔细实验，对水车的能力与其他原动力进行了比较，证明了上述观点是错误的（Smeaton 1759）。

之后，斯米顿大力推广高效的上射式水车，这减缓了蒸汽机的传播，他的实验（得出了正确的结论，即水车的功率与水流速度的立方呈正相关）将上射式水车的效率范围界定在了 52%—76%（平均 66%），与此相比，下冲式水车的效率最高约为 32%（Smeaton 1759）。丹尼关于水车效率的现代理论分析（Denny 2004）得出的结论与上述结果非常相似：上射式水车的效率约为 71%，下冲式水车的效率约为 30%（彭赛列水车的效

图 4.10　版画描述了法国皇家造纸厂的大型下冲式水车运转情况（上图）和由上射式水车提供动力的法国锻造厂的洗矿机的情形（下图）。转载自《百科全书》

专栏 4.6

上射式水车的功率

水的势能（焦耳）等于 mgh，也就是质量（kg）、重力加速度（9.8m/s²）和水头高度（m）的乘积。因此，输水管道上方 3m 处的一个装着 0.2m³（200kg）水的上射水车水槽具有约 6kJ 的势能。当水的流量为 400kg/s 时，水车的理论功率将接近 12kW。这类机器的有用机械功率范围浮动较大，重型木制水车的功率不到 4kW，精心制作、适度润滑的 19 世纪金属水车功率则超过 9kW。

率约为 50%）。在实际操作中，设计得当、维护良好的 20 世纪上射式水车的潜在轴效率能够达到近 90%，最多可以将水的动能的 85% 转换成有用功（Muller and Kauppert 2004），但一般能够实现的效率为 60%—70%，而德国 20 世纪 30 年代设计和制造的全金属下冲式水车的最佳效率高达76%（Müller 1939）。

下冲式水车可以直接放置在溪流中，但如此放置自然会增大它们遭洪水损坏的可能性。中击式水车和上射式水车的供水系统需要经过调节。引水渠道通常由横跨河流的导流坝和能够将水流引向水车的水渠组成。在降雨量少或降雨不规律的地区，用池塘和水坝蓄水十分常见。如何将经过水车之后的水引回河流同样值得关注。回流水会阻碍水车旋转，为防止河道淤积，人们还需要建造平滑的尾水渠。即便在英国，轮子、轴和齿轮几乎都是木制品的情形一直持续到 18 世纪初，随后，轮毂和轮轴越来越多地使用铸铁，首个全铁制水车于 19 世纪初建成（Crossley 1990）。除了固定的安装在溪流上的水车，还出现了不那么常见的安装在驳船上的浮式水车和潮汐水车。公元 537 年，罗马被哥特人围困，后者切断了通往磨坊水车的输水管道，这时台伯河上的浮式谷物水磨坊第一次成功地发挥了作用。

水车在中世纪欧洲城镇或周边地区十分常见，其中的许多一直保留到 18 世纪。利用海洋的间歇能量的最早记录见于 10 世纪的巴士拉文献。在中世纪，小型潮汐水车出现在了英国、荷兰、布列塔尼和伊比利亚半岛的大西洋沿岸，之后人们又把它安装在北美和加勒比地区（Minchinton and Meigs 1980）。1582 年后建造的第一台大型立式潮汐水车，可能是为伦敦提供饮用水的最重要、最长寿的潮汐动力机器，它于 1666 年毁于大火，而其替代者一直运行到了 1822 年（Jenkins 1936）。水车的三个轮子由穿过旧伦敦桥狭窄桥洞的水流驱动，可以向桥梁两边的任何一边转动（而其他潮汐水车通常只能在退潮时工作），为 52 台水泵提供动力，使 60万升水上升到 36m 的高度。

碾磨谷物仍然是水力的主要用途：在中世纪的英格兰，水力碾磨谷物占水力应用的 90%，其余的水力能量大部分用于羊毛加工（让羊毛蓬松与加厚羊毛），只有 1% 用于其他工业活动（Lucas 2005）。中世纪晚期，水力在磨碎和冶炼（驱动高炉的风箱）矿石、石头和木材的切割、木材加工、榨油、造纸、鞣革、拉丝、冲压、切割、金属研磨、锻铁、给锡釉陶上釉和抛光等作业中得到了广泛使用。英式水车也被用来为地下矿井绕线和抽水（Woodall 1982; Clavering 1995）。

这些任务全都由水车完成，水车所能提供的效率比人或动物高，因此劳动生产率也大大提高。此外，水车所提供能量的规模、连续性和可靠性都达到了前所未有的高度，从而为生产创造了新的可能。在采矿和冶金行业尤其如此。事实上，西方工业化的能量基础就建立在对这些用途各异的水车的大规模使用上。人和动物的肌肉永远无法如此高速、集中、连续和可靠地产生动力——但只有这样的能量输送，才能提高无数的食品加工和工业任务的规模、速度和质量。然而，典型水车的能力超越大型役畜队伍花费了很长的时间。

几个世纪以来，要想输出更高的功率，唯一途径就是在适当的位置安装一系列较小的水车。这种组合最著名的例子是位于阿尔勒附近巴尔贝格的罗马磨坊，它由 16 个水车组成，每个水车的功率能够达到约 2kW，总功率略高于 30kW（Sellin 1983）。格林将其称作"古代世界已知的最伟大的集中机械力量"（Greene 2000, 39），霍奇则认为"按照所有材料的记录，一种真正古罗马时代、由水力驱动的大规模生产流水线工厂根本不存在"（Hodge 1990, 106）。进一步的研究揭示了一个相对不那么引人注目的事实（专栏 4.7）。

无论如何，在接下来的几个世纪里，更大的水磨坊仍然十分罕见。即使在 18 世纪头几十年，欧洲水车的平均功率也不到 4kW。只有少数机器功率超过 7kW，粗糙的工艺和较差（摩擦力很大）的齿轮传动导致转换效率比较低下。即使是当时最受推崇的机器——1680—1688 年间在马尔利地区塞纳河上建造的 14 座大型水车（直径 12m），也完不成预期的为凡尔赛 1,400 个喷泉和瀑布抽水的任务。该地理论上的潜在功率接近 750kW，但水车的旋转运动传递（通过使用较长的连杆）较为低效，使得有用输出功率减少到仅 52kW 左右，不足以供应每一座喷泉（Brandstetter 2005）。

专栏 4.7

巴尔贝格水车

驱动巴尔贝格 16 座上射式水车（最有可能建于公元 2 世纪初）的水从附近的渡槽分流过来，进入倾斜 30° 的斜坡上的两条平行渠道（Benoit 1940）。萨吉基于非常不现实的假设（流量 1,000L/s，速度 2.5m/s，平均每天生产 24t 面粉）得出结论，该磨坊生产的面粉足以为大约 8 万人生产面包（Sagui 1948）。而塞林基于更为现实的数据（300L/s 的流量，大约 1m/s 的速度），并且假设每个水车具有大约 2kW 有用功率，得出的总功率仅为 32kW，每天（以 50% 的容量系数计）产出 4.5t 面粉（Sellin 1983）。

不过塞林采纳了萨吉的一项假设，即水的动能的 65% 能够转换成旋转磨盘的动能，然而斯米顿经过仔细计算得出，18 世纪设计的最好的上射式水车的最大效率也只能达到 63%（Smeaton 1759）。较低的流量——勒沃认为应当为 240—260L/s（Leveau 2006）——加上较低的效率（比如 55%），其结果是每个风车的功率仅为 1.5kW。这相当于三匹（或四匹瘦弱的）拴在绞盘上的罗马马匹的综合功率。由此得出，16 座巴尔贝格水车每天生产约 3.4t 面粉，养活约 1.1 万人：其性能比公元 2 世纪的典型磨坊高出甚多，但它仍不是大规模生产的原型。

但即使小型水车也能够产生重大的经济影响。假设面粉能够为普通人提供每日摄入的食物能量的一半，一座由不到 10 名工人操作的小型水磨坊一天（碾磨 10 小时）生产的面粉足够养活大约 3,500 人，约等于中世纪一个中等规模城镇的人口，同样的产量至少需要 250 人手工碾磨。18世纪晚期的水车与创新的机器设计相结合，极大地影响了生产率。对此有一个绝佳的例子：于 1795 年在美国申请了专利的水力机械（Rosenberg 1975），可以每天制造 20 万颗钉子。这些机器的普及使得在之后的近 50年里，钉子价格下降了近 90%。

水车是最有效的传统能量转换设备。它们的效率甚至高于性能最好的蒸汽机，后者直到 1870 年也只能将不到 2% 的煤的能量转化为有用功。即使到 19 世纪末，蒸汽机的转化效率通常也不超过 15%（Smil 2005）。没有任何其他传统原动力能够提供如此大量的持续动力。在欧洲和北美工业化早期阶段，水车必不可少。在 19 世纪，无论是在单个的生产力与总生产力上面，还是在设计的效率上面，水车的发展都到达了巅峰。与此同时，蒸汽机被应用于新的固定场所和运输业，这种新的原动力渐渐兴起并最终占据主导地位，因而掩盖了水力的重要性。

然而在 19 世纪前 60 年，水车容量的增长比以往任何时候都多，即便此时蒸汽动力和随后的电力正逐渐占据主要原动力的地位，这些水车大部分仍在继续运转。多尔蒂估计，1849 年美国水车的总装机容量接近500MW（$1MW=10^6W$，500MW 不到包括役畜但不包括人力在内的所有原动力的 7%），而蒸汽机的总装机容量约为 920MW（Daugherty 1927）。与实际工作表现的对比更能说明问题：根据舒尔和内彻特的计算，1850年美国水车提供的总能量约为 2.4PJ（$1PJ=10^{15}J$）（Schurr and Netschert 1960），是燃煤蒸汽机所提供的总能量的 2.25 倍；到了 1860 年，水车仍然处于领先地位（大约领先 30%）；直到 19 世纪 60 年代末，它们的有用能量输出才被蒸汽机超过。到 1925 年，德国还有 33,500 个水车在运行（Muller and Kauppert 2004），欧洲一些水车甚至在 1950 年后依然在运行。

19 世纪新建的大型纺织厂尤其依赖水力。例如，1823 年在马萨诸塞州洛厄尔成立的美国第一家完全一体化的服装制造商梅里马克制造公司，就依靠梅里马克河的巨大落差（10m）产生的约 2MW 的水力来运行（Malone 2009）。到 1840 年，英国最大的水力设施——位于格拉斯哥附近克莱德河上的格里诺克肖氏自来水厂（功率 1.5MW）——拥有 30 个水车，它们在陡坡上排成两排，由一个大型水库供水。最大的单个水车直径约 20m，宽 4—6m，容量远远超过 50kW（Woodall 1982）。

　　世界上最大的水车名叫"伊莎贝拉夫人"（拉克西水车），由罗伯特·凯斯门特（Robert Casement）设计，于 1854 年由马恩岛的大拉克西矿业公司建造，用于为拉克西矿山抽水。它是一台直径为 21.9m、宽度为 1.85m 的后倾角上射式水车（2.5rpm），拥有 48 根木制辐条（9.75m 长）和由铸铁制成的轴和斜拉杆（Reynolds 1970）。水车上方斜坡上的所有溪流都被引入集流槽，然后通过管道被输送到石塔底部，并被抬升到木制水槽中。水车产生的动力通过主轴曲柄和 180m 长的木制连杆，作用于活塞泵，被传到 451m 深的铅锌矿井底。理论上它的峰值功率约为 427kW。在实际操作中，它能产生大约 200kW 的有用功率。该水车在 1926 年之后停止使用，1965 年后又恢复使用（Manx National Heritage 2015；图 4.11）。

图 4.11　修复后的拉克西水车"伊莎贝拉夫人"（来源：Corbis）

但巨型水车的时代是短暂的。正当19世纪上半叶人们建造这些机器的同时，水轮机开始兴起，自从几个世纪前立式水车开始应用以来，水力原动力终于有了一次彻底的革命。富尔内隆（Benoît Fourneyron）于1832年建造了第一台辐射外向流的反作用水轮机，用来驱动弗赖桑的锻锤。即使只有1.3m的极低水头和2.4m的转子直径，它的容量也能够达到38kW。五年后，圣布莱西亚纺纱厂中运行的两台改良的水轮机额定功率（在水头高度分别为108m和114m的情况下）达到了约45kW（Smith 1980）。

很快，一种设计更新的内向流水轮机的性能就超越了富尔内隆的水轮机，它被莱顿称为原型工业研究产品（Layton 1979），现在通常被称作弗朗西斯水轮机，以英裔美国工程詹姆斯·B. 弗朗西斯（James B. Francis, 1815—1892）的名字命名。再后来，莱斯特·A. 佩尔顿（Lester A. Pelton）发明了水斗式水轮机（于1889年获得专利），维克多·卡普兰（Viktor Kaplan）发明了轴流式水轮机（于1920年获得专利）。新兴的水轮机设计取代水车，成了许多产业的主要动力来源。例如，到1875年，水轮机提供的能量占据了马萨诸塞州水力总装机量的80%。在工业化快速发展的社会，这一时期是水力驱动机器发展的黄金时代。

例如，位于马萨诸塞州和新罕布什尔州南部梅里马克河下游的洛厄尔、劳伦斯和曼彻斯特是纺织业的三大中心，这些地区每一处都拥有总功率约7.2MW的水力机器。整个梅里马克河流域的总装机容量约为60MW，平均每个制造单位装机功率约为66kW（Hunter 1975）。即使在19世纪50年代中期的新英格兰地区，蒸汽作为原动力仍然比水力贵三倍左右。然而，将水轮机作为带动齿轮和传动带的直接原动力的时代突然终结了。到1880年，几乎在美国的所有地方，由于大规模采煤和使用了更高效的蒸汽机，蒸汽变得比水力更便宜。19世纪末以前，多数水轮机已经不再直接供能，而是开始为发电机提供动力。

风　力

利用风来获得固定动力的历史（相比之下，巧妙利用帆将风力转化为动能的历史则更加悠久）以及工业时代早期风车的设计逐渐向着复杂和强大演变的过程，在许多综合的和专门的研究中都得到了很充分的研究。对于前者，弗里兹（Freese 1957）、李约瑟（Needham 1965）、雷诺兹（Reynolds 1970）、明钦顿（Minchinton 1980）和丹尼（Denny 2007）做出了显著贡献。较为重要的全国性调查有：斯基尔顿（Skilton 1947）和韦尔斯（Wailes 1975）关于英国风车的调查，博南伯格（Boonenburg 1952）、斯托克胡耶岑（Stockhuyzen 1963）和胡斯拉格（Husslage 1965）关于著名的荷兰风车的研究，以及沃尔夫（Wolff 1900）、托里（Torrey 1976）、贝克（Baker 2006）和赖特（Righter 2008）关于美国风车的调查——这些风车对美国西部的大开发起到了关键作用，但它们的作用常被低估了。风车成了前工业时代平原地区最强大的原动力，那些地方（荷兰、丹麦和英国部分地区）几乎不存在有落差的河流，也就断绝了发展小型水车的可能。同时，风车也是一些受季节性强风影响的亚欧干旱地区的一种强大的原动力。

在对全球经济强化所做的贡献方面，风车的作用不如水车那样具有决定性，这主要是因为风车仅在欧洲的大西洋沿岸部分地区比较普遍。关于欧洲风车最早的清楚的记录可追溯到 12 世纪后期。据刘易斯所说，风车的使用范围首先从波斯扩展到拜占庭领地，在那里它们被改造成立式机器，遭遇了十字军（Lewis 1993）。东方风车的翼板围绕着垂直轴，在水平面上旋转。与此不同的是，拜占庭风车围绕着由风力带动的水平轴在垂直面上旋转。除伊比利亚的八翼板风车使用三角布（从地中海东部地区进口）外，早期欧洲风车都是高杆风车（post mills）。它们的木结构部分、壳体齿轮和磨石围绕着一个巨大的〔由四根朝向四个方向的横木支撑的〕中轴旋转（图 4.12）。因为它们无法自行调整方向，所以一旦风向发生改变，必须人工转动它们以面对风向。它们在强风中也不稳定，还容易被暴风雨损坏，此外，相对较低的高度限制了其最佳性能的发挥（专栏 4.8）。

在东欧的部分地区，高杆风车一直运行到了 20 世纪，而在西欧它们则逐渐被塔式风车（tower mills）和罩式风车（smock mills）取代。在这两种设计中，只有风车的顶盖露在空中，由从地面或（在有高塔的情况下）从巷道而来的风驱动。罩式风车拥有木制框架，通常为八边形，其上

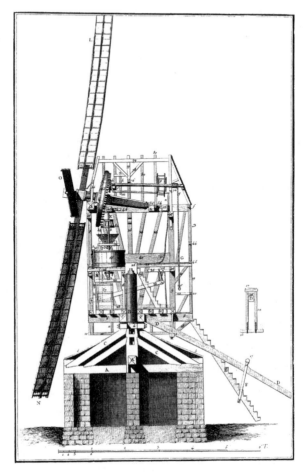

图 4.12 高杆风车。整个结构主要依靠木柱（一般为橡木柱）保持平衡，由连接着控制台的四根朝向四方的横木支撑。风车旋转的动力通过冠顶天窗的齿轮转移到磨石上，梯子是进入风车的唯一通道。转载自《百科全书》

覆盖隔板或瓦片。塔式风车通常是圆形或者锥形的石头结构。直到 1745 年以后，英国人才开始在风车上加装一个扇状尾部来驱动一个转向装置，使风车翼板的方向随风向自动做出调整。奇怪的是，欧洲风车数量最多的荷兰直到 19 世纪初才开始采用这项创新。

然而，荷兰磨坊主首先使用了更为高效的叶片设计。1600 年左右，他们开始在原先扁平的叶片上增加倾斜的前缘板。由此产生的弓形（翘起）在减小阻力的同时，增加了叶片的升力。再之后的创新措施包括：改进帆

专栏 4.8

风的能量与功率

平均风速的增幅大约是高度增幅的 1/7。这意味着，当高度为 20m 时，平均风速比 5m 处高出 22%。1m³ 的空气的动能（J）等于 $0.5\rho v^2$，其中 ρ 代表空气密度（在地面附近大约为 $0.12kg/m^3$），v 代表平均风速（m/s）。风力的功率（W）是风的动能、垂直于风向的叶片面积（A，单位 m^2）和风速三者的乘积：$0.5\rho Av^3$。风能的功率与平均速度的立方成正比，风速加倍可使得功率变为 8 倍。早期的风车（相对笨重，齿轮啮合不良）至少需要风速为 25km/h（7m/s）的风才能开始碾磨或抽水；较低的风速只能使得它们缓慢转动，在风速超过 10m/s 的情况下就要调整叶片（风速超过 12m/s 就要把叶片收起来了），因此早期风车只有一个狭窄的时间间隙（每天只有 5—7 小时）能够做有用功（Denny 2007）。

这些事实明显使得风车更适用于有着持续劲风的地方。之后，经过改进的更高效、齿轮啮合更平稳、得到充分润滑的产品在风速超过 4m/s 的情况下就能维持良好运转，在一天内可以有 10—12h 做功。前工业社会的多数风车全长不到 10m，只能利用地面附近的风能。风也会随时间和空间发生很大变化。即便在多风的地方，每年风速的波动范围也高达 30%，机器位置移动 30—50m，就很容易使平均风速减少或增加一半。前工业社会陆路运输能力受限，风力最为丰沛的地点被排除在风车的安装地选择之外，而且风车一般都是固定在某一地点无法移动的。没有任何风力机可以将所有可用的风能都利用起来：这一操作需要将气流完全停下来！最大可利用能量等于风的动能通量的 16/27 或近 60%（Betz 1926）。前工业社会风车的实际性能为 20%—30%。18 世纪一座配有直径 20m 的扇叶的塔式风车，在风速为 10m/s 时，理论上拥有大约 189kW 的功率，然而实际输出功率不到 50kW。

的安装，使用金属齿轮，加装离心调速器。调整帆布以适应不同的风速是一项相当困难甚至危险的任务，离心调速器的出现将人们从这项工作中解放了出来。到19世纪末，英国人开始安装根据空气动力学理论设计的前缘很厚的翼形叶片。风车在谷物碾磨和抽水（也在船上，带有小型便携式机器）方面的使用最为常见。在欧洲和伊斯兰世界，风车也被用于研磨和粉碎（白垩、甘蔗、芥末、可可）、造纸、切割和金属加工（Hill 1984）。

在荷兰，以上所有工作中都能见到风车，但风车的最大贡献是为该国的低洼田地排水，并将堤围泽地垦为农田。荷兰第一批排水风车可以追溯到15世纪初，但直到16世纪排水风车才变得普遍。活动衍架风车（wipmolen）利用风勺转动巨大的木轮，稍小的可移动的螺旋泵风车（Tjasker）能够转动阿基米德螺旋泵，但只有高效的罩式风车才能为大规模开垦低地提供所需的动力。1574年后，荷兰北部的桑斯安斯风车村建了600座风车，其中一些保存了下来（Zaanse Schans 2015）。最高的几架荷兰风车（33m）位于斯希丹（原来的30架风车中还存有5架），用以碾磨谷物，以酿造杜松子酒（荷兰琴酒）。

旧式美国风车（比如马萨诸塞州沿海地区的那些）经常被用来提取盐，但其数量一直很低。19世纪中叶之后，随着美国向西部大平原扩张，新式美国风车出现了。这是因为在大平原上，溪流稀少，降雨不稳定，小型水车无法使用，但由于天然泉水短缺，人们又需要从井里抽水。与重型（且昂贵）的荷兰风车获取能量的方式（也就是通过使用大而宽的帆）不同，美国风车要更小、更简单、更廉价且高效，被广泛应用于私营火车站和农场。

美国风车通常由大量相当窄的叶片或板条组成，这些叶片或板条固定在实心或分段的轮子上，配备离心调速器或侧叶调速器和独立的尾舵。它们被放置在6—25m高的木格式结构塔顶，用来抽水以供家用或供牲畜和蒸汽机车使用（图4.13）。这些风车、带刺的铁丝网和铁路是帮助人们开辟大平原的标志性物件（Wilson 1999）。多尔蒂估计，美国全国范围内的风车装机容量从1849年的320MW左右上升到了1899年的将近500MW，并在1919年达到625MW的峰值（Daugherty 1927）。

我们对早期风车功率的相关信息几乎一无所知。第一次可靠的实验测量可以追溯到 18 世纪 50 年代后期，当时约翰·斯米顿将一架（拥有 9m 的帆）普通荷兰风车的功率与 10 个人或两匹马的功率画上了等号（Smeaton 1759）。油籽压榨的实际表现证实了这种基于小模型测量的估算结果。风车驱动的转子每分钟转 7 圈，两匹马在相同时间内拉动转子勉强转了 3.5 圈。18 世纪一架典型的 30m 高的大型荷兰风车功率可以达到约 7.5kW（Forbes 1958）。对一座建于 1648 年的保存完好的荷兰排水风车进行的现代测量结果表明，当风速为 8—9m/s 时，风车可提升 35m³ 的水，扇叶转动的功率约为 30kW，但由于较大的传输损耗，有用输出功率降低

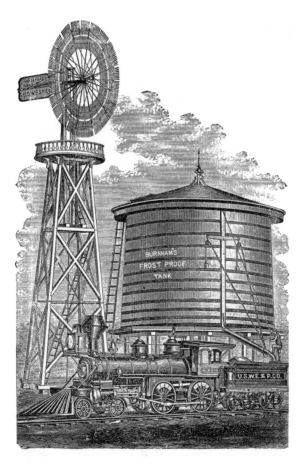

图 4.13 哈乐戴风车。在 19 世纪最后 10 年里，哈乐戴风车是最受欢迎的美国品牌。这些风车在西部火车站很常见，在那里它们被用于为蒸汽机车抽水。摘自 Wolff（1900）

到了 12kW 以下。

这些结果都佐证了兰金对于传统原动力的比较得出的结论。他认为高杆风车能输出 1.5—6kW 的有用功,塔式风车能输出 4.5—10.5kW 的有用功(Rankine 1866)。关于美国风车的测量数据表明,风车的有用功率范围在 30W(2.5m 的风车)到 1kW(7.6m 的大型风车)之间(Wolff 1900)。19 世纪美国风车的典型额定功率为 0.1—1kW,小型高杆风车为 1—2kW,大型高杆风车为 2—5kW,普通罩式风车和塔式风车为 4—8kW,19 世纪最大的风车额定功率达到了 8—12kW。这意味着典型的中世纪风车和同时代的水车一样强大,但到了 19 世纪早期,许多水车比最大的塔式风车强大 5 倍,这种差异随着后来水轮机的发展而越发扩大。

如同水车一样,风车作为固定动力提供者,其贡献在 19 世纪到达顶峰。在英国,1800 年风车总数达到了 10,000 架;19 世纪末,荷兰约有风车 12,000 架,德国约有 18,000 架;到 1900 年,北海沿岸国家安装了约 30,000 架风车(总容量为 100MW,De Zeeuw 1978)。美国在 1860—1900 年向西扩张的过程中,建造了几百万架各式风车,直到 20 世纪 20 年代初,数量才开始下降。到 1889 年,美国共有 77 家风车制造商,其中哈乐戴、亚当斯和布坎南是行业领军者(Baker 2006)。在 20 世纪,澳大利亚、南非和阿根廷使用了大量美式抽水风车。

生物质燃料

几乎所有传统社会都只能通过燃烧生物质燃料(biomass fuel)来产生热和光。木本植物、源自木本植物的木炭、作物残渣和干燥的粪便为家庭取暖、烹饪、照明和小规模手工制品制造提供了所需的一切能量;后来,在稍大一些的原工业化生产中,这些燃料被用于大量烧制砖和陶瓷、制造玻璃,以及金属的熔炼与成型。唯一值得注意的例外是古代中国,北方的人们使用煤炭来炼铁,四川人燃烧天然气,蒸发盐水来生产盐(Adshead 1997),中世纪的英国也是如此(Nef 1932)。

获取生物质燃料的过程,有时候就像每天到附近的森林、灌木丛或山坡进行短途旅行一样简单。人们只需要走到这些地方，收集掉落的树枝并将其折断，捡拾干草或谷物收割后的一些干燥稻草，并将其储存在屋檐下。然而在更多情况下，收集生物质燃料可能需要长途步行，特别是对于妇女和儿童来说。人们也经常需要费力地砍树、制作木炭，以及用牛车或骆驼大篷车将它们长途运输到森林砍伐严重的平原或沙漠地区的城市。燃料的丰富或匮乏影响着人们的房屋设计、穿衣习惯和烹饪习惯。人们对这些能源的需求是传统社会大量砍伐森林的主要原因之一。

在西欧国家，这种依赖在 1850 年后迅速消减。关于初级能量供应的最佳还原情况表明，从 19 世纪 70 年代中期开始，煤炭提供了法国所需燃料能量的一半以上；而在美国，煤炭和石油（以及少量天然气）的能量容量在 1884 年超过了薪材（Smil 2010a）。但在其他地方，对植物质燃料的依赖一直持续到了 20 世纪：在亚洲一些人口最多的国家，直到十九世纪六七十年代，植物质燃料仍占主导地位，而在撒哈拉以南的非洲，它迄今仍是最主要的单一初级能量（primary energy）来源。

由于人们持续使用传统燃料，因此我们可以研究它们的低效燃烧的方式与后果以及对健康的广泛影响。此外，近几十年来，人们做了许多相关的观测和分析，可以帮助我们了解前工业社会生物质燃料燃烧的漫长历史（Earl 1973; Smil 1983; RWEDP 2000; Tomaselli 2007; Smith 2013）。最近的许多发现完全适用于前工业社会环境，因为人们的基本需求没有改变：对于传统社会中的大多数人来说，基本能量需求就是每天烹饪两三顿饭，在寒冷的气候下至少为一间房间供热，再就是（在一些地区）准备动物饲料和干粮。

木材和木炭

木材能够以任何可用的形式被利用：人们砍倒、折断或锯下树木的枝干、细条、树皮和树根。只有在那些有着良好的切砍工具（手斧、斧头和后来的锯子）的地方，人们才有可能利用树干。令人惊讶的是，不同品种的木材作为燃料基本没有区别。世上有成千上万种木本植物，虽然它们的物理特性差异很大——部分橡树的密度几乎是一些杨树的两倍，但化学成分基本一致（Smil 2013a）。一棵树大约 2/5 为纤维素，约 1/3 为半纤维素，其余的是木质素；按元素计算，碳元素占一棵树的 45%—56%，氧元素占 40%—42%。木材的能量含量随着木质素和树脂比例的增加而增加（木质素和树脂分别有着 26.5MJ/kg 和高达 35MJ/kg 的能量密度，相比之下纤维素的能量密度仅为 17.5MJ/kg）。但一般木本植物种类之间的能量密度差异相当小，阔叶树能量密度为 17.5—20MJ/kg，而针叶树为 19—21MJ/kg，因为针叶树的树脂含量较高（专栏 4.9）。

我们计算木材的能量密度时，应确保木材处于绝对干燥的状态，但在传统社会，人们燃烧的木材水分含量差别很大。刚砍伐的成熟阔叶树通常含有 30% 的水分，针叶树的则远超 40%。这种木材的燃烧效率比较低下，因为它们释放的热量很大一部分会用来蒸发水分，而不是加热锅具或给房间升温。木材水分含量超过 67% 时就点不着了。这也就是干燥的断枝和枯树总比新鲜木材更为理想以及木材在燃烧前通常需要风干的原因。砍下的木材被堆放和遮蔽起来，至少干燥几个月，但即使是在干燥气候中，它仍然会保持大约 15% 的水分。相比之下，木炭只含有微量水分，它是一种更被有钱人青睐的生物质燃料。

木炭这种优质燃料几乎是无烟的，其能量密度相当于优质烟煤，比风

专栏 4.9

生物质燃料的能量含量

生物质燃料	含水量 （%）	干物质的能量含量 （MJ/kg）
阔叶树	15—50	16—19
针叶树	15—50	21—23
木炭	<1	28—30
作物残留	5—60	15—19
干稻草	7—15	17—18
干粪	10—20	8—14

来源：Smil（1983）和 Jenkins（1993）。

干的木材高出约 50%。木炭另一个主要优点是纯度高。因为它几乎是纯碳，几乎不含任何硫或磷。因此，它不仅可以作为最佳的室内燃料，也是生产砖、瓦和石灰的窑炉中以及矿石冶炼过程中的最佳燃料。使用木炭冶炼的另一个优点是它的高孔隙率（它的比密度仅为 0.13—0.20g/cm³）有利于气体在熔炉中上升（Sexton 1897）。但是这种优质燃料的传统生产方式浪费非常大。

将木材堆积在原始土炭窑或炼焦炉中，它的不充分燃烧可以产生碳化所需的热量。因此，制作木炭不需要额外的燃料，但最终产出的木炭质量和数量都难以控制。使用这种炭窑，一般情况下只能生产相当于干木材量 15%—25% 的木炭。这意味着木炭制作过程损失了大约 60% 的初始能量，按体积计算，制作 1t 木炭最多需要 24m³（至少要 9—10m³）木材（图 4.14）。而优质的木炭便是这一过程的回报：木炭燃烧可以产生 900℃的高温，如果再加上使用风箱来补充空气进而达到最佳效果，可以将温度提高到近 2,000℃，甚至足以熔化铁矿石（Smil 2013a）。

采伐木材作为燃料（以及作为建筑和造船的材料）导致了大范围的乱砍滥伐，这种情况在原本树木繁茂的地区日积月累，达到了令人担忧的程度。18 世纪初，马萨诸塞州大约 85% 的土地被森林覆盖，但到了 1870年，该州森林覆盖率降至 30%（Foster and Aber 2004）。毫不奇怪，1855年 3 月 6 日，亨利·戴维·梭罗（Henry David Thoreau, 1817—1862）在《梭罗日记》（*Journals*）中写道：

> 如今我们的柴火少了很多，所以今年冬天的砍伐也格外的快。至少我们散步之人如此感觉。除了在这个季节听到的斧头声，这片地方几乎没有留下任何痕迹。甚至白湖、费尔黑文湖南部地区也遭到采伐，悬崖、科尔伯恩农场、贝克斯托等处的顶端树木也被削去，如此种种。（Thoreau 1906, 231）

直到 20 世纪下半叶，一些传统社会仍然依赖生物质燃料，关于这些社会的研究表明，在热带地区最贫穷的一些村庄，每年的人均燃料需求低于 500kg。在冬季特征明显的高纬度地区和使用大量木材来生产砖块、玻

图 4.14 木炭生产过程的第一步是平整土地和设置中心杆；点火之前，人们会将切割好的木头堆放在中心杆的周围并覆盖黏土。转载自《百科全书》

璃、瓷砖与金属以及蒸发盐水的地区，人均生物质燃料需求是这一数量的5 倍。在德国，生产 1kg 玻璃需要多达 2t 木材（几乎所有木材的燃烧都是为了获得钾而不是产生热量），用木柴加热大铁锅蒸发盐水，每产出 1kg盐需消耗高达 40kg 的木材（Sieferle 2001）。

我们没有关于古代典型生物质燃料消耗的记录，关于中世纪一些社会的燃料燃烧情况也只有少数可靠的数据记载。据我对罗马帝国的估计，公元200年左右年人均能量需求共约650kg，即大约10GJ每年，或大约1.8kg每天（专栏4.10）。关于中世纪（约1300年）伦敦木柴需求的最佳还原结果显示，平均每人每年需要约1.75t木柴，相当于每人30GJ（Galloway, Keene, and Murphy 1996）。而相关估测显示西欧和北美在将主要燃料转向煤炭之前，木材平均需求比这更高。

19世纪北欧、新英格兰、美国中西部地区或加拿大的居民区仅使用木材加热和烹饪的情况下，年人均消耗量为3—6t，18世纪德国家庭的平均木材消耗也处在这一范围（Sieferle 2001）。1830年奥地利的木材消耗量为平均每人每年近5t（Krausmann and Haberl 2002），19世纪中叶美国

专栏4.10

罗马帝国的木材消耗量

我对所有主要种类的木材消耗量都进行了保守估计（Smil 2010c）。面包和炖菜是罗马人的主食，城镇居民每人每天至少需要1kg木材。对于居住在温暖地中海气候之外的约1/3的帝国人口而言，每年至少消费500kg木材来为房间供暖是必需的。除此之外，还必须算上平均每人每年需要的2kg金属，每生产1kg金属大约需要60kg木材。如此相当于年人均消耗量为650kg（约10GJ，或1.8kg/d），但由于罗马帝国时代的燃料燃烧效率普遍较低（<15%），燃烧木材产生的有用能量仅为每年1.5GJ，相当于将近50L（或一罐）汽油。

相比之下，当阿伦提出他的"两个罗马人的家庭消费篮子"假设时，他认为平均每人每天消费近1kg木材是一个相当可观的数字（Allen 2007），而基本预算只有每人每天0.4kg。但他的估计没有将冶金和手工制造所用的燃料包括在内。马拉尼马将罗马帝国早期的年人均木材消费量定为4.6—9.2GJ，占能量使用总量的一半，而另一半中，食物和饲料能量占比约为2:1（Malanima 2013a）。他对能量消耗的估计最高为每人每年16.8GJ，而我将食物、饲料和木材都算在内，得出的估值为每人每年消耗18—19GJ（Smil 2010c）。

的全国平均水平也差不多（Schurr and Netschert 1960）。尽管这一数字还包括日益增长的工业（主要使用冶金木炭）和运输业消耗，但在 19 世纪 50 年代，以家用的方式燃烧仍是美国木材的主要用途。

作物残留和粪便

在森林遭到砍伐、定居人口稠密的农业平原和干旱、树木稀疏的地区，作物残留和粪便是不可或缺的燃料。在一般情况下，谷物秸秆最为丰富，但在一些地区，许多其他种类的残余物也是重要燃料，它们包括豆类作物的秸秆、块茎作物的藤蔓、棉花秸秆和根、黄麻杆、甘蔗叶以及从果树上修剪下来的枝杈。一些农作物残留需要先干燥再燃烧。成熟作物的秸秆只有 7%—15% 的水分，其能量密度与阔叶树相当。

但是这些作物残留的密度显然比木材低得多，所以想要储存足够的稻草用来过冬，从来不像堆放碎木头那么容易。密度低意味着只能使用明火，同时几乎需要不断地向简易炉灶中添加燃料。由于作物残留还有许多并非作为能量方面的有竞争力的用途，因此它们经常供不应求。比如，豆类残渣是一种极好的高蛋白饲料和肥料，谷物秸秆也可用作反刍动物的饲料以及它们圈舍中的垫草。许多地方（包括英国和日本）用豆类秸秆来盖屋顶，它们也是制造简单工具和家庭用品的原材料。

因此，一点点可燃的植物质经常都会被收集起来以待家用。在整个中东，人们经常焚烧多刺灌木，用海枣树干制作木炭。在中国华北平原，妇女和儿童用耙子、镰刀、篮子和袋子收集掉落的树枝、树叶和干草（King 1927）。在亚洲内陆以及整个印度次大陆、中东部分地区、非洲和美洲，干粪是最重要的烹饪热源。风干粪便的热值与农作物残渣或草的热值相当（参见专栏 4.9）。

一个鲜为人知的事实是，粪便在美国人向西部扩张的过程中做出了重要贡献（Welsch 1980）。野生水牛和家牛的粪便使得 19 世纪早期穿越美国大陆和随后的大平原殖民成为可能。俄勒冈州和摩门小径上的旅行者收集"水牛木"（buffalo wood），而早期住民将牛粪这一冬季补给品堆放成冰屋状或堆放于靠墙的地方。这种燃料被称为"牛木"或"内布拉斯加橡木",它燃烧均匀,几乎没有烟雾和气味,但燃烧很快,几乎需要不停地添加。在南美,美洲驼粪便是安第斯山脉高原(即位于秘鲁南部、玻利维亚东部、智利和阿根廷北部的印加帝国核心区域)地区的主要燃料(Winterhalder, Larsen, and Thomas 1974)。非洲萨赫勒地区和埃及村庄普遍使用牛和骆驼粪便。在亚洲,无论是在干旱地区还是在季风地区,牛粪的收集量最大,藏族人则依赖牦牛粪。只有羊粪因为燃烧时会产生刺鼻的烟雾而不受青睐。

在印度许多农村地区,粪便的使用仍然十分普遍,奶牛和水牛粪便经常被收集起来,而这一工作主要由"不可接触者"(harijan,印度的最低社会阶层)的儿童和妇女来完成,供他们家用和出售(Patwardhan 1973)。不管是干燥的粪便碎片还是新鲜的粪便都会被收集起来。人们将新鲜粪便与稻草或糠混合,手工模制成饼状,成排晒干,贴在房屋墙壁上,或者成堆堆放(图4.15)。最近的一项关于南亚农村能源使用情况的调查表明,有75%的印度家庭、50%的尼泊尔家庭和47%的孟加拉家庭仍在利用燃烧粪便来做饭(Behera et al. 2015)。

图 4.15 印度北方邦瓦拉纳西,一排排晾晒着的牛粪饼

家庭需求

中国古代有一句谚语，为人们日常生活中不可或缺的物质排出了先后顺序：柴、米、油、盐、酱、醋、茶。在传统农业社会中，谷物提供了大部分食物能量，烹饪（通过蒸、煮或烘烤）是使坚硬的作物种子变得可食用的必要条件。但〔储存在篮子、罐子或箱中的〕谷物被烹饪之前必须经过加工，而碾磨几乎是一道普遍的工序，从古至今几乎一直是谷物加工过程的第一步。通过压榨各种种子、坚果和水果来榨油（汁）则已经是后来的事了。块茎经过加工，可以去除抗营养物质或能够长期储存。甘蔗被榨出甜汁。在这些工作中，人类的能量只能通过畜力逐渐增强。

如前所述，人类第一次使用非生命动力来碾磨谷物——用卧式水车来转动小磨盘——距今已有大约 2,000 年。

东亚的炒和蒸这两种烹饪方式所需的热能相对较少。相比之下，烤面包是旧世界其他地区的主食，它需要大量燃料投入；在中东、欧洲和非洲，烘烤通常也需要大量燃料投入。在一些社会，人们也需要用燃料为家畜（尤其是猪）准备饲料。在中纬度地区，季节性供暖是必要的，但在（除亚北极地区外）前工业化时代，人们通常只将房屋暂时加热一下，因此房间不够暖和。

在一些燃料短缺的地区，尽管会有几个月的寒冷天气，但根本没有冬季供暖：明清两代，在中国长江以南森林被滥伐的低地没有供暖。但在江南地区最北端，1 月和 2 月平均气温为 2—4℃，最低气温低于 -10℃。英国室内的寒冷（即便在使用煤炉后也是如此）是众所周知的。因此，东亚或中东社会家庭总能量需求非常低。北欧和北美一些殖民地社会的燃料需求绝对值比较高，但是燃烧效率低下导致有用热量的份额相对较低。因此，即使是在拥有大量薪材的 19 世纪的美国，一个普通家庭获得的有用能量也只是 20 世纪一个普通家庭所获得的一小部分。

食物的准备

鉴于谷物在所有高级文明的营养供应中都占主导地位，因此谷物碾磨无疑是历史上的食品加工需求中最重要的一环。整粒的谷物并不可口，难以消化，显然也不能用于烘焙。谷物经过碾磨，能变成不同细度的粉，可用于制作易消化的食物，尤其是面包和面条。最早的谷物碾磨工具是中空的磨石、石杵和臼，而后再一点点变化。在古代中东和古典时期前的欧洲，以跪着的姿势用椭圆形顶石碾磨谷物是十分常见的。

配备送料斗和带槽垫石的手推磨是第一项重大创新。希腊的沙漏形手推磨有一个锥形料斗和一个锥形磨床。肌肉驱动的加工过程生产率非常低（Moritz 1958）。用石磨、臼和杵进行烦琐的劳动，每小时只能产出不超过2—3kg粗面粉，两名罗马奴隶用旋转磨（从公元前3世纪开始使用）辛苦地手工磨面粉，每小时可以产出不到7kg粗面粉。效率更高的"庞培磨坊"（mola asinalis，只用于城镇）由粗糙的火山岩制成，它的下圆柱部分（meta）被沙漏形的磨盘（catillus）覆盖，一头被套上挽具的驴子紧紧地围着它转圈，推动磨盘。在封闭落后的地方，这项工作一般由奴隶完成，奴隶也为大型面包店的和面机器提供动力：帝国的主食是以巨大的苦难换来的（专栏4.11）。

一座由驴驱动的磨坊（能量输入功率为300W）生产面粉的速度不到10—25kg/h（Forbes 1965），而由小水车（1.5kW）驱动的磨坊能以80—100kg/h的生产率研磨面粉。面粉可以用于烘烤面包，在平均膳食能量摄

专栏 4.11

卢修斯·阿普列乌斯在《金驴记》第四卷第 12 章（3.4）中曾如此评价罗马磨坊里工作的奴隶

众神啊，我看到了这么多人啊！他们的皮肤布满了鞭痕，背部伤痕累累，甚至没有破烂的外衣遮蔽。有些只穿围裙，所有人的衣着皆十分破旧，透过褴褛的衣衫可以看到皮肤！他们额头上被烙上了字母，头发被剃掉一半。他们腿上拴有铁具，脸色蜡黄可怕。他们的眼睛因烤炉的烟雾变得黯淡、疼痛和生涩。他们身上沾满面粉，犹如运动员全身沾满灰尘！（J. A. Hanson 翻译）

入中至少占一半（而面包所占份额通常超过 70%）。因此，一座磨坊在 10 小时的轮班中就能产出足够养活 2,500—3,000 人的面粉，这一数字相当于中世纪一个中等规模城镇的人口数。卧式水车可以直接推动磨盘旋转，而立式水车和风车都需要通过木齿轮来有效地传递旋转的动力。没有哪座磨坊在不依赖设置精确的磨石、一流的滑槽和固定好的垫石的情况下就能够生产优质面粉（Freese 1957）。到了 18 世纪，磨盘直径通常达到 1—1.5m，厚达 30cm，重量近 1t，每分钟旋转 125—150 次。谷物从料斗被投入滑槽的开口（眼），并在垫石和磨石的平坦表面之间被压碎和碾磨。

这些巨大的石头必须得到精确平衡。它们如果互相摩擦，可能会严重受损，还可能引发火灾。如果磨石和垫石相距太远，那么生产出来的就是粗面粉而不是精细面粉。磨石的滑槽开口位置的形位公差不能超过厚棕纸的厚度，磨盘边缘的形位公差则不能超过薄纸厚度。磨碎的面粉和副产品沿着切割的凹槽被运出磨子。娴熟的工匠使用锋利的工具（钩镰）来加深这些槽（修整石磨）。这项工作是定期的，通常每两三周一次，其频率取决于石头的质量和碾磨的速度。坚固的花岗岩、坚硬的砂岩或由铁环固定在一起的多孔石英是最常见的磨盘石材，但是没有任何磨盘能够一劳永逸地完成工作。从细面粉中分离出粗麸皮后留下的一些混合物需要被重新碾磨。整个过程可能重复几次。最终，人们用筛子将面粉和麸皮分离，并将面粉分成不同的等级。

几个世纪以来，用水或风来碾磨仍然需要大量繁重的劳动。人们卸下谷物，用滑轮将它们吊到料斗中。刚碾磨的面粉必须用耙冷却，然后过筛，最后装袋。到了 16 世纪，人们开始使用水力驱动的筛子。直到 1785 年，美国工程师奥利弗·埃文斯（Oliver Evans）才首次设计出全自动面粉磨坊，他主张使用循环传动带提升谷物，用螺旋推运器（阿基米德螺旋）在水平方向上运输谷物并将刚磨好的面粉铺开冷却。埃文斯的发明并没有立即在商业上获得成功，但他出版的关于碾磨的书籍却成为这一领域的经典之作（Evans 1795）。

关于烹饪的历史资料显示，在工业时代开始前，这一领域少有进步。人们用露天灶台和壁炉来烤（在火中、铁签上、串肉扦或烤架上）、煮、炸和炖食物。烤炉被用于烧水和烧烤，简单的黏土炉或石炉被用于烘烤。人们将压平的面团粘在黏土炉的侧面（这仍是烤制印度馕的唯一方法），将膨胀的面团放在炉子的平面上。燃料的短缺驱使人们去寻找低能耗的烹饪方法。早在公元前 1500 年，中国人就在使用鬲这种三脚烹饪器具。有弧度的浅锅——印度和东南亚的双耳炒锅（kuali）和中国的锅（被西方人称作广东炒锅）——加快了油炸、炖和蒸的速度（E. N. Anderson 1988）。

厨房炉灶的起源尚无法确定，但是很显然，人们若要广泛使用炉灶，就需要建造烟囱。即便在欧洲最富裕的地区，在 15 世纪初之前烟囱也并不常见，人们仍然依赖烟雾弥漫、效率低下的壁炉（Edgerton 1961）。在20 世纪前几十年，中国的许多黏土炉灶或砖炉仍然没有烟囱（Hommel 1937）。直到 18 世纪，能够完全封住火的铁炉才开始取代露天壁炉，被人们用来烹饪和取暖。本杰明·富兰克林（Benjamin Franklin）1740 年构想的那个著名的炉子并非独立设备，而是一种安置在壁炉里的炉子，能够更高效地烹调和加热（Cohen 1990）。1798 年，本杰明·汤普森（伦福德伯爵，1753—1814）设计了一个砖砌炉灶（上端的开口能够放锅）和一个圆柱形烤炉，这种炉灶首先被用于大型厨房（Brown 1999）。

供暖和照明

传统的供暖与照明方式的原始和低效，与古代文明令人印象深刻的机械发明形成了鲜明对比。欧洲文艺复兴后，在技术广泛进步的背景之下，这种反差更为明显。在现代早期的大部分时候（1500—1800 年），明火和简易壁炉提供的热量普遍不足。闪动的柴火的光芒、（经常冒烟的）油灯和（通常十分昂贵的）蜡烛闪烁着的微弱的火焰，几千年来一直为前工业化社会的发展提供微弱的照明。

在供暖方面，从浪费较大、无法控制的明火向更为有效的供暖方式过渡的过程非常缓慢。仅仅将明火移入三面壁炉内，在效率上只能带来微小的提升。燃料添加方式设计合理的壁炉可在无人看管的情况下保持经夜不熄，但其加热效率很低，最好的时候效率接近 10%，但一般情况下只有5% 左右。工作中的壁炉通常用辐射的热量来为其四周加热。但将温暖的室内空气送到外面，实际上会造成房间整体热量的损失。当通风受阻时，不充分燃烧存在安全隐患，甚至会产生致命的一氧化碳。

传统砖炉或黏土炉的效率不仅因设计的不同而不同（通常由烹饪偏好决定），还因主要燃料的不同而不同。亚洲农村炉灶的设计几个世纪以来都没有改变，对其进行现代手段测量有可能标定出实际的最高效率。有一种又大又重的砖炉，带有长长的烟道和紧密贴合的顶部，以碎木柴为燃料，其效率大部分在20%左右。体积较小、通风良好、烟道较短、以秸秆或草为燃料的炉灶，典型功率不到15%，甚至低至10%。但并非所有传统供暖设备浪费都很大。至少有一样传统供暖设备效率较高，那就是三面壁炉系统，它可以高效利用木材和作物残渣，舒适度也不错。

三面壁炉系统的类型包括罗马的地底供暖火炕（hypocaust）、韩式暖炕（ondol）和中国的炕。前两种设计将高温燃烧气体引出，首先经过抬高的房间地板，而后通过烟囱排出。地底供暖火炕是希腊人发明的，它们最古老的遗迹出现在大希腊地区，也就是希腊人定居的意大利南部沿海地区，可追溯到公元前3世纪（Ginouvès 1962）。罗马人首先在公共浴室（thermae）的热房（caldaria）使用地底供暖火炕，之后用它为帝国寒冷省份的石屋供暖（图4.16）。对保存下来的地底供暖火炕进行的试验表明，当室外温度为0℃时，这种火炕每小时仅消耗1kg木炭就能使5m×4m×3m的房间保持在22℃（Forbes 1966）。第三种传统供暖方式在整个中国北方仍比较普遍。炕是一个较大的砖制平台（长、宽至少各2m，高0.75m），由炕旁边的炉子的余温来加热。它在晚上是床，在白天是休息场所（Hommel 1937）。

耶茨对这种中式火炕（或热交换器）做了详细的工程分析，并提出了许多可以提高其效率的建议（Yates 2012）。它们一般在比较大的区域内慢慢导热。相比之下，在旧世界多数社会都很常见的烤炉式加热器的供热方式都是由有限的点向四周扩散的，还会产生高浓度的一氧化碳。日本人十分擅长利用中国和韩国的发明，却无法将韩式暖炕或中式火炕用在他们轻薄脆弱的木屋中。相反，他们依赖木炭火盆（hibachi）和暖桌（kotatsu）。这些装有木炭的小容器被安置在地板上，用棉织品覆盖，一直

图 4.16　位于德国萨尔州的霍姆斯堡-施瓦泽纳克尔罗马博物馆展示了罗马地底供暖火炕的一部分（包括一只烟雾致死的狗的骨骼）。图片由芭芭拉·F. 麦克马纳斯（Barbara F. McManus）提供

延续到 20 世纪。到今天，它们被改造成了电动暖桌，这是一种内置于矮桌中的更小的加热器。相比之下，直到 1791 年，英国下议院仍在使用大炭罐供暖。

　　生物质燃料也是所有前工业社会传统照明的主要能量来源。燃烧多脂树木火把和木片是最简单的解决方案，但同时效率最低，且最费力。大约 4 万年前，第一盏燃烧脂肪的油灯出现在旧石器时代晚期的欧洲（de Beaune and White 1993）。直到公元前 800 年后，中东地区才开始使用蜡烛。使用油灯和蜡烛照明虽然较为低效，火光微弱，烟雾弥漫，但它们至少易于携带，使用起来也更安全。人们将各种动植物脂肪和蜡（橄榄油、蓖麻油、菜籽油、亚麻籽油、鲸油、牛油和蜂蜡）与纸草、灯心草、亚麻籽或大麻芯混在一起燃烧。直到 18 世纪末，人造室内照明设施的基本单位也只是一支蜡烛。只有当这些微小光源大量增加，高亮度的照明才成为可能。

蜡烛只能将自身所含化学能的约 0.01% 转化为光。它们的火焰亮点的平均辐照度（投射到单位面积上的辐射能量）仅比晴朗的天空高出 20%。火柴的发明可以追溯到 6 世纪晚期的中国，用它点火比用火绒引火要容易得多。最初的火柴仅仅是一些浸有硫黄的细长松木棒，它们直到 16 世纪初才传到欧洲。现代安全火柴表面较为醒目且加入了红磷，于 1844 年首次推出，很快占领了大部分市场（Taylor 1972）。1794 年，艾梅·阿尔冈（Aimé Argand）推出了可以利用灯芯支架调节最大亮度的灯具，它通过中央供气装置和烟囱吸入空气（McCloy 1952）。

不久之后，第一种由煤制成的照明气体问世。在大城市之外，19 世纪一半以上时间里，世界上数千万家庭仍在依赖一种外来生物质燃料——从抹香鲸脂肪中提取的油。赫尔曼·梅尔维尔（Herman Melville）的巨著《白鲸》（*Moby-Dick*, 1851）精彩地描绘了捕猎这种巨大的哺乳动物的情形。这一过程回报很低、令人疲惫且非常危险，它在 1850 年前达到顶峰（Francis 1990）。到那时为止，美国捕鲸船队是世界上此类船队中最大的，在 1846 年拥有创纪录的 700 多艘船只。在 19 世纪 40 年代的头几年，每年大约有 16 万桶鲸油被运到新英格兰的港口（Starbuck 1878）。随后，抹香鲸数量的下降、煤气和煤油的使用使得捕鲸活动迅速减少。

运输和建筑

前工业社会的运输和建筑发展高度不均衡，进步、停滞和衰退一同存在着。18 世纪晚期的普通帆船，在速度和航行能力上都大大优于古典时代性能最好的船只。同样，乘坐装有上好的软垫、配有良好的弹簧、由驾驭良好的马匹牵引的马车，比骑马或乘坐无弹簧的马车更为舒适。但与此同时，即使在最为富有的欧洲国家，普遍的路况也没有比罗马帝国最后几个世纪的的路况更好，而且往往远逊于后者。设计帕特农神庙的雅典建筑师或完成万神殿的罗马石匠的技能，毫不逊色于他们的继任者在建造巴洛克晚期宫殿和教堂时展现的能力。然而随着更强大的原动力和更优秀的建筑材料的推广，一切都变了，而且这种变化相当迅速。蒸汽机和便宜的钢铁给运输和建筑行业带来了革命性变化。

陆上的运动

行走和奔跑是人类运动的两种自然模式，在所有前工业社会，个人运动绝大多数时候都以这两种模式进行。行走与奔跑的能量成本、平均速度和每日最大运动距离始终主要取决于个人健康状况和主要地形特征（Smil 2008a）。当速度不足或超出 5—6km/h 最佳速度时，步行的效率成本都会增加，不平坦或者泥泞的地面、厚厚的积雪会使步行的效率成本增加 25%—35%。步行上坡的效率成本与坡度还有速度成函数关系，有详细研究表明，在各种速度和坡度下，能量需求几乎呈线性增长（Minetti et al. 2002）。

奔跑需要的输出功率一般为 700—1400W，相当于基础代谢率的 10—20 倍。一名体重 70kg 的男子慢跑的功率约为 800W；一名运动员在 2.5 小时内跑完一场马拉松的平均功率约为 1,300W（Rapoport 2010）；当博尔特（Usain Bolt）以 9.58 秒的成绩创下百米世界纪录时，其最大功率（已经开始奔跑了几秒，速度达到最大速度的一半时的功率）为 2,619.5W，即 3.5hp（Gómez, Marquina, and Gómez 2013）。人类奔跑的能量成本相对较高，但正如〔第 2 章〕已经提到的一样，人类有一种将这一成本与速度脱钩的独特能力（Carrier 1984）。阿雷拉诺和卡拉姆的研究表明，支撑体重和将身体向前推进所耗的能量约占跑步总能量成本的 80%，腿部摆动约占 7%，保持横向平衡约占 2%——但是双臂摆动又将总成本降低了大约 3%（Arellano and Kram 2014）。

关于奔跑的现代记录显示，20 世纪人们的跑步表现在稳步提高（Ryder, Carr, and Herget 1976），且无疑远远超过历史最佳表现。但在许多传统社会，也不乏长途奔跑的优秀事例。当然，在公元前 490 年马拉松战役开始前，斐迪庇第斯（Pheidippides）从雅典到斯巴达的徒劳奔跑是展示人类奔跑耐力的伟大原型。他只用两天时间就跑完了 240km（假设他重约 70kg，则平均输出功率是 800W，略高于 1hp），只为带去斯巴达人拒绝帮忙的消息。

马匹的驯化不仅为人们带来了更强大、更快捷的新兴私人交通方式，还与印欧语言、青铜冶炼和新型战争方式的传播有关（Anthony 2007）。马在被套上马具之前，已经被人类作为骑行工具使用了很长时间。约公元前 2000—前 1000 年，亚洲草原就开始有人骑马。但安东尼、捷列金和布朗得出的结论是，人类开始骑马的时间可能更早，在公元前 4000 年，今天的乌克兰斯勒得尼·斯托格（Sredni Stog）文化地区就已出现人类骑马的痕迹（Anthony, Telegin, and Brown 1991）。

这项结论是基于一项仍有争议的关于野马和家养马前臼齿之间的差异证据得出的：咬过缰绳的动物，其牙齿在显微像下会显示出明显的裂缝和斜面。同样，乌特勒姆和同事通过研究马匹的咬痕（和其他证据）得出结论，博泰文明（Botai Culture）首先开始驯养马匹，其中一些已经被系上缰绳，也许还被用作骑行（Outram et al. 2009）。套上了嚼子的马行走速度并不比人类快，但是当它们小跑（超过 12km/h）和慢跑（高达 27km/h）时，很快就能跑完人类付出很大努力才能达到的距离。飞驰的马拥有很大的机械效益：它们通过将弹性应变能储存在呈弹簧状的肌肉和肌键中，恢复弹性应变，使肌肉做功减半（Wilson et al. 2001）。

经验丰富的骑手和健康的动物配合，每天骑行 50—60km 不在话下，在紧急情况下通过换马，每天可奔驰 100km 以上。负责传递消息（yam）的蒙古骑手创造了中世纪一天通常能够骑行的最长距离纪录（Marshall 1993）。而在现代，威廉·F. 科迪（William F. Cody, 1846—1917）声称，他年轻时是快马邮递的骑手，在饱和状态下，他通过更换 21 匹马，在 21 小时 40 分钟内骑行了 515km（Carter 2000）。米内蒂指出，长途邮递服务的标准性能已经有了细致的优化（Minetti 2003）。古代中继驿马邮政系统倾向于让马匹保持 13—16km/h 的速度，让每匹马每日行进 18—25km 的距离，在最大程度上降低马匹受损的风险。这些马队性能最佳。紧随其后的是公元前 550 年后居鲁士在苏萨和萨迪斯两地间建立的古波斯驿马系统、13 世纪的蒙古 yam 骑手，以及在电报和铁路线路建设之前加利福尼亚州的陆上快马邮递。

但骑马向来是一项重体力挑战。马匹 3/5 的体重在身体前端，要想保持平衡，让骑手与马匹的重心在竖直方向保持重合的唯一方法是让骑手向前坐。但是向前挺直的坐姿使骑手的重心比马的重心高出很多。当马匹快速前行、跳跃或突然停止时，这种坐姿会使骑手的背部产生快速杠杆动作。因此，骑手将重心向前并放低身子是最有效的骑行方式。骑师蹲（the jockey's crorch，"棍子上的猴子"）是最佳姿势。奇怪的是直到19世纪末，费德里科·卡普里利（Federico Caprilli）才确立了这种骑行姿势无可撼动的地位（Thomson 1987）。

普福和同事发现，当1900年左右的骑手在赛马时开始采用蹲姿，主要赛马次数和纪录提高了近7%（Pfau et al. 2009）。这种姿势将骑手与坐骑的运动分离开来：毫无疑问，马支撑着骑手的体重，但骑手无须与马的每一个步幅周期保持同步。保持这种姿势十分费力，赛马过程中骑师的心率几乎接近最大值可以反映这一点。前低位是现代障碍马术表演中最夸张的姿势，与历史上的雕塑和图像描绘的骑马方式截然不同。出于各种原因，骑手坐得过于靠后，伸展得太长，根本无法进行有效的运动。古典时代的骑手没有马镫，因此处于更不利的地位。欧洲在中世纪早期才开始普遍采用马镫，之后的装甲骑乘、马背格斗和马背枪术才成为可能。

最简单的运货方法是驮运。在没有道路的地方，人类驮运往往比动物运输表现更好：虽然相较而言人类运输表现较弱，但人类在装载、卸载、在狭窄道路上移动和爬山方面的灵活性是一种优势，远远抵消了劣势。同样，配有驮鞍的驴和骡子往往比马匹更受青睐：它们在狭窄小路上表现更稳，蹄子更硬，饮水量更少，更有韧性。驮运的时候，最有效的方法是将重物的重心置于载体自身的重心正上方——但平衡负载有时并不可行。将杆子放在人的肩上或将轭具放在动物背上以运送重物或水桶，比直接用胳膊搬运更为有效。在地形险峻的情况下长途跋涉，最好使用由强韧的肩带或头带固定的背包。尼泊尔的夏尔巴人为喜马拉雅探险队运送物资，是公认的最好的搬运工。他们可以将30—35kg（接近他们体重的一半）的物资搬上登山大本营，而在比登山大本营海拔更高的地方，在山坡更陡峭、空气更稀薄的情况下，他们能搬运的物资不到20kg。

如前所述，罗马搬运工行会（saccarii）的工人们在奥斯蒂亚港将埃及谷物从大船上搬到驳船上时，每人要在短距离内搬运 28kg 的麻袋。当两名轿夫抬着一乘轻型的传统中式轿子载着一位乘客时，每人要承受高达 40kg 的重量。这种负重相当于运载者体重的 2/3，轿夫行走速度通常不超过 5km/h。相比之下，在运输方面人比动物的性能更好。动物在平地上的标准负重仅能达到其自身体重的 30%（也就是说，基本在 50—120kg 的范围内），在丘陵上则只有 25%。在车轮的帮助下，男性可以运输远超自身体重的货物。关于中式手推车的记载表明，它的最大负载超过 150kg，且货物正好位于轮轴正上方。欧洲手推车带有偏心前轮，载重量通常不超过 60—100kg。

在简单机械设备的帮助下，投入大量人力可以完成一些要求高得令人惊讶的任务。毫无疑问，传统社会最繁重的运输任务是向建筑工地运送大型建筑石材或成品部件。每一个古老的高级文明都会开采、搬运和安置巨大的石头（Heizer 1966）。我们可以从一些古代图像中得到关于这项工作的最直接印象。当然最令人印象深刻的是先前已经有所提及的一幅埃及绘画，它于公元前 1880 年出土自位于厄勒-柏尔舍的德胡提霍特普（Djehutyhotep）酋长墓（Osirisnet 2015）。它描绘了 172 名男子拖动放置在木橇上的巨型雕像的情景，一名工人从容器中倒出液体，润滑木橇的行进路径（图 4.17）。润滑使摩擦力减少了一半，因此他们的集体劳动峰值功率超过 30kW，能够拉动 50t 的重物。然而还有一些前工业社会的成就远超于此。

印加建筑者使用了不规则的多边巨石，它们光滑的边缘被以惊人的精度镶嵌在一起。要将秘鲁南部欧雁台（Ollantaytambo）最重的一块石头（140t）拉上坡道，需要约 2,400 人的共同努力（Protzen 1993）。这群人的短暂峰值功率应该能达到 600kW 左右，但我们对这种规模的协作所需的后勤安排一无所知。如何协调 2,000 多名男子步调一致地完成牵拉任务？他们是如何被安排在狭窄的（6—8m）印加坡道上的？古代布列塔尼人又是如何处理欧洲巨石器社会竖起的最大的石头——340t 的"折断的史前巨石柱"（Grand Menhir Brise）的呢（Niel 1961）？

只有将马蹄铁和有效的马具相结合，马的优势才能体现出来。陆路运输性能的提高也取决于摩擦力的降低和可允许速度的提高。如此一来，道路状况和车辆设计便成了影响陆上运输的两个决定性因素。在平坦、坚硬、干燥的道路上运输重物和在松散、布满砾石的路面上运输重物，两种情况下的能量需求存在着巨大差异。在第一种情况下，仅需约 30kg 的牵引力就能用车子运输 1t 的负载，但在第二种情况下，拉动同样的负载所需的牵引力是前一种情况下的 5 倍，而在沙质或泥泞道路上，所需的牵引力可能会高出 7—10 倍。至少从公元前两千纪开始，人们就在使用车轴润滑剂（牛油和植物油）了。公元前 1 世纪的凯尔特青铜轴承有着包含圆柱形木滚轴的内凹槽（Dowson 1973）。中国滚珠轴承的历史可能更久远，但直到 17 世纪早期的欧洲，滚珠轴承才首次有了明确的记录。

古代社会的道路大多硬度低，随着季节变化，路面上要么布满了泥泞的车辙，要么会尘土飞扬。从公元前 312 年的阿皮亚大道（从罗马到卡普亚）开始，罗马人通过大量劳动力投入和精心安排，修建了庞大的硬质路面公路网（Sitwell 1981）。这些建造良好的罗马道路铺着砾石混凝土、鹅卵石或填充了砂浆的木板。戴克里先在位时（285—305 年），罗马的主干道系统（即"国家邮驿系统"，cursus publicus）的总长度已经发展到约 85,000km。这个系统的总能量成本至少相当于 10 亿个人工日（一人一天

图 4.17　人们在移动一尊巨大的（高 6.75m，重量超过 50t）雪花石膏雕像，该雕像是埃及 Hare Nome 的大酋长德胡提霍特普的雕像（Osirisnet 2015）。这幅画是从埃及厄勒-柏尔舍遗址的德胡提霍特普墓中一幅受损的壁画还原而来的（来源：Corbis）

的平均工作量）。在持续几百年的建设过程中，庞大的工程量按照比例被分配下去，以满足不同的管理需求（专栏 4.12）。罗马人在道路建设方面的成就在西欧直到 19 世纪才被超越，而在东欧直到 20 世纪才被超越。

尽管相互间有着密切的交流，但穆斯林世界并没有罗马国家邮驿系统那样发达的公路网（Hill 1984）。穆斯林世界的偏远地区被长途跋涉的商队连接了起来，严格按照事实来讲，他们所走的只不过是一些既定的路线。这是人们在摩洛哥和阿富汗之间的干旱地区用骆驼驮运代替轮式运输的结果。这一过程发生在穆斯林征服之前，主要由经济因素驱动（Bulliet 1975）。与牛相比，用来驮运的骆驼不仅更为强壮、速度更快，而且耐力更好、寿命更长。它们可以在更为崎岖的道路上行走，依靠劣质饲料为生，更能忍受饥饿和干渴。公元前 500—前 100 年，随着北阿拉伯驼鞍的引入，这些经济优势得到了加强。驼鞍提供了极大的骑行和搬运优势，在阿拉伯扩张之前，为驼队取代马车队成为旧世界干旱地区的主要运输方式创造了条件。

印加人在 13—15 世纪巩固了他们的帝国，通过徭役（corvée labor）

专栏 4.12
罗马道路的能量成本

　　如果我们假设罗马道路平均只有 5m 宽、1m 深，那么建造 85,000km 的主干道至少需要先清除路基、路堤和沟渠中 $8 \times 10^8 m^3$ 的泥土和岩石，然后填入大约 $4.25 \times 10^8 m^3$ 的沙子、石子、混凝土和石头。假设一名工人一天只能处理 $1m^3$ 的建筑材料，修路过程包括采石、切割、粉碎和移动石头，挖掘用于建造地基的沙子，建造沟渠和路基，准备混凝土和砂浆以及铺设道路，那么这些工作将总共需要大约 12 亿个人工日。如果加上维护和修补，最终需求会是此项需求的 3 倍，平摊到 600 多年，那么平均每年约需要 600 万个人工日，相当于需要约 2 万名全职建筑工人。这意味着（以 2MJ/d 计算）这一工程每年需要近 12TJ 的劳动能量投入。

建造了令人印象深刻的公路网络。他们的公路网全长约 40,000km，其中包括 25,000km 的穿越涵洞和桥梁、配备了里程标识的全天候道路。在两条主要皇家道路中，一条蜿蜒穿过安第斯山脉，由石头铺成。河流阶地路段的宽度达到 6m，在坚硬岩石之间凿开的路段宽度则只有 1.5m（Kendall 1973）。另一条是未经人工铺设的海边道路，约有 5m 宽。这两条路都无须为任何轮式车辆服务，在路上行走的通常是由人群和一群驮着 30—50kg 重物的美洲驼组成的、每天行走不到 20km 的商队。

秦汉时期，中国人修建了总长约 40,000km 的巨大的道路系统（Needham et al. 1971）。同一时期的罗马公路系统总长度更长，每单位面积区域的道路密度更大，且更加坚固。斯塔提乌斯在诗集《希尔瓦》（Silvae）中曾如此描述公元 90 年图密善大道（Via Domitiana）的修建情况：

> 第一项工作是准备垄沟，标出道路边界，向下深挖，掘出地面；然后用其他材料填满挖好的沟渠，为道路的拱脊打下基础，以免土壤塌陷，也防止让人不放心的路基承受不了坚硬的石头；然后用砖块紧密贴合道路两侧，常常用楔子把它固定住。哦！多少人群一起工作！一些人砍伐森林，让山变得光秃秃，一些人用铁器砍下木梁、挖开巨石；其他人把石头捆在一起，把它们与烤过的沙子和肮脏的凝灰岩互相混杂；另一些人则通过辛苦劳作，排干池塘，将小溪引向更远的地方。

中国人修建道路的方法是使用金属夯锤夯实土块和砾石。这样的道路与性能最好的罗马道路相比，表面更有弹性但更不耐用。汉朝衰落后，运行良好的信差系统保留了下来，但总体而言陆路货物和人员运输情况恶化了。但在中国的部分地区，有效的内河航运的发展在很大程度上弥补了这种衰退。大部分货物由牛车和手推车运载。人员的运输则主要依靠双轮车和轿子，这种情况一直延续到 20 世纪。关于车辆的书面记载最早见于公元前 3200 年的乌鲁克文化的文献，这种车有着直径 1m 的重型实心圆盘轮，由带榫和榫眼的木板制成，之后在不同的欧洲文化中迅速传播（Piggott 1983）。一些早期车辆的轮子绕着固定的轴旋转，其他轮子也一起旋转。之后的发展趋势是向着质量更轻、能够自由转动的辐条轮发展（公元前两千纪早期）和在四轮车中使用枢转前轴，后者使得急转弯成为可能。

即便负载较轻，使用低效挽具的马匹在路况欠佳的情况下的行进速度还是很慢。4 世纪罗马道路上的马车载重量最大为 326kg，较慢的牛拉邮车载重量最大为 490kg（Hyland 1990）。这种运输方式的速度之低限制了日常行驶里程，若路况良好，客运马车一天可行进 50—70km，重型马拉货车可行进 30—40km，牛车则只能行进上述距离的一半。手推独轮车的人每天可以走 10—15km。当然，骑着快马的信使一天的行程要远得多。有书面记载的罗马道路上的最大日行程为 380km。戴克里先《税前法令》（edictum de pretiis）中的数据表明，陆路运输速度低、容量小，因而成本过高。公元 301 年，120km 的陆路运输谷物的成本比走水路将谷物从埃及运到罗马奥斯蒂亚港口的成本要更高。埃及谷物到达距离罗马仅 20km 的奥斯蒂亚后，不会被装载到牛车上，而是被重新装上驳船，沿着台伯河向上游运输。

直到 18 世纪，多数社会仍存在着类似的限制。最初，从欧洲大陆通过海运将大宗商品运往英国，比在英国国内使用驮畜运输更便宜。据旅行者描述，英国路况原始、恶劣又恼人（Savage 1959）。雨雪会使设计欠佳的软土或砾石道路无法通行；在许多情况下，道路宽度有限，只能允许驮畜通行。欧洲大陆的路况同样糟糕，以四至六匹的组合拉动马车的马匹平均服役时间不到三年。直到 1750 年之后，这种情况才得到根本的改善（Ville 1990）。最开始，人们拓宽道路并改进排水，后来使用耐用的材料（砾石、沥青、混凝土）铺设路面。在这种情况下，欧洲重型马得以展示其在牵引方面的巨大优势。到 19 世纪中叶，法国道路允许的最大载荷增加到近 1.4t，大约是罗马道路最大承载值的四倍。

在铁路时代（19 世纪 20 年代到 19 世纪末），马匹在城市交通中的重要性达到顶峰（Dent 1974）。虽然铁路在长途运输和旅行方面越来越重要，但在欧洲和北美所有快速增长的城市中，使用马车运输货物和人员仍占据着主导地位。蒸汽机的使用事实上使马匹的使用范围扩大了（Greene

2008）。大多数铁路货运的货物集散须由马车来完成。这些车辆还从附近的农村运送食品和原材料。城市进一步的富足使得私人马车、双轮双座马车、马拉出租车和公共马车（1829 年首次出现在伦敦）以及送货马车的数量都有所增加（图 4.18）。

马匹的圈养以及干草和稻草的供给与储存，对城市空间来说是一项巨大的挑战（McShane and Tarr 2007）。维多利亚女王统治末期，伦敦大约有 30 万匹马。当时的纽约城市规划者正考虑留出一块郊区牧场来容纳交通高峰期所需的大量马匹。城市马车运输的直接和间接能量成本（种植谷物和干草，喂养马匹，提供厩舍，梳洗，钉蹄铁，提供挽具，驾驶以及将废弃物运往城市周边的商品菜园）是 19 世纪末城市能量平衡的最大课题之一。但马匹的支配地位戛然而止：19 世纪 90 年代，当城市马匹数量创下历史记录时，电力和内燃机也终于变得实用。在不到一代人的时间里，城市中的马车运输就已基本被电车、小汽车和公共汽车所取代。

奇妙的是，也正是在这一时期，欧洲和美国的机械师发明了一种最为有效且十分实用的人力机车——现代自行车。在很长时间内，自行车都

图 4.18　1972 年 11 月 16 日《伦敦画报》上的一幅版画完美地捕捉到了 19 世纪后期随着欧洲城市工业化的迅速发展，密度极高的马车交通（双轮双座马车、公共马车、重型货车）的情况

是一种相当笨拙甚至危险的精巧玩意儿，不可能作为便捷的个人交通工具为大众所使用。直到 19 世纪 80 年代，情况才迅速得到改善。约翰·肯普·斯塔利（John Kemp Starley）和威廉·萨顿（William Sutton）推出了车轮大小一致、能够直接操控、带有菱形管状钢车架的自行车（Herlihy 2004; Wilson 2004; Hadland and Lessing 2014），几乎所有的 20 世纪自行车车型都沿用了这些设计（图 4.19）。1889 年，随着充气轮胎和倒蹬刹车设计的加入，现代自行车基本定型。

在一些欧洲国家，尤其是在荷兰和丹麦，装有车灯、各种载重运输工具和双座椅的改良自行车逐渐被普遍用于通勤、购物和娱乐。后来自行车在贫穷世界迅速扩散，使得欧洲的自行车总数成倍增加。新中国的历史与

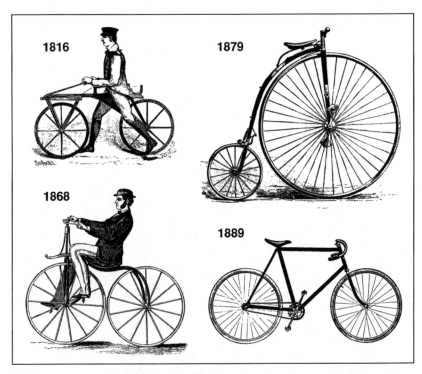

图 4.19　自行车的发展开始得非常晚，进展也相当缓慢。1816 年，冯·德雷斯男爵发明了笨拙的木制两轮车，骑行者不得不费力地前行。1855 年，踏板首次应用在了驱动轮车轴上，这一进步促成了 19 世纪 60 年代自行车速度的提高。随后的设计退化导致自行车的前轮十分巨大，也引起了大量事故。直到 19 世纪 80 年代末，现代自行车才变得安全、高效和简单［来源：Byrn（1900）］

自行车的大量使用关系密切。直到 20 世纪 80 年代初，中国还没有私家车，20 世纪 90 年代末，中国大多数上班族仍然骑自行车通勤，即使在大城市也是如此。之后，随着所有主要城市的地铁的修建以及汽车保有量的激增，城市的自行车使用量才开始下降（这一趋势在一定程度上被电动自行车的日益流行所抵消），但农村的自行车需求仍然强劲，中国目前仍是世界上最大的自行车生产国，每年生产 8,000 多万辆自行车，其中 60% 以上用于出口（IBIS World 2015）。

桨船和帆船

人力驱动的水上运输的功率等级远比由生物力量驱动的陆上运输高。桨船设计巧妙，能将数十甚至数百名划桨者的力量集中起来。长时间用力划动沉重的木桨自然是一项非常辛苦的劳动，在甲板下的密闭空间内划桨更是异常费力。大型桨船设计复杂，组织精巧，令人钦佩，然而同时我们必须冷静地意识到桨手的快速运动给自己带来的痛苦。古希腊桨船已经得到了深入的研究（Anderson 1962; Morrison and Gardiner 1995; Morrison, Coates, and Rankov 2000）。运载希腊军队去特洛伊的大型桨船（pentecon-teres）拥有 50 名桨手，能够短暂地获得高达 7kW 的有用功输入。

三桨座船（trieres，罗马三层桨战船）是古典时代性能最好的战舰，由 170 名桨手提供动力（图 4.20）。强大的桨手们能够以超过 20kW 的功率推动它们，因此它们的最大速度能接近 20km/h。即便它们在大多数情况下最高速度只有 10—15km/h，高度机动的三桨座船也依然是强大的战斗机器。它们的青铜撞角可在敌方船体上撞出洞，造成毁灭性后果。公元前 480 年，在西方历史上的决定性战役之一——萨拉米斯战役中，规模较大的波斯舰队被规模较小的希腊军队击败，希腊人便是通过三桨座船的撞击取胜的。它们也是罗马共和国最为重要的战舰。20 世纪 80 年代，三桨座船最终被完全复原（Morrison and Coates 1986; Morrison, Coates, and Rankov 2000）。

公元前 323 年亚历山大去世，随后更大型的船只——四桨座船、五桨座船等——迅速发展起来。没有迹象表明这些船能达到三层桨以上，由此我们可以推测，它们是由两人或两人以上划动同一支桨的。托勒密四

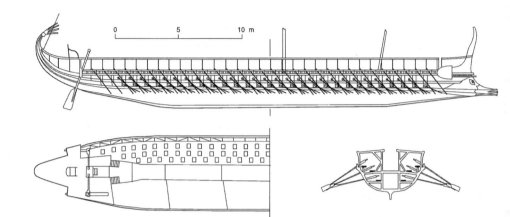

图 4.20 复原的希腊三桨座船"奥林匹亚"号的侧视图、局部平面图和横截面。六个呈 V 形排列的纵列可以容纳 170 名桨手，最上层桨的舷外支架上有枢轴。图片基于 Coates（1989）的资料绘制而成

世在位期间（公元前 222—前 204 年），四十桨座船（tessarakonteres）的建造使得桨船的发展进程走向终点。这艘船长 126m，可运载 4,000 多名桨手和近 3,000 名士兵，理论上可以用超过 5MW 的功率推动。但其重量（包括沉重的弩炮）使得它几乎无法移动，这次失败的造船计划带来了沉重的代价。

在地中海，大型桨船的重要性一直保持到了 17 世纪，当时最大的威尼斯桨帆船有 56 支桨，每支桨由 5 个人划动（Bamford 1974; Capulli 2003）。毛利人的大型独木舟几乎需要同样多的士兵（多达 200 人）来划动。因此在持续划桨过程中，人力的一般极限总功率可达 12—20kW。也有通过使用踏板或踏车来提供动力的船。宋朝人不断建造越来越大的车船（paddle-wheel warship），其中最大的需要 200 人踩着踏板来驱动（Needham 1965）。在 16 世纪中叶，欧洲出现了一种由 40 名工人旋转绞盘或踩踏板驱动的小一些的拖船。此外，生物力量也是运河船只与驳船运送货物和人员所依赖的主要原动力（专栏 4.13）。

从汉朝开始，运河一直是促进中原核心地区（黄河下游和华北平原）经济发展的重要催化剂（Needham et al. 1971; Davids 2006）。迄今为止，这些交通动脉中最长、最著名的是京杭大运河。7 世纪初，它已有一部分可以投入使用，1327 年整体完工后，驳船便能从杭州通到北京。两地之

间纬度相差 10°，实际距离近 1,800km。早期的运河使用并不方便的双滑道，需要用牛把船拖到更高的地方。公元 983 年人们发明了运河船闸，它使得在不浪费水的情况下安全提升船只成为可能。一系列船闸将大运河的最高点抬高到了海平面以上 40 多米。中国的运河船只是由一群工人或者牛来拉动的。

在欧洲，运河的地位在 18 世纪和 19 世纪达到巅峰。马匹或骡子行走在与运河相邻的牵引道路上，以约 3km/h 的速度拉动装有货物的驳船，而空载时它们的速度可达到 5km/h。这种运输方式的机械效益显而易见。若运河设计良好，一匹重型马可拉动 30—50t 的负载，这比它在最为优质的硬面道路上所能拉动的负载高出一个数量级。在驳船动力方面，役畜逐渐被蒸汽机所取代，但直到 19 世纪 90 年代，较小的运河上仍有许多马匹工作。

欧洲运河的建设始于 16 世纪的意大利北部，无疑借鉴了中国的经验。法国米迪运河（Canal du Midi）全长 240km，于 1681 年完工。欧洲大陆和英国最长的航道直到 1750 年后才通航，德国运河系统实际上比铁路系统发展得更晚（Ville 1990）。运河驳船运输大量原材料和进口商品，用于扩大工业和发展城市，并将废物运出。在引入铁路前后的几十年里，运河驳船承担了欧洲很大一部分的交通任务（Hadfield 1969）。

专栏 4.13
古代运河运输

贺拉斯（Quintus Horatius Flaccus，公元前 65—前 8 年）在其作品《讽刺诗集》（*Satires*）中最早对运河运输工作的懒散情形（打鼾的船夫以及吃草的骡子）做了描述（Buckley 1855, 160）："船夫与乘客酩酊大醉，争相赞美他们不在场的情妇。终于，乘客疲惫不堪，开始睡觉；懒惰的船夫把骡子的缰绳系在一块石头上，让它们随便吃草，然后平躺下，打起鼾来。新的一天快开始了，船并没有前进；直到一个暴躁的家伙——他也是一个乘客——跳出船外，用柳条棒对着骡子和水手劈头盖脸地乱打。最后，我们终于在四个小时后勉勉强强上了岸。"

与运河船只和战舰不同的是，从高级文明发展伊始，商品和人员的海上远途运输就被帆船主宰。帆船的历史，或许可以被理解为不断寻求更高效地将风能转化为船只的有效动能的历史。光靠帆无法做到这点，但帆无疑是航海成功的关键。帆基本都是织物，一般呈翼形（被风吹胀时，它们呈翼形），这种设计旨在使推力最大化，使阻力最小化（专栏 4.14）。但来自翼形帆的推力必须与龙骨的平衡力相结合，否则船只会顺风漂流（Anderson 2003）。

对于横帆帆船来说，只有当风从船尾吹来的时候，与船的长轴方向垂直设置的横帆才能成为有效的能量转换器。由西北风推动的罗马帆船可

专栏 4.14

帆和顺风航行

风吹向帆时，压力差会产生两种力：垂直于帆的动力和沿着帆的方向的拉力。当风从船后吹来，动力显然将比拉力大得多，有利于船前进。当吹的是横风或风向只是稍微向前，那么将船只拉向侧面的拉力明显强于向前的动力。如果船只试图更靠近风向（迎风或顶风），拉力将超过动力，船只将被向后推动。自从航海开始以来，最大的航行风向角度已经减小了 100° 左右。早期埃及横帆帆船最多只能以 150° 的角度航行，而中世纪横帆帆船可以随着横风缓慢前进（90°），而文艺复兴后它的后继者能够以约 80° 迎风行驶。只有使用不对称帆，安装更为合适的长轴，使帆围绕桅杆旋转，才能尽可能地减小航向与风的夹角。

将横帆和三角形帆结合在一起，船只能够以 60° 的风向角度航行，而装备了纵向帆索（包括三角帆、梯形帆、斜桁帆和斜桁纵帆）的船最多能够以 45° 靠近风。现代游艇的风向角度接近 30°，而这是空气动力学允许的极限值。早年间，突破风力限制的唯一方法是在可达到的最佳角度下，以持续改变路线的方式前进。横帆帆船只能顺风航行，或者顺风转弯。装有纵向帆索的船可以尝试着跟踪风向，将船头转向风中，并最终在帆的另一侧利用风力。

以在 6—8 天内完成从墨西拿到亚历山大港的航行，但返回可能需要 40—70 天。航期不固定，季节差异巨大，加上冬季全线停航（西班牙和意大利之间的航运在 11 月至 4 月间关闭），因此我们几乎无法确定帆船的标准速度（Duncan-Jones 1990）。逆风航行时间更长主要是漫长的航线变化的结果。所有古代船只都装有横帆，但在各种不同的设计开始得到采用和广泛传播之前，横帆的发展经历了很长一段时间（图 4.21）。

对于配备纵向帆索的船只来说，帆与船只的长轴对齐，桅杆则是船帆摆动的支点，也是船帆捕捉风的枢轴。只要控制帆切入风的方向，帆船就可轻易改变航向，走之字形路线。最早的纵向帆索很可能来自东南亚，

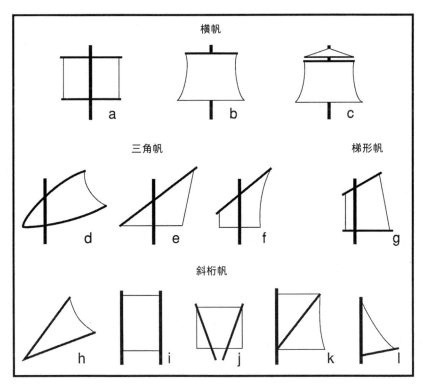

图 4.21　帆的主要类型。横帆（square sails），包括直筒横帆（a）或喇叭形帆（b），是最为古老的类型。三角帆（triangular sails）包括太平洋吊杆式（d），以及带变幅边缘（e）和不带变幅边缘（f）的类型。斜桁帆（sprit sails）（h）在波利尼西亚、美拉尼西亚（i）、印度洋（j）和欧洲（k、l）十分常见。图片中的桅杆和所有支撑结构（吊杆、斜桁、斜桁桅上斜杆）都用粗线绘制，帆没有按照比例显示［来源：Needham et al.（1971）以及 White（1984）］

是一种矩形斜帆。这一古老设计经过改良，最终在中国得到采用，并经由印度传入欧洲。中国人自公元前 2 世纪以来就一直在使用特有的梯形帆，这种帆加装了条板，性能得到了增强。公元前 3 世纪，斜横帆在印度洋上十分常见，而它显然是 7 世纪后流行于阿拉伯世界的三角帆的前身。

只有通过使用大量巨大的方形羊毛帆，维京扩张（最终到达格陵兰岛和纽芬兰岛西部）才得以成功。生产这些大帆需要高度密集的劳动（一名工匠使用经纱和纬纱完成一张 90m² 的单层帆，需耗时 5 年），为了生产供大型北欧船队使用的羊毛，人们需要将土地改作牧场并养育大量羊群，这些工作很可能主要由奴隶完成（Lawler 2016）。维京航海结束后，大西洋东北部（冰岛和斯堪的纳维亚之间，包括赫布里底群岛和设得兰群岛）的人们一直使用大型羊毛帆，直到 19 世纪（Vikingeskibs Museet 2016）。

在欧洲，直到中世纪晚期人们将横帆的索具和三角帆结合起来，帆船才可以尽可能地接近风。渐渐地，越来越多更高、更好调节的帆被装配到船上（图 4.22）。随着船体的设计更好、吃水更深，人们开始使用船尾方向舵（自公元 1 世纪起在中国使用，约一千年后开始在欧洲使用）和磁罗盘（公元 850 年后在中国使用，到了 1200 年左右在欧洲使用），帆船变成了独特又高效的风能转换器。随着高准度重炮的加入，这种结合强大到几乎不可抵抗。14 世纪和 15 世纪，炮舰在西欧发展起来，开启了一个前所未有的远途扩张时代。奇波拉对这些船的描述恰到好处：它们从根本上来说是一个紧凑装置，一小队船员就能掌握无与伦比的非生命的能量，进行移动和破坏（Cipolla 1965, 137）。欧洲突然快速崛起的秘密就在于此。

18 世纪末和 19 世纪初，帆船的尺寸发展到了历史顶点，且配备了越来越多的大炮。英法两国海军之间的较量最终以英国明显夺得海洋霸权而告终。然而在被蒸汽动力船只取代之前，大型双层战列舰这种主流帆船类型却是法国的原创设计（火炮甲板长约 54m，拥有 74 门大炮和 750 名船员）。英国皇家海军最终委托建造了近 150 艘这种大型船只（Watts 1905; Curtis 1919），在拿破仑时代前后，它们确保了英国海军的主导地位。早在 15 世纪初，使用这种创新设计的最简单的船只就载着勇敢的葡萄牙水手，开始了他们征服世界的航行（专栏 4.15）。

1492 年，克里斯托弗·哥伦布（Christopher Columbus, 1451—1506）率领三艘西班牙帆船横渡大西洋到达美洲。1519 年，斐迪南·麦哲伦（Ferdinand Magellan, 1480—1521）横渡太平洋，在他死于菲律宾之后，胡安·塞巴斯蒂安·埃尔卡诺（Juan Sebastián Elcano, 1476—1526）担任他的"维多利亚"号的船长，完成了首次环球航行。由于有着丰富的历史材料，我们可以制作图表来展示殖民扩张以及海上贸易增长期间，普通的和最好的帆船在吨位和速度方面取得的进步（Chatterton 1914; Anderson 1926; Cipolla 1965; Morton 1975; Casson 1994; Gardiner 2000）。尽管罗马人建造过载重量超过 1,000t 的船只，但他们的标准货船的载重量不到 100t。

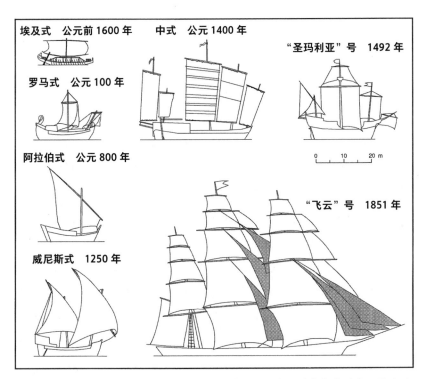

图 4.22　帆船的演变。古代地中海社会使用横帆。三角帆曾在印度洋占主导地位，之后传入欧洲。一艘来自江苏的大型海上船只是中国高效设计的代表。哥伦布的"圣玛利亚"号装有横帆、前帆、后帆，在船首斜桅下还装有斜桅帆。19 世纪中期，美国著名的破纪录的快船"飞云"号装有三角帆、后桅帆以及高耸的顶桅帆和第三桅帆。图片基于 Armstrong（1969）、Daumas（1969）、Needham et al.（1971）按比例绘制，并简化了轮廓

专栏 4.15

葡萄牙人的发现之旅

葡萄牙水手最开始沿着非洲西海岸向南前进：1444 年到达塞内加尔河入海口，1472 年越过赤道，1486 年到达今天的安哥拉。1497 年，瓦斯科·达·伽马（Vasco da Gama, 1460—1524）绕过好望角，最终穿过印度洋到达印度（Boxer 1969; Newitt 2005）。路易斯·德·卡蒙斯（Luís de Camões, 1525—1580）在 1572 年出版的伟大史诗《卢济塔尼亚人之歌》中，记录了他们的旅程，理查德·伯顿的译本引用了下面这首诗（Burton 1880, 11）。

"他们行驶在浩瀚的蓝色水面上，拨开了途中躁动不安的波涛；微风柔和而真实，一路上帆布鼓鼓囊囊：大海泛起乳白色泡沫，在普罗透斯的牛分割自己的领地的地方，船头开阔，闪闪发光。"

一千多年后的欧洲人探险所用的船只几乎和一千多年前的一样小。1492 年，哥伦布的"圣玛利亚"号的载重量为 165t，而麦哲伦的"特立尼达"号的载重量仅为 85t。一个世纪后，西班牙无敌舰队（1599 年航行）的船只平均载重量为 515t。到 1800 年，印度船队中的英国船只载重量约为 1,200t。虽然罗马货船航速不能超过 2—2.5m/s，但 19 世纪中期性能最佳的快船航速可能超过 9m/s。1853 年，在波士顿生产、由英国船员驾驶的"闪电"号创下了帆船单日航行里程记录——803km，折合平均航速 9.3m/s（Wood 1922）。1890 年，"卡蒂萨克"号（可能是最知名的茶叶快船）在 13 天的不间断航行过程中走了 6,000km，平均速度为 5.3m/s（Armstrong 1969）。

若要计算单只帆船长途航行或一个国家的商船队或舰队每年航行所需的总能量，需要做出许多不太准确的假设。昂格尔认为，荷兰黄金时代的帆船对荷兰的能量使用的贡献基本相当于所有荷兰风车的总能量输出——但这还不到该国巨大泥炭消耗的 5%（Unger 1984；专栏 4.16）。虽然帆船航行的总能量可能很难量化，但毫无疑问，航运的扩张（早于整体经济扩张）和帆船生产率的增长对 1350—1850 年欧洲经济增长做出了重要贡献（Lucassen and Unger 2011）。

专栏 4.16

帆船对荷兰的能量使用所做的贡献

我们在计算单艘船只长途航行所需能量和计算风力每年为商船队或舰队输送的能量时，需要用到的信息（吨位和速度的信息）并不充足。像船体设计、船帆的面积和裁剪工艺、货物的重量和利用率等关键变量太过参差不齐，因此我们无法估算出有意义的平均值。尽管如此，昂格尔为了计算荷兰黄金时代帆船对整个国家的能量使用所做的贡献，还是做出了一系列假设，结果显示在 17 世纪，帆船每年的总功率约为 6.2MW（Unger 1984）。这几乎完全等同于德泽乌估计的所有荷兰风车的总功率（De Zeeuw 1978）——但这与荷兰巨大的泥炭消费量相比只占一小部分（不到泥炭的 5%）。

然而这种数量上的比较具有误导性：去往东印度群岛的旅行不可能以大量泥炭为能源；从泥炭中获得的有用能量很可能不到泥炭总热值的 1/4；此外，对人类来说较为新鲜的化石燃料存量有限，不可再生（或者从历史尺度上看不可再生），与存量丰富、因为大气压力差异而可以不断再生的风能相比，存在着根本差异。因此，对这两种能源的总功率的比较，并不会比特定转换效率的比较（这种情况下，将帆的效率与泥炭炉的性能进行对比）更有意义。

建筑与构造

各式各样的建筑形式与装饰风格可以被简化为四种基本构件：墙、柱、梁和拱。只需一些简单工具的辅助，前工业时代的人们就能以人力使用三种基本建筑材料——木材、石头和由晒干或窑烧等制成的砖块——来制造这些构件。人们砍下树木，用斧头和刮刀进行粗略加工成型。石头只能用锤子和楔子开采，并用凿子凿成特定的形状。使用现成的冲积黏土晒干就可制作砖块。在许多地区，由于大尺寸树木短缺，木材使用受限。石材运输价格昂贵，因此人们使用石材时的选择便被限制在本地出产的品种范围内。在取得木材和石头等建材后，人们往往会对它们进行精细的成型和表面细节的处理，但这些工序会大大增加使用它们的能量成本。

晒干的泥砖在整个中东和欧洲地中海地区都比较常见，是能量强度最低的建筑块料。即便在最早的定居社会，这种块料也达到了惊人的产量。公元前 2500 年的苏美尔史诗《吉尔伽美什》（Gilgamesh）是保存下来的第一批文学文献之一，它曾如此描述苏美尔人的首都乌鲁克："一部分是城市，一部分是果园，一部分是黏土坑。包括黏土坑在内的三部分组成了乌鲁克。"（Gardner 2011）砖块由壤土或黏土、水、糠或碎稻草制成，有时还会添加粪便和沙子。混合物经过压实，在木制模具中快速成型（每小时产量高达 250 块），然后被放在阳光下晒干。按尺寸来分，砖块从厚实的正方形巴比伦砖（40cm × 40cm × 10cm）到更薄的长方形罗马砖（45cm × 30cm × 3.75cm）不等。泥砖导热性不佳，有助于在炎热干燥气候中保持建筑物内部凉爽。它们还有一项重要的机械效益：使用泥砖建造拱顶不需要木梁支撑（Van Beek 1987）。只要有合适的黏土和必需的劳动力，它们就可以被大量生产。

烧结砖在古代美索不达米亚为人们所使用，后来在罗马帝国和汉代中国都很普遍。在几个世纪里，烧砖过程大部分都是在敞开的堆或坑中进行的，这导致了大量燃料浪费和烘烤不均匀。之后，烧制过程被转移到了规则的土堆中，其中的温度可达 800℃，可以烧出更均匀的砖块，制作效率更高。全封闭的卧式砖窑可以确保烧制过程更连贯，燃烧效率也更高。它们的烟道间隔适当，上升的热气被圆拱顶反射下来——但是这种窑的运行需要木材或木炭。在 16 世纪的欧洲，砖块开始取代抹灰篱笆墙和木墙，并开始更普遍地用于建造地基和墙壁，因此它的需求有所增加。

不管主要材料如何，前工业时代的建筑展示了大量人与人（包括富有经验的建筑者）或人与动物的巧妙融合，取得了以当今机械化世界的标准来看也异常卓著的成就。采石工作都由手工完成。牲畜驮队被用来运送开采出来的石头，这些牲畜有时也会用来给起重机械提供动力，将重物提升到更高的高度。但是传统建造过程的其他工序完全依靠人工。工匠们使用锯子、斧子、锤子、凿子、刨子、木螺钻和小铲子来施工，使用复合滑轮组或起重机和踏车来提升木材、石头和玻璃（Wilson 1990）。

　　尽管速度较慢，但由人力转动绞盘、卷扬机或踏式绞车来驱动的起重机可以轻松地完成这项任务。还有一些机器是为一些要求特殊的任务而设计的，其中包括菲利浦·布鲁内莱斯基（Filippo Brunelleschi, 1377—1446）的牛拉起重机（它被用来为建造佛罗伦萨的花之圣母大教堂壮观的圆顶提升砖石材料）以及一台用于安装吊灯顶的旋转起重机（Prager and Scaglia 1970；专栏 4.17）。一些建筑很快就完成了：建造帕特农神庙仅用了 15 年（公元前 447—前 432 年），建造万神殿约用了 8 年（118—125 年），后来被改建为清真寺的君士坦丁堡圣索菲亚大教堂是一座高拱顶拜

专栏 4.17

布鲁内莱斯基的精巧机器

　　菲利浦·布鲁内莱斯基在建造花之圣母大教堂时所做的工作完美地展示了巧妙的发明在以合适的方式配置所需的能量方面所起的作用。役畜和劳工很容易提供所需的动力，但如果没有布鲁内莱斯基的巧妙新机器，这座大教堂创纪录的穹顶（内跨直径 41.5m）根本不可能完成，甚至其前无古人的建造方式（没有使用任何地面脚手架）可能也根本无法实现（Prager and Scaglia 1970; King 2000; Ricci 2014）。这些机器在施工结束后立即被拆除，幸运的是，它们的图纸保存在了吉贝尔蒂（Buonaccorso Ghiberti）的《杂集》（Zibaldone）一书中。

　　这些机器包括由地面支撑的高架起重机和正反两用升降机、用于吊灯顶安装的旋转起重机、精密的小绞车，以及或许最为巧妙的机器——荷重定位器（也许这项发明并非由布鲁内莱斯基原创，但他出色地将想法变为了实物）。穹顶的材料由中央起重机（由公牛提供动力）吊起。砖块被轻巧地运送到建造上升弧形结构的泥瓦匠那里，但是用于穹顶拉环（需防止其结构发生任何扩张）的重石块无法通过拉或推从正中央提升的位置精确移动到预定的位置，因此这项任务由荷重定位器完成，它有两个安装在垂直杆上的水平螺旋驱动滑道，并使用配重。

占庭教堂，建造工期不到 5 年（527—532 年）。

其中一些大型建筑类型十分引人注目。迄今为止，最为著名的是各种礼仪性建筑，尤其是墓葬建筑和礼拜场所。第一类中最引人注目的建筑（如金字塔和墓）以其厚重而著称；寺庙和大教堂则将纪念性、复杂性与美感结合在了一起。在前工业社会的众多实用建筑中，我将引水渠单列出来，因为它们的长度，还因为它们将运河、隧道、桥梁和倒存水弯都结合了起来。关于任何古代建筑，我们都无法对其建设过程所需的能量做准确的估算，建造中世纪建筑的能量成本也不容易估算。但是近似估算显示，不同建筑的总能量需求差异巨大，平均功率流的差异更大。

前工业时代每个高级文明都修建了许多令人印象深刻的墓葬建筑或宗教建筑，这需要巨大而持续的能量流动——长期的规划、杰出的组织和大规模的劳动力动员（Ching, Jarzombek, and Prakash 2011）。这些墓和寺庙表达了人类对永恒、完美和超越的普遍追求（图 4.23）。我非常想就古代世界最宏伟的建筑——埃及金字塔的建造过程和能量需求做一些明确的表述。我们知道，它们的建设需要长期规划、高效的大规模后勤、有效的监督和服务以及令人钦佩但我们几乎一无所知的技术等因素的配合。

最大的金字塔（第四王朝的胡夫法老墓）最能体现所有这些特征。胡夫金字塔由将近 250 万块石头组成，平均每块石头重约 2.5t，金字塔体积为 $2.5 \times 10^6 m^3$，重量超过 $6 \times 10^6 t$，组装精度极高，建造速度之快令人钦佩。从大金字塔的定向（使用两颗环极恒星开阳星和紫微星的连线），我们可将其建造起始时间定在公元前 2485—前 2475 年（Spence 2000），它在 15—20 年内便修建完成。埃及古物学家得出结论：建造大金字塔的核心石块采自吉萨工地，饰面石块则必须从尼罗河对岸的图拉采石场运来，最大的花岗岩块，即金字塔内部的顶部梁托石块（最重的一块近 80t）必须从埃及南部运来（Lepre 1990; Lehner 1997）。

这一切似乎都很好理解。古埃及人掌握了石料开采工艺，能够大量产出相似的大石块，也可以开采巨型整体石材。他们还可以在陆地上和使用船只来移动重物。一幅著名的绘画展示了 172 人用木橇来移动厄勒-柏尔舍（公元前 1880 年）的一尊 50t 的巨像（最高有效功率超过 30kW）、一名工人用罐子倒液体以减小木橇与地面的摩擦的场景。来自哈齐普苏特陵庙的一幅独特的图像证明了船只能够运送非常巨大的石头：大约 900 名桨手驱动 30 艘小船，拉着一艘长 63m 的驳船运送两块 30.7m 长的卡尔纳克方尖碑（Naville 1908）。

但是除了采石和将石头移到建筑工地，其他一切都是猜测；我们仍不知道最大的金字塔事实上是如何被建造的（Tompkins 1971; Mendelssohn 1974; Hodges 1989; Grimal 1992; Wier 1996; Lehner 1997; Edwards 2003）。埃及象形文字和绘画在其他许多方面都提供了丰富的记录，却没有提供同

吉萨

特奥蒂瓦坎

阿努拉德普勒

伊拉姆

图 4.23　吉萨的胡夫金字塔、特奥蒂瓦坎的太阳金字塔、阿努拉德普勒的祇陀林佛塔和伊拉姆的古城遗迹。关于这些建筑的详细信息来自 Bandaranayke（1974）、Tompkins（1976）、Ching, Jarzombek and Prakash（2011）

一时期与大金字塔的修建有关的描述。现代最为常见的假设认为当时使用了黏土、砖和石头坡道，但就坡道是以何种形式使用的（单个斜面、多个平面还是环绕坡道）以及坡道的斜率如何（建议比率最高可达 1:3，最低至 1:10），人们并没有达成共识。但是这种分歧并不重要，因为坡道不太可能被用来建造金字塔（Hodges 1989）。

假如使用了坡道，那么每当一层石造部分完工后，坡道必须彻底重建一次，如果坡度控制在 1:10，那么坡道的体积将远远超过金字塔本身。而如果使用环绕坡道，那么它应该很窄；大量使用的话，建造、支撑和维护会很困难；即便能够完成，如果处置不当也会十分危险。围绕角柱设置直角枢转绳索是一种解决方案，但是没有证据表明埃及人能够做到这一点，也没有证据表明这种方法真的能起作用。无论如何，吉萨高原上没有任何大量修筑的斜坡碎石遗迹。

关于金字塔建筑的最早描述是希罗多德（公元前 484—前 425 年）在它们完工两千年后留下的。在埃及旅行期间，他被告知：

> 金字塔本身的建造经历了 20 年；它的形状为正方形，每边长 800 英尺（约合 243.8m），高度也一样……这座金字塔是按照台阶的方式建造的，有一些台阶"成排"，另一些则是"基础"：第一次这样操作时，他们用由短木材制成的机器升起石头，首先将它们从地面提升到第一层台阶，当石头升到这一台阶时，又被放置在位于第一台阶的另一台机器之上，因此石头从这一台阶被另一台机器拉向第二台阶。也许有多少台阶就有多少台机器，或者他们可能将同一台机器反复搬运到不同台阶之上，这样他们就容易搬运石头；根据记载，这两种方式可能都存在。然而无论如何，最高的部分首先完成，然后人们再继续完成旁边的部分，最后完成靠近地面和最低处的部分。

实际的施工方法是否真像描述的一样呢？"起重说"的支持者认为是这样，他们提供了许多解决方案来说明如何借助杠杆或简单而巧妙的机器来完成这项工作。霍奇斯主张的最简单的方法是用木杠杆举起石块，然后用滚轮进行安放（Hodges 1989）。反对者的理由则是，这种方式最主要的问题在于，人们每次往较高的台阶上放置石块都需要进行大量纵向移动，并且需要不断保持警惕，确保其准确性，以防止在操作重达 2—2.5t 的石块时发生意外掉落。

除了一些建筑细节之外，从那些基准原理出发，我们能够估算建造大金字塔所需的总能量，从而估算所需的劳动力：我的估算结果（允许较大程度的误差，而非将假设的理论误差降至最小）表明所需的劳动力可能低至 1 万人（专栏 4.18）。关于金字塔的建造，我们能够确定的为数不多的内容之一是，认为所需劳动力需要增加一个数量级无疑是一种夸大。养活大量工人（且其中大部分集中在吉萨高原）可能是一项限制因素，其限制作用甚至比运送和抬升石头更强。

需要长期劳动投入的其他古代建筑包括公元前 2200 年后建造的美索不达米亚阶梯塔庙（ziggurat）以及为纪念佛陀而建造的一般用来放置舍利的舍利塔（dagoba）（Ranaweera 2004）。法尔肯施泰因计算出，在伊拉克瓦尔卡附近建造阿努塔庙至少需要 1,500 人连续 5 年每天工作 10 个小时，总能量消耗将近 1TJ（Falkenstein 1939）。利奇估计，最大的阿努拉德普勒舍利塔——祇陀林佛塔（高 122m，使用大约 9,300 万块烧结砖建造）需要大约 600 名工人每人每年工作 100 天，持续工作 50 年，相当于输出了超过 1TJ 的有用能量（Leach 1959；图 4.23）。

中美洲金字塔——尤其是特奥蒂瓦坎金字塔（建于公元 2 世纪）和乔鲁拉的金字塔也非常壮观。特奥蒂瓦坎平顶的太阳金字塔是其中最高的，其高度（包括寺庙在内）大约超过 70m（图 4.23）。其建造过程比吉萨的三座金字塔的建造容易得多。它的核心由泥土、碎石和土坯砖组成，只有外表面是切割过的石头，这些石头被突出的挂钩固定住，并涂有石灰砂浆（Baldwin 1977）。尽管如此，它仍然可能需要 1 万名工人花费 20 年以上才能建成。

与对最大的金字塔的建造过程展开的推测相反，帕特农神庙或万神殿等经典建筑的建造方式并不神秘（Coulton 1977; Adam 1994; Marder and Jones 2015）。万神殿设计非凡，通常被认为是巧妙使用混凝土的结

专栏 4.18

吉萨大金字塔的能量成本

大金字塔的势能（提升总计 $2.5 \times 10^6 m^3$ 的石头所需）约为 2.5TJ。在这一点上威尔完全正确，但他对平均有用功为 240kJ/d 的假设（Wier 1996）过低。下面是我的保守估计：要在 20 年内（胡夫统治期间）切割 $2.5 \times 10^6 m^3$ 的石头，需要 1,500 名采石工人每年工作 300 天，平均每人每天用铜凿子和粗粒岩石槌生产 $0.25m^3$ 石材。即使我们假设对石头进行平整和加工（尽管许多内部石块只是经过了粗凿）并将它们搬到建筑工地，所需的石匠数量达到上述数值的 3 倍，供应建筑材料的总劳动力也将达到约 5,000 人。

假设每日有用能量投入净值为人均 400kJ，抬升石头需要大约 625 万个人工日，按 20 年分配，每年 300 个工作日，那就需要大约 1,000 名工人。如果要将石头安置在不断上升的结构中需要同样数量的工人，即使再考虑到所需的组织者、监督者，以及运输、修理工具、运送食物、做饭和洗衣所需的额外劳动力，数量再增加一倍，总需求仍然不到 1 万人。在劳动高峰期，吉萨工地的金字塔工人每小时至少共投入 4GJ 的有用机械能，总功率约 1.1MW，为了维持这种劳动率，他们每天需额外消耗 20GJ 的食物能量，相当于将近 1.5t 小麦。

威尔计算出金字塔在 20 年的建造过程中所需的工人数量最大为 13,000 人（Wier 1996）。霍奇斯计算出 125 个作业组工作 17 年能将所有石头升到指定位置，而这只需大约 1,000 名全职工人来抬升石块；他还假设，从顶部开始放置金字塔外墙石料需 3 年时间（Hodges 1989）。相比之下，希罗多德被告知这项工作需要 10 万人每年工作 3 个月，持续 20 年。门德尔松估计总共需要 7 万名季节性工人，也可能要 1 万名长期石匠（Mendelssohn 1974）。这两人的估计无疑都很夸张。

果，但是常被人所提及的所谓罗马建筑者最先使用混凝土的说法并不准确。混凝土是水泥、骨料（沙子、鹅卵石）和水的混合物。水泥则是在倾斜的旋转窑中，对经过精心配制和精细研磨的石灰、黏土和金属氧化物的混合物进行高温加工生产出来的——然而在 19 世纪 20 年代前，建造万神殿或任何其他建筑的罗马混凝土中没有加水泥（专栏 4.19）。

我们知道，大型框缘（例如重达 10t 的帕特农神庙框缘）必须使用起重机来吊起（还可以滚到用圆形框架包裹的场地）。近 2,000 年后，在欧

专栏 4.19

罗马万神殿

罗马混凝土是骨料（沙子、砾石、石块，通常也包括碎砖或瓦）和水的混合物，但它的黏合剂并不〔像在现代混凝土中的一样〕是水泥，而是石灰砂浆（Adam 1994）。这种混合物在建筑工地上制备而成，是将熟石灰和火山砂——在普托利（今天的波佐利，位于维苏威火山以西几千米处）附近开采出来，被称为 pulvere puteolano（后被称作 pozzolana）——进行独特组合制成的一种坚固的材料，即使在水下也能保持硬度。尽管这种由火山砂骨料和高质量石灰生产出的材料逊于现代混凝土，但其强度不仅足可建造坚固耐用的墙体，也足可建造大型拱顶和穹顶（Lancaster 2005）。

罗马人对混凝土的使用在公元 126 年哈德良统治时期完工的万神殿中达到设计顶峰。万神殿有着直径 43.3m 的大圆顶（其结构内部可以容纳相同直径的球体），在前工业时代从未被任何建筑所超越，尽管由米开朗基罗参与设计、于 1590 年完工的圣伯多禄大教堂圆顶直径达到 41.75m，已接近万神殿穹顶的直径（Lucchini 1966; Marder and Jones 2015）。除了明显的视觉吸引力外，穹顶最为显著的特性是其纵向减小的比重：五排方格天花板因为汇聚于中央圆形开口之上，所以不但在尺寸上层层缩小，而且建筑的砖石也逐渐变薄，所用的骨料也逐渐变轻，底部使用石灰华，顶部则使用浮石（MacDonald 1976）。整个穹顶重约 4,500t。

洲中世纪最精致复杂的建筑——大教堂的建造过程中，人们使用了与之非常相似的起重机。建造者包括许多经验丰富的工匠，需要用到许多特殊工具（Wilson 1990; Erlande-Brandenburg 1994; Recht 2008; Scott 2011）。建造过程中的大部分劳动力需求是季节性的，但是一些基本需求则需要数百名全职工人（伐木工、采石工、马车夫、木匠、石匠、玻璃工人）工作10到20年。因此，建造大教堂的总能量投入比建造金字塔所需的能量小两个数量级，峰值劳动功率只有几百千瓦。

尽管一些大教堂很快完工（沙特尔大教堂用了27年，原来的巴黎圣母院用了37年），但建造过程常因流行病、劳资纠纷、政权更迭、资金短缺以及国内外冲突而中断。因此，一座大教堂的建造通常持续几代人的时间，在某些情况下甚至需要几个世纪才能完工：查理四世于1344年开始建造的布拉格圣维特主教座堂到15世纪初被废弃，这一未完工的（和临时封闭的）结构直到1929年才建造完成（添加了两座哥特式尖顶）（Kuthan and Royt 2011）。

耶路撒冷、美索不达米亚和希腊都有着大量关于水利设施（包括水坝、运河和桥梁）的充足记录。罗马人的成就无疑是大胆使用工程方案解决城市供水问题的绝佳范例。几乎每个有一定规模的罗马城镇都拥有规划良好的供水系统，这一成就直到后来欧洲工业化之后才被超越。罗马水道尤其令人印象深刻（图4.24）。普林尼在其《自然史》（*Historia Naturalis*）中称之为"世上最了不起的成就"。

从公元前312年的阿皮亚水道开始，罗马供水系统不断发展，最终包括11条线路，总长近500km（Ashby 1935; Hodge 2001）。到公元1世纪末，每日供水量略高于$1,000,000m^3$（10亿升），超过平均每人1,500L。而到了20世纪末，人口约350万的罗马市每日供水平均值（包括所有工业用途）约为每人500L（Bono and Boni 1996）。同样令人印象深刻的是规模庞大的罗马地下污水系统，马克西姆下水道的拱直径达到了约5m。

在整个罗马帝国时代，人们建造了由许多常见结构元素组成的输水道（图4.24）。输水道的起点是泉、湖泊或人工水库，其横截面为矩形，由石板或混凝土制成，内衬为细水泥。水道的坡度通常不小于1:200，沿着所

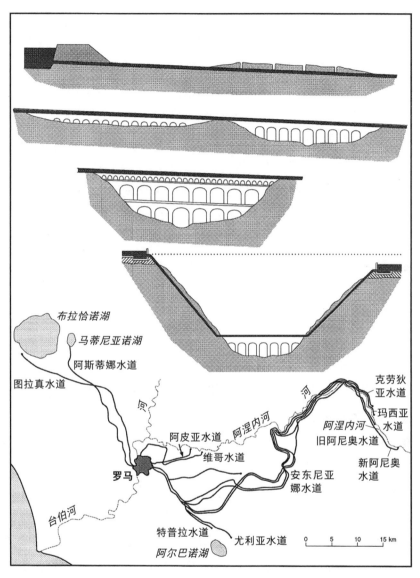

图 4.24　罗马水道至少通过以下两三种结构（从上往下）的结合，从河流、泉、湖泊或水库引水：架设在支撑物上向远方延伸的浅浅的矩形水渠，可以经由竖井进入的隧道，被拱形建筑连接起来的堤岸，单层或双层拱桥，以及可以将水运过深谷的倒置的铅制虹吸管。罗马水道每天大约供应 1,000,000m³ 的水，形成了一个令人印象深刻的系统，其建造时间超过 500 年。图片基于 Ashby（1935）和 Smith（1978），但图中水道的坡度有所夸大

处地形的斜坡延伸，以尽可能避免开挖隧道。当不可避免要用地下线路时，人们通常会挖掘可以从上方进入隧道的竖井。只有当山谷太长无法绕行，或山谷对于简单的堤坝来说过深时，罗马人才会借助桥梁。罗马水道架设在拱桥上（有时是共用）的部分总长不超过 65km。奥古斯都时代的加尔桥（高度超过 50m）、梅里达桥和塔拉戈纳桥是这种艺术的最佳范例。经常受到侵蚀威胁的水道、隧道和桥梁的清理和修复工作是一项长期任务。

如果穿越山谷所需的桥梁高度超过 50—60m，罗马工程师就会选择倒虹吸管。管道一头连接山谷一侧的集流水箱，另一头连接地势稍低的接收水箱（Hodge 1985; Schram 2014）。在谷底横穿小溪仍需要建桥。这些结构的高能量成本主要表现为高压管道所需的大量铅——它们可以承受高达 1.82MPa（18 个大气压）的压力——的成本以及将金属从相当远的冶炼中心运过来的成本。比如，里昂供水系统中九个虹吸管总共用掉了 15,000t 铅。

冶金学

所有古老高级文明的开端都以有色金属（非铁的金属）的使用为标志。除铜之外，早期冶金学家还认识到了锡（与铜结合制成青铜）、铁、铅、汞以及金银这两种珍贵元素的存在。汞在环境温度下是液体。黄金相对稀缺和柔软，因此除了用于铸币和装饰，不能做其他用途。银的储量虽然比金丰富得多，但对于批量生产而言，也算非常稀有。由于比较柔软，纯铅和纯锡的用途主要被限制在制造管道和食品容器上。只有铜和铁资源相对丰富，抗拉强度和硬度也很高——特别是当它们被铸成合金时。因为储量丰富，又因为上述性质，铜和铁成为大量生产耐用物品不二的实用之选。铜和青铜在有文字记录以来的头两千年占据主导地位，而现在铁及其合金（各种钢材）比以往任何时候都更占主导地位。

木炭是早先的有色金属与铁矿石熔炼以及之后的粗金属与金属物体的精炼与精加工的主要燃料。在过去，所有的矿石开采和碾碎、树木砍伐和木炭制造、熔炉的建造与装料、铸造、精炼和重复锻造过程都由艰苦的人力劳作来完成。从撒哈拉以南的非洲到日本等许多社会，在现代工业方法引入之前，冶金一直完全依靠手工操作。在欧洲和之后的北美，畜力等其他力量（尤其是水力）承担了矿石粉碎、矿井抽水和金属锻造等令人筋疲力尽的重复劳动。因此，木材的可得性，以及为较大的鼓风箱和冶金锤提供能量的水力资源的可靠性及可获得性，是冶金业进步的关键决定因素。

有色金属

铜制的工具与武器连接了人类进化史上的石器时代和铁器时代。铜的第一次使用可以追溯到公元前六千纪，但并不涉及任何熔炼。当时的天然纯铜块仅通过简单的工具成形，或者通过退火、交替加热和锤击进行加工（Craddock 1995）。开采天然金属（土耳其东南部的孔雀石珠和铜）的最早的证据可追溯到公元前 7250 年（Scott 2002）。公元前四千纪中期之后，在氧化物和碳酸盐矿石储量丰富且相对易得的一些地区，这种金属的熔炼和铸造变得普遍（Forbes 1972）。早期美索不达米亚社会（公元前 4000 年之前）、前王朝时期的埃及（公元前 3200 年之前）、印度河流域的摩亨佐-达罗文化（公元前 2500 年）和古代中国（公元前 1500 年之后）都留下了许多铜制品——戒指、凿子、斧头、小刀和长矛。

在古代的铜开采中心里，最值得注意的包括埃及西奈半岛、北非、塞浦路斯，今天的叙利亚、伊朗和阿富汗，高加索地区和中亚。后来，意大利、葡萄牙和西班牙也成为铜产区。由于其熔点（1,083℃）相对较高，生产纯铜的能量耗费相当大。人们使用木材或木炭来还原矿石，还原过程首先是在黏土矿坑中进行的，然后被放到可以自然通风的简单的低竖井黏土炉中。关于风箱的使用，第一个清晰无误的证据来自公元前 16 世纪的埃及，但其实际使用时间几乎肯定更早。不纯的金属被放到小坩埚中加热精炼，然后被倒入石制、黏土或砂型模具中进行铸造。人们通过锤击、研磨、穿孔和抛光将铸件制成实用或装饰性物品。

从储量丰富的硫化物矿石中生产金属需要更高的技术（Forbes 1972）。人们首先必须将矿石粉碎并用火焙烧，以去除会改变金属性质的硫和其他杂质（锑、砷、铁、铅、锡和锌）。几千年来，矿石的粉碎都是通过手工锤击来完成的，直到 20 世纪这种做法在亚洲和非洲都十分普遍。在欧洲，水车和被用来驱动绞盘的马匹逐渐接替了这项工作。对粉碎过的矿石进行焙烧所需的燃料相对较少。人们先在高炉中对焙烧过的矿石进行熔炼，然后熔炼出粗金属（仅含65%—75%的铜），回炉再熔炼可以产出几乎纯净（95%—97%）的粗铜。它可以通过氧化、使其变成熔渣和挥发进一步精炼。这一系列步骤对燃料的要求很高。

　　对古代金属冶炼的年度和累积燃料需求进行估算，从根本上来说并不准确。它在很大程度上会受到对矿渣总量的估计、对提炼的时长的假设以及熔炼的能量强度等因素的影响。所有这些不确定性都能在古代世界最大的冶炼中心——西班牙西南部塞维利亚以西不到100km的力拓河矿场得到完美阐释（专栏4.20）。无论如何，罗马人的冶炼规模在其后1,500年都未

专栏 4.20

罗马时期在力拓河进行铜、银冶炼的薪材需求

　　对力拓河巨大矿渣堆的首次测绘结果显示，此处约有15,300,000t的铅、银矿渣和1,000,000t铜矿渣。萨尔基尔根据这些估计数据得出结论，罗马人必须每年砍伐60万棵成熟树木为冶炼提供燃料（Salkield 1970），这对于西班牙南部而言是不可能的。新的测绘（基于广泛的钻探）结论为此地有大约6,000,000t矿渣，尽管铜是罗马时代的主要冶炼产品，但在罗马时代之前，此处银的冶炼规模也很大（Rothenberg and Palomero 1986）。如果矿渣与木炭的比例为1:1，木材与木炭的比例为5:1，在大规模运营并产出6,000,000t矿渣的400年中，需要30,000,000t木材，即每年75,000t。

　　通过砍伐天然林木（储存量不超过100t/ha）来提供这种燃料，每年需砍伐约750ha的森林，这相当于一个半径约1.5km的圆圈：这项任务虽然重大，却也可以实现，但是会造成大规模毁林。同样，塞浦路斯数百年的铜冶炼（大约从公元前2600年开始）留下了超过4,000,000t矿渣。显然，古代的冶炼是造成地中海地区、外高加索和阿富汗的森林被滥伐的主要原因，而当地木材的短缺最终限制了冶炼的范围。

被超越。从中世纪后期关于冶铜实践的描述我们可以看到，它与力拓河矿场的冶炼实践几乎没有分别（Agricola 1912 [1556]; Biringuccio 1959 [1540]）。

从一开始，人们就在铜冶炼过程中掺入了一些其他金属以制作青铜，青铜是第一种实用合金。克里斯蒂安·汤姆森在他关于人类演化过程的石器、青铜和铁器时代的经典划分中，选了它作为代表（Thomsen 1836）。这是一种高度概括的划分。一些社会（尤其是公元前 2000 年以前的埃及）经历了纯铜时代，还有一些社会（尤其是撒哈拉以南的非洲）则直接从石器时代进入了铁器时代。第一批青铜器是无意中熔炼了含锡的铜矿石而被生产出来的。后来，人们通过将两种矿石共同熔炼来制作青铜，直到公元前 1500 年后，人们才通过将两种金属一起熔炼制成青铜。锡的熔点低至 231.97℃，只需在粉碎的氧化矿石中加入相对较少的木炭便可熔炼。因此，青铜冶炼的总能耗低于纯铜，但青铜是一种性能更优越的合金。

由于青铜中锡的含量在 5%—30% 间变化（因此青铜的熔点在 750—900℃ 之间），所以"标准"青铜也就无从说起。制造枪炮更适合使用 90% 的铜和 10% 的锡组成的合金，其抗拉强度和硬度都比性能最佳的冷拉铜高出约 2.7 倍（Oberg et al. 2012；专栏 4.21）。因此，青铜的出现首

专栏 4.21
常见金属与合金的抗拉强度和硬度

金属或合金	抗拉强度 （MPa）	硬度 （布氏硬度标）
铜		
退火	220	40
冷拉	300	90
青铜（90% 铜，10% 锡）	840	240
黄铜（70% 铜，30% 锌）	520	150
铸铁	130—310	190—270
钢	650—>2,000	280—>500

来源：Oberg et al.（2012）。

次带来了高性能的金属斧、凿子、刀和轴承，以及第一批可用于劈砍和刺击的质量有保障的刀剑。青铜钟则一般含 25% 的锡。

黄铜是历史上另一种重要的铜合金，它将铜与锌结合在了一起（铜的含量从不到 50% 到大约 85%）。和青铜一样，黄铜生产比纯铜冶炼所需的能量要少（锌的熔点只有 419℃）。较高的锌含量会提高黄铜的抗拉强度和硬度。标准黄铜的抗拉强度与硬度比冷拉铜高出约 1.7 倍，延展性和耐腐蚀性却没有降低。黄铜的首次使用可追溯到公元前 1 世纪。直到公元 11 世纪，它才在欧洲得到广泛应用，1500 年后才普及开来。

铁和钢

铁取代铜和青铜的过程发展缓慢。在公元前三千纪的前半段，美索不达米亚就生产了一些小铁器，而铁制装饰品和仪仗武器直到公元前 1900 年后才进一步得到普及。到公元前 1400 年后，铁的用途开始变得广泛，直到公元前 1000 年以后，铁器数量才真正丰富起来。埃及的铁器时代始于公元前 7 世纪，中国的铁器石代则始于公元前 6 世纪。炼铁在非洲也是项古老的技术，但铁的熔炼从未在任何新世界社会发生过。炼铁必然与木炭的大规模生产密切相关。铁的熔点为 1,535℃；在不借助外力的情况下，炭火燃烧可达到 900℃，但人工通风可将炭燃烧的温度提高到近 2,000℃。因此在除中国（中国自汉代以来已使用煤）以外的所有传统社会，铁矿石的冶炼过程烧的都是炭，但炭的生产效率和在冶金中的使用效率已经在逐渐提高。

最早的冶铁始于在浅坑中用木炭冶炼碎铁矿石，浅坑通常由黏土或石头砌成。这些原始的壁炉通常位于山顶，以最大限度利用自然风。后来，人们用一些狭窄的黏土管（tuyères）将大量空气送入炉膛，用于这一目的的最早的工具是手动的小鼓风箱，后来是踏板或摇杆驱动的大风箱，最后整个欧洲都用水车来驱动风箱。人们还建造了简单的黏土墙来控制熔炼过程：它们的高度从几十厘米到一米多不等，在旧世界一些地方（包括非洲中部）竟能达两米多（van Noten and Raymaekers 1988）。

考古学家在整个旧大陆（从伊比利亚半岛到朝鲜半岛，从北欧到中非）发掘出了成千上万个这种临时建筑（Haaland and Shinnie 1985; Olsson

2007; Juleff 2009; Park and Rehren 2011; Sasada and Chunag 2014）。这些小炭炉内的温度不超过 1,100—1,200℃，虽足以还原铁的氧化物，但远低于铁的熔点（纯铁在 1,535℃发生液化）：它们的最终产品是一种熟铁块（中世纪时其典型质量仅为 5—15kg，后来为 30—50kg，甚至超过 100kg），一种海绵状的铁块和一些含有大量非金属杂质的富铁矿渣（Bayley, Dungworth, and Paynter 2001）。

这种土法冶炼的铁含有 0.3%—0.6% 的碳，必须反复加热和锻打，才能生产出一小块碳含量不到 0.1% 的坚硬又可锻造的熟铁。人们用熟铁块制造各种器具，比如钉子和斧头。到 11 世纪，由于铁制铠甲、武器和头盔以及镰刀、锄头、动物项箍、蹄铁等日常用具的需求增加，欧洲人对熟铁的需求也开始增长。熟铁也被用来建造大教堂，阿维尼翁教皇宫于 1252 年开始动工，其建造过程用掉了 12t 建筑金属（Caron 2013）。

汉朝的炼铁工人是第一批生产液态铁的工匠。他们的熔炉使用耐火黏土建造，通常用藤条或重型木材加固，最终高达 5m 多，可容纳近 1t 铁矿石，一天可出铁两次。铁中的磷含量高会降低熔点，双作用风箱的发明则提供了强大的气流，这些都是中国早期冶铁取得成功的关键因素（Needham 1964）。后来，人们开始用大量煤来加热装有矿石的管状坩埚，并通过水车给大型风箱提供动力。在汉代结束前，铸铁可以在不同的模具中被塑造成各种形状，常被用于大规模生产铁制工具、厨具以及雕像（Hua 1983）。但之后几乎没有实质性改进，中国的小型高炉也并非如今的大型高炉的先驱。

现代大型高炉是从欧洲竖炉缓慢发展而来的——从简单的加泰罗尼亚熔铁炉到斯堪的纳维亚的石砌奥斯蒙德熔炉，再到施蒂里亚的斯图克炉（Stuckofen）。燃料堆砌得更高，摆放方式更合理，消耗量就会更低。由于温度更高，矿石与燃料之间的接触时间更长，液态铁的生产成为现实。欧洲高炉最有可能在 1400 年前起源于莱茵河下游流域。高炉生产的铸铁（生铁）是一种碳含量为 1.5%—5% 的合金，不能被直接锻造或轧制。它的抗拉强度低于铜（甚至比铜的抗拉强度低 55%），但其硬度比铜高两三倍（Oberg et al. 2012；专栏 4.21）。

到 16 世纪和 17 世纪，高炉数量稳步增长。那时最为显著的进步就包括更大的皮制风箱的使用。它们的顶部和底部为木制，两侧是牛皮。1620 年以后，双风箱出现，它们由水车轴上的偏心轮交替操作，同时，木炭和矿石的堆叠高度也逐渐增加。这两种趋势很快就受到水车最大功率和木炭的物理特性的限制。到 1750 年，最大的水车的有用输送功率高达 7kW。但在夏季冶炼活动中，通常没有足够的水量来保证水车的最大功率输出。木炭主要缺点是易碎：在较重负荷下木炭容易破碎，它的使用限制了装入高炉的矿石和石灰石的质量，因此高炉可堆积的高度不到 8m（Smil 2016；图 4.25）。到公元 1800 年前，首先由于瓦特的蒸汽机，然后由于焦炭的使用，上面两个限制终于不复存在。

中世纪熟铁精炼炉所需的燃料质量比装入的矿石质量高出 3.6—8.8 倍（Johannsen 1953）。即使矿石含铁约 60%，熟铁精炼炉每产出 1kg 铁水也需要至少 8kg 甚至 20kg 木炭。到 18 世纪末，木炭与铁的一般比例约为 8∶1；到 1900 年，该比值下降到 1.2 左右，使用瑞典炭高炉可以将这一比值降到 0.77（Campbell 1907; Greenwood 1907）。因此，19 世纪晚期，一座优质炭高炉所需的能量仅仅相当于一座中世纪高炉的 1/10。1800 年以前，以木炭为燃料的冶炼活动能量需求高，不可避免会导致其周围的森

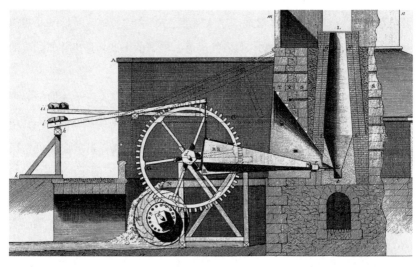

图 4.25　19 世纪中叶以木炭为燃料的高炉，其风箱由上射式水车驱动（来源：《百科全书》）

林被大面积砍伐。18 世纪早期一座典型的英国高炉需要大约 1,600ha 的树木才能持续获得能量供应（专栏 4.22）。

人们在 18 世纪早期开始采用焦炭熔炼，我们可以对此前英国全国使用木炭冶铁的木材需求总量做出比较准确的估算：要持续获得燃料供应，英国需要约 1,100km^2 的林场或森林提供矮木或天然林木（专栏 4.22）。一个世纪后，美国可以利用其丰富的天然森林资源，毫不费力地制造大量木炭为铁矿石冶炼提供能量，但到 20 世纪初，这将成为不可能之事。只有使用焦炭，美国才得以成为世界上最大的生铁生产国（专栏 4.23）。

毫不奇怪，在将木材作为主要资源的时代，被传统的钢铁厂和锻造厂包围着的居民区会发现自己处在令人绝望的境地。早在 1548 年，萨塞克斯的居民就在苦恼，如果熔炉继续工作，多少城镇将会衰落：人们将没有木材建造房屋、磨坊、车轮、码头，制造木桶和其他数百种必需品——因此他们要求国王下令关闭大量工厂（Straker 1969; Smil 2016）。由此，能量在传统炼铁中的限制作用显而易见。如果为一座熔炉提供燃料，每年需砍伐掉半径 4km 的森林，那么不难想象大量熔炉在几十年间会累积出怎样的影响。

这种影响必然集中在树木繁茂的山区。在那些地方，畜力运输木炭的

专栏 4.22
18 世纪一座英国高炉的燃料需求

在 18 世纪早期，英国高炉只在每年 10 月至次年 5 月间运行，在此期间它们的平均生铁产量仅为 300t（Hyde 1977）。假设生产 1kg 铁只需要 8kg 木炭，而制作 1kg 木炭需要 5kg 木材，那么一座高炉每年的木材消耗量将达到 12,000t。1700 年后，几乎所有可利用的森林都不再自然生长，人们开始对阔叶林进行 10—20 年一轮的砍伐，每年可额外获得 5—10t/ha 的木材。长期维持 7.5t/ha 的中等产量需要约 1,600ha 的矮林。相比之下，在 17 世纪英国的迪恩森林中，一座更为低效的大型高炉需要大约 5,300ha 的矮林，而较小的威尔登钢铁厂每座复合型高炉（结合了熔炼与锻造）需要约 2,000ha 的矮林。

专栏 4.23

英国和美国的炼铁能量需求

1720 年，60 座英国高炉每年生产约 17,000t 生铁，需要 680,000t 木材，平均 1kg 生铁需要 40kg 木材。将这些生铁锻造成 12,000t 铁条，平均每产出 1kg 铁条需要耗费 12.5kg 木炭，这就额外需要 150,000t 木材。从冶炼生铁到锻造铁条的整个过程每年共消耗约 830,000t 用于制炭的木材。如果木材的平均产量为 7.5t/ha，将需要约 1,100km² 的森林才能保证木材的持续供应。

美国方面，可用的最早的生铁总量数据是 1810 年的，这一年美国生产了 49,000t 生铁（假设 1kg 铁水需要 5kg 木炭或至少 20kg 木材），大约需要 100 万吨木材。那时，所有的木材都来自完全砍伐成熟的天然阔叶林，这一丰富的生态系统的木材储量约为 250t/ha（Brown, Schroeder, and Birdsey 1997），如果所有的地上植物量都被用于制炭，那么每年需清空大约 4,000ha（一个边长为 6.3km 的正方形）的区域才能维持这一产量。美国丰富的森林资源还可以支持更高的产量，1840 年，美国所有钢铁都是用木炭炼出来的，但到了 1880 年，近 90% 的冶铁都转而使用焦炭，铁产量在未来的增长也不再依赖木炭：1910 年，美国的铁产量达到了 25,000,000t，即使炼铁的燃料需求大大降低了，1kg 铁水对应 1.2kg 木炭和 5kg 木材，美国每年仍然要消耗 125,000,000t 木材。

即使我们假设次生林的平均生长量高达 7t/ha，那么每年保证这些木材的持续供应也需要近 180,000km² 的森林，相当于密苏里州（或法国的 1/3）的面积，如果用一个正方形来表示这块区域，它的边长可以从费城延伸到波士顿，或从巴黎延伸到法兰克福。显然，即使美国森林资源再丰富，也负担不起用木炭为铁矿石冶炼提供能量。

半径被限制在最低限度（燃料的脆性强化了这一限制），安装水车比较容易满足驱动熔炉和风箱的能量需求。靠近矿石产地也很重要，但因为矿石装载量只有木炭重量的一小部分，因此它运输起来更加容易。制造钉子、斧头、马蹄铁、铁制盔甲、长矛、枪炮和炮弹都需要砍伐森林，这是不可避免的环境代价。在 17 世纪，早期的冶铁业扩张和国内木材供应的不足在英国引发了一场明显的能源危机。该国蓬勃发展的造船业对木材也有着高要求，从而使这场危机进一步加剧。

在许多前工业社会，铁相对丰富，钢却只能用于一些特定用途。和铸铁一样，钢也是一种合金，但它的碳含量只有 0.15%—1.5%，通常还含有少量其他金属（主要是镍、锰和铬）。这种合金优于铸铁和所有铜合金：最好的工具钢的抗拉强度比铜或铁高出一个数量级（Oberg et al. 2012；专栏 4.21）。一些简单的古代冶炼技术可以直接生产出相对高质量的钢，但产量很低。传统的东非炼钢者在烧焦的草地上建造低矮的（不到 2m）圆锥状熔炼炉，通过燃烧木炭来熔炼矿渣和泥土。八名男子操作一台连接在陶瓷鼓风口上的山羊皮风箱，可以使炉内温度达到 1,800℃ 以上（Schmidt and Avery 1978）。这种方法显然从公元纪年的前几个世纪开始就已经为人们所知晓，它使得直接生产少量的优质中碳钢成为可能。

但前工业社会通常只用两种有效的老办法之一制钢：渗碳炼钢法和脱碳炼钢法。第一种方法历史更悠久，需要将金属放在木炭中加热很长时间，让碳逐渐向金属内扩散。如果不继续锻造，在比较柔软的铁芯上便会覆盖一层硬钢，它是制造犁头或者护甲的绝佳材料。对其进行重复锻造能够使吸附的碳分布均匀，打造出优质的剑刃。脱碳炼钢法通过氧化作用去除铸铁中的碳，这种方法早在中国汉代就已经出现了，通过这种方法生产出的金属能够应用到一些严苛的环境中，比如制作吊桥的链条。

钢铁的普及逐渐引发了一系列重大的社会变化。铁锯、铁斧、铁锤和铁钉加快了房屋的建造速度，提高了房屋质量。铁制厨具和其他各种器皿、物件（从铁环到耙子，从炉箅到锉刀）使烹饪和料理家务变得更容易。马蹄铁和铁犁铧促进了密集化种植的发展。从破坏性的角度来说，灵活的锁子甲、头盔、重剑第一次给战争带来了重大变革，后来的大炮、铁弹和更可靠的枪械再一次彻底改变了战争。焦炭冶铁的推广和蒸汽机的出现又大大加快了这些趋势。

战　争

　　武装冲突一直在塑造着历史：它们需要对能量资源进行动员（通常规模极大，比如组织大量的简装步兵、生产破坏力极强的爆炸物和机器以及为长期战争储备物资），并一再导致最集中和最具毁灭性的破坏力释放。此外，受武装冲突影响的人口的基本能量供应（无论是食物还是燃料）不仅在冲突期间会受到限制（移动的军队需要获取食物，冲突会毁坏作物，年轻男性因为参与战争而中断正常的经济活动，冲突会对定居点和基础设施造成破坏），而且往往在冲突结束后的几年内都会受到影响。

　　历史上所有的冲突都是使用武器进行的，但武器并不是战争的原动力：在火药发明前，战争唯一的原动力一直是人类和动物的肌肉力量，但有两个例外。第一个例外是可燃材料的使用，第二个例外自然是为了更快、更有效地集结海军而在舰船上使用风力帆。传统机械武器——手持武器（例如匕首、剑和长矛）和抛射武器（例如矛、箭以及由弩炮和抛石机投掷出的重物）——的设计都是为了能突然释放巨大动能，以造成最大的物理伤害。只有火药的发明带来了一种全新的、更强大的原动力。化学物质的爆炸反应可以使抛射武器变得更快，攻击范围更远，也会增加其破坏性。几个世纪以来，这种破坏力一直受限于个人武器（前膛枪和后膛枪）笨拙的设计，但是火药作为炮弹推进剂的地位变得越来越重要了。

生物能量

　　所有的史前陆地战争以及古代和中世纪早期的冲突都完全依赖于人类和动物的肌肉力量。在近战中，战士们或在地面上或在马背上，挥舞着匕首、斧头和刀剑。他们也用矛和长矛，或者拉动弓以及更强大的弩（中国人和希腊人自公元前4世纪就开始使用弩）来发射箭，可以伤害甚至杀死100—200m开外未受保护的敌人。埃及的象形文字保留了古代战争中射箭的证据，"士兵"这个词看起来是一个人左膝跪地，伸出的右臂握着弓，左肩上挂着箭袋（Budge 1920）。动物能量也能驱动大型投石机的绞盘，利用杠杆重力投掷出巨大的重物，攻破城防工事。

手持武器可以造成严重的伤害，精确瞄准对方之后进行砍刺能够立刻致死，但它们需要与战斗力量相结合，武器的力量在很大程度上受限于战士本身的肌肉力量。弓箭能够分离战斗中的力量，熟练的弓箭手能够在较长的距离内达到惊人的准度，但在实际的射箭战斗中，射得不够准加上箭矢本身太轻而动能不足，因此许多箭矢会被浪费（专栏4.24），而且连续射击之间的停顿时间会限制这种武器可能造成的伤害的程度和频率。人类的体能极限也会限制军队每日的行军距离，即使良好的饮食和休息能够保证士兵的行军速度，军队的前进步伐也会因为补给队列中动物较慢的移动速度而受到限制。

古代和中世纪早期最强大的两种军事器械都利用了杠杆的机械效益。弩炮是一种大型的机械弓，由绞绳或筋突然释放的弹性形变提供动力（图4.26）。它们从公元前4世纪就开始被使用（Soedel and Foley 1979; Cuomo 2004），可以用来射箭或投掷物体。在围城时使用的弩炮是一种三级杠杆装置：它们的底部是支点，绷紧的绳索提供动力，负载的物体以一

专栏4.24

刀剑和弓箭的动能

即使是中世纪的重剑，重量也不到2kg，一般只有不到1.5kg。动能随着速度的平方而增加：以3m/s的速度笨拙地挥舞2kg的剑，产生的动能只有9J；而一位剑术专家以10m/s的速度挥动1.5kg的日本武士刀（传统的日本武器，一种带弧度的、长60—70cm的单刃刀），产生的动能有75J。这些动能看似很低，但在猛砍的时候，能量高度集中于身体的狭窄部位（如脖子、肩膀和手臂），穿刺的推力能使刃深入身体的软组织中。一支典型的轻型箭重量只有20g，一名优秀的弓箭手用复合弓将箭射出，其飞行速度可达40m/s(Pope 1923)，动能可达16J。这可能还是看起来很低，但箭的冲击力基本集中于一点，所以穿透力很强：从40—50m的距离发射箭矢，由燧石或金属制成的箭尖可以轻易穿透甲胄；只要瞄准得当，它可以在200m开外杀死没有防护的人。

种直接使用人类肌肉无法达到的速度被投掷出去。然而，传统的中世纪弩炮投掷出的 15—30kg 的石头对城墙造成的破坏十分有限。

相比之下，公元前 3 世纪前中国发明的投石机是一种一级杠杆装置，它有着绕轴转动的平衡木和装在投掷臂末端的投射物，投掷臂的长度是短臂长度的 4—6 倍（Hansen 1992; Chevedden et al. 1995）。最初的小型投

图 4.26　罗马弩炮（来源：Corbis）

石机通过人拉动连在短臂上的绳索来发射炮弹；之后的大型机器拥有巨大的配重，能够投掷几百千克的物体（最高纪录甚至可超过 1t），投掷距离比中世纪早期的弩炮的投掷距离更远。它们也被用来抵抗敌人的围攻，在这种情况下，它们被放置在城堡或城墙的壁垒高处，准备着向攻击范围内的围城设施投掷巨石。

在前工业时代的战争中，动物主要有两种不同的用途：一是为快速和远距离的推进提供动力；二是作为役畜，为更大规模的军队运送补给，这是一种不可或缺的运输方式。在最早的记录描述中，马匹被套上挽具，来拉动带有辐条轮的轻型双轮战车（最早于公元前 2000 年左右使用）。由于在马背上射箭整合了速度与快速战术调整的可能性，在火药的使用之前，没有任何其他传统军事创新的重要性可与之相比。在马镫出现之前的几个世纪，骑着小型马、使用强力的复合弓射箭的骑射兵（早期的亚述人和帕提亚人，后来的马其顿人和希腊人）是一种令人生畏的、高度机动的战斗力（Drews 2004）。

马镫是一种为骑手的脚部提供支撑的小块金属片，最早出现在 3 世纪早期的中国，后来向西传播，它们为马鞍上的骑手提供了前所未有的支撑和稳定性（Dien 2000）。没有马镫，披甲的战士甚至爬不上体形较大的（有时被部分武装）马的后背，更别说在马背上用长矛和重剑有效作战了。这也不意味着只要配有马镫，骑兵就能轻易在作战中占尽优势。亚洲骑兵并不配备盔甲，所用的马匹体形较小但耐力极佳，他们创造了一种特别有效的作战系统：他们既能高速移动，又具有极佳的可操作性。

1223—1241 年，这种结合使蒙古骑兵从东亚扩张到了中欧（Sinor 1999; Atwood 2004; May 2013），也使得中亚地区的部分草原帝国延续到了现代早期（Grousset 1938; Hildinger 1997; Amitai and Biran 2005; Perdue 2005）。武装骑兵发起的一系列最惊人的长途突袭将十字军从许多欧洲国家带到了地中海东部，并在现在的以色列和约旦、叙利亚、土耳其的部分动荡的沿海和内陆地区建立了短暂的（1096—1291 年）统治（Grousset 1970; Holt 2014）。

在现代早期（1500—1800 年）西方的所有主要战争（包括划时代的

拿破仑战争）中，无论是对于骑兵部队，还是对于重型马车和野战炮，马匹始终有着无可比拟的重要性。远离大本营的大规模军队必须依靠动物来运送补给：驮畜（驴、骡、马、骆驼和美洲驼）适用于崎岖的地形，役畜（多为牛，亚洲地区也使用大象）可用于拉动沉重的补给车和越来越重的野战炮。1812 年，被占领的普鲁士同意为拿破仑军队提供入侵俄罗斯所需的物资和动物，具体清单很好地说明了大规模军事行动对畜力的巨大依赖（专栏 4.25）。如果没有足够的牛（多达 44,000 头）拉着补给车，军队就没法前进。

1840 年后，西方武装冲突首次使用近代第一种非生命原动力——蒸汽机来调动军队和动物，如驱动火车将其运往前线（被派往其他大陆参加殖民战争的军队则被运往港口，等待登上蒸汽船），但战场上的活动仍完全依赖人和动物肌肉提供动力。尽管在第一次世界大战期间，战区内或附近首次部署了许多新的非生命机械原动力（为卡车、坦克、救护车和飞机提供动力的内燃机），但马匹仍然不可或缺。

到 1917 年年底，英国军队在西部前线的行动需要依靠 368,000 匹马（其中 2/3 用于运送补给物资，其余的装备骑兵部队）。尽管德意志国防军在法国（1940 年春天）和苏联（1941 年夏天）的行军经常被引为快速机

专栏 4.25

普鲁士为拿破仑入侵俄罗斯提供的补给和动物

"为拿破仑入侵俄罗斯开路。"这是拿破仑手下的年轻将军之一，也许是这场灾难性入侵的最著名的记录者——赛居伯爵（Philip Paul，1780—1873）对普鲁士所做贡献的描述："根据本条约，普鲁士同意提供 200,000 公担黑麦、24,000 公担大米、200 万瓶啤酒、400,000 公担小麦、650,000 公担稻草、350,000 公担干草、600 万蒲式耳燕麦、44,000 头牛、15,000 匹马、3,600 辆四轮马车（配有马具和车夫，每辆马车载重 1.5t），最后还有可以收治 2 万名患者的医院。"（Ségur 1825, 17）

械化坦克战争的教科书案例，但入侵苏联的时候，德国还是动员了 62.5
万匹马，到战争结束时，德意志国防军大约拥有 125 万匹马（Edgerton
2007）。同样，苏联军队在从莫斯科和斯大林格勒向柏林推进的过程中，
也部署了几十万匹马（图 4.27）。因此，第二次世界大战结束前，干草和
燕麦一直属于战略物资。

图 4.27　1941 年 11 月 7 日，即德军进攻莫斯科一周前，苏联骑兵在莫斯科红场
（来源：Corbis）

炸药与枪炮

　　在冷兵器时代的战争中，人们利用到的唯一的非生命能量是由硫黄、
沥青、石油和生石灰混合而成的燃烧物，人们将其绑在箭头上或用弩炮
和投石机将其抛过护城河与城墙，掷向目标。毫无疑问，火药最初起源
于中国的炼金术士和冶金师的长期实践（Needham et al. 1986; Buchanan
2006），主要包括硝酸钾（KNO_3，也叫硝石）、硫黄和木炭这三种材料，
但很长一段时间后他们才将这几种材料混合在一起。最早的火药配方出现
在 9 世纪中期；配制火药的具体说明到 1040 年才被公诸于世。早期的火
药混合物仅含 50% 的硝石，并不能真的爆炸。最终能够引爆的火药配方
比例被确定为 75% 的硝石、15% 的木炭和 10% 的硫黄。

在普通的燃烧过程中，氧气来自周围的空气，但点燃的硝石能立刻为自己提供氧气，使火药迅速产生体积等于其自身 3,000 倍的气体。只要对步枪枪管里的火药进行适当限制和引导，少量的火药即可为子弹提供巨大的动能，这种动能比用来推动炮弹的重弩要大一个数量级，装填更多的火药可以使野战火炮推进更重的炮弹。毫不意外，火药一旦开始为人所使用，枪炮便迅速得到传播和优化。

火炮是由 10 世纪的中国火枪发展而来的。这些能喷射出子弹的竹管和金属管，先是演变成了简单的青铜大炮，只能以较低的准度掷出一些松散的石头。第一批真正的火炮是 13 世纪末之前的中国人铸造的，而欧洲在这方面只落后了几十年（Wang 1991; Norris 2003）。频繁的武装冲突带来的压力加快了创新的速度，更强大、更精确的火炮由此而产生。到 1400 年，最长的火炮已经达到了 3.6m，口径达到 35cm；1499 年在法国制造的蒙斯·梅格大炮（Mons Meg）被捐赠给了苏格兰，该炮长近4.06m，重达 6.6t，能发射 175kg 的炮弹（Gaier 1967）。铁炮弹全面代替石球后，大炮的破坏力更强了。

火药对陆地战争和海洋战争的策略产生了巨大的影响，人们再也不需要准备长期或孤注一掷地对看似坚不可摧的城堡展开围攻了。精准的火炮与铁制炮弹相结合，增加了打击密度，比石制炮弹更具破坏力，可谓所向披靡。进攻方可以从弓箭手的射程外摧毁坚固的石质结构，传统结构的城堡和城墙的防御价值由此消失殆尽。中世纪有着厚重石城墙的紧凑型堡垒被新设计所替代，演变成低矮的星形多边堡垒，有着大量土堤和巨大的水渠。

这些工程需要耗费大量的材料和能量。法国东北部龙韦城（Longwy）防御工事是法国著名的军事工程师塞巴斯蒂安·沃邦（Sebastien Vauban，1633—1707）设计的最大的工程，需要搬运 640,000m³ 的岩石和泥土（相当于胡夫金字塔体积的 1/4），放置 120,000m³ 的砖石（M. S. Anderson 1988）。到了 18 世纪，攻城战逐渐减少，运动战开始增加，这样的防御工事也渐渐退出了历史舞台。在拿破仑战争期间，轻型格里博瓦大炮（12lb 标准的大炮可以发射 5.4kg 的炮弹，加上承载的马车，重量略低于

2t，相比之下，英国大炮重量近 3t）使军队的机动性变得更强，移动更快
（Chartrand 2003）。

在海上，炮船（曾装备中国人发明的另外两种工具，指南针和优良
的船舵）成了欧洲技术优势的主要载体，是殖民扩张时代最后几十年里
欧洲向遥远地区侵略扩张的工具：直到 19 世纪 20 年代，海军开始引入
蒸汽机，它的绝对优势才结束。1588 年，在欧洲的海面上，远程火炮使
英国的海军将领在对抗西班牙无敌舰队时有了决定性的优势（Fernández-
Armesto 1988; Hanson 2011）。一个世纪后，一艘大型兵舰能装备多达 100
门火炮。在 1692 年的拉和岬海战中，英国和荷兰的船只总共携带了 6,756
门火炮（M. S. Anderson 1988）。火药带来的破坏力的集中释放达到了前
所未有的程度，直到 19 世纪中期硝化纤维素炸药（19 世纪 60 年代）和
硝化甘油炸药（1867 年由艾尔弗雷德·诺贝尔申请专利）的出现，这种
高峰才被超越。

5

化石燃料、初级电力与可再生能源

从根本上说，一切地球文明社会都是依赖太阳辐射的太阳能社会。太阳辐射为适宜居住的整个生物圈提供能量，并为我们提供了所需的食物、动物饲料和木材。前工业社会直接或间接地利用了太阳能量。人们直接利用太阳辐射的形式是入射辐射（即日照），每座房子都是一个太阳能房，被太阳加热；耕种作物，栽培树木（无论是为了获取水果、坚果、油料、木材还是燃料），收获天然的木本、草本和水生植物，将风和流水转换成有用的机械能则是太阳能量的间接利用方式。

风和水的流动几乎是太阳辐射的直接转变：地球表面因受热不均而迅速产生大气压力梯度，蒸发和蒸散作用持续推动着全球水循环。太阳辐射被转化为食物、饲料，以及转化时间从几天（动物粪便）到几个月（农作物残渣通常需要 90—180 天）不等的生物质燃料。家畜只需要几年时间就可以达到工作年龄，传统社会的儿童从五六岁开始就要帮助成年人干活。只有当成熟树木得到砍伐、木材被烧掉或被制成木炭，我们才算是在推迟了几十年后，完成了对太阳辐射的利用（还有时间更长的例子，古老雨林中的巨型树木在被巨大的电锯砍伐时，我们才算在延迟了几个世纪后完成了对太阳辐射的利用）。

化石燃料也源于对太阳辐射的转化：泥炭和煤由败亡的植物（植物量）缓慢变化而来，碳氢化合物则来自海洋与湖泊中的单细胞浮游植物

（主要是蓝藻和硅藻）、浮游动物（主要是有孔虫）以及一些藻类、无脊椎动物和鱼类，其转变过程更为复杂（Smil 2008a）。压力和温度主导了这些转变过程。在年代最晚的泥炭的生成过程中，压力和温度至少需要连续作用几千年，而对于坚硬的煤而言，则需数亿年之久。正是由于这样的起源，化石燃料才能具有较高的含碳量以及较低的水和其他不可燃杂质的含量，从而成为能量密度高的物质（专栏 5.1）。

但是最初沉淀的生物质碳只有一小部分被转化为了化石燃料（Dukes 2003）。在煤的形成过程中，最多只有 15% 的植物碳能够变成泥炭，最多有 90% 的泥炭能够以煤的形式保存下来。在露天煤矿中，厚煤层的煤最多有 95% 可以被提取利用。最终，远古植物中的碳最多只有 13% 可以以煤的形式被开采出来；反过来说，这意味着对于远古的碳，大约每 8 个单位（实际范围在 5—20 个单位之间）中只有 1 个单位以可供交易的煤的形式保存了下来。相比之下，原油和天然气的整体碳回收率则要低得多。这些燃料来自深埋在海洋和湖泊底下的沉积物中的有机物，化石燃料中的碳氢化合物所能追回的存在于古生物体内的碳，以原油和天然气的形式储存起来，碳回收率最多接近 1%，通常只有 0.01%。0.01% 的回收率意味着每 10,000 个单位的远古碳只能生产出含有 1 个单位碳的原油或天然气。

但是，如果一个社会仅仅简单地用化石燃料替代植物质燃料——也就是说，仅仅为了产生光和热而以燃烧这种低效的方式使用它们，那么这个社会比起 18 世纪的欧洲国家或中国，就仅仅是在物质上更为富足。向化石燃料时代的转变还带来了两类本质上的进步，而这两类质变的累积和结合为现代世界的诞生奠定了能量基础。第一类进步是转化化石燃料的新方法的发明、改进和最终的大规模传播：引入新的原动力（从蒸汽机到内燃机、蒸汽轮机和燃气轮机）并提出转化原始燃料的新工艺，包括用煤生产冶金焦炭、精炼原油以生产各种液体和非燃料物质，以及将煤和碳氢化合物用作原料的新的化学合成过程。

第二类进步的代表是使用化石燃料发电，电是一种全新的商业能量。任何固体、液体或气体燃料都能被燃烧，燃烧释放的热量将水转化为蒸汽，蒸汽被用来驱动涡轮发电机并产生电力。但是，在最初发电的时候，

专栏 5.1

化石燃料

植物总量的 45%—55% 是碳，无烟煤的含碳量接近 100%，优质烟煤的含碳量超过 85%，原油的含碳量多数在 82%—84% 之间，而天然气的主要成分甲烷（CH_4）含碳量为 75%。全世界开采的固体燃料绝大部分是（黑色）烟煤。这些煤几乎总会含有一些粉灰和硫，所以它们的燃烧会产生扬尘和二氧化硫。直至第二次世界大战之后，这些物质都是导致工业污染和城市空气污染的两个常见原因，并造成了明显的颗粒物沉积、干性酸沉降和酸雨（Smil 2008a）。原油是复杂碳氢化合物的混合物，将原油进行精炼能产生交通运输所用的汽油、航空煤油和柴油，用于加热和生成蒸汽的燃料油，也能产生润滑剂和各种铺路材料。最清洁的化石燃料天然气是最轻的碳氢化合物。碳氢化合物也可以由煤生产而来。19 世纪时"民用煤气"被广泛用于照明，而现代的煤气化工艺生产的合成气体能起到类似天然气的作用。在二战期间，德国第一次大规模生产了合成液体燃料。

不同种类的煤能量密度差别很大，但碳氢化合物能量密度相对统一。原油始终是优质能源：它们单位质量的能量几乎是普通烟煤的两倍。国际能量统计一般采用如下三个常见标准度量之一——标准煤当量（29.3MJ/kg）、油当量（42MJ/kg）或标准能量单位（焦耳，J），以及两个传统能量单位卡路里（cal）和英国热量单位（英热，Btu）。

燃料	能量密度
无烟煤	31—33MJ/kg
烟　煤	20—29MJ/kg
褐　煤	8—20MJ/kg
泥　炭	6—8MJ/kg
原　油	42—44MJ/kg
天然气	29—39MJ/m^3

人们直接利用的是水的动能而不是蒸汽膨胀的动能，因此水电被归入初级电力的行列（与由燃料燃烧产生的电力相反），与之并列的还包括地热发电站、核裂变以及最近的大型风力发电机和光伏电池（或集中太阳辐射）产生的电力。

长期趋势很明显：化石燃料燃烧发电的份额一直在稳步提高，同时初级电力的发电量也在扩大，因为电力是最方便、用途最广、使用过程最洁净的现代能量形式。在本章第一部分，我描述了从植物质燃料和生物能量向化石燃料和非生物原动力的伟大转变过程中的许多关键进步；在第二部分，我将回溯一些重要技术创新，它们结合在一起，为现代高能社会的高效性、可靠性和可承受性奠定了基础。

伟大转变

在一些国家，早在生物质燃料和家畜劳动力被化石燃料迅速取代前，人们就已使用了几个世纪的化石燃料（虽然数量相对较少）。中国的煤和天然气以及英国的煤就是最著名的例子。中国人在汉代就在一些小规模工业中使用煤，而英格兰、威尔士和苏格兰的很多地方存在着易于采掘的露天煤炭，其中一些早在罗马统治时期就已被开采，更多一些在中世纪也得到了开采利用。但是内夫有如下记录：

> 直到 16 世纪，无论家庭壁炉还是在厨房都很少使用煤，因为这些设施与煤炭开采地之间的距离通常在一两英里以上。即便是在离煤矿更近的地方，也只有买不起木材的穷人才用煤。（Nef 1932, 12）

在欧洲转型时期，煤一般是最主要的化石燃料。在现代早期有一个最著名的例外，催生了欧洲大陆最具影响力的经济体之一：在 17—18 世纪，荷兰在黄金时代的主要燃料是国内出产的泥炭。根据德泽乌的估计，在荷兰约 175,000ha 的高泥炭地中，只有约 5,000ha 的泥炭地或多或少未遭开采，这种情况说明了泥炭的回收利用程度（De Zeeuw 1978）。美国和加拿大的转型同样始于煤，但与欧洲不同，这两个经济体更早且更快转向了石油和天然气（Smil 2010a）。与之类似，俄罗斯也是大规模开采商业石油的先驱之一，之后也利用了自身巨大的天然气资源储备优势。

虽然大部分欧洲国家在 19 世纪将自身对生物质燃料的依赖降到了很低的水平，但许多低收入国家摆脱对植物质燃料的依赖的转变过程还在进行中。如同花纹种类繁多，燃料也是如此。我们应该用复数来强调它们的多样性。煤、原油和天然气的性质多种多样（参见专栏 5.1）。燃料燃烧释放的热量可直接用于烹饪、加热或熔炼金属，也可间接用于驱动各种原动力。蒸汽机成了 19 世纪最主要的非生命原动力。19 世纪 90 年代，内燃机和汽轮机开始走向商业化。在 1950 年以前，汽油和柴油发动机成了交通运输业的主要原动力，汽轮机则被用于大规模发电（Smil 2005）；直至 1960 年以后，燃气轮机才开始被广泛使用（用来在固定场景下发电或驱动喷气式飞机和轮船）（Smil 2010a）。

最近的一些关于能量转型的研究表明这些转型存在许多共同点，并指出了促进或阻碍该过程的一些主要因素（Malanima 2006; Fouquet 2010; Smil 2010a; Pearson and Foxon 2012; Wrigley 2010, 2013）。这些因素既包括技术需要，即需要先经历多次尝试然后高速增长和升级（Wilson 2012），也包括发生在小型能量消费者身上的一些明显更早更快的转型（Rubio and Folchi 2012）。此外，一些较小的国家直接跳过了煤炭时代，而即使是煤储量丰富的国家，也迅速开始依赖国内原油或更普遍的进口原油。但在所有情况下，这些演变的最终结果都是初级能量的人均消耗量大幅增加。早先受到植物燃料收获情况和动物能量部署情况限制的人类社会，从此进入了化石燃料供应多样化和机械原动力大规模部署的新时代。

煤炭开采的开端与发展

人类对煤的利用可追溯到古代，当时它最重要的用途是作为汉代中国人的炼铁燃料（Needham 1964）。相关记录显示，欧洲的采煤始于 1113 年的比利时。1228 年煤炭首次被出口到伦敦，1325 年它们首次从泰恩茅斯地区被出口到法国。16—17 世纪的英国是首个完成从植物燃料向煤转变的国家（Nef 1932）。1500 年后，英国严重的区域性木材短缺导致了薪材、木炭和原木成本的增加。而从 17 世纪起，由于人们对铁的需求不断增长，加上造船对于木材提出了巨大需求，这种短缺进一步加剧。只有通过不断增加条钢和木材的进口才能暂时缓和这一局面（Thomas 1986）。很明显，解决方案是增加国内的煤炭开采量：英国几乎所有的煤田在 1540—1640 年间都处于开放采掘状态。

到 1650 年，英国的煤炭年产量已超过 2,000,000t，18 世纪初的年开采量超过了 3,000,000t，到 18 世纪末，年开采量超过 10,000,000t。不断上涨的煤炭使用量使得与采矿、运输和燃烧有关的许多技术和组织问题必须得到解决。由于露天煤层的枯竭，人们需要挖掘更深的矿坑。虽然 17 世纪后期很少有矿坑的深度超过 50m，但在 1700 年后不久最深的纪录就超过了 100m，1765 年又超过了 200m，1830 年后达到了 300m。那时每个矿坑的日产量为 20—40t，相比之下，一个世纪前这一数字只有几吨。更深的矿井必然需要抽更多水，而矿井通风、将煤从深井里拉上来并运出煤矿也需要更多的能量。水车、风车和马为这些需求提供了动力。挖煤则仍旧需要繁重的人力劳动。

采煤工要么站着，要么趴在狭窄的通道里，挥舞着镐头、楔子和木槌，把煤从煤层中挖出来。搬运工把煤装进编织篮，然后将它们拖到木制滑车上送到坑底，那里的井底把钩工将篮子挂上绳索。盘绳手把篮子拉上来，最后，井口把钩工把煤倒出来堆成一堆。成年男子完成了大部分的挖掘工作，但一些年纪最小只有六到八岁的男孩也会受雇来做些较轻的工作。在许多矿坑中，最繁重的工作有一些是由女性来完成的。她们必须将沉重的篮子背在背上，通过绳带固定在前额，爬上陡峭的梯子将煤运到地面（图 5.1）。1812 年，苏格兰土木工程师兼矿物测量师罗伯特·鲍尔德（Robert Bald）发表了一篇关于在煤矿工作的女性的生活调查报告。该报告值得我们着重引用，因为它不仅描述了女性在煤炭产业里承担的痛苦，也准确评估了她们的实际体力工作量（专栏 5.2）。

鲍尔德的生动描述也是有关能量的基本事实的完美例证。这个令人印象深刻的例子说明了每一次向新能量形式的转变是如何通过密集部署现有能量和原动力来实现的：从木材向煤过渡必须由人类肌肉提供能量，煤的燃烧为石油的开发提供动力。此外，正如我在上一章所强调的，如今的太阳能光伏电池和风力发电机则是通过化石能源来冶炼必要的金属材料与合成塑料，以及结合消耗大量能量才能处理的其他材料来制造的。

在更深的矿坑中，人们用马转动绞盘来拉煤或抽水。1650 年以后，人们也在地下使用马和驴。马拉货车（有时也在铁轨上行驶）被用来在较短距离内分销煤，将煤运往河流或港口，装到船上。到 17 世纪初，煤开始普遍被家庭使用，还被用来为锻炉加热烧制砖、瓦、陶器，制作淀粉和肥皂以及提取盐。但由于煤燃烧的杂质会转移到最终的产品中，所以煤不能被直接用于玻璃制造、麦芽干燥以及〔最重要的〕炼铁。玻璃制造的问题大约在 1610 年引入反射式炉（热反射）之后首次得到了解决，原料可以在密

图 5.1　19 世纪早期苏格兰煤矿里的煤炭搬运工（来源：Corbis）

专栏 5.2

《关于在苏格兰地下煤矿中搬运煤炭的妇女（也叫"背负者"）的生活情况调查》

这是 1812 年出版的《苏格兰煤炭贸易概况》中一篇附加材料的标题。下面是其中的要点。

"这位母亲……和她较年长的女儿们一起下到矿坑里，每个人都背着一个特定形状的篮子，她们把篮子放在地上，把大块的煤连滚带搬地装进去；这些煤通常需要两个成年男性才背得动……母亲走在前，用牙咬住一根点燃的蜡烛，女孩们跟在后面……伴随着沉重而缓慢的脚步，她们一点点地沿台阶向上移动，偶尔停下来歇口气……在爬升过程中，经常可以看到她们由于超负荷的劳动负担而痛苦地落泪……这项工作就以这样难以想象的方式进行着……每位女性每天搬出矿坑的煤重量差不多有 4,080lb（约 1.85t。——编者）……而且经常也会达到 2t。"（Bald 1812, 131–132, 134）

假设一个人体重为 60kg，每天从大约 35m 的深度提升 1.5t 的煤，这一项就需要大约 1MJ 的能量，再加上横向运煤的成本，或者在一些小斜坡上运煤（从矿坑的底部附近及地面上到分矿点附近）以及回程的成本，每日所需总能量约 1.8MJ。假设劳动效率为 15%，那么一名成年女性背负者每天将花费大约 12MJ 的能量，即每天在 10h 的工作时间里平均以约 330W 的功率做功。关于繁重劳动能量消耗的现代测量证实，一个人在 8 小时轮班期间的重体力劳动可以维持 350W 的功率，再往上就很难了（Smil 2008a）。很明显，背负者日复一日地工作多年（她们在 7 岁时就开始这项工作，并且经常一直持续到 50 岁以上），几乎到了人类体力的极限。

闭容器中被加热。上述其他需求则只有焦炭可以满足（参见下一节）。

煤的另一个重要的间接使用方式是通过烟煤的碳化来生产人工煤气，即在氧气供应有限的炉中对燃料进行高温加热（Elton 1958）。第一批实用装置是 1805—1806 年间在英国的棉纺厂内独立制作的。1812 年，一家为伦敦集中供气的公司得到特许。性能更好的反应炉、气体除硫技术、制造小口径锻铁管道的新技术和更高效的燃烧器确保了煤气照明的快速普及。煤气灯的使用并没有因为灯泡的推出而结束。卡尔·奥尔·冯·韦尔斯巴赫（Carl Auer von Welsbach）于 1885 年获得白炽煤气灯罩的专利，使得煤气灯行业能够继续与电灯进行数十年的竞争。

在英格兰之外，煤炭开采在 18 世纪的推广相当缓慢。一开始，煤炭的主要产地为法国北部、比利时的列日地区和德国鲁尔地区以及波希米亚和西里西亚的部分地区。北美地区全国性的采煤要等到 19 世纪初。结合产煤的历史统计数据以及可用的全国薪材消耗量的最佳（但可靠性较低）估计，我们有可能确定煤超过木材并开始成为占比过半的国家能量供应来源的具体时间（在某些条件下甚至可以精确到具体日期）（Smil 2010a）。在英格兰和威尔士，这种情况发生得非常早，所以我们对于此类能量转换的时间只能得出一个近似值。

沃德认为，确定从木材到煤的临界点的确切日期可以很随意，但他的研究显示，煤替代生物质燃料成为主要热源最可能的时间点大约在 1620 年，甚至更早一些（Warde 2007）。到 1650 年，煤所占的份额达到 65%，1700 年约为 75%，1800 年约为 90%，而到 19 世纪 50 年代，煤的份额超过了 98%（最后两项为英国的数据）。在英国，煤的主导地位又持续了一个世纪：1950 年，煤供应了英国 91% 的初级能量，到 1960 年仍占 77%。因此，煤在英国的能量使用中占主导地位（超过 75%）的时间长达 250 年，远超其在其他任何国家占主导地位的时间。

在拿破仑时代早期，法国初级能量供应的 90% 以上来自木材，到 1850 年木材所占的份额仍有约 75%，到 1875 年才降至 50% 以下（Barjot 1991）。20 世纪 50 年代后期，进口石油成为法国的主要能源，此前煤一直是法国最主要的燃料。殖民时代的美国采煤活动始于 1758 年的弗吉尼亚州，到 19 世纪初，宾夕法尼亚、俄亥俄、伊利诺伊和印第安纳等州都已成为产煤州（Eavenson 1942）。1843 年，煤炭只占美国初级能量供应的 5%，但随后开采量开始迅速增加，19 世纪 60 年代初，煤炭的比例上升到 20%，到 1884 年，开采出的煤提供的能量超过了全国薪材提供的能

量总量（Schurr and Netschert 1960）。日本的相关历史统计数据始于 1880
年，这一年薪材（及其衍生的木炭）提供的能量占到了该国初级能量的
85%，但到 1901 年，由于高度现代化，煤的份额提高到了 50% 以上，并
在 1917 年达到 77% 的峰值水平（Smil 2010a）。

俄罗斯帝国的北欧部分和西伯利亚拥有广袤的寒带森林，因此它是
一个典型的木生社会。根据苏联的历史数据，在 1913 年的生产中薪材提
供了所有初级能量的 20%（TsSU 1977）——但这一数据显然只涉及商业
生产的燃料，后者只占俄罗斯室内加热所需能量的一小部分：即使是一间
小房子每年也需要不少于 100GJ 的能量。我做出的最准确的估计是，到
1913 年木材提供了全部能量的 75%，而石油和煤提供的能量在初级能量
中的份额到 20 世纪 30 年代初才开始过半（Smil 2010a）。

中国是最晚完成从植物质燃料向煤的转变过程的主要经济体，直到
1965 年，生物质燃料在中国初级能量供应中所占的份额才降到一半以下；
到 1983 年，它们的份额已降到 25% 以下，并在 2006 年降到 10% 以下
（Smil 2010a）。

从木炭到焦炭

用冶金焦炭代替木炭炼制生铁（或铸铁）无疑是现代最伟大的技术
革新之一，因为它实现了两个根本性的变化：它终结了冶铁业对木材的依
赖（因此工厂不再必须建在森林地区或其附近）并为加大熔炉的容量提供
了可能，从而使铁的年产量迅速增加。此外，焦炭也是更好的冶金燃料。
煤的热解（破坏性蒸馏）——在无氧环境中加热烟煤（烟煤的灰尘和硫含
量低）——产生了一种表观密度低（0.8—1g/cm³）但是能量密度高（31—
32MJ/kg）的高纯度煤基质，其抗压强度也比木炭大得多，因此可以适用
于更高的高炉，能支撑更重的铁矿石和石灰石（Smil 2016）。

在 17 世纪 40 年代早期，英国已开始使用焦炭烘干麦芽（与煤不同，
焦炭燃烧不会产生烟尘和硫的氧化物），但直到 1709 年人们才开始将其
用于冶金，当时亚伯拉罕·达比（Abraham Darby, 1678—1717）在煤溪
谷率先用焦炭冶金。炼焦技术几乎可以提供无限的优质冶金燃料，但它一

开始浪费很大且费用昂贵，因此到 1750 年后才被广泛使用（Harris 1988; King 2011）。18 世纪上半叶的英国铁厂老板们并没有立即跟随达比，主要原因是英国国产铁与瑞典进口铁的市场竞争导致铁条价格低迷。18 世纪 50 年代中期市场开始改善，英国钢铁企业开始建造新的炼焦炉。到 1770 年，46% 的英国铁由焦炭生产（King 2005）。这一划时代的改变终结了英国由于木材资源的不可持续性而受到的压力（参见专栏 4.22），对欧洲大陆来说也是如此：比如在 1820 年，比利时 52% 的森林木材被用来生产冶金木炭（Madureira 2012）。

19 世纪初，美国的情况并没有那么糟糕（参见专栏 4.23）。到了 1840 年，美国所有的生铁冶炼仍依靠木炭，但随后的工业扩张带来了迅速的转变，无烟煤和焦炭先后成为美国冶铁的燃料。焦炭在 1875 年开始成为主要燃料。在好几代人的时间里，焦炭都是在封闭式蜂窝炉中生产出来的，浪费很大（Sexton 1897; Washlaski 2008）。副产品炼焦炉的出现终于带来了根本性的改进：它们能回收富含一氧化碳的气体作为燃料使用，回收化学物质（焦油、苯、甲苯）作为化工原料使用，回收硫酸铵为肥料使用。副产品炼焦炉于 1881 年开始在欧洲使用，1895 年开始在美国使用，对它们的设计进行改进一直是现代焦化技术的主流研究方向（Hoffmann 1953; Mussatti 1998）。

第一批以焦炭为燃料的高炉与同时代的大型木炭高炉拥有相似的高度（约 8m）和体积（不到 $17m^3$），但到了 1810 年，焦炭炉普遍高约 14m，体积超过 $70m^3$。1840 年后，英国著名冶金学家贝尔（Lowthian Bell, 1816—1904）提出了一项重要的重新设计，因此到 19 世纪末，大型高炉的高度达到了 25m 左右，内部容积约 $300m^3$（Bell 1884; Smil 2016）。更大的高炉大大提高了生产率（1900 年，性能最好的木炭炉日产量不到 10t，相比之下，焦炭炉的日产量大于 250t），因此全球生铁年产量从 1750 年的仅约 80 万吨升至 1900 年的约 3,000 万吨，这一进步为 1860 年后现代钢铁工业的发展奠定了基础，也提供了对工业化来说非常关键的金属（Smil 2016）。

蒸汽机

风车使用 800 多年后，蒸汽机是第一种成功得到应用的新型原动力。蒸汽机是第一个能将煤的化学能转化为机械能且同时具备实用性、经济性和可靠性的转化设备，也是第一种由化石燃料驱动而非几乎即时转化太阳能的非生命原动力。18 世纪早期的第一批蒸汽机只提供适合用来抽水的直线往复运力，而到 1800 年之前，新设计就能提供更实用的旋转运动了（Dickinson 1939; Jones 1973）。毫无疑问，蒸汽机的采用对全球范围的工业化、城市化和交通运输具有重要而深远的意义，人们对此已经有了许多描述（von Tunzelmann 1978; Hunter 1979; Rosen 2012）。

与此同时，蒸汽机的商业化和广泛传播却进展缓慢。历经了一个多世纪，甚至在 1820 年后的迅速传播期间，它们也不得不与水车和涡轮机竞争（如第 4 章所述）。虽然蒸汽机的使用代替了许多人力与畜力劳动（在矿井抽水、繁重的制造任务方面），但在整个 19 世纪，对人力和畜力的依赖在量上一直在持续增加。鉴于存在这些事实，我们必须重新审视一个被普遍认同的观点——蒸汽机的使用基本等同于那个被普遍称作工业革命（但这样称呼具有误导性）的过程。

将工业革命看作一个划时代的经济和社会变革（Ashton 1948; Landes 1969; Mokyr 2009）这种主流认识已经受到了人们的质疑。那些质疑者认为它其实只是一个局限性更强，甚至是局部的现象，它的技术变革只影响了一部分产业（棉花、炼铁、运输），而其他经济领域直到 19 世纪中叶还停滞在前现代状态（Crafts and Harley 1992）。一些批评者进一步表示，这种变化相对于整体经济来说如此微小，担不起"工业革命"之名（Cameron 1982）——事实上，整个英国工业革命的概念确实充满谜团（Fores 1981）。

更具体地说，英国的数据表明，将 19 世纪的经济增长主要与蒸汽机联系起来是一个错误的结论（Crafts and Mills 2004）。虽然发明了蒸汽机，但"1760 年后 90 年间的英国经济大体上仍很传统"（Sullivan 1990, 360），"19 世纪中叶的典型英国工人不是工厂的机器操作工，而仍是传统的工匠、体力劳动者或者家庭用人"（Musson 1978, 141）。但从总能量消耗的角度来看，这一论断就更清晰了：里格利的统计数据指出，在1650—1659 年，英格兰和威尔士每年能量消耗总量约为 117PJ，一个世纪后增至 231PJ，到 1850—1859 年，这一指标变成了 1.83EJ，这意味着每年的能量消耗量在 200 年内上涨了约 15 倍（Wrigley 2010）。他的数据说明，能量消耗的巨大增长使经济的指数级增长成为可能。毫无疑问，蒸汽机是工业化和城市化的关键机械驱动力。

　　直到 1840 年之后，随着铁路和汽船的快速建设以及人们更广泛地将蒸汽机用作制造业的集中动力源（通过传送带传输到单个机器），蒸汽机才开始对社会产生全面的影响。蒸汽机的实际演变始于丹尼斯·帕潘（Denis Papin, 1647—1712）在 1690 年用一个小模型做的实验。在帕潘的玩具一样的机器出现后不久，托马斯·萨弗里（Thomas Savery, 1650—1715）设计了一个没有活塞的小型（约 750W 或 1hp）蒸汽驱动泵。到1712 年，纽科门（Thomas Newcomen, 1664—1729）建造了一台 3.75kW的发动机来为矿用泵提供动力（Rolt 1963）。在大气压力下工作时，这种蒸汽机会在活塞底部凝结蒸汽，因此其效率非常低，最高只有 0.7%（图 5.2）。到 1770 年，〔在第 4 章中提到过的对原动力的工作进行过比较的〕约翰·斯米顿改进了蒸汽机的设计，使效率提高了一倍。

　　1750 年后，纽科门的蒸汽机开始传播到了英国的矿场，但除非能当场补充燃料，否则这些机器的糟糕表现让人很难容忍，因此在燃料必须从别处运来的地方它们就变得不实用。詹姆斯·瓦特通过其 1769 年的著名专利《一种减少发动机中的蒸汽和燃料消耗的新发明方法》〔Watt 1855（1769）〕描述的重新设计将蒸汽机变得更实用。该专利于 1769 年 4 月 25日获批，其中的改进内容的系统性列表清楚地列出了新机器与前代机器的不同之处（专栏 5.3）。

　　分离式冷凝器（condenser）显然是最重要的创新（图 5.2）。后来，瓦特还推出了双作用引擎（蒸汽在上冲程和下冲程中都在移动活塞）和离心调速器，后者可以在不同的载荷下保持恒定的速度。在一种彻底的现代化安排下，瓦特和他的财务合伙人马修·博尔顿（Matthew Boulton, 1728—1809）不是因为交付的蒸汽机而获得收益，而是由于其发明比普

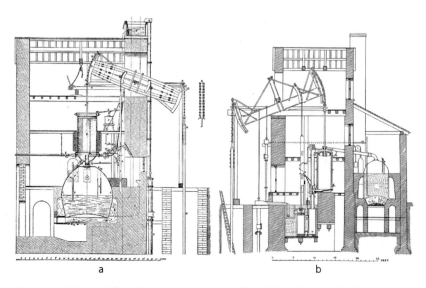

图 5.2　纽科门和瓦特的蒸汽机。图 a 是由约翰·斯米顿在 1772 年建造的纽科门蒸汽机，锅炉位于汽缸下方，汽缸通过右下方管道注水，蒸汽就凝结在汽缸内部。图 b 是建于 1788 年的瓦特蒸汽机，锅炉被放置在一个单独的封闭空间中，汽缸被绝缘蒸汽夹层包围，独立的冷凝器则连接在一个保持真空状态的气泵上。模型由 Farey（1827）重制

通的纽科门蒸汽机的性能更好的部分而得到回报。采煤业和蒸汽机互相促进、共同发展。从更深的矿井抽取更多水的需求是发展蒸汽机的关键动因。更廉价的燃料的供应导致蒸汽机数量猛增，从而使采煤业进一步扩张。不久后，蒸汽机也开始为卷扬机和换气设备提供动力。

　　瓦特改良的蒸汽机几乎立刻就获得了商业成功，它在采煤业之外的制造业和运输业上的影响也是显而易见的（Thurston 1878; Dalby 1920; von Tunzelmann 1978）。但与此同时，这种成功是以 18 世纪后期的工业背景来衡量的：如果以现代生产的巨大规模来衡量，这种改良型蒸汽机的部署总量是微乎其微的。到 1800 年，当延长了 25 年的原始专利到期（从1775 年蒸汽机法案通过开始），瓦特和博尔顿的公司一共才制造了约 500台蒸汽机，其中 40% 用于抽水。这些蒸汽机的平均功率约为 20kW，比同时期的典型水车的平均功率高出 5 倍，比风车高出近 3 倍。

　　瓦特制造的最大的机组（刚超过 100kW）与当时最强大的水车差不多。但部署水车的位置不易变通，相比之下蒸汽机在选址上有着无与伦

专栏 5.3

瓦特 1769 年的专利

下面是瓦特对他的改进设计的描述：

"我减少蒸汽机中的蒸汽消耗从而减少燃料消耗的方法遵循以下原则：首先，蒸汽进入一个容器做功，使发动机工作。这个容器在常见的蒸汽机中被称为汽缸，我则称之为蒸汽缸。在整个发动机工作期间，蒸汽缸的温度必须保持与进入它的蒸汽的温度一样高……

"其次，在全部或部分通过蒸汽凝结来工作的机器中，蒸汽将在与蒸汽缸或汽缸不同的容器中冷凝，尽管该处偶尔会与汽缸进行气体交换。我把这一容器称为冷凝器，在发动机工作的同时，无论是用水还是用其他冷的物体来降温，这些冷凝器的温度至少应该像发动机附近的空气温度一样低。

"最后，空气或其他弹性蒸汽若无法通过冷凝器的低温实现凝结，就可能阻碍发动机工作。这时候就应通过蒸汽机自身的泵把蒸汽缸或冷凝器中的蒸汽抽出来。"［Watt 1855（1769），2］

比的巨大优势，即更大的自由度，特别是它们可以被安装在靠近港口的地方或运河沿岸，依靠廉价的水运获得必要的燃料。虽然瓦特的发明宣告蒸汽机取得了工业上的成功，但实际上，他的专利的延期阻碍了进一步的创新。究竟是保守的瓦特不愿意使用高压蒸汽，还是他试图在专利期内阻挠任何类似的专利呢？瓦特和博尔顿不仅没有尝试开发蒸汽驱动的运输工具，反而阻碍他们主要的蒸汽机制造者威廉·默多克（William Murdock，1754—1839）开发这样的机器，而当默多克坚持时，博尔顿甚至说服他不要申请专利（专栏 5.4）。

但是这对蒸汽交通的未来发展或许没有什么影响，因为在 1800 年，即使最好的公路车厢的重量对于道路来说也是无法承受的，几乎没有一条铺设良好的道路能承受沉重的交通工具。要想让它在公路上运行，唯一切实可行的方法就是将它放到铁轨上——但这一构思从被人提出到实现商业化也经历了几十年时间，直到 1800 年瓦特的专利期结束，一段

专栏 5.4

瓦特和博尔顿对蒸汽机车发展的阻碍

　　1777 年，23 岁的威廉·默多克步行了近 500km 到伯明翰，开始在瓦特的蒸汽机公司工作。瓦特和他的合伙人马修·博尔顿很快就发现默多克是一项宝贵的资产。博尔顿可以熟练地完成新机器的安装工作，这确保了公司高效运营且利润丰厚。到 1784 年，默多克制造了一台小型蒸汽机车模型，那是一辆三轮车，锅炉位于两个后轮之间。接下来是另一个模型，最终默多克决定为他的蒸汽机车申请专利（Griffiths 1992）。

　　但在默多克前往伦敦申请专利的途中，博尔顿在埃克塞特拦住了他，并说服了他，让他在没有提交专利申请的情况下就返回了——博尔顿认为默多克的坚持是一种精神失常。正如博尔顿写给瓦特的信中所言："他说他要去伦敦招工人，但我很快发现他要去那里展示他的蒸汽机车并申请专利。威尔肯先生把萨德勒所说的告诉了他，他也在报纸上读到了那些关于辛明顿的消息，这使他重新燃起了制造蒸汽机车的热情和冲动。然而，我花了几天时间努力说服他，让他乐意回到康沃尔郡，因此他今天中午抵达了这里……我认为我遇到他是幸运的，因为我可以治愈他的精神错乱或把坏事情变成好事情。至少，我阻止了他因伦敦之行而可能导致的糟糕情况。"（Griffiths 1992, 161）

激烈的创新期开始了。第一个重要进展是 1804 年英国的理查德·特里维西克（Richard Trevithick, 1771—1833）和 1805 年美国的奥利弗·埃文斯（Oliver Evans, 1755—1819）推出的高压锅炉。其他里程碑式创新包括 1827 年雅各布·帕金斯（Jacob Perkins, 1766—1849）推出的单向流设计、1849 年乔治·亨利·科利斯（George Henry Corliss, 1817—1888）发明的调节阀装置，以及 19 世纪 70 年代中期以后法国人对复合机车发动机所做的改进。这些基本的发动机类型最终演变成了多种多样的专业引擎（Watkins 1967）。

蒸汽机最初被用于在矿场抽水和驱动绞盘（图 5.3），并很快扩展到各种固定和移动应用场景中。到目前为止，它最显著的用途是在无数工厂中驱动皮带，以及彻底革新 19 世纪的陆地和水上运输。汽船和蒸汽机车保持了同步发展。第一批汽船是 18 世纪 80 年代在法国、美国和苏格兰建造的，但第一批在商业上获得成功的汽船则是 1802 年才在英国建造的帕特里克·米勒的"夏洛特登打士"号和 1807 年罗伯特·富尔顿（Robert Fulton）在美国建造的"克莱蒙特"号。

所有的早期内河航船都是由桨轮（位于船尾或船中）推进的，在海上航行的船只则还都是帆船。第一次跨大西洋航海之旅是 1833 年"皇家威廉王子"号的魁北克—伦敦之行（Fry 1896）。第一次向西跨越大西洋的航行则是通过 1838 年桨轮船"天狼星"号（*Sirius*）和"大西方"号（*Great Western*）之间的比赛完成的，在这一年，约翰·埃里克森（John Ericsson）成功建造了第一台螺旋桨。在穿越北大西洋的繁忙的客货航线上，更大更快的蒸汽船逐渐取代了帆船，后来，它们又慢慢成为通往亚洲与澳大利亚的远洋航线的主力船只。1815—1930 年间，离开欧洲大陆去往海外的 6,000 万移民绝大部分都是由汽船运送的，这些人最主要的目的地是北美（Baines 1991）。与此同时，烧煤的远洋船也成了美国外交政策

图 5.3　赫伯恩煤矿的三号坑是蒸汽时代早期的一座典型英国矿场。矿场的蒸汽机建在一个带有烟囱的建筑物里，并为矿场的绞盘和通风设备提供动力。图片由 Hair（1844）的资料复制而成

的重要工具（Shulman 2015）。

　　陆上的蒸汽运输也开始以相似的方式缓慢起步，紧随其后的是铁路的迅速扩张。1804 年，理查德·特里维西克在铸铁轨上进行了蒸汽机车实验，之后马上出现了一些小型私人铁路。第一条公共铁路是 1830 年开通的从利物浦到曼彻斯特的线路，车厢由乔治·史蒂芬森的"火箭"号机车拉动。大量的新设计也带来了更高效快速的机器。到 1900 年，最好的火车发动机的运转压强比 19 世纪 30 年代的火车运转压强高出 5 倍，整体效率高出 12%（Dalby 1920）。时速超过 100km/h 变成了一种常态，20 世纪 30 年代的流线型火车头的时速能接近甚至超过 200km/h（图 5.4）。

　　从 1830 年连接利物浦和曼彻斯特的长 56km 的第一条城际铁路线开始，英国的铁路里程到 1900 年发展到了约 30,000km，此时欧洲的铁路总长度接近 250,000km。在其他地方，铁路的扩张是在 19 世纪最后 30 年中发生的：到 1900 年，俄国铁路网达到了 53,000km（但是通往太平洋的西伯利亚大铁路直到 1917 年才完成），美国的铁路系统则超过了 190,000km

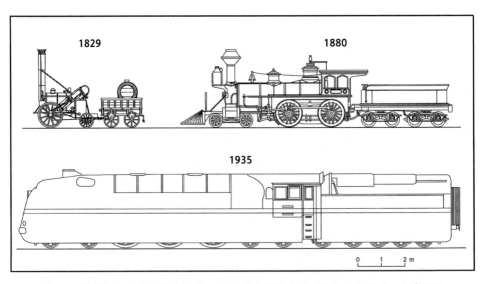

图 5.4　蒸汽机车时代的著名机型。1829 年史蒂芬森的"火箭"号是第一台商用蒸汽机车，它有两个特点为后续车型所继承：首先是机车两侧都有独立汽缸，通过短连杆来驱动车轮；其次是高效的多管锅炉。19 世纪 50 年代中期以来，美国的铁路一直遵循自己的设计标准。1935 年，德国流线型的博尔西克设计能够让列车达到 191.7km/h 的速度。图片基于 Byrn（1900）和 Ellis（1983）的资料制作而成

（包括三条横贯大陆的线路），而全世界铁路总里程（剩余大部分在英属印度）达到了 775,000km（Williams 2006）。因此，在 19 世纪后半叶，铁路的扩张是钢铁需求空前增长的主要原因。

当然，许多新兴工业市场也需要越来越多的金属，它们包括钢铁工业本身（为新增的炼铁和炼钢产能提供金属）、新的电气工业（锅炉和蒸汽涡轮发电机、变压器和电线）、石油与天然气开采和运输业（钻杆、钻头、套管、管道和存储罐）、航运业（新的钢制船体）、制造业（各种机器、工具和组件）以及传统纺织和食品加工业。铁轨（以前由熟铁制成）是由 19 世纪 60 年代后期推出的经济实惠的贝塞麦钢（详见第 6 章）所制成的最重要的制成品，这种重要性一直保持到了 19 世纪结束（Smil 2016）。

在瓦特为他的改良机型申请专利一个多世纪后，蒸汽机的发展达到了巅峰：到 19 世纪 80 年代早期，蒸汽机的广泛采用为现代工业化奠定了能量基础，这种价格合适、高度集中的能量形式改变了制造业生产率，也变革了陆地与海上的长途运输。反过来，这些变化又带来了广泛的城市化、早期的财富增长、国际贸易的增长以及国家领导权的转移。这种累积的技术进步是显著的：19 世纪 90 年代设计的最大的机器的功率是 1800 年的机器功率的约 30 倍（分别为 3MW 与约 100kW），最好的机组的效率从 2.5% 提高到了 25%，提高了 9 倍（图 5.5）。这种巨大的性能提升意味着节省大量燃料和减少空气污染，这主要是因为发动机内部的工作压强上升至 100 倍，从 14kPa 变成了 1.4MPa。

这些进步——加上蒸汽机由于坚固耐用，适用于制造业、建筑业和运输业的许多用途——使蒸汽机成为推动 19 世纪工业化的非生物原动力。从那些以前由生物原动力、水车或风车执行的任务（如抽水、切割木材或碾磨谷物）到不断扩张的工厂里的新任务（驱动皮带传动装置进行钻孔、车削或抛光机械、压缩空气），都被蒸汽机在固定场景下的应用所覆盖。在 19 世纪 80 年代和 90 年代，一些有史以来最大的蒸汽机被用来驱动第一批发电站的发电机组（Smil 2005）。

随着铁路的迅速扩张和新汽船的下水，蒸汽机在移动场景中的应用使陆上和水上运输发生了革命性的变化（真实的评价，并非常见的夸张

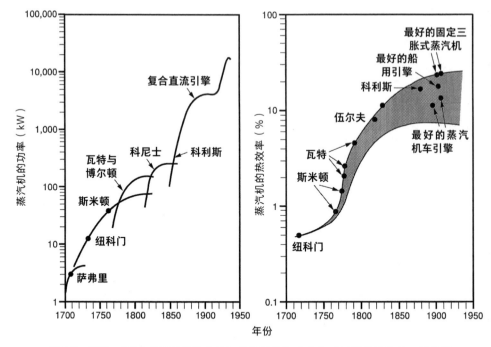

图 5.5 1700—1930 年间最好的蒸汽机持续增长的功率和不断提高的效率。图片根据 Dickinson（1939）和 Tunzelmann（1978）的数据绘成

说法）。在另一些移动应用场景中，蒸汽机使沉重的任务变得更容易，其中包括蒸汽吊车、打桩机和挖掘机（第一台蒸汽挖掘机早在 1839 年就获得了专利）。如果没有使用大约 100 台大型比塞洛斯和马里恩蒸汽挖掘机（Mills 1913; Brodhead 2012），巴拿马运河就不可能如此快速地修建成功（1904—1914 年）。甚至连美国田野里的钢缆犁都用上了蒸汽机。

但蒸汽机也是自身成功的受害者：随着典型效率的提高和性能极限达到前所未有的水平（比任何传统的原动力高出多个量级），它们开始受限于自身固有的局限性，它们所需的能量比能够输出的能量要更多（Smil 2005）。即使经过一个多世纪的改进，最常见的蒸汽机效率仍然很低：到 1900 年，一台典型的蒸汽机车要浪费锅炉中 92% 的煤。而且它们仍然很重，这限制了其在水上和铁轨（能承受其重量）之外的移动场景中的使用（专栏 5.5）。

尽管蒸汽机一步步达到了最高效率、最大功率和最低质量功率比，但这些成功都无法保证它们在未来取得进一步的统治地位：蒸汽机尽管有了显著的改进，而且近来在工业、铁路和水路运输中得到了普遍应用，但这种 19 世纪的主力原动机已不能再继续作为 20 世纪最重要的原动机了。这一角色将由两种新机器共同分担：蒸汽涡轮机迅速满足了发电领域对最强大的原动机的需求，而内燃机（一开始是 19 世纪 80 年代以汽油为燃料

专栏 5.5

蒸汽机的质量功率比和"大地懒"号

如果一匹体重 750kg 的中型马能输出 1hp（745W）的功率，它的质量功率比就大约为 1,000g/W，如果体重 80kg 的人能以 80W 的功率稳定工作，那么也有相同的质量功率比。18 世纪的第一批蒸汽机非常庞大，它们的这一比率（600—700g/W）几乎与人和役畜一样高。到 1800 年，蒸汽机的质量功率比下降到 500g/W 左右，到 1900 年，性能最好的机车蒸汽机的质量功率比仅为 60g/W。但是，对于两个大相径庭但都很基础的应用场景（为陆地车辆提供动力和在新的发电站中驱动大型发电机）来说，蒸汽机仍过于沉重。

1894 年，一辆赢得巴黎到波尔多的比赛的汽车安装了戴姆勒-迈巴赫汽油发动机，这台发动机的质量功率比低于 30g/W（Beaumont 1902），这种情况让蒸汽机在公路运输业中没有了立足之地。即使对于查尔斯·帕森斯的第一台商用小型蒸汽涡轮机（建于 1891 年，功率 100kW），这一比率也只有 40g/W，在第一次世界大战开始之前，这种机器的质量功率比降到了 10g/W 以下，效率超过了 25%，远超当时性能最好的蒸汽机的 11%—17%（Smil 2005）。因此，1902 年纽约的爱迪生工厂装配的 16 台大型西屋-科利斯蒸汽机就已经过时了。三年后，伦敦有轨电车的格林威治站安装了"发动机世界的'大地懒'"（Dickinson 1939, 152），这是第一台 3.5MW 的复合式蒸汽机，被安放于一个教堂式的空间内。这个巨大的格林威治机器的高度几乎与宽度一样（14.5m），而具有同样功率的帕森斯发电机只有 3.35m 宽，4.45m 高。

的内燃机，而后是柴油发动机）最终成为公路运输的一种轻便、强大且经济实惠的原动机。内燃机的优势得益于由原油精炼而来的平价液体燃料的可用性：它们的能量密度比煤更高，燃烧更清洁，更易于移动和储存，这些优势的结合使它们成为运输业的最佳燃料选择。

石油和内燃机

大规模的原油开采和利用集中开始于 19 世纪末的短短几十年。当然，碳氢化合物（原油和天然气）早在千百年前，就通过渗漏、沥青池和"燃烧的支柱"——尤其在中东（特别是在伊拉克北部），在别处当然也可以看到——等十分常见的现象而广为人知。乔治·华盛顿遗嘱的资产清单里描述了西弗吉尼亚可诺瓦河谷里的一眼燃烧喷泉：

> 这块土地（其中的一半有 125 英亩）是由安德鲁·刘易斯将军和我自己占用的，因为它有一眼含沥青的喷泉，具有易燃的性质以至于像烈酒一样自由地燃烧，且几乎难以扑灭。（Upham 1851, 385）

但在古代，碳氢化合物的用途几乎仅限于建筑材料或保护涂层。将它们用于燃烧（比如在罗马帝国晚期，君士坦丁堡的人们燃烧碳氢化合物来加热公共浴池）是很罕见的（Forbes 1964）。在中国内陆的四川省有一个明显的例外，那里的人们燃烧天然气来蒸发盐水（Adshead 1992）。至少从汉代早期开始（公元前 200 年），中国人就使用竹竿冲击钻井，成功地使用了天然气（Needham 1964）。竹制井架上的竹索绑着重铁块，被围在井口的两名到六名男子使用杠杆有节奏地不断向上提升。最深钻井纪录在汉朝时仅为 10m，到 10 世纪达到了 150m。1835 年，燊海井[①] 达到了 1km 的最高纪录（Vogel 1993）。通过竹制管道输送的天然气最终被用于蒸发大型铸铁锅中的盐水。

中国这种使用天然气的做法一直是独一无二的，而全球范围的油气

---

① 原文误为 Xinhai well。——译者

时代要到两千多年后才开始。在北美，18 世纪后期人们通过宾夕法尼亚西部的天然渗漏采集石油，并以药用的"塞内卡油"的方式来出售。在法国阿尔萨斯地区的米克威普舍波（Merkwiller-Pechelbronn）附近，人们从 1745 年起就开采油砂，并于 1857 年在此建立了第一座小型炼油厂（Walther 2007）。但在前工业时代，只有一个地方有着长期开采原油的历史，即里海岸边阿普歇伦半岛地区的巴库（位于今天的阿塞拜疆境内）。

这一地区自中世纪以来就有关于油池和油井的记载。根据 1593 年的一篇铭文的记载，在巴拉哈尼（Balakhani）有一口手工挖掘的深 35m 的油井（Mir-Babaev, 2004）。到 1806 年，沙皇俄国统治时期，人们从阿普歇伦半岛的许多浅井里收集轻质油，将其蒸馏生产煤油，用于当地的照明，或用骆驼（装在皮袋中）和木桶来出口。1837 年，俄国人在巴拉哈尼建造了世界上第一座商业石油蒸馏厂。1846 年，他们又在比比希巴特打下全球第一座（深 21m）勘探油井，由此开始开采世界上的巨大油田之一，这座油田一直产油至今。

西方的石油工业历史要么忽视了巴库的发展情况，要么只在介绍美国宾夕法尼亚的石油工业的开端后才稍微提及巴库。美国人探索石油，是为了找个东西替掉用来粉刷船甲板或装在油灯中用来燃烧的昂贵的抹香鲸油（Brantly 1971）。美国拥有当时世界上最庞大的捕鲸船队，1846 年达到 700 艘船的历史巅峰。在 19 世纪 40 年代初期，每年差不多有 16 万桶抹香鲸油被运送到新英格兰地区的港口（Starbuck 1878; Francis 1990）。

北美第一口油井却是在 1858 年，由加拿大的查尔斯·特里普和詹姆斯·米勒·威廉姆斯在安大略省西南部兰顿县黑溪附近手工挖掘的。它最终带来了世界上第一次石油热潮，这个小村庄也因此被更名为油泉镇（Bott 2004）。所有的石油生产历史都会提及一口著名的钻井（而非挖掘的井），它是在前列车员埃德温·德雷克（Edwin Drake, 1819—1880）的监督下完成钻探的，他受雇于宾夕法尼亚石油公司的创始人乔治·亨利·比塞尔（George Henry Bissell, 1821—1884）（Dickey 1959）。这口井位于宾夕法尼亚州泰特斯维尔（Titusville）附近"油溪"中的一处石油渗漏点，1859 年 8 月 27 日，钻井工人在 21m 深的地下发现了石油，这一天通常被视为现代石油纪元的开始。这项任务是由一台小型蒸汽机驱动的冲击钻完成的。

　　19 世纪 60 年代，美国、加拿大和俄国这三个国家都拥有新兴的、不断发展的石油工业。由于 1862 年第一次采油热潮在油泉镇兴起，加上 1865 年人们在附近的派特洛利亚（Petrolea）发现了新油井，加拿大的原油产量一度飞涨。但在 19 世纪结束时，这两地的产油量已经变得微不足道，直到二战结束后，加拿大才重新加入领先的石油生产国行列，这要得益于在艾伯塔省发现了巨型油田。相比之下，美国的石油产量持续上升，这一开始是因为阿巴拉契亚盆地（从纽约穿过宾夕法尼亚直到西弗吉尼亚州）的许多小油田，然后是因为从 1865 年开始加利福尼亚州也出产原油。洛杉矶盆地的石油开采始于 1880 年，之后是 1891 年圣华金河谷也开始出产石油，此处的中途-日落（Midway-Sunset）和科恩河（Kern River）这一庞大地区在一个多世纪后仍在产油，1890 年后圣巴巴拉县也开始出产石油（包括从木制码头上钻出的世界上第一口离岸油井）。

　　堪萨斯州于 1892 年、得克萨斯州（科西卡纳油田）于 1894 年、俄克拉何马州于 1897 年相继成为石油生产州。1901 年，安东尼·弗朗西斯·卢卡斯在得克萨斯州南部的博蒙特附近有了惊人的发现——斯宾多托普（Spindletop）油田，这座油田在 1901 年 1 月 10 日达到产油量巅峰时，每天产油 10 万桶（Linsley, Rienstra, and Stiles 2002；图 5.6）。新兴的俄国石油工业获得了大量的外国投资，特别值得一提的是 1875 年路德维格·诺贝尔和罗伯特·诺贝尔成立的诺贝尔兄弟石油公司，以及 1883 年罗斯柴尔德兄弟建立的里海和黑海石油工业和贸易协会。到 1890 年，俄国的石油产量（以能量计）要高于煤产量，在 1899 年美国得克萨斯州南部发现石油前，俄国曾短暂地成为世界上最大的原油生产国，年产量稍稍超过 9Mt（Samedov 1988），其中的大部分被外国投资者出口到国外。1900 年以后，巴库的石油产量开始下降，到 1913 年，俄国的煤炭消费量是石油消费量的两倍多。1900 年以前，罗马尼亚、印度尼西亚（1883 年在苏门答腊岛）和缅甸（1887 年开始生产）也相继发现大量石油。1901 年，墨西哥加入了石油生产国的行列；1908 年人们在伊朗的马斯吉德·苏莱曼（Masjid-e-Soleiman）发现了中东第一个大油田；特立尼

图 5.6　1901 年，石油从得克萨斯州博蒙特附近的斯宾多托普油田里喷涌而出（来源：Corbis）

达和多巴哥于 1913 年开始生产石油；委内瑞拉马拉开波湖沿岸巨大的梅尼·格兰德（Mene Grande）油田于 1914 年开始产油。

　　这些发现中的大部分都是同时含有原油和伴生天然气的碳氢化合物油田，但在油气行业刚开始的几十年中，天然气很少被用到，因为压缩机和钢管的缺乏，天然气无法被长途运输，因此只是被排掉了。相比之下，由原油精炼而成的液体燃料（汽油、煤油和燃料油）具备能量密度高和易于携带的特点，因而成为运输业的首选能源，内燃机的发明和快速推广则为石油的使用开辟了一个巨大的新市场。

　　人们开采原油本来是为了给照明提供更经济实惠的能量，但美国开始将原油制品用于照明后不到 25 年，商业发电和电灯泡（见下一节）就成了更好的选择。就在 19 世纪 60 年代，石油开采规模开始扩大时，还没有商用内燃机能够为车辆提供动力，但在其后约 25 年内，两名德国工程师就制造了第一批实用的汽车发动机，并创造了一种新的燃料需求。在

130 多年后，这项需求在全球范围内还未停止增长。

　　内燃机的发展非常迅速，这是一种在汽缸内燃烧燃料的新原动机。于 1886—1905 年间得到完善的第一代商用机型在 20 世纪的大部分时间里都基本保持不变（尽管有很大改进）（Smil 2005）。经过数十年的失败实验和无效设计，勒努瓦（Jean Joseph Étienne Lenoir, 1822—1900）在 1860 年取得了第一台获得商业成功的内燃机的专利。但是，他的机器完全不适合任何移动应用场景：它是一台卧式双作用机器，使用电火花点燃未经压缩的照明气体与空气的混合物，效率仅为 4%（Smil 2005）。

　　1862 年，阿尔方斯·比奥·德罗夏（Alphonse Eugène Beau de Rochas, 1815—1893）提出了四冲程发动机的概念。之后又过了 15 年，直到 1877 年尼古拉斯·奥古斯特·奥托（Nicolaus August Otto, 1832—1891）才为这种机器申请了专利，随后向无力购买蒸汽机的小作坊售出了近 50,000 台（平均功率为 6kW，压缩比仅为 2.6）（Clerk 1909）。这种缓慢的以煤气为燃料的发动机不能作为运输的原动机。可用于运输的原动机是由奥托公司的前雇员戈特利布·戴姆勒（Gottlieb Daimler, 1834—1900）和威廉·迈巴赫（Wilhelm Maybach, 1846—1929）在斯图加特的车间设计出来的，以汽油为燃料（Walz and Niemann 1997）。汽油的能量密度为 33MJ/L（是奥托所用的人工煤气的约 1600 倍），它也有非常低的闪点（-40℃），这使得发动机易于启动。

　　戴姆勒和迈巴赫在 1883 年制造了第一台原型机。1885 年 11 月，他们使用接下来的风冷发动机驱动世界上第一台摩托车，1886 年 3 月，他们将一台更大的（0.462L，820W）600rpm 水冷发动机安装在木轮马车上（Walz and Niemann 1997）。与此同时，在位于斯图加特以北约 120km 的曼海姆工作的卡尔·弗里德里希·本茨（Karl Friedrich Benz, 1844—1929）于 1883 年设计了第一台二冲程汽油发动机，并〔在奥托的专利到期后〕开发了四冲程发动机且于 1886 年 1 月申请了专利。同年，他将一台 500W、250rpm 的发动机安装在一辆三轮车架上，并于 7 月 3 日公开展示了这辆车。戴姆勒的高转速发动机、本茨的电子点火器和迈巴赫的浮式化油器的结合，为现代公路汽车提供了关键部件。随着新世纪的开始，领先的德国制造商设计出了第一辆真正意义上的现代汽车（专栏 5.6，图 5.7）。

专栏 5.6
第一辆现代汽车

虽然汽车是德国人发明的，但第一辆车是法国工程师埃米尔·莱瓦索（Emile Levassor, 1844—1897）设计的，而且不只是一辆非马力驱动的车——虽然它拥有最好的德国发动机。莱瓦索在 1891 年见到了戴姆勒发动机公司（DMG）制造的德国 V 型发动机，然后设计了一个与之相匹配的新底盘。在 19 世纪 90 年代，装有 DMG 发动机的汽车连续赢得欧洲赛车比赛的胜利，但该公司这款名垂青史的汽车完全起源于一次商业行为（Robson 1983; Adler 2006）。1900 年 4 月 2 日，身兼商人和奥匈帝国驻摩纳哥总领事两重身份的埃米尔·耶利内克（Emil Jellinek, 1853—1918）为戴姆勒的汽车成立了一家经销公司，他订购了 36 辆汽车，并在不久后追加了一倍订单。这宗订单大有利润，作为回报，他要求在奥匈帝国、法国、比利时和美国拥有戴姆勒汽车的独家销售权，并要求以他女儿的名字——"梅赛德斯"作为汽车的商标。

迈巴赫为这个独特的订单设计了一款汽车，这款车不仅被他的第二家公司——梅赛德斯-奔驰公司——称为第一辆真正的汽车，也被称为"满足所有必要条件的第一辆现代汽车"（Flink 1988, 33）。梅赛德斯 35 被视为一辆加长款赛车；它重心非常低，总重 1,200kg。这辆车有一台非常强大的（在当时来说）四缸发动机（5.9L，26kW 或 35hp，950rpm），配有两个化油器和机械操作的进气阀。迈巴赫通过使用铝制发动机，将其重量减至 230kg，并将其质量功率比降低到 9g/W 以下，这比 1895 年制造的性能最好的 DMG 发动机低了 70%。这款新车的速度很快创下世界纪录（64.4km/h）。随后在 1903 年，更强大、车身更漂亮的梅赛德斯 60 出现了，即便是在 115 年后，它的魅力也几乎丝毫不减。

图 5.7　迈巴赫和戴姆勒在 1901 年设计的梅赛德斯 35（来源：戴姆勒官网）

　　戴姆勒发动机公司也许代表了汽车的最高质量，但在 20 世纪初，它的产品是一种典型的只面向富裕人群的商品。这款乘用车在 19 世纪 80 年代中期首次在德国亮相，但 20 年后仍很昂贵，只能手工小批量生产。美国汽车在当时并没有什么特别之处：一位知名的英国汽车专家在 1906 年写道，"与这个国家或这片大陆在其他方面取得的进步相比，美国在汽车设计和制造方面取得的进展并没有什么值得一提的不同之处"（Beaumont 1906, 268）。但两年后，当亨利·福特（Henry Ford, 1863—1947）推出可量产且价格适中的 T 型车以满足美国苛刻的驾驶要求时，一切都发生了变化。我们将在下一章中描述他的成就和传承。

　　1903 年 12 月 17 日，两位不大像真正先驱的工程师——来自俄亥俄州代顿的自行车制造商威尔伯·莱特（Wilbur Wright, 1867—1912）和奥维尔·莱特（Orville Wright, 1871—1948）——在北卡罗来纳州的基蒂霍克沙丘使用轻型内燃机成功完成了第一次飞行（McCullough 2015）。但他们不是最先做此尝试的人。就在 9 天前，查尔斯·M. 曼利（Charles M. Manly）在波托马克河上通过一艘驳船上的弹射器，第二次尝试放飞"小机场 1 号"。这架飞机是由美国史密森尼学会的秘书塞缪尔·皮尔波特·兰利（Samuel Pierpont Langley, 1834—1906）在美国政府的资助下建造的，它配备了强大的（39kW，950rpm）五缸径向发动机。但是，和1903 年 10 月 7 日曼利的第一次尝试一样，飞机刚起飞就一头扎入水中。

为什么莱特兄弟能成功？为什么他们在预先没有相关知识的情况下，在写信给史密森尼学会索取有关飞行的资料之后的不到 5 年就获得了成功？在发动机制造商拒绝按照他们的规格制造机器之后，莱特兄弟自己设计了发动机，他们的机械师查尔斯·泰勒（Charles Taylor）仅用了 6 周就完成了这台机器。他们的发动机拥有铝制主体，没有化油器和火花塞，但其 4 个钢制汽缸的排量达到 3.29L，输出功率达 6kW（Gunston 1986）。最终的成品重 91kg，在实际飞行过程中的最大输出功率为 12kW，质量功率比达到了 7.6g/W。但是，这个轻巧而强大的引擎只是其成功的关键因素之一。莱特兄弟研究了空气动力学，了解了飞行中的平衡性、稳定性和控制的重要性，并在 1902 年的滑翔机实验中解决了这些问题（Jakab 1990）。他们的成功是工程经验、严格而系统的螺旋桨和机翼形状测试以及实验性的滑翔机飞行经验相结合的结果。最后，莱特兄弟在 1903 年 12 月 17 日的第一次飞行被完整载入史册（专栏 5.7，图 5.8）。

这个专利（美国 821393 号）在 1906 年 5 月才获得批准，但当许多国家的设计者都开始制造飞机时，它又普遍被侵犯了。飞机的飞行控制和飞行时间发展很快。1904 年 9 月 20 日，莱特兄弟首次完成整圈飞行，1904 年 11 月 9 日，他们飞行了 3 英里（McCullough 2015）。经过一段紧张的国际竞争，不到 5 年时间，先前制造了世界上第一架单翼飞机的路易·布莱里奥（Louis Charles Joseph Blériot, 1872—1936）于 1909 年 7 月 25 日首次成功飞越英吉利海峡（Blériot 2015）。到 1914 年，主要大国都拥有了全新的空军，在第一次世界大战当中，这些大国广泛部署和扩编了空军力量。

当汽油火花发动机不断取得商业成功时，鲁道夫·狄赛尔（Rudolf Diesel, 1858—1913）发明了一种完全不同的燃料点火模式，该发明于 1892 年获得专利（Diesel 1913）。在狄赛尔的发动机（diesel engine，即柴油发动机）中，喷射到汽缸内的燃料是由按 14—24 的压缩比进行压缩而产生的高温自发点燃的（相比之下，奥托循环汽油发动机的压缩比仅为

专栏 5.7
第一次飞行

在曼利第二次飞行落水 9 天后，莱特兄弟准备在基蒂霍克测试他们的"飞行者一号"。这架飞机是一架脆弱的鸭嘴状双翼飞机（水平尾翼在机翼前方），由木制（云杉）框架和细棉布覆盖物组成；它的翼展为 12m，重量仅为 283kg。齿轮链带驱动两个螺旋桨沿相反方向旋转。第一次飞行大约是在上午 10 点 35 分，飞行员是奥维尔，他俯卧在前下部的机翼上，并通过移动一个能拉拽绳索的木架来控制飞机转向，那些绳索连接着机翼和方向舵。第一次飞行更像是一个 37m 的跳跃，飞行员在空中飞行的时间只有 12s。

在修复第一次着陆过程中产生的损坏后，第二次飞行持续了 53m，第三次又飞行了 61m。第四次尝试中，在威尔伯重新控制飞机之前，飞机开始爬升和俯冲，然后突然坠地并损坏了前舵架——但这次它在空中停留了 57s，飞行距离超过了 260m。在他们动身回到代顿之前，兄弟俩给他们的父亲——米尔顿·莱特（Milton Wright）牧师发了一封电报："星期四早上，风速 21 英里，四次飞行全部成功，依靠发动机水平起飞，平均飞行速度 31 英里，最长 57s。新闻界已报道。回家过圣诞节。"（世界数字图书馆 2014）

7—10）。这就使发动机质量更重、转速更低，但在本质上，柴油发动机效率更高。甚至在 1897 年 2 月它的第一次认证测试中，它的原型机效率也超过了 25%（相比之下，当时最好的汽油发动机效率只有 14%—17%）。到 1911 年，它的效率已达到 41%，如今性能最好的大型柴油发动机的效率可以超过 50%，是汽油发动机效率的两倍（Smil 2010b）。此外，柴油发动机使用的燃料更重且更便宜。柴油的密度比汽油高出近 14%（820—850g/L 对比 720—750g/L），它们的单位质量能量密度[①]却很接近，这意味着柴油单位体积的能量接近 36MJ/L，比汽油高出约 12%。

———————————
① 能量除以质量。——译者

图 5.8　比空气更重的自推进机器的第一次飞行。北卡罗来纳州基蒂霍克，1903 年 12 月 17 日上午 10 点 35 分。飞机由奥维尔·莱特操控（来源：美国国会图书馆）

狄赛尔在大学期间就下决心设计一种更为高效的内燃机，并且终于在 1892 年 12 月（在两次被拒之后）获得了一项专利：

这种内燃机的特征在于：在纯空气的汽缸中……活塞把空气压缩得如此紧密，使得产生的温度远高于燃料的着火温度……缓慢地……添加燃料，燃烧过程并不会增加压强或提高温度，因为活塞向外移动，压缩的空气也会膨胀……（Diesel 1893a, 1）

但专利并不能直接转变为可运转的发动机。在 1895 年获得第二项专利授权后，狄赛尔获得了德国先进的机械工程企业奥格斯堡机械制造公司的总经理海因里希·冯·布兹（Heinrich von Buz, 1833—1918）和领先的钢铁生产商弗里德里希·阿尔弗雷德·克虏伯（Friedrich Alfred Krupp, 1854—1902）的实际帮助，克虏伯公司花费巨资开发了一台能工作的柴油机。1897 年 2 月 17 日，经官方测试，这台 13.5kW 的发动机净效率达

26.2%，最大压强为 34 个大气压，达到了狄赛尔最初的设计规格的 1/10
（Diesel 1913）。到 1897 年秋，柴油机的效率提升到了 30.2%。由此，狄
赛尔完成了性能更好的机器，他的雄心壮志基本实现，但他最初对这种机
器所能造成的社会影响则完全估计错了——这是技术进步带来意外结果的
又一例证（专栏 5.8）。

　　这种新式发动机走向商业化的速度比最初预期的要慢一些，到 1901

专栏 5.8

狄赛尔的柴油发动机：初衷与结果

　　狄赛尔的理想是生产一种轻便、小巧（和当时的缝纫机大小相
当）、让独立业主（机械师、制表师、餐馆老板）买得起的廉价发动
机，并以此来实现工业的广泛去中心化，这是他伟大的社会理想之
一："毫无疑问，整个工业越是由小型工业组成、越分散就越好，最
好是分散在城市周边，甚至是农村里，而不是集中在缺少空气、阳
光或空间的拥挤大城市里。这个目标只能通过一种独立的机器来实
现，就是我在这里提出的这种机器，它很好维修。毫无疑问，这种
新引擎可以为小型工业带来更加健康的发展，而不会延续近来在经
济、政治、人道主义和卫生方面的错误趋势。"（Diesel 1893b, 89）

　　10 年后，在《团结起来：人类自然经济的救赎》中，狄赛尔宣
传由工人经营的工厂，梦想着诚实、正义、兄弟般的和平、慈悲和
爱的时代，并将工人间的合作社比喻为蜂窝，把工人自己比作拥有
身份和契约的蜜蜂（Diesel 1903）。但是这本书虽然印了 10,000 册，
却只卖出了 300 册，现代社会也没有以工人合作社的形式组织起
来。狄赛尔告诉他的儿子，"我的主要成就是已经解决了社会问题"
（Diesel 1937, 395）——不过，他的发动机虽然在小车间中起不到
最重要的用途，却在重型机械、卡车和火车上扮演着核心角色。第
二次世界大战之后，大型油轮、散货船和集装箱船一同造就了一种
与狄赛尔的愿景完全相反的情形：大规模制造空前集中，它的各种
产品在新的全球经济中被低价分销。（Smil 2010b）

年年底，它的销售量不足 300 台（Smil 2010b）。1903 年，第一艘柴油驱动的船只——小型油轮“万达尔”号（Vandal）开始在里海和伏尔加河上作业；1904 年，第一座柴油发电站在基辅开始运营，法国“埃吉瑞特”号（Aigrette）潜艇是第一艘由柴油推进的潜艇。但是，伟大的进步发生在 1912 年 2 月，丹麦的“锡兰迪亚”号（Selandia，6,800 载重吨的客货两用船）成为第一艘由柴油发动机驱动的远洋船。狄赛尔在去世的前一年（即 1912 年）写道：“现在海军界有一个新动词：‘柴油驱动’。‘除柴油驱动之外我们什么也不要……’现在他们在每个场合都这么说。”（Diesel 1937, 421）

然而，内燃机的迅速成功——驱动公路车辆、飞机和船只，并开始承担驱动拖拉机、联合收割机和灌溉泵等农业任务，取代西方农业中的役畜——并没有终结蒸汽机时代。另一种原动机在 19 世纪末之前就已实现商用，而它随后的发展对 20 世纪的许多工业进展产生了决定性影响。这项重大发明就是蒸汽涡轮机，它很快被部署在了日益庞大的发电站里，成为一种驱动发电机来发电的更好的原动机。

电 力

在 18 世纪下半叶和 19 世纪前 60 年，经过许多欧美科学家和工程师的努力，人们系统地理解了电的基本性质和规律。在很多情况下，他们的开创性贡献因为许多基本物理单位被冠以他们的姓氏而广为人知。18 世纪著名的里程碑包括 18 世纪 90 年代路易吉·伽尔瓦尼（Luigi Galvani, 1737—1798）用青蛙腿进行的实验（他也因此有了“动物电”的错误记载），查利-奥古斯丁·库仑对电力的研究（库仑现在是电荷量的标准单位），以及亚历山德罗·伏特（Alessandro Volta, 1745—1827）的第一块电池的制作（伏特是电势的单位）。

1819 年，汉斯·克里斯蒂安·奥斯特（Hans Christian Ørsted, 1777—1851）发现了电流的磁效应（奥斯特现在是磁场的一个单位）；19 世纪20 年代，安德烈-玛丽·安培（André-Marie Ampère, 1775—1836）提出了完整电路的概念，量化了电流的磁效应（安培是电流的单位）。但 19 世纪早期的所有这些发现，没有一个比迈克尔·法拉第（Michael Faraday, 1791—1867）对电磁感应现象的论证更为重要（图 5.9）。法拉第的理论源于对一个简单问题的回答：如果奥斯特证明了电可以产生磁，那么磁能产生电吗？——现在我们已经知道他对这个问题进行回答的确切日期和详细描述（专栏 5.9）。

　　法拉第的论证表明，机械能可以转换成电能（产生交流电），反之亦

图 5.9　迈克尔·法拉第（来源：伦敦维尔康姆图书馆）

专栏 5.9

法拉第发现电磁感应

法拉第是自学成才的，他在英国皇家学会时主要担任汉弗莱·戴维（Humphry Davy, 1778—1829）的助手。戴维是第一个描述两个稍稍分开的碳电极会产生电弧放电的科学家。1821 年，法拉第首次发表了他在电力方面的重要工作（关于电磁转动），概述了电动机的工作原理。他于 1831 年开始一系列新的实验，最终在当年 10 月 17 日发现了电磁感应现象。由于担心实验结果可能是实验设计中的人为因素所导致的，他还使用不同的技术进行最终的实验，结果仍能产生连续电流。在 1831 年 11 月 24 日的皇家学会讲座中，法拉第介绍了实验结果。下面是他在《电的实验研究》中所做的相关描述。

"在以前的实验中，将电线彼此靠近，将产生感应的电线与电池相连接，就能产生电磁感应；但也可能是在连接和断开电线与电池的接触瞬间做出的某些行为造成了这种结果，所以我们用另外一种方式来产生感应。我们将一根几英尺长的铜线以宽锯齿状展开，就像字母 W 一样，然后放到电路板上；将第二根电线在第二块电路板上精确地以相同形式拉伸，因此当我们将电线相互靠近时，它们应该完全贴合，除非在当中插入一张厚纸板。把其中一根电线与电流计连接，将另一根与伏打电池连接。然后将第一根导线朝第二根导线移动，当它们接近时，电流表的指针偏转了。然后分开电线，指针又向反方向偏转。当电线接近然后退回时，电流计的指针会同步振动，而且很快变得非常剧烈；但是当电线停止相互移动或者相互指向彼此时，电流计的指针很快就回到原位。

"当导线接近时，被诱导的电流（感应电流）与诱发电流方向相反。当导线远离，感应电流与诱发电流方向相同。当导线保持静止时，则不产生感应电流。"（Faraday 1832, 128）

然。这为实际生产电能和不依赖（且受限于）笨重的低能量密度电池的电力转换开辟了道路。但将这些可能性结合起来并最终转化为商业现实，仍需几十年的努力。儒勒·凡尔纳（Jules Verne, 1828—1905）在小说《海底两万里》中，借尼摩船长之口向阿龙纳斯解释说："这里有一种强大的顺手的迅速的方便的原动力，它可以有各种用处，船上一切依靠它。所有一切都由它造出来。它给我光，它给我热，它是我船上机械的灵魂。这原动力就是电。"但在 1870 年，这种情形仍是一种科学的虚构，因为当时电力尚不能大规模生产，电动机的性能仍受到小电池供电的限制。

这中间有着这样的时间间隔并不令人意外，因为发电、输电以及把电变成热、光、动能和化学能在能量创新上是一系列无与伦比的成就。以前，人们寻找新能量和新的原动力是为了更快、更便宜和更有力地完成特定任务，并且要便于在现有的生产安排中使用（例如，用水车代替动物转动石磨）。相比之下，若想推广使用电力，需要设计、开发和安装一整套全新的系统，让发电过程经济而可靠。同时，电力还要能够长距离安全传输，并被分别输送到一个个消费者那里，被有效地转换成用户所期望的最终形式的能量。

电力的商业化始于对更好的照明的追求。如前所述，1808 年戴维演示了电弧放电现象，但最早的电弧灯是 1844 年 12 月在巴黎协和广场被点亮的，然后于 1848 年 11 月，电弧灯出现在位于伦敦的英国国家美术馆的柱廊里。1871 年，Z. T. 格拉姆（Z. T. Gramme, 1826—1901）在巴黎向法兰西科学院展示了第一台环形电枢发电机——他称之为"产生直流电的新机器"。这种设计最终为由发电机供能的电弧灯打开了市场：1877 年以来，电弧灯已经照亮了巴黎和伦敦的一些著名公共场所，到 19 世纪 80 年代中期，它们已被传播到欧洲和美国的许多城市（Figuier 1888; Bowers 1998）。但这种灯需要进行控制以保持稳定的电弧，因为电流会造成正电极的损耗，它们并不适合在室内使用，而且更换废电极对于后勤而言也是一个很大的挑战：如果每间隔 50m 设置一盏 500W 的电弧灯，那么每千米的城市道路每年需要长度为 3.6km 的 15mm 和 9mm 厚的碳电极（Garcke 1911）。

人类在使用灯丝进行室内照明上的探索持续了 40 多年——从沃

伦·德拉鲁（William de La Rue）在19世纪30年代用白金线圈进行实验开始，到1879年爱迪生推出第一款耐用碳丝灯（Edison 1880）——涉及来自英国、法国、德国、俄国、加拿大和美国的20多名杰出的（但是现在已经被遗忘的）发明家（Pope 1894; Garcke 1911; Howell and Schroeder 1927; Friedel and Israel 1986; Bowers 1998）。我至少应该强调，1865年赫尔曼·施普伦格尔（Hermann Sprengel）发明了用以产生高度真空的汞蒸汽泵；约瑟夫·威尔森·斯旺（Joseph Wilson Swan, 1828—1914）于1850年开始研究碳纤维灯泡，最终于1880年获得英国专利；加拿大人亨利·伍德沃德（Henry Woodward）和马修·埃文斯（Matthew Evans）在1875年获得的专利为爱迪生之后的工作打下了基础。那么，为什么爱迪生的成就远超许多前辈和竞争对手呢？

爱迪生之所以成功，是因为他意识到真正的竞争不仅仅在于创造第一只可靠的灯泡，还在于建立一个实用的商业电力照明系统——包括可靠的发电、输电和计量系统（Friedel and Israel 1986; Smil 2005）。结果，与19世纪任何其他的创新不同，电力工业的建立几乎完全是由一个人的愿景所推动的。这就需要准确地识别技术风险，通过长久的跨学科研发来解决问题，并迅速对由此产生的创新成果进行商业化（Jehl 1937; Josephson, 1959）。当时，还有其他发明家也在研究灯泡或大型发电机，但只有爱迪生既有建立一个完整电力系统的愿景，也具有完成这项事业的决心和组织能力（专栏5.10，图5.10）。

不可否认的是，爱迪生是一个非常有创造力又刻苦的人（他的精神投入只会被他传奇的身体耐力所超越）。他的性格充满矛盾，既具备理性、专注的发明家特点，又有那种总给出含糊不清的承诺的自我炒作者的特性，既能激励也能疏远那些与他共事的人。如果没有那个时代最富有的一些商业人士的慷慨资助，他不可能取得如此巨大的成功——但是他善于利用这些投资，创立了门罗公园实验室，探索了许多新的概念和方案，这座实验室应当被视为企业研发机构的先驱（这些机构的很多发明对20世纪的进程产生了很大影响）。

1879年10月21日，爱迪生发明了第一个耐久型灯泡，它在高真空

专栏 5.10
爱迪生的电力系统

1878 年 12 月 18 日，约瑟夫·斯旺在塔恩河上的纽卡斯尔展示的第一款耐用电灯与爱迪生第一款持久型灯泡拥有相同的核心部件（铂引线与碳丝），它在 10 个月后获得专利（Electricity Council 1973; Bowers 1998）。但斯旺的灯丝电阻非常低（<1—5Ω），而且它们的大规模使用需要非常低的电压，因此需要非常大的电流和大量的电线。此外，爱迪生之前的灯泡都是以串联方式连接，并通过发电机的恒定电流供电，因此无法单独点亮某个灯泡，一次中断就会导致整个系统停止工作。爱迪生意识到，能满足商业需求的照明系统必须处于恒定电压下，以并联的方式连接，使用高电阻灯丝，才能最大限度地减少电力消耗。

这种认知与当时的技术共识完全是矛盾的（Jehl 1937），但简单的比较就能说明这两种方法的实际结果。在爱迪生之前的一般照明装置——一个 100W、2Ω 的灯泡——需要 7A 的电流来点亮。爱迪生 140Ω 的装置只需要 0.85A，大幅降低了铜导线的成本（Martin 1922）。正如 1879 年 4 月 12 日爱迪生在提交的专利申请中说的那样："通过使用这种高电阻灯，我可以将多个灯泡并联在电路中，且不会将所有灯的总电阻降低到需要一个大电阻导体的程度。相反，我可以使用尺寸非常合适的电阻导体。"（Edison 1880, 1）根据欧姆定律，爱迪生的照明系统规格电压要求为 118V，而这个电压（110—120V）今天仍然是北美〔和日本〕的标准。欧洲的电网则以 240V 的标准运行。

但对爱迪生的评价是不一致的。我同意休斯的观点："爱迪生具备全面的大局观，并能坚定地处理与系统发展有关的任何问题。……爱迪生的观念源自他对组织原理的追寻，这些原理足够强大，可以整合各种因素和组件，并给出具有目的性的指导。"（Hughes 1983, 18）但弗里德尔和以色列的结论是："该系统的完成，更多地依赖于技术进步和财政资源支持，而非目的明确的系统方法。"（Friedel and Israel 1986, 227）

图 5.10　1882 年的托马斯·阿尔瓦·爱迪生。这一年，他的第一座燃煤火力发电站在下曼哈顿地区开始运营（来源：美国国会图书馆）

环境下，通过碳化棉缝纫线灯丝发出稳定的光线，随后在 12 月 31 日，他在新泽西州门罗公园展示了 100 个新灯泡，照亮了他的实验室、附近的街道和火车站。尽管第一批灯泡效率很低，但其性能仍要优于同时代任何其他光源。它们比煤气灯约亮 10 倍，比蜡烛亮 100 倍。照明领域的这些巨大进步对于工业的现代化和生活品质的提高的重要性，不亚于推出更好的原动机。

耐久型灯泡仅仅是个开始：在其诞生三年后，爱迪生申请了近 90 项关于灯丝和灯具的新专利，还有 60 项涉及磁电机或电动机的专利，14 项有关照明系统的专利，12 项有关配电的专利，与电表和电机相关的专利共 10 项（Thomas Edison Papers 2015）。同时，他和同事们在惊人的短时间内将这些想法变成了现实。爱迪生的伦敦公司在霍尔邦高架建造了第一座发电厂，它于 1882 年 1 月 12 日开始发电。同年 9 月 4 日，纽约的珍珠街电站开始投入使用，它原本是美国第一座热电厂。一个月后，它开始为纽约金融区 1,300 多个灯泡供电，一年后，共有 11,000 多盏电灯接入电力系统。

我发现有两个现象尤其值得注意。首先是爱迪生的远见和完成的工作质量相结合，使其电力系统达到了高度成功与完整，以至我们今天仍在沿用他的系统基本参数。尽管存在批评和质疑（参见专栏 5.10），但那些能理解设计出这样一个系统的精巧性和复杂性的人们对这一成就总是持赞赏态度的。最重要的称赞或许来自埃米尔·拉特瑙（Emil Rathenau），他是欧洲电气行业的先驱、德国最大的电气设备制造商通用电力公司（Allgemeine Elektrizitäts Gesselschaft，AEG）的创始人。1908 年，他回忆起在 1881 年巴黎电气展上看到演示时的印象时说：

> 爱迪生的照明系统构思精美，细节深入而丰富，运行效果彻底，就像在各个城镇进行了数十年的测试一样。不论是插座、开关、保险丝、灯座，还是完成安装所需的任何其他附件，都被包含在内；发电设备、控制系统、配电箱的接线、连接房屋的线路、仪表等，都显示出他惊人的技巧和无与伦比的天赋。（Dyer and Martin 1929, 318–319）

第二个现象可能更值得注意。虽然爱迪生的工作范围很广，又很基础，但仅靠它们并不足以建立一个完整、耐用且高效的现代电力系统：所有必需的创新不仅在很短的时间内（几乎所有这一切都发生在充满奇迹的19世纪80年代）而且以接近最佳的方式落到了实处。在120多年后，我们所使用的无处不在的电力系统的主要组件——蒸汽涡轮发电机、变压器和高压交流电（AC）传输——虽然在效率、容量和可靠性上都有提高，但基本设计和属性仍然保持不变，这些东西的发明者很容易就能认出基于他们的最初设计演化而来的新变体。

虽然白炽灯已经被日光灯（于20世纪30年代实现商业化）超越，最近也出现了更高效的光源（钠蒸汽灯、硫灯、发光二极管），但19世纪80年代电力系统的另一个关键部分——电动机，已成为全球电力系统中更常见的部分。这就是我还必须仔细研究四个并非由爱迪生发明的关键创新的原因，正是它们帮助人们将电力的巨大理论潜力转化为普遍的经济和社会现实。它们分别是汽轮机、变压器、电动机和交流电传输。

我之前提到，蒸汽机有着较高的质量功率比和有限的额定功率。在1884年查尔斯·帕森斯（Charles Parsons, 1854—1931）为更高效、更小、更轻的汽轮机申请专利后不久，蒸汽机这种笨重且效率低下的原动机就被人们抛弃了（Parsons 1936）。1888年，帕森斯的公司在纽卡斯尔电站安装了一台75kW的汽轮机，并于1900年在德国埃尔伯费尔德电站安装了1MW的机器；帕森斯在一战前建造的最大的机器于1912年被安装在了芝加哥，它拥有25MW的额定功率（Smil 2005）。虽然蒸汽机的转速几乎无法超过每分钟几百转，但现代汽轮机的转速可达到3,600rpm，可在压强高达34MPa、蒸汽过热至600℃的环境下工作，效率高达43%（Termuehlen 2001; Sarkar 2015）。它们的容量低至几千瓦，高到超过1GW，能够适用于从小规模废热发电站到核电站的大型汽轮发电机之间的各种应用场景。

变压器可能已经成功地成为一种在现代社会十分常见且不可或缺，但公众都几乎没有意识到它的存在的设备（Coltman 1988）。它通常被隐藏起来（地下、建筑内部、高墙后面），安静且固定，它使得成本低廉的集中发电成为可能。从发电站传输到用户家里的电最早是直流电（DC），但这种传输受范围限制。如果传输范围超过1/4平方英里（约等于0.65km²）的极限，就需要安装大量的连接器，正如西门子所总结的那

专栏 5.11

电压的转换和电在传输过程中的损失

在低电压下，发电效率最高，将其转换到适用于最终用途的形式也最方便，但由于传输过程中的功率损耗随传输电流的平方而增加，因此最好通过提高电压来限制传输过程中的损耗。通过提高或降低输入电压，变压器可以将一种电流转换为另一种电流，这个过程几乎不会损失能量，可转换的电压范围也很大（Harlow 2012）。简单的计算就能为我们展示这一优势。传输电力的功率是电流和电压的乘积（瓦特 = 安培 × 伏特，$W = AV$）；电压是电流和电阻的乘积（欧姆定律，$V = A\Omega$），因此功率（W）是电流的平方（A^2）与电阻（Ω）的乘积。

因此，功率损失（电阻）会随着电压的反平方而下降：当我们将电压提升到之前的 10 倍但保持功率不变，线路电阻将变为之前的 1/100。这样看来，让电压尽可能地越高似乎越好，尽管如今的高压（HV）和超高压（EHV）转换器通常可以在 240,000—750,000V（240—750kV）条件下工作，电在传输过程中的损失通常也能被限制在 7% 以下，但在实际应用中，电压的增加还是会受限于其他因素（电晕放电、绝缘要求、传输塔尺寸）。

样："石板路下面的狭窄管道已经放不下它们了，我们需要建造昂贵的地下通道——这真是名副其实的心跳电流[1]。"（Siemens 1882, 70）剩下的唯一选择就是建造大量的供电站，为有限的本地区域提供服务——但不管哪种选择都代价高昂。交流电的变压器则能提供一种廉价且可靠的解决方案（专栏 5.11）。

如前所述，变压器是通过由法拉第发现的电磁感应原理工作的。它的发展并不是一项突破性的发明，而是基于法拉第的基本见解逐步改良的结果。1883 年，卢西恩·H. 高拉德（Lucien H. Gaulard, 1850—

---

[1] 原文为拉丁语 cava electrica，意为心电。——译者

1888）和约翰·D. 吉布斯（John D. Gibbs）推出了一种有影响力的早期设计，随后三位匈牙利工程师使用封闭式铁芯对其进行了改进，但今天我们所使用的设备的原型是由在西屋公司工作的年轻工程师威廉·斯坦利（William Stanley, 1858—1916）在 1885 年研发的。有了斯坦利的发明，发电厂就能够以较低的损耗传输高压交流电，然后以低压电满足家用和工业用途（Coltman 1988）。

与新电力系统的其他组件一样，在 19 世纪剩余时间里和在第一次世界大战前，变压器的容量和电压迅速增长。对于这个简单但巧妙的设备，1912 年斯坦利在他写给美国电气工程师协会的信中给出了精彩至极的评论：

> 对于一个复杂的问题来说，它（变压器）是一个如此完整而简单的解决方案。它让所有机械性的调整尝试都相形见绌，它可以轻松地、有把握地、经济地处理瞬间给予或获取的大量能量。它是如此强大、确定而又可靠。在这些混合在一起的钢铁和铜之间，非凡的力量是如此和谐。人们甚至察觉不到它的存在。（Stanley 1912, 573）

变压器是出现交流电的必要条件，也是新型电网的标配。对于最早的服务于各个城市部门的独立小型电网而言，直流电是合乎逻辑的选择，而且不可否认，当时的人们对高压交流电（HVAC）的安全问题有一些担忧。但不管什么理由都无法为爱迪生在 1887 年发起的咄咄逼人的反交流电运动提供辩解，这场运动包括将流浪狗、猫放在用交流发电机供电的 1kV 金属板上电死（以证明交流电的致命危险），以及对乔治·威斯汀豪斯（George Westinghouse, 1846—1914）的人身攻击——后者是美国领先的实业家、斯坦利的雇主，也是交流电的早期推动者。

1889 年，爱迪生甚至写道："我个人的愿望是完全禁止使用交流电。因为它们不仅危险，而且没必要……因此，我认为没有理由采用一种不能持久但又会对生命和财产产生威胁的系统。"（Edison 1889, 632）在反对交流电的过程中，爱迪生在英国找到了世界上首屈一指的物理学家开尔文勋爵作为盟友。但一年后，爱迪生开始宣传直流电，戴维则对爱迪生的行为做出了最好的解释（David 1991），他认为爱迪生看似不合理的反对意见实际上是为支持自己的企业的价值而做出的理性选择（这些企业致力于生产直流电系统的元件），这样做可以帮助提高销售他的剩余股份的筹码。一旦他收回投资，冲突马上就停止了。

但这个著名的"系统之争"已有定论：基础物理学偏好交流电，1890年后新的电力系统就是基于交流电的（1889年，精确而便宜的交流电表的使用进一步推动了这种转变），现存的直流电系统（直到1891年仍支撑着过半数的美国城市照明）也可以转换为交流电，这要归功于由爱迪生公司的前雇员查尔斯·S.布拉德利（Charles S. Bradley）于1888年获得专利的旋转变流器：有了旋转变流器，直接使用现有的直流发电设备同时大面积传输多相高压交流电得以成为现实。19世纪90年代的几个大型项目加速了高压交流电的推广，其中包括伦敦的大德普特福德电站（为超过20万盏灯供电）以及从尼亚加拉瀑布水电站到布法罗的全球最大的交流电输电线路的发展（Hunter and Bryant 1991）。1900年，公共供电首次使用三相电流，最高输电电压在1900年上升到60kV，1913年上升到150kV。因此，第一次世界大战之前，所有的现代发电和传输设备都已就位。

在斯坦利发明变压器三年后，尼古拉·特斯拉（Nikola Tesla, 1857—1943）为第一台在交流电上运行的实用多相感应电动机申请了专利（Cheney 1981；图5.11）。然而，在很大程度上就像白炽灯的发展一样，这项同样由发电机供能的发明是在经过数十年的试验、实践之后，甚至是在由电池供电的直流电动机完成商业部署之后才出现的，这一历程从19世纪30年代开始，一直延续到了19世纪70年代后期（Hunter and Bryant 1991）。与蒸汽机相比，小型直流电机运行成本较高、电池容量较小，因此是一种较次的原动机。

第一批在商业上获得成功的小型直流电动机（售出了数千台）也由大体积电池供电，爱迪生在1876年为其申请了专利。在大型发电机组投入使用后，还有人尝试使用小型直流电动机为有轨电车（首先在德国）和许多工业任务（尤其是在美国）提供动力。尼古拉·特斯拉的新发明问世之后，交流电的前景才发生根本性的变化。这一发明的概念首先在欧洲形成，在

图 5.11 1890 年的尼古拉·特斯拉。照片由拿破仑·沙乐尼（Napoleon Sarony）拍摄

这位年轻的塞尔维亚工程师移民到美国后，概念才变为可运行的机器。

特斯拉声称他在 1882 年就有了最初的想法，但在移居美国之后，他的第一位美国雇主爱迪生对交流电没什么兴趣。然而，特斯拉在获得融资方面并没有遇到困难，他于 1887 年创立了自己的公司，并申请了所有必要的专利——其中有 40 项是在 1887—1891 年之间拿到的。在设计多相电动机时，特斯拉的目标是：

实现比现有情况更经济的转化，从而构建更便宜、更可靠、更简单的设备。最终，该设备必须容易管理，并且可以避免为了实现经济地传输而使用高压电流所面临的危险。（Tesla 1888, 1）

西屋电气于 1888 年 7 月收购了特斯拉的所有交流电专利，并于 1889 年生产了第一台安装了特斯拉发动机的电气设备——一台由 125W 交流电机驱动的小风扇（功率也是 125W）。到 1900 年，它共卖出了近 10 万台（Hunter and Bryant 1991）。特斯拉的第一个专利与两相电机有关，第一台三相电机则是由德国电器公司（AEG）的俄国工程师米哈伊尔·多勃罗沃尔斯基（Mikhail Osipovich Dolivo-Dobrowolsky, 1862—1919）设计制造的。三相电机（每相偏移 120°）可以确保三相中始终有一相接近或处于峰值，因此其功率输出比两相设计更均匀，同时又可以达到四相电机一样良好的性能，但四相电机比三相电机要多一根电线。正如我将在下一节中解释的那样，三相电机迅速征服了市场，给制造业带来了重大转变。

技术创新

无论是全新的、划时代的品质，还是被采用的速度，从植物质燃料到化石燃料、从动物原动力到机械原动力的巨大转变都带来了前所未有的变化。1800 年，巴黎、纽约或东京的居民生活的能量基础不仅与 1700 年相似，甚至与 1300 年也没什么不同：所有这些社会都依靠木材、木炭、辛苦劳动和役畜来获得能量。但到了 1900 年，对西方主要城市的许多人口来说，他们的生活技术参数在基本特征方面几乎完全不同于 1800 年的世界，反而更接近我们在 2000 年的生活。历史学家刘易斯·芒福德总结道："力量、速度、运动、标准化、大规模生产、量化、管理、精确性、统一性、天文规律、控制，特别是控制——这些都已成为现代西方社会新模式的密码。"（Lewis Mumford 1967, 294）

这些变化的例子比比皆是，我只从中选择了几项有世界级影响的成就来说明这些快速增长的规模。在最基本的层面上，1800 年全世界的能量消耗约为 20EJ（相当于消耗原油近 500Mt），其中 98% 为植物量（主要为木材和木炭）。到 1900 年，初级能量供应总量增加了一倍多（约 43EJ，相当于超过 10 亿吨的原油），一半来自化石燃料（大部分是煤）。1800年，最强大的非生命原动力——瓦特的改良蒸汽机——的功率刚刚超过100kW；在 1900 年，最大的蒸汽机功率已达 3,000kW，是前者的 30 倍。在 1800 年，钢铁还很罕见；到 1850 年，即使在英国，它"在商业应用中的数量据说也相当有限"（Bell 1884, 435），这一年全世界仅生产了几十万吨钢铁；但到了 1900 年，全球钢铁产量达到了 28Mt（Smil 2016）。

但是，请注意我在描述 1900 年的世界时所用的限定词——"几乎"和"在基本特征方面"。从定性和定量的角度来说，这一系列转变十分深刻，其速度也常常令人惊讶。与此同时，化石燃料和非生命原动力的世界仍然是新的领域，它们远未成熟、往往效率很低，且伴随着许多对环境的负面影响。到 1900 年，美国和法国社会已完全成为化石燃料主导的社会，但整个世界仍然有一半的初级能量来自木材、木炭和农作物残余——即使在美国，挽马数量还有 17 年继续保持在巅峰状态。尽管白炽灯、电动机和电话迅速进入人们的生活，但美国或德国的城市家庭用电多数时候仅限于点亮几个灯泡。

新能量世界的基础已经打牢，但在 20 世纪，这一新系统的所有组成部分都因能量的进一步快速增长和质变而发生了巨大变化。这主要得益于效率、生产力、可靠性、安全性的增长以及环境影响。这一进程曾被第一次世界大战和 20 世纪 30 年代的经济危机所打断。第二次世界大战加快了核能的发展以及燃气轮机（喷气发动机）和火箭推进技术的应用。1945年后所有能源产业重新开始增长，并于 20 世纪 70 年代初达到新的高峰，随后许多能源技术及其性能增长趋于平缓。其中典型的例子包括蒸汽轮机的装机容量、一般大型油轮的吨位以及主流的高压交流电线的额定负载电压。

这种趋平主要不是技术限制的问题，而是成本过高和对环境造成无法接受的影响的结果。另一个有助于减缓能量发展速度的重要因素是石油输出国组织（简称欧佩克，OPEC）两次（1973—1974、1979—1980）迅速提高石油价格和这些举措对能量消耗的抑制效应。因此，提高利用率、可靠性和环境兼容性成为新的工程目标。但能源价格最终稳定了下来，美国仍是世界上最大的经济体，它在 20 世纪 90 年代因为扩大了与中国的接触，经历了又一个十年的强劲增长。

经过了几十年的苦难，中国这个世界上人口最多的国家接受了改革政策，使其在 1980 年至 2010 年间的人均初始能量消耗翻了两番：2009 年，中国成为世界上最大的能量消费国（到 2015 年，它的能量消耗比美国大约高出 30%）。2015 年中国的人均能量消耗约为 95GJ，与 20 世纪 70 年代初的法国相近，但工业用途仍是最主要的；而且在可比发展阶段，中国的住宅能量消耗仍低于西方国家。到 2015 年，中国经济和能量需求的增长速度不可避免地放缓了，但在印度、东南亚和非洲，仍有数十亿人希望复制中国的成功：到 2050 年将再有 20 多亿人达到其 2015 年的这一能量消耗水平。

能量需求将继续增加是一个不争的事实，但我们谁都不能预见它将如何在一个经济不平等且全球环境让人担忧的世界上得到满足。人们提出的预测和应对方案比比皆是，但能量发展的历史表明，它们最普遍的特征就是无法预测（Smil 2003）。在本节中，我将回顾和总结那些决定化石燃料的开采、加工和运输等步骤以及热电和可再生发电的进步的扩张、成熟和转化走向的主要趋势，以及机械原动机的组成和性能的变化方向。但在此之前，我应该指出化石燃料生产、发电和原动力的传播在一些具体细节上的几个共同点。

1900 年之后的化石燃料开采有三个显著趋势。首先，1900—2015 年间，全球范围内煤炭和碳氢化合物开采的扩张使得化石碳的年提取量提高至大约 20 倍：从 1900 年的 500Mt 扩大到一个世纪之后的 6.7Gt，2015 年达到约 9.7Gt（Olivier 2014；Boden and Andres 2015；这些数字可以直接乘以 3.67，用二氧化碳的单位表示）。由于化石燃料分布不均，开采规模的扩大不可避免会催生易于运输的原油走向真正的全球贸易，同时会导致煤和天然气的出口量增加（通过管道和液化天然气油轮）。但仔细一看，因为全球范围的化石燃料增长包含了许多复杂的国家轨迹（包括一些国家出现了产量明显下降或完全停止燃料开采的情况），我们可以发现其中也有一些重要的限制和例外情况。其次，众多的技术进步已成为这种扩张最重要的推动因素，它们使能源的开采、运输和处理变得更加便宜和高效，并且降低了具体的污染率（有一个突出的例子，即全球范围内污染物的绝对排放量都在下降）。最后，长期以来，从煤到原油和天然气，人们总在追求更高质量的燃料，这一明显的转向导致全球化石燃料开采相对而言成了一种脱碳化过程（即 H:C 上升，也就是氢碳比上升），虽然排放到大气中的二氧化碳的绝对水平除在某几年出现过暂时的略微下降外，在其他情况下一直在上升。木材燃烧的氢碳比变化不大，从未高于 0.5，煤的氢碳比为 1，汽油和煤油为 1.8，而甲烷（天然气的主要成分）为 4.0。

当我们在能量含量的基础上进行比较时，会发现高碳燃料（木材和煤）在 1900 年提供了全世界能量的 94%，1950 年提供了 73%，但到 2000 年只有约 38%（Smil 2010a）。结果，全球化石燃料供应的平均碳排放强度持续下降：以全球初级能量总供应量的单位碳排放计算，1900 年的碳排放为 28kg/GJ，到 1950 年下降到略低于 25kg/GJ，到 2010 年降到了略高于 19kg/GJ，下降了约 30%。之后由于一些后发国家煤产量的迅速增长，在 21 世纪的头 10 年，碳排放强度有所上升（图 5.12）。与此同时，全球化石燃料燃烧的碳排放量从 1900 年的 534Mt 上升到 1950 年的 1.63Gt，2000 年为 6.77Gt，2010 年为 9.14Gt（Boden, Andres, and Marland 2016）。

发电将技术改进与空间的大规模扩张结合了起来，但后一个过程出人意料地被推迟了，甚至在美国的部分地区都是如此，对于很多低收入人口大国来说更是远未完成。发电在空间上的大规模扩张过程始于小型独立电网的建设，现已发展到大规模电网阶段：它们遍布整个欧洲大陆；俄罗斯已拥有大范围电网；自 1990 年以来，中国已经新建了许多远距离互联电网；在高收入经济体中，只有美国和加拿大没有任何一体化的全国电网。正在对该行业造成影响的最新变革是风力发电机组、光伏电池和中央太阳能发电站的安装与建设：这些新的可再生能源（与水电这种旧式的可再生能源相区别）往往得到了大力推广和补贴，它们的装机容量迅速增加，但由于它们固有的间歇性和低容量特征，所以将它们整合到现有电网中会造成不小的问题。

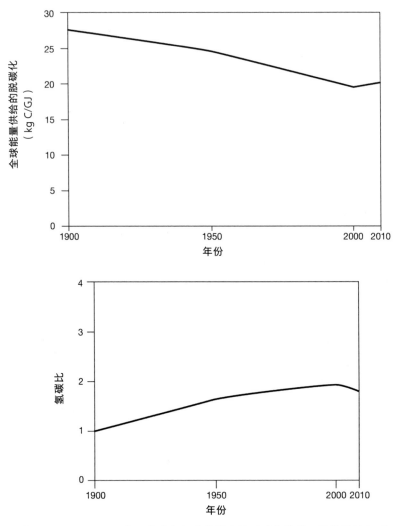

图 5.12　1900—2010 年，全球初级能量供应的脱碳化过程。图片根据 Smil（2014b）的数据绘制而成

煤

煤炭产业有两个普遍趋势：地下开采的机械化程度越来越高；露天采矿的比例不断上升。美国的煤炭生产率全球最高，1900 年每个矿工每一班的煤产量不到 4t，而现在全国范围内每位工人每小时的平均煤产量大约为 5t。具体生产率的范围波动也很大，从阿巴拉契亚地下煤矿的每小

时 2—3t，到蒙大拿州和怀俄明州波德河盆地地表矿山的每小时 27t 不等
（USEIA 2016a）。在澳大利亚和德国，高生产率意味着人们会对厚的褐煤
煤层进行表层开采。来自这些大型煤矿的煤越来越多地被运往邻近的大型
（矿井）发电厂使用。还有一些煤被运往远处的市场，一些特殊的列车负
责完成这些任务，这些列车由大功率机车牵引，由超过 100 节大型的轻型
永久耦合料斗车厢组成（Khaira 2009）。

　　煤炭消费呈现出两个主要趋势：它在传统工业用途、家用和在运输
过程中的损失被煤电所带来的收益弥补回来了（还有一个小得多的原因，
即冶金焦炭产量的增加和煤被用来合成化学原料也弥补了损失）。取暖和
烹饪的家用煤已被更清洁、更高效的能源（主要是天然气和电力）所取
代。在 20 世纪上半叶，煤仍是主要的运输燃料，但是机车和船舶在二战
后迅速转向使用柴油发动机（分别始于 20 世纪的第一个和第三个 10 年），
而所有新型高速列车（首先是 1964 年的日本新干线，然后是 1978 年法国
的高速列车 TGV 以及欧洲和亚洲的其他高速列车）都由电动机驱动。

　　在 19 世纪 80 年代，每个传统产煤国家都依赖于烧煤来进行热力发
电，这种依赖只在二战后随着大型中央电厂的建造才有所上升，当时表层
采煤的比例越来越大，煤的价格下降了。在 20 世纪 50 年代，美国、英国、
德国、苏联和日本所产生的电力中，煤电占比最大。燃料油在 20 世纪 60
年代开始在发电领域变得越来越重要，但当 20 世纪 70 年代石油输出国组
织上调石油价格后，大多数国家不再用它发电；中国、印度和美国对煤的
依赖程度仍然很高。焦炭用于冶金这一特定用途的量（焦炭与铁水的质量
比）几十年来一直在下降，但全球生铁冶炼总量从 1900 年的约 30Mt 升
至 2015 年的约 1.2Gt，将焦煤的产量推高到了约 1.2Gt（Smil 2016）。

　　一个国家煤炭业的历史可以展露出许多可预测的和令人惊讶的发
展，其中包括最早开采煤炭的国家的煤炭产业的终结（图 5.13）。1913
年，英国的煤产量达到了 292Mt 的顶峰，煤炭不仅给英国工业提供了动
力，也推动了这个殖民帝国在 19 世纪的扩张，并通过它在海军和商业运
输当中的主导地位，保证贸易帝国的运作。1947 年，工党政府将煤炭产
业国有化并成立了国家煤炭局，当时的煤炭产量仍然接近 200Mt（Smil

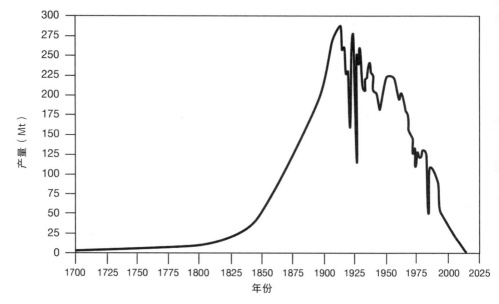

图 5.13　1700—2015 年间英国的煤炭产量。图片根据 Nef（1932）及英国能源与气候变化部（2015）的数据绘制而成

2010a）。英国在战后的煤炭产量顶峰是 1952 年（1957 年再次达到顶峰）的 228Mt，但之后随着原油进口量的不断增加以及 1970 年以后北海的石油和天然气开始供应，整个国家对煤炭的依赖到 1980 年下降了一半。

在 1984 年漫长的煤矿工人罢工期间，英国煤炭总产量下降到了 51Mt，在之后的短暂恢复后又开始下降，并且在 1994 年的再私有化之后继续下降（Smil 2010a）。2000 年，英国煤炭产量仅为约 31Mt。2015 年 7 月，英国煤炭控股有限公司宣布，索尔斯比煤矿将马上停产。2015 年 12 月，英国最后一处煤矿——凯灵利煤矿也关停了（Jamasmie 2015）。这个在 400 年里推动英国在经济和战略上取得巨大成就的产业（在 20 世纪 20 年代初，煤炭产业就业人数达 120 万人，约占总劳动力的 7%），现在只剩下了少数博物馆和地下旅游路线（National Coal Mining Museum 2015）。

1950 年美国的煤炭开采量达到了 508Mt，2001 年达到了 1.02Gt 的顶峰。在此期间，煤炭失去了所有运输市场和几乎所有家庭市场，焦煤的产量也有所下降，出口量却在上升。如今美国煤炭的 90% 以上都用于火力发电：1950 年，美国发电量的 46% 来自煤，到 1990 年该比例上升到

52%，并在 10 多年内保持在这一高位；2010 年煤电仍占 45%，但到 2015 年（由于旧煤电厂的关闭和大量廉价天然气的产出）这一比例已经下滑到 33%（USEIA 2015a）。美国的煤产量在 1985 年被中国赶超，而煤一直是中国非凡的经济增长最重要的动力来源（USEIA 2015b；专栏 5.12）。

1983 年以前，苏联一直是比美国更大的产煤国，但苏联解体后，俄罗斯的煤炭开采量下降，但天然气和原油填补了能源需求。印度现在是世界第三大产煤国（2014 年印度煤炭产量仅为中国产量的 1/6），但其煤炭

专栏 5.12
中国的煤炭生产

1949 年 10 月 1 日，中华人民共和国成立，由于中国煤炭资源储量丰富但分布不均，斯大林式的工业化蓬勃发展。在随后的几十年里，中国对煤的相对依赖在下降，但它使用的煤炭总量已经达到创纪录的水平（Smil 1976; Thomson 2003; China Energy Group 2014; World Coal Association 2015）。煤炭产量从 1949 年的约 32Mt 增加到 1957 年的 130Mt，在"大跃进"时期，1960 年的产量据称有近 400Mt。到 1978 年，煤炭产量超过了 600Mt。改革开放最终使中国成为世界上最大的制成品出口国，并提高了近 14 亿中国人的生活水平。

虽然中国对煤的相对依赖从 1955 年的超过 90% 下降到 2010 年的 67%，煤电的比重也有所下降（尽管仍保持在 60% 以上），但是中国的煤炭产量从 1980 年（907Mt）到 2013 年（3.97Gt）翻了两番，几乎与世界其他地区的煤炭总产量持平了。中国的煤炭开采量在 2014 年首次下降，幅度为 2.5%，2015 年再次下降 3.2%，但实际总量仍不确定：2015 年 9 月，中国国家统计局给出了 2000—2013 年每年的煤炭产量数据，但没有做任何说明。庞大的煤炭产业一直是中国因工作而死亡人数最多的一个行业，并且是空气污染指数爆表的最主要原因——空气中的细颗粒物（直径小于 2.5μm）含量多次比理想最大值高出一个数量级（Smil 2013b）。

质量远低于中国和美国的矿藏，且开采效率仍然不高。产煤量排在前五位的其他两个国家分别是印度尼西亚和澳大利亚（均为主要出口国），再之后是俄罗斯、南非、德国、波兰和哈萨克斯坦，而包括德国和英国在内的一些以前的主要产煤国现在则大量进口煤炭。

由于在释放能量的过程中，煤炭每释放一个单位的能量所产生的二氧化碳量超过任何其他化石燃料——煤的二氧化碳排放量一般超过 30kg/GJ，液态碳氢化合物一般超过 20kg/GJ，天然气则通常低于 15kg/GJ——因此在一个关注全球迅速变暖的世界，煤的未来并不明朗。中国、印度以及其他至少 10 多个国家仍然高度依赖煤炭发电，使其避免了在短期内被弃用的命运，但从长远来看，尽管煤炭资源仍然非常丰富，它依然可能是第一种因环境问题而被限制开采的主要能源。

碳氢化合物

20 世纪初，仅有少数国家大量生产石油，石油提供的能量仅占所有化石燃料所提供能量的 3%。到 1950 年，这一比例升至约 21%，人们使用的原油能量在 1964 年超过了煤，并于 1972 年达到了顶峰，占据了所有化石燃料的 46%。有两种常见的印象——认为 20 世纪由石油主导，以及 19 世纪由煤主导——都是错误的：1900 年以前，木材是最重要的燃料，而整体来说，20 世纪仍由煤炭主导（Smil 2010a）。我最好的计算结果显示，煤提供的能量比原油大约高出 15%（大约分别是 5.2YJ 与 4YJ）（此处疑为作者引用数据错误。——编者），即使把成品油（润滑油、铺路材料）的非能量应用也算到原油里，煤提供的能量仍然排在液态碳氢化合物之前，不过由于将开采出来的原料转化为常见的能量当量时，必然会有不确定性，所以这两种燃料在 20 世纪累积的产量也有可能大致相等。

但通过精炼从原油中分离出的液体燃料优于煤，而 20 世纪的煤炭市场（如前所述）逐渐集中到发电和制作焦炭这两个主要方向，液态碳氢化合物则正通过替代原有能源和在新的大型能耗市场中崛起而稳步扩大。煤被替代主要包括以下方面：船舶的燃料由煤变成了燃料油和柴油，这个过程从第一次世界大战之前开始，在 20 世纪 20 年代开始加快；从 20 世纪

20 年代开始，铁路运输中的煤被燃料油代替；在工业、机构和家庭供暖中，煤被燃料油代替（后又被天然气取代）；二战后，煤作为石化工业原料的地位被液态和气态碳氢化合物所取代。

第一个新的大型市场是随着大众负担得起的汽车的制造而出现的，它随着一战前福特 T 型车的问世而开始出现，并在二战后因汽车保有量的快速提升而增长。第二个新的大型市场是随着 20 世纪 50 年代喷气式飞机在商用航空领域的使用而出现的，喷气式飞机这项创新将乘飞机这件事从一种非常昂贵和罕见的经历变为一个大规模的全球产业（Smil 2010b）。因为各个方面都受益于众多的技术进步，石油工业得以满足不断扩大的能量需求。就算我们想以最严格的标准来做一个关于 20 世纪关键进步的列表，也能随随便便列出十几个条目。

这些条目中最首要的就是地球物理勘探的进展：它们包括有关电导率测量的想法（1912 年）、用以识别含烃地下结构的电阻率测井技术（1927年）、自然电位（1931 年）和感应测井技术（1949 年），后两者由康拉德·斯伦贝谢（Conrad Schlumberger, 1878—1936）和他的亲属推出，之后由同名的公司和其他石油及天然气勘探者进一步完善（Smil 2006）。说起在开采方面的进步，我们首先不得不提到旋转钻井的普遍应用（1901年首次在得克萨斯州博蒙特的斯宾多托普喷油井中使用，参见图 5.6），然后是 1909 年霍华德·休斯（Howard Hughes, 1905—1976）推出的滚动切割岩石的钻头，1933 年三牙轮钻头的发明，以及监控和调节油流量并防止井喷的技术改进。人们越来越依赖二次和三次采油方法（使用水和其他液体或气体将更多的石油推到地表），这延长了油井的使用寿命，并提高了极低的传统生产率（在此之前人们只能开采油层储油量的 30%）。

海上油井开采的石油占比越来越高。到 1900 年，在加利福尼亚的码头附近，近海钻井是一个常见现象，但直到 1947 年，在路易斯安那州旁边的海域才首次出现位于海岸线视野之外的海上钻井。海上钻井平台（多为半潜式设计）在深度超过 2,000m 的海域工作。在主要的大型海上油田上建造的生产平台是人类有史以来建造的最大规模结构之一。最近的石油产量增长得益于非常规的原油资源开采的增多，包括重油（世界上许多地方都能开采）、油砂（加拿大艾伯塔和委内瑞拉）以及用水力压裂法从页岩中开采石油。最后这种由美国首创的技术已被证明非常成功，使得美国再次成为全球最大的石油和其他原油液体生产国——但如果仅考虑原油，沙特阿拉伯在 2015 年生产了 568.5Mt 原油，仍略领先于美国的 567.2Mt。

原油的运输已从使用无缝钢管变成使用大直径主干线管道，最终能实现跨大陆的运输。这些管道干线是最紧凑、最可靠、最干净、最安全的陆上散装油料运输方式。20 世纪 70 年代建成的将西西伯利亚原油运往欧洲的输油管道是世界上最长的管道系统，超过了二战期间建成的从美国南部湾区到东海岸的输油管道。这条管道（Ust-Balik-Kurgan-Almetievsk Line，直径 120cm，长 2,120km）每年将多达 90Mt 的原油从萨莫特洛尔超大型油田运送到俄罗斯的欧洲部分，然后这些原油再经由长约 2,500km 的大直径管道分线被远销欧洲市场，远至德国和意大利。二战后欧洲和日本的石油进口需求导致了油轮吨位的快速增长（Ratcliffe 1985）。由于原产地与最终用户之间的距离已经成为需要考虑的次要经济因素，加上每年洲际原油销量超过了 2Gt，石油成了一种可负担得起的全球性大宗商品（专栏 5.13）。

炼油过程中最关键的进步是原油的催化裂化，以前热裂解一直是主流。直到 1936 年，尤金·胡德利（Eugène Houdry, 1892—1962）开始在太阳石油公司（Sun Oil）的宾夕法尼亚炼油厂利用第一台催化裂化装置生产高辛烷值汽油——这是主要的汽车燃油。从此，催化裂化反应使得从中质和重质化合物中生产出更有价值（更轻）的产品（汽油、煤油）成为现实。不久之后，一种新的移动床催化剂可以在不中止生产的情况下再生，而通过空气传播的粉状催化剂使得高辛烷值汽油的产量提高成为可能（Smil 2006）。在 20 世纪 50 年代，流化催化裂化从在相对较高的压力下加氢裂化得到补充，这两种技术依然是现代炼油工艺的中流砥柱。炼油还受益于液体燃料的脱硫，因为它使得像柴油这样众所周知的高污染燃料也能用于驱动低排量客车（CDFA 2015）。

所有这些技术进步带来了四个显著的后果。首先，20 世纪全球石油

专栏 5.13
巨型油轮

世界上第一艘油轮是 1886 年下水的由英国制造的德国船只"好运"号（*Glückauf*），它只是一艘 2,300 吨级的油轮（Tyne Built Ships 2015）。之后油轮的吨位不断增长，20 世纪 20 年代初最大的油轮达到了约 20,000 载重吨（DWT）。战时最常用的美国油轮（T-2）的运力为 16,500 载重吨，随着 20 世纪 50 年代后期全球石油贸易（向欧洲和日本运输）的扩张，油轮运力才开始迅速增加。1959 年的"宇宙·阿波罗"号（*Universe Apollo*）是第一艘达到 100,000 载重吨的油轮；1966 年的"出光丸"号达到了 210,000 载重吨，而当 1973 年石油输出国组织将油价上调四倍时，最大的油轮的运载量超过了 30 万吨（Kumar 2004）。

建造一艘百万吨级的运油船在技术上是可行的，但许多其他原因使它们变得不切实际：它们的吃水深度限制了航线和停靠港（它们不能通过苏伊士运河和巴拿马运河）；它们需要很长的距离才能停下来；它们的保险费用非常高昂，并且曾导致像 1978 年发生在法国的"阿摩科·卡迪兹"号（*Amoco Cadiz*）事件、1983 年发生在南非的"贝利韦尔城堡"号（*Castillo de Belver*）事件和 1989 年发生在阿拉斯加的"埃克森·瓦尔迪兹"号（*Exxon Valdez*）事件那样的灾难性石油泄漏事故。世界上最大的油轮"海上巨人"号（*Seawise Giant*）始建于 1979 年，后来容量被扩至 564,763 载重吨，在 1988 年两伊战争期间曾被击中，之后被改建为（近 459m 长的）"亚勒维京"号（*Jahre Viking*，1991—2004），在 2004—2009 年间被命名为"诺克·耐维斯"号（*Knock Nevis*），被用作卡塔尔海岸边的一个浮动的存储和卸载装置，之后又被出售给印度的拆船商，并被改名"蒙特"号（*Mont*），开始了它前往古吉拉特邦亚兰市（Alang, Gujarat）的最后行程（Konrad 2010）。

产量增长了约 200 倍；2015 年的石油产量（超过 4.3Gt）比 2000 年高出约 20%，从 1964 年起，开采出的石油的能量含量开始超过煤，它成了世界上最常用的燃料。其次，除了高纬度的北极海域和南极洲以外，现在每个大陆都在生产石油，每个海域都有海上油井，地下 7km 深处都在进行石油生产，巴西的图皮石油层位于从大西洋海平面往下 2.1km 的海底再往下约 5km 的岩层中。再次，石油是最有价值的单项交易商品：2014 年西得克萨斯中质油（West Texas Intermediate）的平均价格约为每桶 93 美元，其年产值为 3 万亿美元。2015 年它的年产值约为 1.6 万亿美元（石油价格下跌至每桶约 49 美元）（BP 2016）。最后，虽然石油开采分布广泛，但世界上最大的油田是 1927 年（在伊拉克的基尔库克）到 1958 年（在伊朗的阿瓦兹）在波斯湾地区的土地上被发现的。加瓦尔油田（Al-Ghawar）位于沙特阿拉伯东部省份，是世界上最大的油田，自 1951 年以来一直在产油；世界第二大的油田是科威特的大布尔干油田（al-Burqan），从 1946 年以来一直在运作（Smil 2015b；图 5.14）。没有什么能改变这一基本现实：2015 年，世界上传统（液态）石油的已知储量几乎有一半位于该地区，不幸的是，它也是世界上最突出的复杂冲突的根源和长期政治不稳定的根源（BP 2016）。

几十年来，天然气对全球能量供应所做的贡献都相对较小：1900 年它只占所有化石能源的 1%，到 1950 年它的比例仍只有约 10%，但到了 2000 年，三大主要需求趋势将天然气的全球占比提升到占所有化石能源的近 25%。在 20 世纪，人们每年从这种最清洁的化石燃料中获得的能量总量增加了 375 倍（Smil 2010a）。它有一个相对最小但十分重要的新市场，即将天然气用作合成氨（氨在以前是最重要的氮肥，现在则主要作为生产固体尿素的原料）与制作塑料的原料和燃料（Smil 2001; IFIA 2015）。

在二战后工业化加速发展时期，大多数西方城市都经历了严重的空气污染，最大的新兴全球市场随之发展起来：在工业、公共机构和家庭采暖（和烹饪）中，使用天然气代替煤和燃料油，消除了颗粒物质的排放，也几乎断绝了二氧化硫的产生（在燃烧之前从气体中去除含硫化合物并不困难）。尽管拉丁美洲和亚洲一些迅速走向现代化的国家的城市已经跟上

图 5.14 1991 年大布尔干油田的油井（在图片的右侧也就是东边）被撤退的伊拉克军队纵火点燃。照片由 earthobservatory.nasa.gov. 于 1991 年 4 月 7 日拍摄

了这一趋势，但其中许多城市，包括东京和日本的其他城市群，首尔、广州、上海和孟买等城市的现代化进程都不得不依赖于昂贵的进口液化天然气（LNG）。利用燃气轮机甚至更高效的联合循环燃气轮机（参见下一部分）来发电这种高效利用天然气的方式是促进天然气使用的最新趋势。2005 年后水力压裂法的兴起不仅止住了美国天然气开采量的进一步下降，还让美国再次成为世界最大的天然气生产国。

使用管道运输天然气本来就比运输液体成本更高，而远距离管道运输只有在引入大直径钢管（直径达 2.4m）和高效的燃气轮机压缩机后才变得经济实惠（Smil 2015a）。自 20 世纪 60 年代以来，美国和加拿大已经建立了综合天然气管道系统，但到 60 年代末，最广泛的国际天然气管道网络才在欧洲发展起来。最长的线路——从新乌连戈伊（Urengoy）到乌克兰-斯洛伐克边界的乌日哥罗德（Uzhgorod）的 4,451km 的线路，以及从亚马尔（Yamal）到德国的 4,190km 的线路——现在正将西伯利亚天然气输送到中欧和西欧，并在那里与来自荷兰、北海和北非的线路相连。

　　20 世纪 60 年代的第一批液化天然气运输价格非常昂贵，而且在接下来的 30 年里，有限的贸易资源主要提供给了没有本土天然气资源的东亚国家和地区（日本、韩国、中国台湾）。新的天然气储量的发现和大型液化天然气载运船的引入使得这种贸易的范围开始相对突然扩大，到 2015 年，由油轮运输的天然气几乎占据天然气出口总量的 1/3（BP 2016）。日本仍是最大的天然气进口国，但过不了多久，中国将成为世界上最大的天然气买家，美国的角色也将大幅度扭转，它以前是加拿大管道天然气的主要买家之一，而如今正在开发许多新的液化天然气设施，有可能成为液化天然气的主要出口国，甚至可能成为卡塔尔未来的竞争对手。卡塔尔是一个富有的小国，坐拥位于波斯湾的全球最大天然气田，向外销售液化天然气（Smil 2015a）。

电

　　电气化的推进要求所有系统组件等级达到指数级增长。最早的、相对较小锅炉的燃料都是放在移动炉箅上燃烧的块煤。从 20 世纪 20 年代开始，炉子开始改成多层结构，喷射到燃烧室内的粉末状燃料被点燃，以此来加热在炉壁内的钢管中循环的水。燃料油和天然气也成了大型中央电厂的常用燃料，但随着 1979—1980 年石油输出国组织发起第二轮油价上涨，大部分国家（俄罗斯和沙特阿拉伯除外）不再使用燃料油发电。目前天然气发电主要使用燃气轮机，在天然气资源丰富的国家和需要进口昂贵的液化天然气的国家都是如此。在美国，天然气发电量占比从 1990 年的 12% 上升到了 2014 年的 33%；日本的液化天然气发电占比在 2010 年为 28%，在福岛核事故导致核电站关停后，2012 年天然气发电的比例上升到了 44%（The Shift Project 2015）。

　　大型锅炉向涡轮发电机输入蒸汽，如今的涡轮发电机最高额定值比 1900 年的高出三个数量级（法国的弗拉芒维尔核电站最大的机组发电功率为 1.75GW），其更高的工作压力和温度将最高效率从 1900 年的不到 10% 提升到了如今的高于 40%（图 5.15）。若使用燃气轮机（现在最大的机器功率高于 400MW）和蒸汽轮机（使用离开燃气轮机的热气来产生蒸汽）的组合，效率甚至可以达到约 60%。使用联合循环燃气轮机来发电——特别是在需要满足高峰期发电需求时——更受欢迎也就不足为奇了（Smil 2015b）。大型柴油发电机一直是偏远地区发电最经济的选择，也是在紧急情况下提供不间断的备用电力的最经济的选择。

第一次世界大战后，电力工程开始从城市向国家系统缓慢发展，第二次世界大战之后这一进程加快。它包括以下共同要件（Hughes 1983）：追求规模经济；在大城市或周边建设更大的电站；发展接通偏远的水电站的高压线路；促进大众消费；将小型系统进行互联以提高供应保障能力并降低装机容量和备用容量。1950 年以后，由于人们对空气污染的担忧，新的大型发电厂多被建在了燃料产地附近。矿口电厂的兴起进一步增加了对高压输电的需求。

结果，自 19 世纪 90 年代以来，最大的变压器的功率增长了 500 倍，

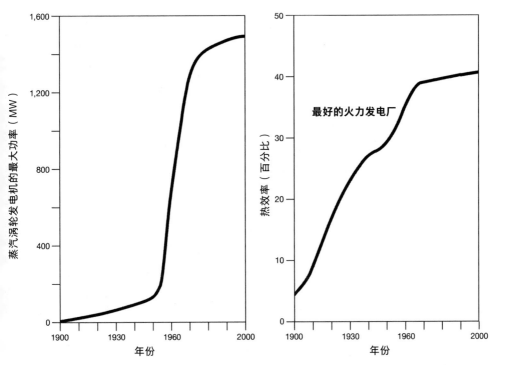

图 5.15　1900—2000 年蒸汽涡轮发电机的最大功率和最好的火力发电厂的热效率变化图。图表根据 Dalby（1920）、Termuehlen（2001）和 Smil（2008a）的数据绘制而成

最高的传输电压上升了 100 倍以上。最初的电力传输使用实心铜线和木杆，如今它们发展成承载量高达 765kV 的由钢丝加固的铝制电缆和支撑电缆的钢塔，目前电压最高的直流电线路是云南向家坝水电站到上海之间的电压 ±800kV、功率高达 6.4GW 的线路。家用的电力设施从少量几个插座发展到了在一幢住宅中通常拥有超过 50 个开关和插座的系统。在电力系统容量和发电量不断提高的同时，系统可靠性也越来越高，这对于一个已经充满电子设施的世界来说十分重要（专栏 5.14）。

核裂变是产生蒸汽进行热力发电的另一主要途径，第二次世界大战加速了它的到来。1938 年 12 月，莉泽·迈特纳（Lise Meitner）和奥托·弗里施（Otto Frisch）第一次论证了这种现象，在随后的 1942 年 12 月 2 日，在芝加哥大学发生了第一次持续链式反应。第一颗核弹在 1945 年 7 月进行了测试。1945 年 8 月，前后相隔三天，两枚核弹被投掷到战场（Kesaris 1977; Atkins 2000）。让我们暂且抛开更强大的核武器的持续发展不谈（参见下一章关于武器和战争的章节）。美国在战后第一个重要的核计划是开发用于推进潜艇的核反应堆。世界上第一艘核动力潜艇鹦鹉螺号于 1955 年 1 月下水，随后该项目的负责人海曼·瑞克弗（Hyman Rickover, 1900—1986）几乎立马被安排负责重新配置用于商业发电的核反应堆（Polmar and Allen 1982）。位于宾夕法尼亚州的希平港（Shippingport）核电站是美国第一座核电站，于 1957 年 12 月开始运营，比 1956 年 10 月开始运营的英国科尔德霍尔核电站晚了一年多。

事后回想，希平港核电站的设计虽然不是反应堆设计的最佳选择，但它最终成了全球的主导类型。尽管它不是最优设计，但是它很早就投入了应用，因此当其他类型的反应堆准备好参与竞争时，它的地位已经根深蒂固（Cowan 1990）。2015 年中期，世界上 437 座正在运行中的核反应堆中有 277 座是压水反应堆，其中大部分在美国和法国。在回顾了商业核电近半个世纪的发展之后，我认为核电可被称为一场成功的失败（Smil 2003），这一看法只会在随后的发展中得到强化。核电是成功的，因为 2015 年它在全球电力供应中的占比达到了 10.7%，而在最近中国煤电厂建设激增之前，这一比例约为 17%。许多国家的比例更高，比如美国的

专栏 5.14

供电系统的可靠性

电力供应的可靠性通常以百分数有多少个 9 来表示，即在一个有 365 天的标准年份中，某个电网系统正常运行并能够满足需要的时间占一年总时间的百分比。一个有 4 个 9 的系统（即在 99.99% 的时间里电力都能满足需要）可能看起来非常可靠，但它的年度总停电时间将近 53 分钟。5 个 9 的系统可以将总停电时间缩短到 5 分钟出头，而供电系统的目标是实现 99.9999%（6 个 9）的可靠性，这可以将系统每年的停电时间缩短至仅 32 秒。目前美国电网的可靠性大约为 99.98%，停电不仅有天气原因（龙卷风、飓风、暴风雪、极寒天气），也受燃料供应被破坏或中断等因素的影响（Wirfs-Brock 2014; North American Electric Reliability Corporation 2015）。

在现代经济中，从运输食品的卡车的调度和监控，到微芯片的自动生产，从股票交易到空中交通管制，电子通信、信息控制和信息存储是各个行业的基础。确保服务不间断的唯一方法是安装应急系统（包括能快速响应的电池和发电机）。即使是短暂的电力供应中断，造成的损失也可能非常巨大，对某些服务和工业运营来说，一小时的电力中断造成的损失会超过 1,000 万美元，而在 2003—2011 年期间，全美由此产生的损失（2008 年由飓风艾克造成）在 180 亿—750 亿美元之间（Executive Office of the President 2013）。电网也是恐怖组织或敌对政府进行网络攻击的主要目标。

近 20%、韩国（以及 2011 年之前的日本）的 30% 以及法国的 77%。核电也是失败的，因为它离早期的宏大愿景（20 世纪 70 年代人们曾普遍认为，到 20 世纪末核电将成为全球发电的主导模式）还相去甚远。

主流设计的技术缺陷、建设核电厂的高昂成本与工期长期拖延而导致的工程难以完成、待解决的放射性废物的长期处理问题以及对其运行安全性的普遍担忧（这也包括即使经过 60 年的商业经验，依然存在着一些被严重夸大的关于可能影响健康的观点）阻止了核工业的进一步快速发展。1979 年的三里岛事故、1986 年的切尔诺贝利灾难和 2011 年日本大地震与海啸之后福岛第一核电站三个反应堆的爆炸强化了公众对核电安全问题的担忧和极端风险意识（Elliott 2013）。

因此，一些国家拒绝建设核电站（奥地利、意大利），另一些国家计划在不久的将来彻底关闭核电站（德国、瑞典），而且大多数拥有正在运行的核电厂的国家要么在几十年前就不再建设新的核电站（加拿大、英国），要么只新建了少量核电站，其数量远低于替代老化核电站所需的数量。美国和日本是最后一个类别中最主要的两个国家：到 2015 年中期，全球有 437 座反应堆正在运行；有 67 座核反应堆正在建造，这其中有 25 座在中国，9 座在俄罗斯，6 座在印度（WNA 2015b）。但西方已基本放弃了这种清洁无碳的发电方式。

可再生能源

人们对化石燃料的依赖日益增加，使得生物质燃料的重要性相对有所下降，但由于低收入国家农村地区人口迅速增长（这些地方基本无法获得或只能获得非常有限的现代能源），如今全世界正在消耗比以往更多的薪材和木炭。据我做出的最佳估计，2000 年传统生物质燃料的总能量达到 45EJ，几乎是 1900 年的两倍（Smil 2010a），而在 21 世纪的前 15 年，传统生物质燃料的总能量仅稍微有所下降。这意味着在 2000 年生物质燃料提供了全球初级能量的约 12%，到 2015 年，这一比例下降到约 8%（1900 年它的比例为 50%）。

不幸的是，即使有着相当于约 10 亿吨石油的能量，它也远远不够：非洲、亚洲和拉丁美洲低收入国家的农村地区仍有数亿人在燃烧生物质燃料，对薪材和木炭的需求一直是滥伐森林的主要原因，非洲萨赫勒地区、尼泊尔、印度、中国内陆和中美洲大部分地区森林滥伐最为严重。减轻这种退化过程最有效的方法是采用新的高效炉具（效率约为 25%—30%，而传统炉具的效率为 10%—15%）：它在中国最为成功，在 20 世纪末之前，中国农村家用的高效炉灶普及率达到约 75%（Smil 2013）。

与此同时，认为木材只与大森林有关是错误的，因为在许多低收入国家，大部分木材是由家庭成员（多数为妇女儿童）从小树林和灌木丛、种植园（橡胶、椰子）以及路边和后院的树木上采集而来的。孟加拉国、巴基斯坦和斯里兰卡的调查表明，这些并不来自森林的木材占全部燃烧量的80%以上（RWEDP 1997）。低收入国家的农作物残留至少有1/5仍被用于燃烧，在亚洲部分地区，干粪便仍然起着重要作用，但木炭已然成为首选的生物质燃料。正如所料，中国和印度是世界上最大的传统生物质燃料消费国，其次是巴西和印度尼西亚，但从相对比例上看，撒哈拉以南的非洲地区并不符合这一顺序：20世纪末，该地区一些国家80%以上的农村能量来自木材和农作物残留，相比之下，巴西为25%，中国为不到10%（Smil 2013a）。按人均计算，这些地方生物质燃料的使用量为每年5—25GJ不等。

20世纪后期，较大规模的乙醇生产开始出现。早在二战之前人们就开始将乙醇用于客车实验了（亨利·福特也是支持者之一），但直到1975年巴西开展了一项从甘蔗中发酵燃料的"酒精"（ProÁlcool）计划，现代化的大规模乙醇生产才真正开始（Macedo, Leal, and da Silva 2004; Basso, Basso, and Rocha 2011）。1980年美国开展了以玉米为原料的乙醇生产项目（Solomon, Barnes, and Halvorsen, 2007）。巴西的乙醇产量从2008年开始处于停滞状态；从2007年开始，美国乙醇的增产得到了国会的授权，但现在也不太可能再增加。此外还有一个比乙醇生产小得多的生物柴油工业，主要使用大豆、油菜籽和油棕果等含油量高的植物制造液体燃料（USDOE 2011）。2015年，全球液体生物质燃料的产量达到约7,500万吨油当量，约等于全年原油开采量的1.8%（BP 2016）。毫不夸张地说，想把这一产业扩大成全球液体生物质燃料的重要组成部分是不太可能的（Giampietro and Mayumi 2009; Smil 2010a）。

利用水的重力势能和动能所发的电，是世界上仅次于传统和现代生物质燃料的最重要的可再生能量。水力发电始于1882年，当时位于威斯康星州阿普尔顿市福克斯河上的一架小水车驱动两台发电机，以25kW的功率为280个弱光灯供电（Dyer and Martin 1929），它与火力发电兴起于同一时期。19世纪结束之前，人们在斯堪的纳维亚半岛、美国和阿尔卑斯山周边八国修建的水坝越来越高。1895 年人们在尼亚加拉河上建成了第一座大型交流电水电站（37MW），但它相比于 20 世纪 30 年代美国政府（罗斯福新政下的田纳西河谷管理局，美国垦务局）支持的项目和苏联在斯大林主义工业化中建造的项目来说还是太小了（Allen 2003）。那个时代美国最大的水坝项目是科罗拉多河上的胡佛水坝（1936 年，2.08GW）和于 1941 年完成第一阶段工程的哥伦比亚河上的大古力水坝（最终的功率达到了 6.8GW）。

1945 年后的 30 年里，随着巴西、加拿大、苏联、刚果、埃及、印度和中国一些大型项目的完工，水电占了全世界电力来源的近 20%。20 世纪 80 年代以来，大多数国家新的水电项目建设已经放缓或已停止，但中国除外：世界上最大的水坝——三峡大坝（拥有 34 台机组，总装机容量为 22.5GW）于 2006 年完工（Chincold 2015）。2015 年，世界上 16% 的电力由水轮机提供。水轮机提供的电力所占份额在加拿大高达 60%，在巴西高达近 80%，在一些非洲小国份额甚至更高。

风能和太阳能这两种可再生能源也备受关注，这归功于它们的快速扩张（2010—2015 年，全球风力发电量增长了约 2.5 倍，太阳能发电量则增长了近 8 倍），也归功于人们对其未来使用率做出了夸大的预测。快速扩张是早期发展的共同属性，但从全球范围来看，这两种电力来源对发电的贡献仍然微不足道（2015 年，风电在全世界发电量中的占比只有 3.5%，而太阳能直接辐射发电更是只占 1%）。将这些间歇产出的电能（许多风力发电机仅有 20%—25% 的时间在工作，部分近海的风力发电厂工作时间可达 40%）更多地整合到当前的电网中还存在许多挑战（J. P. Morgan 2015）。

美国从 20 世纪 80 年代初开始对风电产业实施税收抵免制度，现代风电产业随即开始发展，并于 1985 年政策到期时结束（Braun and Smith 1992）。随着许多欧洲国家——丹麦、英国、西班牙，尤其是德国政府的能源转型（Energiewende）——纷纷通过了旨在加速向可再生能源过渡的政策，欧洲在 20 世纪 90 年代成为风电产业新的领导者。风电的成本在下降，随着更大的机器（通常为 1—3MW，最大可达 8MW）和更大的风

电场（包括海上设施）的使用，风电的总装机容量从 1990 年的不足 2GW
升至 2000 年的 17.3GW，到 2015 年年底达到了 432GW（Global Wind
Energy Council 2015）。

1839 年，埃德蒙·贝克雷尔（Edmund Becquerel, 1852—1908）发
现了光伏（PV）效应（使用受光照的金属电极发电），但直到 1954 年，
贝尔实验室才生产出昂贵且效率低下（转化效率最初仅为 4.5%，后来
可达 6%）的硅太阳能电池，它在 1958 年首次用于为"先锋 1 号"卫星
（*Vanguard 1*）供电（功率仅为 0.1W）。1962 年，第一颗商业通信卫星
"电星 1 号"（*Telstar 1*）使用了额定功率为 14W 的光伏电池，而 1964 年
的"雨云"号（*Nimbus*）卫星携带的光伏电池功率已达到 470W（Smil
2006）。在太空探索方面，成本并非要考虑的首要因素，光伏电池在这一
领域的应用蓬勃发展了数十年，但在地面上的太阳能发电受到高成本的
限制，因此该行业直到 20 世纪 90 年代后期才开始增长。在峰值功率方
面（即使在阳光充足时，每天也只有几个小时可以达到峰值功率），1990
年只有 50MW 的光伏电池进入市场，2010 年为 17GW，2015 年约为
50GW，当年的累计装机容量达到了 227GW（James 2015; REN21 2016）。

但是光伏发电的容量因数甚至比风力发电还要低（在云量较大的
气候下，固定式光伏发电容量因数仅为 11%—15%，即使在亚利桑那州
也只有 25% 左右）。到 2015 年，全球光伏发电量仅为风电的 30% 左右
（图 5.16）。同样，该行业的增长也不是一个渐进的、有机的过程，而是
在很大程度上依靠政府补贴推动的，有一个事实可以清楚地说明这一点：
2015 年多云的德国的光伏发电量几乎是阳光充足的西班牙的三倍（BP
2016）。使用小型的家用屋顶太阳能热水器和大型工业太阳能阵列来给水
加热，比光伏发电的发展要早。到 2012 年年底，热水器的总装机容量约
为 270GW，主要集中在中国和欧洲（Mauthner and Weiss 2014）。聚光太
阳能热发电（CSP）——使用镜子聚集太阳辐射以加热用于发电的水（或
盐）——是光伏发电的有效替代方案，但是截至 2015 年安装量仍然很小
（总容量小于 5GW）。

与四种主要的可再生能源转化方式（生物质燃料、水电、风电和光

图 5.16　西班牙安达卢西亚的卢凯内纳德拉斯托雷斯（Lucaneina de las Torres）光伏发电站（来源：Corbis）

伏发电）相比，其他可再生能源转换的规模在全球范围内仍可以忽略不计，尽管其中一些（尤其是地热能）在部分国家或地区非常重要。史前时代的人们就开始使用温泉和地热井，如今在许多国家，人们钻探更深的地热井为室内供暖和工业生产提供热水，但拥有这种能量且能够以天然热蒸汽的形式将其回收并用于发电的地方则少得多。世界上第一座地热发电站于 1902 年在意大利的拉德瑞罗地区（Larderello）开始运行；新西兰的怀拉基（Wairakei）地热电厂于 1958 年投入运行，加利福尼亚的大间歇泉（Geysers）地热电厂于 1960 年开始运行。截至 2014 年，全球的地热发电总装机容量为 12GW，其中最高的是美国，而冰岛对这种可再生能源的依赖度最高（Geothermal Energy Association 2014）。

　　如今还没有哪个大型潮汐发电厂的长期计划成为现实，只在法国和中国有少量的小型潮汐发电装置在工作。通过种植新的速生树种（柳树、杨树、桉树、银合欢或松树）来收割木片用于发电受到许多环境问题的困扰，作物残余和其他有机废料现在也被用在大规模沼气生产中（尤其是在德国和中国），但起作用的范围仅限于当地。尽管有许多可再生能源的选项（其中一些发展迅速），还有一些互相矛盾的主张，但基本结论是清楚的：与其他所有能量转型一样，从化石燃料开始转型将是一个漫长的过程，我们将不得不等待，看看新能源在能量领域发挥关键作用还需经历多么不同的转变。

用于运输的原动机

鉴于现代文明中人员和货物流动的重要性，我关于技术进步如何决定现代社会的能量基础的研究的最后一部分将用来阐述用于运输的原动机，包括从不起眼的小型发动机到强大的火箭。奥托循环发动机（在绝大多数情况下使用汽油，也用乙醇和天然气）自从 20 世纪头 10 年开始大规模生产后，其发展一直相当保守。最重要的变化包括：压缩比几近加倍，重量减轻，功率增加，最终导致质量功率比下降——从 1900 年的接近 40g/W 下降到一个世纪后的 1g/W 左右。美国第一款大规模生产的汽车——兰塞姆·奥茨（Ransom Olds）的弯挡板汽车（Curved Dash）装有 5.2kW(7hp) 单缸发动机。福特 T 型车（生产了 19 年，产量达 1,600 万辆，1927 年停产）的发动机功率则是它的 3 倍。

美国小汽车平均功率的增长曾被 20 世纪 70 年代 OPEC 提升油价的行动所打断，但很快在 20 世纪 80 年代恢复增长：小汽车平均功率从 1990 年的约 90kW 增加到 2015 年的约 175kW（USEPA 2015）。但"小汽车"实际上是一个错误的用语，因为在美国，用于个人交通的所有轻型车辆约有 50% 是厢式货车、皮卡和 SUV（SUV 是有史以来最大的拼写错误之一：运动性在哪儿？将这种重型小货车开进购物中心时，它的多用途体现在哪儿？）（SUV 为 Sports Utility Vehicle 的缩写，Sports 意为"运动"，Utility 意为"功效""用途"。——译者）。柴油发动机相比之下更轻，动力更强，这些进步使其在几个主要运输市场占据了主导地位（Smil 2010b）。第一辆使用柴油发动机的卡车于 1924 年诞生在德国，第一辆使用柴油发动机的重型小客车（也在德国）诞生于 1936 年。第二次世界大战之前，欧洲大多数新的卡车和公共汽车都配备了柴油发动机，到了战后，柴油车开始在全球普及开来。一台功率为 350kW 的柴油发动机

的质量功率比为 3—9g/W，可在不进行任何大修的情况下驱动汽车行驶
600,000km。

　　汽车柴油发动机的质量功率比最终降到了 2g/W，这意味着乘用车的
柴油发动机仅比汽油发动机重一点点（Smil 2010b）。低油耗使得柴油车
成为欧盟国家的普遍选择，现在它们占新注册车辆的 50% 以上（ICCT
2014）。但这些车在美国仍然很少：2014 年它们占美国所有车辆的不到
3%。并且自 2015 年秋以来，这类车的形象严重受损，因为当时大众汽车
被迫承认自 2008 年以来销售的许多柴油车型包含非法软件，这些软件在
发动机排放物测试中会产生虚假读数，使发动机符合美国环境法关于排放
物中的氮氧化物含量的规定。

　　柴油动力机车（额定功率高达 3.5MW）在全世界所有非电气化的铁
路上拉动（或推动）货运列车。如前所述，甚至早在第一次世界大战之
前，柴油发动机已经开始主宰海运，它们已成为全球化不可或缺的原动
机，因为所有能量资源、原材料、可回收废物、食品和饲料以及制造业产
品的水运贸易的动力都来自这些巨大而高效的机器（Smil 2010b）。用于
超级油轮和大型散货船的功率最大的船用柴油机由曼恩（MAN）和瓦锡
兰集团（Wärtsilä）在欧洲设计，在韩国和日本生产，额定功率几乎能达
到 100MW。

　　往复式飞机发动机发展迅速。波音公司 1936 年的"飞剪"号飞机
（Clipper，一种在美国西海岸和东亚之间定期往返的大型水上飞机）的发
动机比 1903 年莱特兄弟的飞机发动机强大了约 130 倍，后者的质量功率
比是前者的 10 倍以上（图 5.17）。在 19 世纪与 20 世纪之交，燃气轮机
这种彻底改变了飞行以及其他许多行业的全新原动机的详细概念开始形
成，但它们的第一批实用设计在 20 世纪 30 年代后期才开始出现。英国
的弗兰克·惠特尔（Frank Whittle）和德国的汉斯·冯·奥海恩（Hans
Pabst von Ohain）分别独立建造了用于军用飞机的实验性的燃气轮机，但
第一批喷气式战斗机由于投入使用太晚，没能影响二战的进程（Constant
1981; Smil 2010b）。

　　这种新的原动机在 1945 年后得到了迅速发展。1947 年 10 月 14 日贝

尔 X-1 飞机的速度首次超过了音速。20 世纪 40 年代后，人们推出了数
十种超音速战斗机和轰炸机设计，当时最快的飞机米格-35 最大速度可达
到 3.2 马赫。燃气轮机的应用使得廉价的洲际飞行得以实现：它们的低质
量功率比（推力 500kN，质量功率比仅为 0.06—0.07g/W）、高推力质量
比（商用发动机能达到 6 以上，最好的军用发动机可达到 8.5）和高涵道
比（当前最高值是 12:1，即发动机里 92% 的压缩空气能通过燃烧室，这
降低了特定燃料的消耗，减少了发动机噪声），凸显了这些愈发强大和高
效的原动机设计的优越性（图 5.17）。此外，由于飞机的燃气轮机变得非
常可靠，如今的双引擎飞机不仅能飞越大西洋，还能以多种航线跨越太平
洋（Smil 2010b）。

　　与成熟行业的常见情况一样，全球喷气发动机市场仅由四家制造商
主导。1953 开始推广商用喷气发动机的罗尔斯·罗伊斯（Rolls Royce）
是这一领域的第一家制造商。其次是两家美国公司：通用电气（General

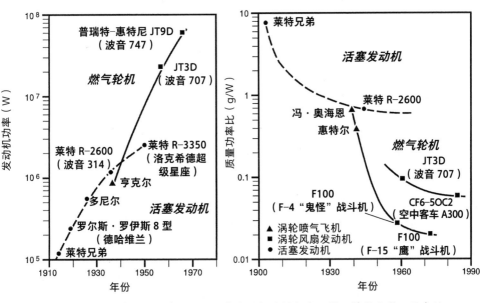

图 5.17　越来越强大且越来越轻的航空发动机使得航空业得以持续发展。就在活
塞发动机达到其性能极限之前，喷气发动机有了巨大进步。如今的大型波音飞机
和空客飞机的发动机质量功率比不到 0.1g/W，这一水平比莱特兄弟开创的活塞设
计提升了 100 倍。军用飞机的发动机依然相对更轻。图表根据 Constant（1981）、
Gunston（1986）、Taylor（1989）和 Smil（2010b）的数据绘制而成

Electric）和普惠公司（Pratt & Whitney）。最后一家是 1974 年由通用电气公司和法国斯奈克玛公司联合成立的 CFM 国际公司，该公司专门制造中短程飞机发动机（CFM International 2015）。另一边，超音速客机"协和"式飞机（Concorde，1976 年首次商用）由于太昂贵，无法赢得市场，它的跨大西洋航线于 2003 年结束服务（Darling 2004）。

1952 年，第一架喷气式客机——英国的"彗星"号投入运营，但其结构性缺陷（而非发动机问题）引发了三起致命事故，最终导致它的停用。重新设计的飞机于 1958 年再次投入运营，但在商业上并不成功（Simons 2014）。第一架成功的商用喷气飞机是 1958 年推出的波音 707（图 5.18）。第一架民用宽体飞机波音 747 于 1969 年开始飞行：这架标志性的宽体喷气式飞机由大型涡轮风扇发动机提供动力，推力超过 200kN，在起飞过程中可达到约 280MW 的峰值组合推力（Smil 2000c）。到 2015 年，最强大的喷气发动机 GE 90-115B 的推力可达到 513kN。

在质量功率比方面唯一一种可以超越燃气轮机的原动机是用于发射导弹和太空飞行器的火箭发动机。现代火箭科学的创始人——俄罗斯的康斯坦丁·齐奥科夫斯基（Konstantin Tsiolkovsky, 1857—1935）、德国的赫尔曼·奥伯特（Hermann Oberth, 1894—1989）和美国的罗伯特·戈达德（Robert H. Goddard, 1882—1945）——正确地预料到了古老的火箭驱动的想法终将在现实中获得成功。火箭驱动的设想最终被现代工程学转化成了世界上最强大的原动机（Hunley 1995; Angelo 2003; Taylor 2009）。它在二战期间得到了快速发展：1942 年，由沃纳·冯·布劳恩（Wernher von Braun, 1912—1977）设计的乙醇动力德国 V-2 型导弹的海平面推力达到了 249kN 力（相当于约 6.2MW，质量功率比为 0.15g/W），最大速度为 1.7km/s。它的射程达 340km，足以攻击英国（von Braun and Ordway 1975）。

超级大国的太空竞赛始于 1957 年第一颗人造地球卫星——苏联的"斯普特尼克 1 号"的发射，之后人类又制造了更强大、更准确的洲际弹道导弹。1969 年 7 月 16 日，美国"土星 5 号"火箭（Saturn C—5，其主要设计师也是沃纳·冯·布劳恩）的 11 个煤油发动机和氢燃料发动机推动"阿波罗 11 号"开始了登月之旅。它们仅仅燃烧了 150s，总推力接近

36MN，功率相当于约 2.6GW，质量功率比（计入了燃料和三个助推火箭的重量）仅为 0.001g/W（Tate 2009）。

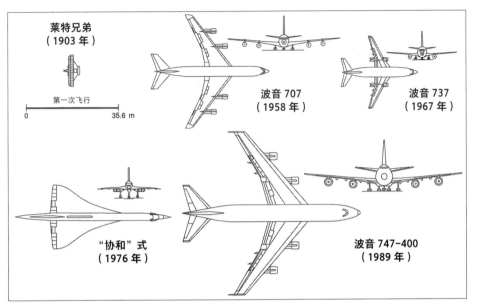

图 5.18　著名喷气式飞机的平面图和前视图。波音 707（1958 年）是在一架空中加油机的基础上研制的。波音 737（1967 年）是史上最畅销的喷气式飞机（截至 2015 年年底已交付近 9,000 架，另外被订购了 13,000 架）。法国和英国合作研制的超音速"协和"式飞机于 1976—2003 年间在有限的几条航线上飞行，它非常昂贵且外观奇特。波音 747（自 1969 年开始服役）是第一架宽体长途飞机。为了与这些缩放图纸进行比较，我也将莱特兄弟的飞机及其在 1903 年 12 月 7 日的首次飞行里程展示了出来。图片基于波音公司及法国宇航公司 /BAe 公司的出版物和 Jakab（1990）的数据绘制而成

6

化石燃料文明

对比非常明显。前工业社会利用的差不多都是即时的太阳能量流，对实际上取之不尽的太阳辐射能量进行的转化则少到几乎可以忽略不计。现代文明依赖于提取巨大的能量储蓄，耗尽有限的化石燃料，这些燃料即使经过比我们这一物种的存在时间高出几个数量级的时间也无法补充回来。对核裂变的依赖和对其他可再生能源的利用（除已有130多年历史的水力发电外，增加风电和光伏发电，并使用将植物质转化为燃料的新方法）一直在增加，但直到2015年，化石燃料仍然占全球初级能量的86%，这一比例只比一代人之前的1990年少4%（BP 2016）。

通过利用这些丰富的储藏，我们所创造的社会转化了前所未有的巨大能量。这一转变首先带来了农业生产率和作物产量的巨大提高。接着，它导致了快速的工业化和城市化以及交通运输的扩张和加速。它带来的信息量的增长和通信能力的提升则更加显著。所有这些发展结合在一起，给经济带来了长期的高增长率，创造了大量的真实财富，提高了世界大多数人口的平均生活质量，最终产生了新的高能耗的服务型经济。

然而，这种前所未有的力量的使用造成了许多令人担忧的后果，导致了一些变化，它们如果一直持续下去，很可能危及现代文明的基础。城市化一直是创新、技术进步、生活水平提高、信息扩展和即时通讯发展的主要源头，但也是造成环境质量恶化和令人担忧的收入不平等加剧的关键因素。能量资源分配不均带来的政治影响（既有国内的也有国际性的）包括区域差异、腐败持续不断以及常常令人难以容忍的甚至彻头彻尾的暴力政体。

与前工业时代的武器相比，现代高能武器已经将国家的破坏力提升了多个数量级，因此现代武装冲突不仅造成了军队的牺牲，也带来了更多平民的伤亡。最重要的是，核武器的发展在历史上第一次创造了一种可以大大削弱甚至摧毁整个文明的可能性。与此同时，一些最棘手的现代侵略和战争手段并不需要对集中的能量进行高超指挥，因为它们依赖于久经考验的个人恐怖主义。但即使现代文明能够保证避免大规模热核冲突，它仍面临着极大的不确定性。当然，最令人担忧的是广泛的环境恶化。这种快速变化源自化石燃料和非化石能源的提取和转化、工业生产、快速的城市化、经济全球化、森林砍伐以及种植业和畜牧业中的不正确做法。

这些变化的累积影响已经远不只是区域性和局部的问题，它们造成了全球生物圈的不稳定，尤其是全球变暖的相对加快带来了许多糟糕的结果。现代文明促成了能量使用的名副其实的爆炸式增长，将人类对非生命能量的控制扩展到了以前不可想象的水平。这些成果使它获得了惊人的解放和令人钦佩的建设性，但也带来了令人不适的限制、可怕的破坏性以及在许多方面的弄巧成拙。所有这些变化带来了数代的强劲经济增长，也使人们对这一由不断的创新驱动的过程不一定很快就会结束满心期待——但也不确定还能延续多久。

前所未有的力量及其用途

尽管全世界能量使用的增长曾被两次世界大战和20世纪30年代世界上最严重的经济危机所打断，但在20世纪前70年间它们还是在以前所未有的速度增长。随后，在1973年10月至1974年3月，由于石油输出国组织将石油价格上调了4倍，增速有所放缓；但即使没有这种冲击，能量增长也会放缓，因为它们的绝对值已经变得太大，无法再保证像在低能量水平时那样的高增长率。但是巨大的数量变化仍在继续（以较慢的速度），并伴随着一些新的显著的质量提升。关于全球统计数据的最佳汇编显示，自 19 世纪人们开始大规模开采化石燃料以来，它们的生产持续呈指数级增长（Smil 2000a, 2003, 2010a; BP 2015；图 6.1 ）。

从 1810—1910 年，煤炭开采量从 10Mt 增加到了 1Gt，增长了 100 倍；煤炭开采量在 1950 年达到 1.53Gt，2000 年达到 4.7Gt，在它于 2015 年下降至 7.9Gt 之前曾达到 8.25Gt（Smil 2010c; BP 2016 ）。原油开采量从 19 世纪 80 年代末的不到 10Mt 增加到 1988 年的超过 3Gt，增长了约 300 倍；2000 年为 3.6Gt，2015 年为近 4.4Gt（BP 2016 ）。天然气产量增加了 1,000 倍，从 19 世纪 80 年代末的不足 $2Gm^3$ 增加到 1991 年的 $2Tm^3$；2000 年为 $2.4Tm^3$，2015 年为 $3.5Tm^3$。在整个 20 世纪期间，全球化石能源开采总量增长了 14 倍。

但要追溯这种扩张有个更好的方法，就是计算真正的有用能量的增长：用实际传递的热、光和动量来表达增长。正如我们所见，早期的化石燃料转化效率相当低（白炽灯 <2%，蒸汽机车 <5%，热发电 <10%，小型煤炉 <20%），但燃煤锅炉和炉灶的改善很快就使这些效率翻了一番，并且带来了进一步增长的巨大潜力。家用炉具以及工业和电厂锅炉能以较高的效率转化液态碳氢化合物。只有使用汽油的乘用车内燃机效率较低。无论是高炉、锅炉还是燃气轮机，使用天然气都是高效的，效率通常超过90%。初级电力的转换效率也是如此。

因此，在 1900 年，全球的能量使用平均加权效率不高于 20%；到1950 年，它已超过 35%；到 2015 年，全球化石燃料和初级电力转化的平均量已达到商业能量投入总量的 50%：国际能源署的统计表明，2013 年全球初级能量供应为 18.8Gt 油当量，最终消费量为 9.3Gt 油当量，预计在火力发电和运输过程中的损失最大（IEA 2015a ）。更值得注意的是，在家庭供暖这个重要的消费行业，全部人口仅仅在几十年内就经历了彻底的效率转型（专栏 6.1 ）。

与此同时，化石能源的总供应量在 20 世纪增长了 14 倍，能量供应效率稳步增长，和 1990 年相比，增长了 30 倍以上。结果就是，在 1900 年已经使用化石燃料做主要能量供应源的富裕国家，现在每一个单位的初级能量供应所提供的有用能量是一个世纪前的两倍甚至三倍。因为传统生物质

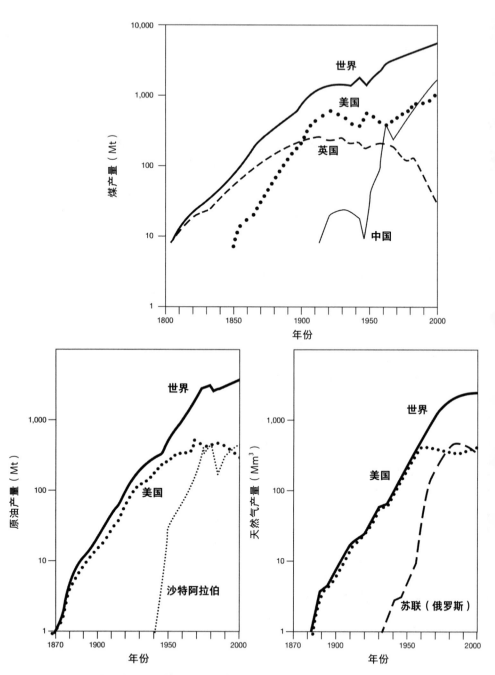

图 6.1　三种主要化石燃料的全球总产量和最大生产国年度产量的情况。图表根据联合国（1956）、Smil（2010a）和 BP（2015）的数据绘制而成

专栏 6.1

家庭供暖的能量效率

在不到 50 年中，我住过由 4 种不同燃料提供热量的房子，见证了这一重要的能量使用场所的能量转换效率提高了 2 倍（Smil 2003）。在 20 世纪 50 年代后期，我们居住的村庄靠近捷克-巴伐利亚边界，森林环绕，和大多数邻居一样，我们主要用木材来为房间供暖。我的父亲预订了一些事先砍下的云杉或冷杉，我在夏天的任务就是将它们劈成易于燃烧的木片（也会劈成一些易于引火的更小的木料），然后将它们堆放在有遮拦的地方晾干。我们的柴炉效率不超过 30%—35%。当我在布拉格学习时，所有的热量使用——取暖、烹饪和发电——都依赖于褐煤。我住的房子墙壁很厚，过去是一所修道院，里面的煤炉效率约为 45%。搬到美国后，我们租住在郊区一栋房子的上层，室内加热用的是卡车运来的燃料油，在炉中燃烧的效率不超过 60%。我们在加拿大的第一座房子有天然气炉，效率为 65%。后来我设计了一座新的高能效房子，安装了一台能效为 94% 的天然气炉，如今已经将其替换为额定值为 97% 的天然气炉。

燃料的转化效率极低（照明 <1%，加热 <10%），对于那些直到 20 世纪下半叶才由现代化能量主导的低收入国家，现在每个单位的初级能量供应所提供的有用能量普遍可以达到一个世纪前的 5—10 倍。在人均值方面——随着全球人口自 1900 年的 16.5 亿增长到 2000 年的 61.2 亿——全球有效能量供应增加了 8 倍以上。但这一平均值背后隐藏着巨大的国家差异（在本章后面关于经济增长及生活标准的讨论中，我将对此做进一步陈述）。

还有另一种评估现代能量流总规模的方式，即在绝对和相对两个方面，将其与传统使用方式进行对比。最佳估计显示，全球范围的生物质燃料消耗从 1700 年的 700Mt 增至 2000 年的 2.5Gt，这大概相当于从 280Mt 到 1Gt 的油当量，在 3 个世纪内增加了近 3 倍（Smil 2010a）。在同一时间段，化石燃料的开采量（以油当量计）从少于 10Mt 增至约 8.1Gt，增长了大约 800 倍（图 6.2）。在总能量方面，1900 年生物质燃料和化石燃

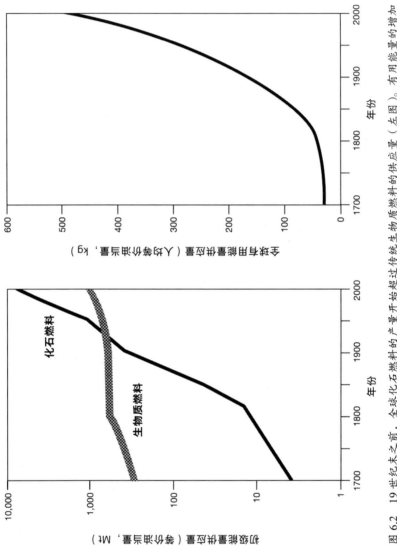

图 6.2 19 世纪末之前，全球化石燃料的产量开始超过传统生物质燃料的供应量（左图）。有用能量的增加是初级能量供应增加的两倍多（右图）。图片根据联合国（1956）和 Smil（1983; 2010a）的数据绘制而成

料的全球供应量大致相同（大约都是 22EJ）；而到了 1950 年，化石燃料的能量供应量大约接近木材、农作物秸秆和粪便的 3 倍；2000 年，差距接近 8 倍。但如果按实际输送的可用能量来计算，2000 年二者的差异接近 20 倍。

能量使用的急剧增长也将人均消耗水平提升到了前所未有的高度（图 6.3）。采集社会人们所需的能量主要来自食品供应，当时的人均年消耗量不超过 5—7GJ。古代高级文明逐渐提高能量使用，用于更好的居所和服装、交通（能量来自食物、饲料、风能）以及各类生产（主要使用木炭）。埃及新王国时期人均年消耗量不超过 10—12GJ，关于罗马帝国早期的能量消耗情况的最佳估值约为每人每年 18GJ（Smil 2010c）。早期工业社会轻而易举地使传统人均能量消耗翻了一番。增加的消耗量大多来自由煤的燃烧支撑起来的制造业和交通运输业。马拉尼马估计 1500 年欧洲平

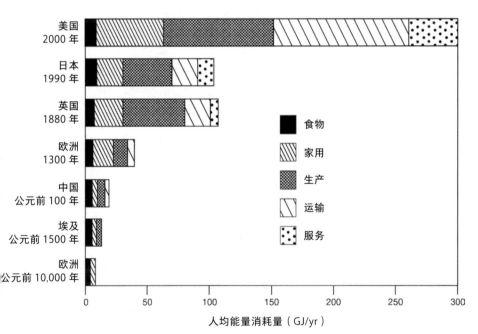

图 6.3 人类进化不同阶段典型年人均能量消耗量的比较。随着绝对消耗量大幅增加，家庭、工业和交通运输使用的能量份额也不断增加。19 世纪前的数据只是基于 Smil（1994, 2010c）和 Malanima（2013a）的文献估算的近似值。之后的数据来自具体的国家统计资料

均值约为每人每年消耗 22GJ，后来一直停滞在 16.6—18.1GJ，直至 1800 年（Malanima 2013b）。

此后，在工业化国家和其他仍在很大程度上停留在农业经济的国家之间，出现了明显的分化。坎德认为英格兰和威尔士的年人均消耗量从 1820 年的 60GJ 提高到了 1910 年的 153GJ，与此同时，德国的数字升高了 4 倍（从人均 18GJ 升至 86GJ），法国的数字提高了 2 倍（从人均 18GJ 升至 54GJ），但意大利的数字只升高 20%（从人均 10GJ 升至 22GJ）［原文误为 "Italian rates rose by only 20%（from 10 to just 22GJ/capita）"。——编者］（Kander 2013）。相比之下，美国的年人均消耗量从 1820 年的不到 70GJ 增长到了 1910 年的 150GJ（Schurr and Netschert 1960）。一个世纪后，所有富裕欧洲国家的年人均能量消耗量都达到了 150GJ 以上，美国的人均值则超过了 300GJ。在能量消耗升高的同时，能量结构也发生了改变（图 6.3）。

在采集社会，食物是唯一的能量来源。我估计在罗马帝国早期，食物和饲料占能量来源的 45%（Smil 2010c）。在前工业时代的欧洲，食物和饲料占能量来源的 20%—60%，但到 1820 年，它们所占份额的平均值不超过 30%；到 1990 年，在英国和德国它们的份额不到 10%。到 20 世纪 60 年代，饲料供应能量的份额跌到了可以忽略不计的程度，在最富裕的社会，食物能量不超过总量的 3%，甚至低于 2%。在这些富裕国家，工业、交通和居民家用的燃料和电变成了能量消耗的主力（图 6.3）。在高收入经济体中，人均电力输送值升高了两个数量级。到 2010 年，西欧的人均年电力输送值达到了 7MWh，美国为 13MWh。个人直接控制的能量流之间的对比同样让人印象深刻。

1900 年，北美大平原上的一名农场主牵着 6 匹大型马的缰绳耕种麦田。他坐在钢制座椅上，常常全身覆满灰尘，要付出相当的体力劳动，控制着不超过 5kW 的生物能量。一个世纪后，他的曾孙高高地坐在装有空调的舒适的拖拉机驾驶室里，轻松控制着功率超过 250kW 的柴油发动机。1900 年，一名工程师操作一台 1MW 蒸汽动力的燃煤火车头拉着列车以 100km/h 的速度行驶——这已是手动加煤所能表现出的最好性能了

（Bruce 1952；图 6.4）。到了 2000 年，飞行员驾驶波音 747 在 11km 的高空飞过跨越大陆的航线。他可以在很大一部分旅程中选择自动模式。在 4 个燃气轮机输出的 120MW 功率的力量推动下，飞机以 900km/h 的速度飞行（Smil 2000a）。

鉴于控制失误会造成不可挽回的后果，能量越集中，也就要求更安全的防护措施。直至 19 世纪，坐在城际交通马车上的车夫，稳定控制的能量通常不超过 3kW（4 匹马拉的马车），搭载 4—8 名乘客。城际喷气飞机驾驶员则操控着 30MW 的喷气发动机，搭载 150—200 名乘客。在操控有着 4 个数量级差别的两种能量（即 3kW 和 30MW）的过程中，短暂的走神或判断失误带来的后果明显存在着巨大差别。控制此类风险的一个显而易见的办法是采取电子控制。

全世界有史以来最安全的公共交通系统——从东京到大阪的日本新干线，在 2014 年 10 月 1 日举行了 50 年无事故运营的庆祝活动（Smil 2014b）——从一开始就采用了集中电子控制：自动列车控制系统使列车之间保持适当的距离，并会在实际速度超过指示最高限度时及时刹车；中央交通控制系统控制着线路；地震探测系统可感知到达地表的第一波地震波，并在主震到达地表前及时停车或减速（Noguchi and Fujii 2000）。几十年来，现代喷气式飞机已实现了高度自动化。客车上的提前控制也十分常见。电子控制和连续监控（应用范围从操作房间恒温器到大型高炉，从汽车防抱死系统到无处不在的城市闭路电视）已经和被广泛使用的电脑与移动电子设备一样，成了电力需求的主要新类型。

20 世纪全球电力输出的增速甚至超过了化石能源开采的增长——后者的年增长率约为 3%（图 6.5）。在 1900 年，不到 2% 的燃料被转化为电力；到 1945 年，该比例还低于 10%；但到 20 世纪末，这一比例已上升至近 25%。除此之外，新的水电站（在第一次世界大战后大规模发展）和新的核电设施（自 1956 年起）使得发电量进一步扩大。结果在 1900—1935 年间，全球电力供应每年增长约 11%，并在此后以超过 9% 的年增长率一直持续增长到 20 世纪 70 年代早期。在 20 世纪剩余时间里，发电量的年增长率降至 3.5% 左右。这在很大程度上是高收入经济体需求量更

图 6.4　向 19 世纪后期的蒸汽机车里加煤（上图）以及驾驶波音喷气式客机
（下图）。波音客机的两名飞行员控制的功率要比上图中机车里的工程师控制的
功率高出两个数量级。上图来自 VS archive，下图来自 http://wallpapersdesk.
net/wp-content/uploads/2015/08/2931_boeing_747.jpg

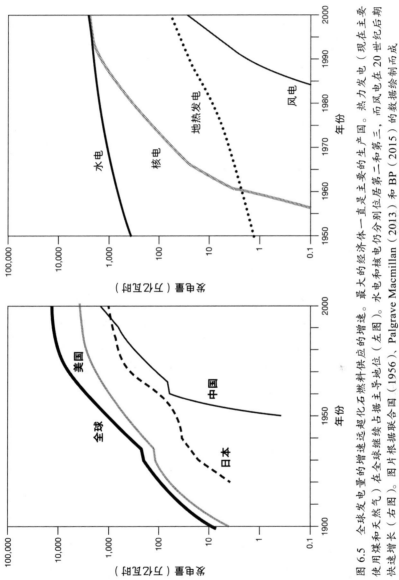

图 6.5 全球发电量的增速远超过化石燃料供应的增速。最大的经济体一直是主要的生产国。热力发电（现在主要使用煤和天然气）在全球继续占据主导地位（左图）。水电和核电仍分别位居第二和第三，而风电在 20 世纪后期快速增长（右图）。图片根据联合国（1956）、Palgrave Macmillan（2013）和 BP（2015）的数据绘制而成。

低、转化率更高的结果。直到 20 世纪 80 年代末，可再生能源的新发电方式——如太阳能和风能——才开始有了显著发展。

这种新的能量形式带来的最根本的收益莫过于全球食品生产的大幅提高。从此全世界近 90% 人口得到充足的营养成为可能（联合国粮农组织 2015b）。没有任何变化能像工业化过程那样塑造现代社会，也没有任何新的发展能像大型交通革命、信息集中能力的极大提高和以史无前例的频率与密度进行沟通那样，在极大程度上促成了互相依存的全球文明的产生。但这些令人印象深刻的成果并没有被平等分享。我将分析全球经济增长的福利对世界少数人口的分配不均程度，也将特别说明严重的国际性的不平等。但即便如此，许多进步仍是全球性的。

农业中的能量

在现代农业中，化石燃料和电力的投入已变得不可或缺。它们被直接用于驱动机器，或间接地用于制造机器，提取矿物肥料，合成含氮化合物及种类仍在不断增加的防护性农药（杀虫剂、杀菌剂、除草剂），发展新的庄稼种类，以及最近为实现精准种植业的许多功能所使用到的电子设备供电。化石燃料和电力使得农业产量更高，产出更可靠。在所有富裕国家，它们已几乎完全取代了役畜；即便在贫穷国家里，它们也大幅降低了役畜的重要性。内燃机和电动机替代了人类和动物肌肉，维持了〔目前工业社会就在开始的〕劳动力的减少。

化石燃料对农业的间接帮助在 18 世纪就已经（以非常小的规模）开始了，当时用于熔炼铁矿石的木炭被焦炭取代。随着 19 世纪下半叶钢铁机械的广泛使用，化石燃料的作用不断扩大。最终在 20 世纪，由于农业引入了更大更强的田间机械、灌溉水泵、作物加工设备和畜牧设备，化石燃料的作用达到了新的高峰。但与直接驱动拖拉机、联合收割机和其他用来泵水、干燥谷物、加工以及收割谷物的设备所需的能量相比，制造机械的能量只是很小一部分。由于天生的高效率，柴油机在上述应用场景中已经占主流。但汽油和电力也是主要的能量投入。

将内燃机应用于田间机械的做法始于美国。在同一个 10 年里，乘用车也最终成为一种被大规模生产的商品（Dieffenbach and Gray 1960）。美国第一家拖拉机厂成立于 1905 年；用来挂载其他工具的取力器于 1919 年开始使用；20 世纪 30 年代早期，电动升降机、柴油发动机和橡胶轮胎陆续开始使用。直到 20 世纪 50 年代，欧洲农业机械化进程仍比美国慢得多。在亚洲和拉丁美洲那些人口众多的国家，这一进程直到 20 世纪 60 年代才开始。如今在许多贫穷国家，这种转变仍在继续。田间工作的机械化是劳动生产率提高和农业人口减少的主因：20 世纪早期西方一匹强壮马匹的工作效率相当于至少六名成年男性劳动力。与之相比，即使是早期的拖拉机也具有相当于 15—20 匹重型马的力量，而今天在加拿大大草原上工作的最强大的机器功率可达 575 马力（Versatile 2015）。

本书第 3 章介绍了生产率的提高是如何将美国小麦种植的平均劳动力投入从 1800 年的约 30h/t 减少到 1900 年的不到 7h/t 的。到 2000 年，这一比率降至约 90min/t。不可避免地，被从土地上释放的劳动力进入城市，在全球范围内导致农村人口减少和城市化持续发展（本章稍后将对此进行综述）。美国的统计数据说明了由此导致的替代：美国农村劳动力占总劳动力的比例从 1850 年的 60% 以上，下降到 1900 年的不到 40%；该比例在 1950 年为 15%，到 2015 年降到仅 1.5%（USDOL 2015）。相比之下，欧盟国家的农业劳动力现在约占总劳动力的 5%，但在中国这一比例仍有 30% 左右。

美国的挽马数量在 1915 年达到了 2,140 万匹的顶峰。骡子数量要到 1925 年和 1926 年才达到 590 万的峰值（USBC 1975）。在 20 世纪的第二个 10 年中，役畜的总牵引功率大约是农业生产新投入使用的拖拉机总和的 10 倍。到 1927 年，这两种原动力达到了相同的总功率。到 1940 年役畜的总功率峰值又下降了一半。但仅仅靠机械化不可能释放如此多的农村劳动力。更高的施肥量、除草剂和杀虫剂的应用、更广泛的灌溉，配合新的作物品类带来了更高的作物产量，同样是释放更多农村劳动力的关键因素。

尤斯图斯·冯·利比希（Justus von Liebig, 1803—1873）于 1843 年指出了植物养分供应均衡的重要性，将其总结为"利比希最低量法则"（Liebig's law of the minimum）：处于最小供应量状态的营养素将决定产量。在三种大量元素（所需量相对较大的元素：氮、磷、钾）中，后两种不难得到保证。1842 年，约翰·贝内特·劳斯（John Bennett Lawes, 1814—1900）发明了用稀硫酸处理磷酸盐岩石以生产普通过磷酸钙的方法。人们用这种方法在佛罗里达（1888 年）和摩洛哥（1913 年）发现了大量磷酸盐矿藏。钾盐（KCl）则可以在欧洲和北美的许多地方进行开采（Smil 2001）。

氮——单位耕地所需的量最多的大量元素——的供应是最大的挑战。直到 19 世纪 90 年代，人们使用无机氮肥的唯一选择是进口智利硝酸盐（1809 年被发现）。在新的副产品炼焦炉问世之后，人们可以用它提炼回收少量硫酸铵。昂贵的氨基氰工艺（焦炭与石灰反应生成碳化钙，再与纯氮结合产生氰氨化钙）于 1898 年在德国开始商业化。20 世纪初，电弧（伯克兰-艾迪电弧法，1903）被用于生产氮氧化物，将其转化为硝酸和硝酸盐。然而，这些方法中没有一种能够大规模地供应固定化的氮。但在 1909 年，弗里茨·哈伯（Fritz Haber, 1868—1934）发明了通过单质元素合成氨的催化高压工艺，全世界氮供给的前景由此发生了根本性变化（Smil 2001; Stoltzenberg 2004）。

在卡尔·博施（Carl Bosch, 1874—1940）的领导下，这种工艺在路德维希港的巴斯夫工厂开始了快速的商业化（到 1913 年前）。但该工艺的第一个实用案例不是生产肥料，而是在一战期间生产硝酸铵以配制炸药。第一批合成氮肥在 20 世纪 20 年代早期开始售出。二战前，合成氮肥的产量仍然有限。直到 1960 年，仍有超过 1/3 的美国农民未曾使用任何合成肥料（Schlebecker 1975）。氨合成以及随后向液体和固体肥料的转化是能量密集型工艺，但技术进步降低了整体的能量成本，这使得到了 2000 年，全球使用的氮化物以氮元素质量计达到了约 1 亿吨，约占所有合成化合物的 80%（专栏 6.2，图 6.6）。

没有任何其他能量利用方式能像合成氮一样，在提高农作物产量方面有如此高的回报：通过耗费全球能量的约 1%，就可以供应如今全世界农作物每年所需的约一半养分。由于食物蛋白中大约 3/4 的氮来自耕地，所以目前全球食物供应的近 40% 都依赖于哈伯-博施氨合成工艺。反过来说，

专栏 6.2
氮肥的能量成本

哈伯-博施合成法的能量需求包括合成过程中使用的燃料和电力以及原料中包含的能量。1913 年在巴斯夫首个商业工厂里，使用焦炭的哈伯-博施合成工艺每生产 1t 氨（NH_3）需要超过 100GJ 的能量。在第二次世界大战之前，这一比率降至 85GJ/t 左右。1950 年后，使用天然气的合成氨工艺将生产氨的总能量成本降至 50—55GJ/t。到 20 世纪 70 年代，由于有了离心压缩机、高压蒸汽的改良和更好的催化剂，能量需求首次降到了 40GJ/t 以下，然后在 2000 年降至约 30GJ/t。当时最好的工厂生产 1t 氨仅需约 27GJ 能量，接近合成氨的化学计量能量需求（20.8GJ/t）（Kongshaug 1998; Smil 2001）。典型的基于天然气工艺的新式工厂生产 1t 氨的能量消耗约为 30GJ；而使用重质燃料油的话，能量消耗则要多 20% 左右。以煤为原料的合成工艺每生产 1t 氨所需能量高达 48GJ 左右（Rafiqul et al. 2005; Noelker and Ruether 2011）。

2015 年，生产氨的平均能量成本约为 35GJ/t，以氮元素计，每吨氮大约需要 43GJ 的能量。但是大多数农民不直接使用氨（常压下为气体），而是更喜欢液态氮或固态氮，尤其是氮含量最高（45%）的固体化合物——尿素，它在小块田地里施用也很方便。将氨转化为尿素，加上包装和运输的能耗，每吨氮的总能量成本上升到 55GJ。如果假定这一比率是 2015 年的全球平均值，就意味着这一年里全球农业使用了约 1.15 亿吨氮。合成这些氮肥共需 6.3EJ 的能量，占全球能量供应的 1% 以上（Smil 2014b）。

如果没有哈伯-博施合成法，全世界能达到如今饮食水平的人口数量要减少约 40%。在西方国家，人们把大部分的粮食作为动物饲料，因此可以通过降低肉类的高消费来轻易减少对合成氨的依赖。但人口众多的低收入国家的选择要受到更多的限制。最值得注意的是，合成氨占据了中国所有氮投入的约 70%。中国 70% 以上的蛋白质供给来自农作物，也就是说中国

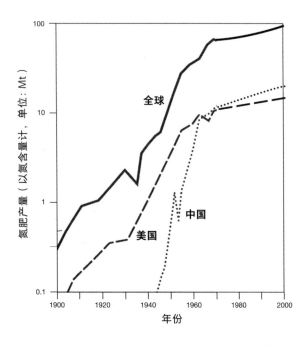

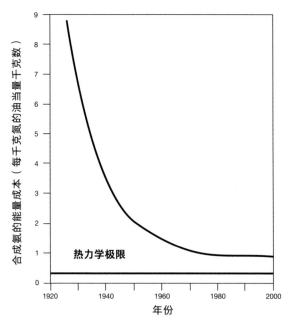

图 6.6　全球氮肥产量发生指数级增长（左图）的同时，氨合成工艺的能量成本有了显著下降（右图）。数据来自 Smil（2001，2015b）和 FAO（2015a）

人的食物中大约一半的氮来自合成肥料。如果没有合成肥料，平均饮食水平会下降到半饥荒水平——或者目前的人均粮食供应水平只能覆盖今天中国人口的一半。

钾碱（每吨钾需耗能 10GJ）和磷酸盐的开采，以及磷肥的制备（总计每吨磷耗能 20GJ），会使总能量消耗再增加 10%。其他农用化学品的总能量成本要低得多。二战后，化肥施用量增长的同时，除草剂、杀虫剂和其他用来减少杂草、昆虫和真菌侵害的化学品也开始使用，且使用范围在逐渐扩大。第一款商业除草剂是 1945 年上市的 2, 4-D，它能杀死许多阔叶植物而不会对农作物造成严重伤害。第一种杀虫剂是 1944 年上市的"滴滴涕"（DDT）（Friedman 1992）。如今，全世界除草剂和杀虫剂的种类清单包含数千种化合物，主要由石油化工原料制成：它们特定的合成工艺比氨合成的能量密集程度要高得多（能耗通常大于 100GJ/t，有些甚至远高于 200GJ/t）。不过，它们在每公顷土地上的施用量比氮肥要低几个数量级。

在 20 世纪，全球得到灌溉的田地规模扩大了约 5 倍，从不到 50Mha 增至 250Mha 以上，并于 2015 年达到约 275Mha（FAO 2015a）。相应地，这意味着目前全球约有 18% 的耕地得到了灌溉。在这当中约一半的灌溉水是从水井抽取的，约 70% 的灌溉土地在亚洲。在那些灌溉所需的水取自含水层的地方，抽水（主要使用柴油发动机或电动泵）的能量成本在作物种植总能量成本（直接和间接的）中始终占据最大的份额。目前，大部分灌溉方法仍是直接将水排到犁沟里，但许多国家已开始使用更高效也更昂贵的洒水喷头（安装在圆形田地的圆心处）（Phocaides 2007）。

我们追踪在现代农业中直接和间接使用化石燃料和电力的增长过程，只能得到近似的估算值。在 20 世纪，随着世界人口增长了 3.7 倍，耕地面积扩大了约 40%，人为能量补贴从仅约 0.1EJ 飙升至近 13EJ。结果，2000 年平均每公顷农田获得的能量补贴是 1900 年的 90 倍（图 6.7）。我们也可以不用数据，简单地引用霍华德·奥杜姆的叙述来描绘这一变化：

> 整整一代人都认为，在高效利用太阳能的情况下，地球的承载能力与耕地面积成正比，更高效地使用太阳能量的时代已然到来。这

是一个可悲的骗局，因为工业时代的人不再吃太阳能制成的土豆，现在他们只吃部分用石油制成的土豆。（Howard Odum 1971, 115–116）

但这一转变已经以多种深刻的方式改变了全球粮食供应。1900 年，全球农作物总产量（未计算储藏和运输损失）仅比人类平均粮食需求高出一点点。这意味着大部分人的营养刚刚足够或根本不足，能用来喂养动物的农作物份额就更小了。大幅增加的能量补贴使新的主粮栽培品种（20 世纪 30 年代引入的杂交玉米，20 世纪 60 年代开始种植的矮秆小麦和水稻品种）能够充分发挥潜力，带动所有主粮的总体增产，使收获的粮食总能量增加了 6 倍（Smil 2000b, 2008；图 6.7）。

21 世纪初，全球的作物收成平均每天能够为每人提供约 2,800 kcal 的能量（与 1900 年相比，人口几乎翻了两番）。如果实际供给真能平均分配的话，这个量对人类来说绰绰有余（Smil 2008a）。全世界仍有约 12% 的人口因没有足够的食物而营养不良，这是因为他们没有机会获得足够的食物，并不是因为没有食物供应。相比之下，现在富裕国家的食物供应比实际需求高出约 75%，这造成了巨大的浪费（占零售食物的 30%—40%）和很高比例的超重和肥胖（Smil 2013a）。此外，大量谷物（在富裕国家接近 50%—60%）被用于饲养家畜。鸡是最有效的饲料转化者（大约 3 个单位的浓缩饲料可以转化为 1 个单位的鸡肉）。猪肉的饲料用量与肉的比率约为 9。以谷物喂养的牛肉的生产要求最高，1 单位牛肉需要多达 25 单位的饲料。

在肉的重量与活体重量的比率上，牛也处于劣势：鸡的这一比率高达 0.65，猪的这一比率为 0.53，大型肉牛的这一比率则低至 0.38（Smil 2013d）。但是，将农作物转化为肉类（和牛奶）的过程虽然造成了能量损失，却也带来了营养价值的补偿：肉食消费量的增加为所有富裕国家带来了高蛋白饮食（明显表现为较高的身材）。而且即使在多数贫困的人口大国，这种供应平均来讲也保证了充足的营养。最值得注意的是，目前中国人均饮食能量约为每日 3,000kcal，比日本的平均水平高出约 10%（FAO 2015a）。

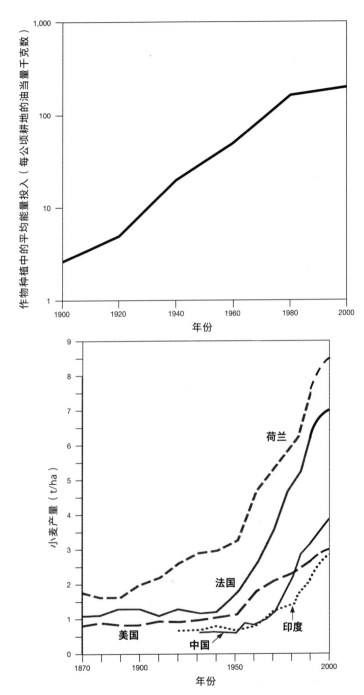

图 6.7　现代农业中的总能量补贴（直接和间接的）（上图），总收成和不断增长的
小麦总产量（下图）。数据来自 Smil（2008）、Palgrave Macmillan（2013）和 FAO
（2015a）

工业化

大量相互关联的变化构成了工业化进程的关键要素（Blumer 1990），且在这个进程的每一个尺度上都是如此。到目前为止，工厂车间里最重要的变化是为单个机器提供动力的电动机的使用。它替代了通过皮带和动力轴传递蒸汽机动力的中央驱动装置，从而实现了精确和独立的控制。但如果没有用来生产优良机器和成品部件的高速工具和更高质量的钢材，即使是这种根本性的变化也只能带来有限的影响。如前所述，如果没有新的、强大的原动力，密集的国际贸易不可能快速增长。反过来，这些原动力的发展不仅依赖于机械设计技术的进步，还依赖于不断得到供应的新型液体燃料（这些液体燃料是通过原油开采和复杂炼油技术生产出来的）。

同样，机器生产越来越多地集中于分级控制管理的工厂中，这就要求工人都集中在这些设施附近（由此形成一种新型城市化），也对新的技能和职业发展提出了要求（因此学徒培训和技术教育的规模空前扩大）。货币经济的利用与劳动力和资本的流动确立了一种新的契约关系，促进了移民活动和银行业务的增长。对高产量和低单位成本的追求催生了新兴的大市场，它们的运行是建立在可靠而廉价的运输和分销之上的。

此外，与流行观点相反，由蒸汽机带来的燃煤热量和机械动力的增长，对于启动复杂的工业化变革其实并不是必需的。基于便宜的农村劳动力、服务于全国乃至国际市场的乡村车间和小作坊制造业，在燃煤驱动的工业化开始之前已经延续了数代人的时间（Mendels 1972; Clarkson 1985; Hudson 1990）。这种"原工业化"（proto-industrialization）不仅在欧洲部分地区（阿尔斯特、科茨沃尔德、皮卡第、威斯特伐利亚、萨克森、西里西亚等）有一定规模，在明清时期的中国、德川时期的日本，以及印度部分地区，也出现了面向国内和出口市场的大量手工制造业。

一个著名的例子是使用渗碳工艺加工熟铁生产印度乌兹钢，它最有名的产品形式是大马士革刀（Mushet 1804; Egerton 1896; Feuerbach 2006）。在印度的一些地区（拉合尔、阿姆利则、阿格拉、斋浦尔、迈索尔、马拉巴、戈尔康达），它几乎是以工业化规模的产量出口到波斯和土耳其帝国的。在欧洲从作坊生产向集中制造过渡的过程中，常见的下一阶段就是基于水力的部分机械化和初具规模的纺织业。在很多地方，蒸汽机这种新的非生命原动力在使用数十年后，工业水车和涡轮机仍能与其抗衡。

大众消费也不是一件真正的新鲜事。人们倾向于把物质主义看作工业化的结果，但在西欧的一些地区（特别是在荷兰和法国），早在 15 世纪和 16 世纪，它已是一股主要社会力量（Mukerji 1981; Roche 2000）。同样，在德川幕府时期的日本（1603—1868 年），更富裕的城市居民，特别是首都江户的居民，开始享受各种新鲜事物，从购买插图书籍（绘本）到外出吃饭（寿司在此时开始流行）、观看戏剧表演，以及收集风景和演员的彩色印刷品（浮世绘）（Sheldon 1958; Nishiyama and Groemer 1997）。富裕人群规模不断扩大，他们的品味和消费意愿为工业化提供了重要的文化动力。他们渴望获得各种商品，从各种普通的烹饪工具，到来自异国的香料和精美纺织品，从迷人的雕版地图到精致的茶具。

"工业革命"一词既相当具有吸引力，在我们的观念里根深蒂固，又有误导性。工业化进程是一个渐进的、往往不均衡的发展过程。即使在某些从家庭手工业迅速向集中大规模生产（以供应更远的市场）转变的地区，情况也是如此。关于这些变化的虚假的准确时间点（Rostow 1965）忽视了整个过程的复杂性和实际的演化本质。"工业革命"这个概念的英语起源至少要回溯到 16 世纪后期，但英国全面的工业发展要等到 1850 年之前才开始（Clapham 1926; Ashton 1948）。即便到那时，传统工匠的数量也大大超过在工厂里操作机器的工人：1851 年人口普查显示，英国的鞋匠比煤矿工更多，铁匠比炼铁工人更多（Cameron 1985）。

把世界范围内的工业化浪潮看作在很大程度上对英国工业化的模仿（Landes 1969）同样有误导性。即使是与英国的工业化历程最接近的比利时，也有其独特的发展道路。与英国相比，比利时的工业化进程在冶金方面要重要得多，对纺织业的重视程度则要低得多。关键的国家特质导致了迥异的工业化模式。法国注重水力发展，美国和俄罗斯长期依赖木材，日本则有着细致工艺的传统。煤和蒸汽最初并不是工业化的革命性因素。慢慢地，它们才以前所未有的程度和可靠性来提供热和机械能。此时工业化进程才开始扩大和加速，最终成为化石能源消费膨胀的代名词。

　　对工业扩张而言，采煤业并非必不可少——但它对于工业化的加速发展无疑是至关重要的。比利时和荷兰的比较能说明这种影响。高度城市化的荷兰社会，有着出色的航运能力和相对发达的商业和金融，却最终落后于起初比较贫穷但煤炭资源丰富的比利时。比利时在 19 世纪中叶成为欧洲大陆工业化完成度最高的国家（Mokyr 1976）。以煤为基础的经济较早腾飞的欧洲地区还包括莱茵-鲁尔地区、哈布斯堡帝国的波希米亚和摩拉维亚以及普鲁士和奥地利的西里西亚。

　　以煤炭为基础的工业化发展模式在西欧和中欧之外也曾反复出现。拥有优质无烟煤的宾夕法尼亚州和拥有优质烟煤的俄亥俄州，成为美国工业化发展的早期领导者（Eavenson 1942）。在一战前的俄国，储量丰富的乌克兰顿涅茨克煤矿的发现和 19 世纪 70 年代巴库油田的开发，带动了随后的快速工业扩张（Falkus 1972）。明治时代日本的现代化发展也得益于九州北部的煤。日本开放国门仅仅 48 年后的 1901 年，九州北部的八幡制铁所（日本钢铁公司的前身）东田 1 号高炉的开炉，标志着日本的第一座现代化综合钢铁厂开始投入生产（Yonekura 1994）。印度最大的商业帝国（塔塔集团）则起源于 J. 塔塔于 1911 年在贾姆谢德布尔建立的使用比哈里焦炭的高炉（Tata Steel 2011）。

　　一旦有了煤和蒸汽动力的推动，传统制造商就能以更低的成本生产更多的优质产品。这一成就是大众消费必要的先决条件。廉价而可靠的机械能供应，确保了加工工艺变得越来越复杂。反过来，这又导致零件、工具和机器的制造开始变得更复杂和更专业。那些以煤、焦炭和蒸汽为动力的新产业形成后，便以前所未有的速度为国内和国际市场供应货物。1810年后，高压锅炉和管道开始投入制造。1830 年后，铁路、机车和货车产量迅速增加。水轮机和螺旋桨的产量则在 1840 年后开始增长。1850 年后，钢铁船体和海底电报线缆有了巨大的新市场。生产廉价钢材的商业方法——先是 1856 年之后的贝塞麦转炉，然后是 19 世纪 60 年代的"西门子-马丁"平炉（Bessemer 1905; Smil 2016）——创造了更大的新兴制成品市场，从餐具到铁轨、从铁犁到建筑横梁等。

燃料投入的增加和以机器替代工具，使得人体肌肉变成了一种边缘能量源。人类劳动不断地转到支持、控制和管理生产过程的工作上来。对英格兰和威尔士一个半世纪的人口普查和劳动力调查结果进行分析，可以很好地说明这一趋势（Stewart, De, and Cole 2015）。1871 年，大约 24%的劳动者从事"肌肉力量"型工作（农业、建筑和工业），只有约 1% 的人在从事"管理"型工作（健康和教育、儿童和家庭护理、福利工作）。但到了 2011 年，"管理"型工作占到了 12%，"肌肉力量"型工作仅占8%。而且今天的许多"肌肉力量"型工作（如清洁、家政服务以及常规的工厂流水线工作）都在很大程度上实现了机械化。

但即使人类劳动的重要性开始下降，最近的一些对个人任务和完整工业流程的系统性研究仍表明，通过对肌肉活动进行优化、重新安排和标准化，劳动生产率可以大大提高。弗雷德里克·温斯洛·泰勒（Frederick Winslow Taylor, 1856—1915）是这类研究的先驱。从 1880 年开始，他花费了 26 年的时间来量化钢铁切割中涉及的所有关键变量，将他的所有发现简化为一套简单的计算规则，并在《科学管理原理》（*The Principles of Scientific Management*）中总结了关于效率管理的一般结论（Taylor 1911）。一个世纪之后，它仍在指导着世界上的一些最成功的消费品制造商（专栏 6.3）。

当蒸汽机因电气化而黯然失色，一个全新的工业化时代便随之来临了。电是一种更好的能量形式（不仅在与蒸汽动力相比时如此）。只有电可以即时轻松地接入，且能非常可靠地为每一种消费（飞行除外）提供服务。只需拨动开关，我们就能将电转换为光、热、动能或化学能量。电流易于调节，因此实现了前所未有的精度、速度和过程控制。此外，它的消耗过程是洁净而无声的。只要正确布线，电力适用的场景几乎可以无限增长，也可以有无数种形式。此外，它还不占库存。

由于电力有着这些属性，工业电气化成了一种真正的革命性转变。毕竟，蒸汽机替代水车并没有改变工业生产中的机械能传输方式。因此，这种替代对工厂的整体布局几乎没有影响。工厂天花板下的空间里依然挤满了与主轴连接的一堆副轴，它们通过皮带将动力传送到各个机器

专栏 6.3

从切割钢材的实验到日本汽车出口

弗雷德里克·温斯洛·泰勒的主要关注点是劳动力的浪费也就是能量的低效使用——那些"无法留下任何可观价值的糟糕的、低效的、指导不当的人类行为"——并声称要使体力劳动的使用达到最优。泰勒的批评者认为，这只不过是一种高压的剥削方式（Copley 1923; Kanigel 1997）。但泰勒的工作是建立在他对劳动的实际能量效应的理解之上的。他反对过度的工作指标（如果"一个人因为工作而过度劳累，那么这项任务就设定不当，大大违背了科学管理的目标"），并且强调管理者的综合知识"远不如他们所管理的工人那样丰富和熟练"，因此才要求"管理人员与工人之间必须建立密切合作"（Taylor 1911, 115）。

人们最初抗拒泰勒的建议（伯利恒钢铁公司于 1901 年解雇了他），但他的《科学管理原理》最终成了全球制造业的重要指南。特别值得一提的是日本企业，它们取得全球性成功的基础在于：不断努力消除非生产性的劳动和过度的工作负担，消除不一致的工作步调，鼓励工人参与生产过程并提出改进建议，并且尽量减少劳资冲突。丰田公司著名的生产体系——即押韵的短语"muda mura muri"（减少不产生价值的活动、不平衡的生产节奏和过度的工作量）——就是纯粹的泰勒主义（Ohno 1988; Smil 2006）。

（图 6.8）。机器的停机（无论是由低水位还是由发动机故障引起）或传动故障（无论是传动轴断裂还是皮带打滑）都会使整个系统罢工。这种设置也造成了巨大的摩擦损失，而且动力控制只在部分场所起到有限的作用。

最初的电动机能够驱动的传动轴更短，它们只能为一小组机器提供动力。1900 年后，独立的单元驱动迅速成为常态。1899—1929 年，美国制造业的机械总装机功率增长了约 3 倍，工业电动机的容量增长了近 60 倍，提供了 82% 以上的可用功率。而在 19 世纪末，这一份额还不到 5%（USBC 1954; Schurr et al. 1990）。在此之后，电力的份额变化不大，也就是说，从

图 6.8　位于坎布里亚郡芬茨怀特湖（Finthswaite）岸边的斯托特公园线轴加工厂的主车间内景，展示了从大型蒸汽机向每个机器输送动力的架空传送带的典型布置。这家工厂为兰开夏郡的纺织业制造木线轴（来源：Corbis）

19 世纪 90 年代后期开始，电动机只用了 30 年就基本取代了蒸汽动力和直接由水力驱动的装置。这种高效又可靠的单元动力供应的影响远不只消除了头顶杂乱的管道（和由之而来的不可避免的噪声与事故风险）。传动轴的拆除解放了天花板，后者因此得以安装更好的照明和通风系统，并使工厂的设计更灵活，更容易扩展。电动机的高效以及在更好的工作环境中的精确、灵活和独立的动力控制，最终大大提高了劳动生产率。

　　电气化还创造了大量的专门产业，一开始是灯泡、发电机和输电线的制造（1880 年以后），之后是蒸汽轮机和水轮机的生产（1890 年以后）。1920 年后诞生了燃烧粉状燃料的高压锅炉；使用大量钢筋混凝土的巨型水坝也在 10 年后开始建造。1950 年后，各地普遍开始安装空气污染控制设施。第一座核电厂于 1960 年前投入生产。电力需求的不断增长也促进了地球物理勘探和燃料的开采与运输的发展。在材料特性、工程控制和自动化方面的大量基础研究，对于生产更好的钢铁、其他金属和合金是必需的，对那些用于提取、运输和转换能量的昂贵设备的可靠性的提高和寿命的延长也是必要的。

可靠又便宜的电力的可用性几乎改变了所有的工业活动。迄今为止，大规模流水线的广泛使用对制造业起到了最重大的影响（Nye 2013）。经典但已过时（略显僵化）的福特式流水线是基于 1913 年发明的输送带发展而来的。现代灵活的日式流水线则依赖于零部件的即时传送和分工明确的工人。这种在丰田工厂中采用的系统，将美国的经验元素和日本本土的实践与原创思想结合在了一起（Fujimoto 1999）。丰田生产系统（kaizen）依赖于产品的不断改进与对最佳质量控制的不断追求。同样，所有这些行为的基本共同点都是尽量减少能量浪费。

廉价的电力供应也催生了全新的金属生产和电化学工业。通过电解冰晶石（Na_3AlF_6）溶剂中的氧化铝（Al_2O_3），大规模提取并熔炼铝成为可能。从 20 世纪 30 年代开始，对于种类越来越多的塑料的合成和塑造以及最近一类新的复合材料（特别是碳纤维）的推出，电力都是必不可少的。这些材料的能量成本约为铝的三倍，其最大的商业用途是在商业飞机制造中替代铝合金：最新的波音 787 按体积计算，约有 80% 由复合材料组成。

正当新型轻质材料已经在很多地方取代钢铁的同时，炼钢过程本身正越来越多地使用电弧炉。新型的更轻但更强韧的钢材具备多种用途，尤其是在汽车制造业中（Smil 2016）。在完成这个可以写满几张纸的列表之前，我必须强调：如果没有电力，具备严格公差的大规模微机械加工产业便不可能出现，也就不可能有如今常见的喷气发动机或医疗诊断设备。当然，也不会有准确的电子控制，更别提遍布世界各地的电脑和数十亿电信设备了。

虽然几乎在所有的富裕国家，制造业的份额（占劳动力或 GDP 的百分比）都在稳步下降——在 2015 年年初，它们的份额仅占劳动者数量的 10% 出头；在美国，制造业在 GDP 中的占比约为 12%（USDOL 2015）——但工业化仍在继续，只是其组成已发生变化。能量和材料的大量流动仍将是这个过程的基础；金属仍是典型的工业材料；以多种钢材的形式出现的铁仍是主要的金属。2014 年钢铁产量比四大有色金属（即铝、铜、锌和铅）的产量总和高出近 20 倍（USGS 2015）。使用高炉冶炼铁矿石，然后在氧气顶吹转炉中炼钢，以及在电弧炉中冶炼二次回收的钢材，仍然主导着钢铁生产。如果没有更大更高效的高炉，钢铁产量的庞大增长是不可能的（专栏 6.4，图 6.9）。

同样，炼钢技术效率的提高不仅在于能量耗费的减少，还在于产量

专栏 6.4

高炉容积的增长与能量平衡

除高炉之外，几乎没有哪种带有中世纪血统的生产设备在现代文明中仍能发挥重要作用。正如第 5 章所述，1840 年贝尔的重新设计将高炉容积扩大了 4 倍，达到了 250m³。到 1880 年，最大的高炉容积超过 500m³，1950 年达到 1,500m³；到 2015 年，高炉容积的最大纪录达到了 5,500—6,000m³（Smil 2016）。由此而来的生产力的提高，使得一座高炉的铁水产量从 1840 年的每天 50t 增加到 1900 年的每天 400t 以上。到二战前，产量接近每天 1,000t 的大关。如今最大的高炉产量约为每天 15,000t。最高纪录由韩国浦项制铁公司的浦项 4 号炉保持，它的日产量约 17,000t。

大型高炉和与之相连的氧气转炉的运转所消耗的物质和能量是巨大的（Geerdes, Toxopeus, and Van der Vliet 2009; Smil 2016）。一座日产 10kt 钢铁的高炉和与之配套的氧气顶吹转炉每年需要 5.11Mt 铁矿石、2.92Mt 煤、1.09Mt 助熔剂和近 500kt 钢屑。因此，一家大型综合钢铁厂每年要接收近 10Mt 的材料。一座现代高炉在更换内部耐火砖和碳炉膛之前，可以连续 15—20 年生产铁水。生产力的提高也伴随着具体焦炭消费量的下降。1900 年，这一方面的典型需求为每吨铁水消耗 1—1.5t 焦炭。到 2010 年，日本全国范围内的需求约为每吨铁水 370kg 焦炭，德国的需求则低于每吨铁水 340kg 焦炭（Lüngen 2013）。焦炭炼铁的能量成本从 1750 年的约 275GJ/t 降至 1900 年的约 55GJ/t，在 1950 年接近 30GJ/t，到 2010 年降至 12—15GJ/t。

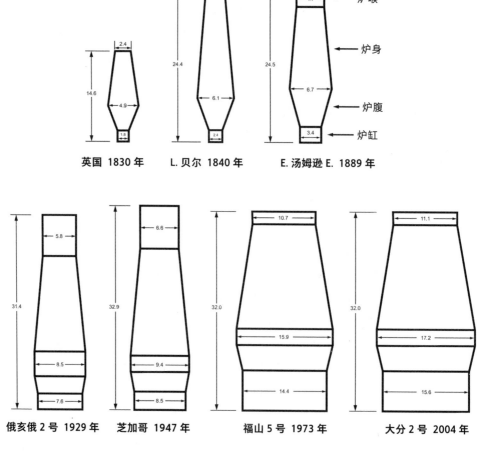

图 6.9 1830—2004 年高炉设计的变化。主要趋势包括更高更宽的炉身、更大的炉缸、更低更陡的炉腹。现在最大的高炉每天的铁水产量超过 15,000t。转载自 Smil（2016）

的提高（Takamatsu et al. 2014）。早期的贝塞麦转炉的转化率一开始不到 60%，后来升至 70% 出头（把铁变成钢）。平炉的转化率最终可达 80% 左右。于 20 世纪 50 年代开始使用的氧气顶吹转炉，如今最高转化率可达 95%。电弧炉的转化率高达 97%。电弧炉在今天每生产 1t 钢铁，耗电量低于 350kWh（千瓦时），在 1950 年时则高于 700kWh。此外，这些收益还伴随着废物排放率的降低：1960—2010 年，美国每生产 1t 铁水的二氧化碳排放下降了近 50%，粉尘排放下降了 98%（Smil 2016）。通过对铁水进行持续铸造，能量成本进一步降低。这一创新取代了传统的铸铁生产过程（在进一步加工之前需要重新加热）。

由此而来的产量增幅非常大，即使按人均计算也是指数级增长：1850年（现代钢铁产业开始之前），每年的钢铁产量不足100kt，平均到每人只有75g，且全部以手工方式生产。1900年，钢铁总产量为30Mt，全球人均值为18kg。到2000年，总产量为850Mt，人均140kg。到2015年，全球钢铁总产量达到1,650Mt，人均225kg，约为1900年时的12.5倍。据我估计，2013年全球钢铁生产至少需要35EJ的燃料和电力，占全世界初级能量供应总量的不到7%。因此，钢铁业是全世界能量消耗最大的工业领域（Smil 2016）。相比之下，其他所有工业的能耗总和为23%，交通运输为27%，住宅用途和服务业为36%。但如果钢铁行业的能量消耗强度与20世纪60年代保持一致，那么2015年该行业将至少消耗全世界初级能量供应总量的16%。这是另一个可以说明效率持续提升的深刻案例。

迄今为止，铝冶炼技术的进步是有色冶金领域最重要的创新。铝元素于1824年首次被提纯出来，但要等到1866年才出现可以大规模生产铝的经济的工艺。美国的查尔斯·马丁·霍尔（Charles M. Hall）和法国的埃鲁（P. L. T. Héroult）各自的独立发明是建立在氧化铝的电解技术之上的。当时提取铝金属所需的能量至少要比熔炼钢铁高出6倍以上。因此，即便在大规模发电开始后，铝业发展仍然缓慢。在19世纪80年代，冶铝的具体电力消耗超过了每吨5万千瓦时，后来霍尔-埃鲁工艺的稳步改进使这一比率到1990年降低了2/3以上（Smil 2014b）。

铝的用途的扩大起初是由航空业的发展推动的。20世纪20年代后期，金属机身取代了木材和布料制作的机身。之后，第二次世界大战期间建造战斗机和轰炸机的需求使得对铝的需求急剧增加。自1945年以来，只要哪个领域的设计同时需要材料的轻便和高强度，铝和铝合金就会在这个领域替代钢铁。这些应用场景包括汽车、铁路用漏斗车和宇宙飞船。但需注意一点，新型轻质钢合金在这些市场也能起到作用。自20世纪50年代以来，钛已经在高温应用场景中（特别是超音速飞机）取代了铝。不过，钛生产的过程能量密集度至少是铝的三倍（Smil 2014b）。

尽管在一个专注于最新电子技术进步的社会，大规模量产金属的根本重要性经常被人们忽视，但毫无疑问，通过与现代电子产品的不断融合，现代制造业已经发生变化。二者的结合，带来了前所未有的精确控制和灵活性，极大地丰富了可用设计的选择，并改变了营销、分销和绩效监控方式。一项全球性的对比显示，2005 年，美国制造商从外部企业购买的服务的费用占工业成品附加值的 30%，在欧盟主要经济体中这一份额也相似（23%—29%）。2008 年，与服务相关的职位略高于美国制造业所有就业岗位的一半（53%），而在德国、法国和英国也达到了 44%—50%，在日本则是 32%（Levinson 2012）。此外，虽然许多产品与其前身看起来差不多，但它们实际上是大不相同的混合产物（专栏 6.5）。

汽车业就是一个突出的例子，现在汽车业的研究、设计、营销与服务的重要性一点都不比实际的产品生产低。即使具体能量使用量（每辆车、每台计算机或每个生产组件）有所增加（由于使用了更多能量密集型材料，或质量更大、性能更好），保持不变，或是减少，除了需要考虑产量之外，还有一些因素也已变得非常重要，其中主要包括外观、品牌区分和产品质量等。这一趋势对未来的能量使用和劳动力结构都会产生重大意义，但不一定以任何简单和单向的方式（更多关于这一主题的内容见第 7 章）。

交通运输业

所有形式的化石燃料或电气化运输都具备几种共同属性。与传统的人员和货物运输方式相比，它们要快得多，甚至通常快到令人难以置信：如今，每年有数千万人在 6—8 小时内跨越大西洋，而在一个世纪前走完这段行程需要约 6 天时间（Hugill 1993），500 年前，初次横跨大西洋的航行花费了 5 个星期。交通工具的可靠性也前所未有地增强了：即使由最强壮的马队拉着最好的马车，也很难在阿尔卑斯山脉间穿行，要么车轴会损坏，要么马匹受伤或无法预料的风暴会导致行程中断；如今，每天有数百个航班飞越这片区域，数百列火车高速穿过深深的隧道。在费用方面，一战前跨大西洋航行的平均费用为 75 美元（Dupont, Keeling, and Weiss 2012），相当于 2015 年的 1,900 美元左右。这样一来，以当前货币计算，

专栏 6.5
机电一体化的汽车

　　谈到机械和电子器件的融合，没有比现代乘用车更好的例子了。1977 年通用汽车的奥兹莫比尔"龙卷风"（Oldsmobile Toronado）是第一款带电子控制单元（ECU）的量产汽车，ECU 负责控制火花塞的点火时间。四年后，通用汽车在其国内汽车生产线上使用的发动机控制软件包含约 50,000 行代码（Madden 2015）。如今，即使廉价汽车也装有多达 50 个 ECU，一些高端品牌（比如梅赛德斯-奔驰 S 级轿车）则包含多达 100 个联网工作的 ECU，其软件包含约 1 亿行代码。相比之下，美国空军的联合攻击战斗机 F-35 的运行系统只含有 570 万行代码，波音最新的商用喷气客机 787 的软件拥有约 650 万行代码（Charette 2009）。

　　车载电子系统确实正在变得越来越复杂。但比较代码数量实际上带有误导性。汽车软件之所以臃肿，主要是因为它要兼容豪华车型提供的过多选件和配置，包括与实际驾驶无关的信息娱乐和导航系统；其中有大量重复使用的、自动生成的、冗余的代码。即便如此，对于现在的高端车型来说，车载电子系统和软件成本占到了整车成本的 40%；汽车已从单纯的机械器件的集合变成了机电混合设备，每增加一项有用的控制功能（比如车道偏离警告、避免追尾的自动制动或高级诊断），就会带来更多的软件需求，进而增加整车成本。虽然这种趋势是明显的，但与那些缺乏批判精神的观察者的期待相反，完全自主控制、自动驾驶的汽车并不会马上到来。

往返旅程需花费近 4,000 美元。而今天的伦敦—纽约往返航班平均价格（无折扣）仅为约 1,000 美元。

　　19 世纪初，人们在水车和风车自然动能的定点利用方面取得了一些重要进展，也提高了单位功率和效率。但传统的、仅靠动物肌肉驱动的陆路运输业从古代以来却几乎没有发生变化。上千年来，没有任何陆地出行工具比一匹好马更快捷。几个世纪以来，没有任何交通工具比具备良好缓冲减震的马车车厢更舒适。到了 1800 年，有些道路有了更好的硬质路面，很多马车也拥有了更好的缓冲系统，但所有差异都是程度上的，而非本质上的。但是火车在几年内就打破了这些常态。它们不仅缩短了距离，重新定义了空间，还带来了前所未有的舒适性。1847 年，英国的一列班车首次暂时达到了每分钟一英里的速度（96km/h）。也是在那一年，英国的铁路建设活动达到了顶峰。只用了两代人的时间，英国就建立起了一个密集的、相互联系的可靠铁路网络（O'Brien 1983）。

欧洲和北美的大规模铁路建设只花了不到 80 年就完成了，在这些铁路上运行的火车使用的燃煤蒸汽机越来越强大：19 世纪 20 年代是实验的 10 年；到 19 世纪 90 年代，一些路段上最快的列车速度能超过 100km/h。在问世后不久，客车就不再仅仅是滑轨上的车厢，开始配备了暖气和洗手间。如果支付更高的价格，乘客还能享受良好的室内装潢、美食服务和睡眠设备。更快更舒适的列车不仅能将游客和移民送到城市里，也能把城市居民带到农村去。托马斯·库克从 1841 年起开始提供铁路度假套餐。通勤铁路带来了第一波郊区化浪潮。容量越来越大的货运火车为偏远地区的工业带去了大量资源，也能迅速分销它们的产品。

美国的铁路建设于 1834 年始于费城，之后其总里程很快超过了英国铁路。到 1860 年，美国有 4.8 万千米的铁路，是英国的 3 倍。到 1900 年，差距几乎变为 10 倍。第一条洲际线路问世于 1869 年，到这一世纪末又有 4 条这样的线路（Hubbard 1981）。俄国的铁路发展也相当迅速。截至 1860 年，俄国铁路总长度不到 0.2 万千米，但到 1890 年就达到 3 万多千米，到 1913 年近 7 万千米（Falkus 1972）。穿越西伯利亚到达海参崴的洲际铁路于 1891 年开工，直到 1917 年才完工。1947 年英国人退出印度后，留下了大约 5.4 万千米的铁路（整个南亚次大陆的铁路里程约为 6.9 万千米）。二战前，没有其他亚洲大陆国家建立过这样庞大的铁路网络。

自二战结束以来，在大多数工业化国家，来自私家车、公共汽车和飞机的竞争降低了铁路的相对重要性。但在 20 世纪下半叶，苏联、巴西、伊拉克和阿尔及利亚成了新线路的活跃建设者。中国是这一活动的亚洲地区领导者。在 1950—1990 年之间，中国铁路里程增加了 3 万多千米。二战后最成功的创新是高速长途电力列车。日本从东京到大阪的新干线于 1964 年首次通车，最高时速达到 250km/h。最新的车型（*nozomi*，"希望"号）能达到 300km/h（Smil 2014a；图 6.10）。法国从 1983 年开始运营高速列车（trains a grand vitesse，TGV），它最快的班次时速接近 280km/h。如今西班牙（AVE）、意大利（Frecciarossa）和德国（Intercity）也有类似的高速铁路，但现在中国是高铁总长度的新纪录保持者：到 2014 年，中国已拥有 1.6 万千米的专用铁路（新华社 2015）。相比之下，美国仅有的"阿塞拉"（Acela）快车（波士顿—华盛顿，平均时速刚超过 100km/h）都没有资格被称为现代高速列车。

如果从 19 世纪 80 年代后期第一台实用汽油发动机的出现开始算起，那么陆地运输的第二次革命（内燃机车辆的发展）所花的时间并没有更少。在欧洲和北美收入较高的国家，这一进程曾两次被世界大战所打断。尽管美国的汽车保有率在 20 世纪 20 年代后期已经很高了，但欧洲和日本直到 20 世纪 60 年代才达到相似阶段。在中国，普通大众的汽车消费时代到 2000 年才开始。但中国众多的人口和新工厂的快速投建，使其汽车销

图 6.10　2014 年，京都站的新干线 N700 系列列车。照片拍摄时正举行日本东海道线高速列车安全无事故运行 50 周年纪念活动（来源：Smil）

量在 2010 年就超过了美国。此时全球乘用车保有量约为 8.7 亿辆，公路车辆总数则超过了 10 亿辆（图 6.11）。

汽车带来的经济、社会和环境变化是当今世界最深刻的变革之一（Ling 1990; Womack, Jones, and Roos 1991; Eckermann 2001; Maxton and Wormald 2004）。在一个又一个国家（最初是 20 世纪 20 年代中期的美国），汽车制造业成了标志性产业（从产品价值的角度来说）。同时，汽车成了国际贸易的主要商品。德国（1960 年后出口）和日本（1970 年后出口）这两个经济体几十年来都在受惠于它们的汽车出口。另外，其他行业——尤其是钢铁、橡胶、玻璃、塑料和炼油业——都在很大程度上依赖于汽车的制造和驾驶。高速公路的建设需要大量的国家参与，导致了巨额资本的累积投资。随着汽车产业的发展，一股高速公路建设的热潮迅速兴起：先是 20 世纪 30 年代希特勒的高速公路系统，一代人的时间之后是艾森豪威尔州际公路系统（始建于 1956 年，如今总长度超过 7.7 万千米），最后是远超它们的中国高速公路网络，到 2015 年它的总长度达到了 11.2 万千米。

当然，汽车带来的最明显的影响是，通过高速公路建设、停车位的普及以及邻里关系的消解，全球范围内的城市都经历了一场重构。只要空间允许，郊区化（以及北美的超郊区化）进程就会迅速发展，同时购物和服务的位置与形式也会迅速变化。汽车的社会影响更大。保有汽车一直是中产阶级化的重要组成部分。大众能负担得起的汽车设计往往能长盛不衰（Siuru 1989）。这个方面的第一个例子是福特的 T 型车，其价格在 1923 年就已降至 265 美元，它持续生产了 19 年（McCalley 1994）。这类著名事例还包括奥斯汀 7、小莫里斯、雪铁龙 2CV、雷诺 4CV、菲亚特 500，以及这类车中最受欢迎的、费迪南德·保时捷（Ferdinand Porsche, 1875—1951）受希特勒的启发而设计的大众汽车（专栏 6.6）。

个人出行自由对居住和职业流动产生了巨大的影响。人们发现这些优点是非常容易使人上瘾的。布尔丁把汽车比作机械马，把司机比喻成有着贵族行动力的骑士，低头看着步行的农民（从而使他们完全不想重新加入行人的行列），这种描述是毫不夸张的（Boulding 1974）。2010 年，美国的人车比（包括卡车和公共汽车）约为 1.25，在德国和日本，这一比率

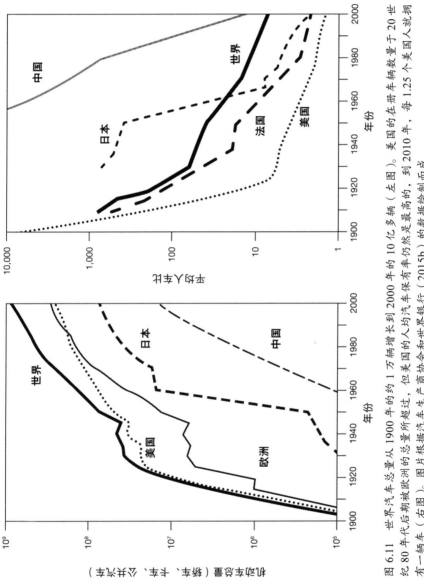

图 6.11 世界汽车总量从 1900 年的约 1 万辆增长到 2000 年的 10 亿多辆（左图）。美国的在册车辆数量于 20 世纪 80 年代后期被欧洲的总量所超过，但美国的人均汽车保有率仍然是最高的，到 2010 年，每 1.25 个美国人就拥有一辆车（右图）。图片根据汽车生产商协会和世界银行（2015b）的数据绘制而成

专栏 6.6
大众汽车和其他耐用车型

　　就总产量、规模和长久性而言（即使算上更新的型号），没有一款为普通大众设计的汽车能比得上阿道夫·希特勒为符合其人民使用所要求的那种了（Nelson 1998; Patton 2004）。1933 年秋，希特勒设定了汽车的规格：最高速度 100km/h，油耗 7L/km，能够运载两个大人和三个孩子，带空调，成本不到 1,000 德国马克。之后费迪南德·保时捷设计了一款像甲壳虫（Käfer）的丑陋车型。在希特勒的坚持下，它于 1938 年准备投入生产。但战争阻碍了所有民用产品的生产，因此甲壳虫直到 1945 年才开始持续装配。这项工作在英军指派的伊万·赫斯特（Ivan Hirst，1916—2000）少校的主持下开展，他挽救了被损毁的汽车工厂（Volkswagen AG 2013）。

　　在西德经济奇迹的初期（在奔驰、奥迪和宝马汽车被大规模拥有之前），德国公路上就已满是汽车。在 20 世纪 60 年代，大众汽车是美国市场上最受欢迎的进口车，直到被本田和丰田取代。初版甲壳虫在德国的生产于 1977 年停止，但它在巴西持续生产到了 1996 年，在墨西哥则持续到 2003 年：最后一辆初版甲壳虫汽车由普埃布拉工厂生产，编号为 21529464。1997—2011 年间生产的新款甲壳虫，外观由 J. 梅斯（J. Mays）重新设计，引擎前置。2012 年的最新的设计车型（A5）被重新命名为 "大众甲壳虫"（Volkswagen Beetle）。

　　二战期间秘密设计的雷诺 4CV 是法国版甲壳虫，在 1945—1961 年生产了超过 100 万辆。法国最知名的基础款汽车是 1940—1990 年生产的雪铁龙 2CV："deux cheveaux" 这个标志代表了汽缸的数量；它的发动机动力实际上有 29hp（Siuru 1989）。1936—1955 年制造的菲亚特 500（"米老鼠"）是一款轴距不到 2m 的双座轿车。英国的小莫里斯则于 1948—1971 年制造。在流行程度上，所有这些车型在日本人的设计面前都黯然失色：日本汽车在 20 世纪 60—70 年代开始少量出口，并在 20 世纪 80 年代成为全球最畅销的车型。

为 1.7（世界银行 2015b）。这种对按需出行的能力的普遍依赖让人难以舍弃：在 2009—2011 年经济衰退导致汽车销量下滑之后，2015 年美国汽车销量达到了创纪录的 1,650 万辆。

我们总是竭尽全力希望获得这一特权（在北美这么做更加容易，因为超过 90% 的车辆是通过信用卡购买的），所以中国人和印度人都希望效仿北美的经验，这一点不足为奇。但正如成瘾症一样，染上就要付出高昂的代价。2015 年，全球道路上拥有约 12.5 亿辆汽车，新乘用车销量达到了约 7,300 万辆（加拿大丰业银行 2015）。交通事故每年造成近 130 万人死亡和多达 5,000 万人受伤（WHO 2015b）。汽车尾气造成的空气污染一直是造成各个大陆上超大型城市季节性（或半永久性）光化学烟雾现象的关键因素（USEPA 2004）。如今，普通汽车的使用寿命范围从富裕国家的不到 11 年到低收入经济体的超过 15 年不等。汽车寿命结束后，钢铁（以及铜和一些橡胶）大部分都会被回收利用。但在这之前，我们愿意忍受巨大的死亡、伤害和污染成本。

卡车货运也对社会经济产生了深远影响。1920 年后卡车货运在美国农村首次得到大规模推广，这降低了农产品运往市场的成本，加快了运输速度。这些优势首先在欧洲和日本得到了复制，过去的 20 年中，它在许多拉丁美洲和亚洲国家也得到了推广。在富裕国家，长途重卡运输已是食品运输的中坚力量，也是工业零部件和制成品分销的关键纽带。它的运营也得益于人们对集装箱的普遍接受，人们用起重机将远洋船只上的集装箱卸下，直接放置到平板卡车上。在许多迅速增长的经济体，卡车运输已经消除了铁路建设（巴西是最好的例子），并为偏远地区开辟了商业和发展机会——但同时也带来了环境破坏。而在贫穷国家，巴士一直是长途客运的主要工具。

第一批越过北大西洋的蒸汽船，与当时在最佳风力条件下的性能最好的帆船相比，并不会更快。但到 19 世纪 40 年代末，蒸汽船跨越大西洋的最短时间被缩短到了不到 10 天，优势已经很明显了（图 6.12）。到 1890 年，不到 6 天的航行已是常态，钢制船体的船只也是如此。钢铁材料几乎没有尺寸限制；考虑到木船的结构性能，木船船体的长度极限为

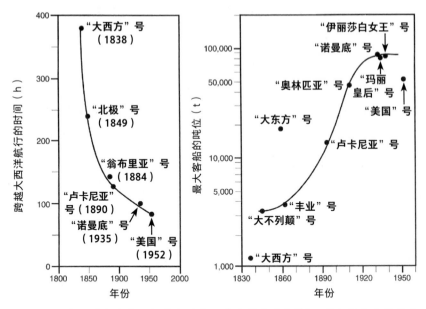

图 6.12　当欧洲和北美之间航行的船只越来越大（右图），并配备越来越强大的引擎时，跨越大西洋所需的时间从两周缩短到了三天（左图）。数据来自 Fry（1896）、Croil（1898）和 Stopford（2009）

100m 左右。著名的"冠达"号、"柯林斯"号和"汉堡-阿美利加"号等大型船舶成了那个技术时代的骄傲象征。它们配备了强大的发动机和双螺旋桨，配有大客舱，还提供优质的服务。

这些大型邮轮的富丽堂皇与拥挤、难闻和沉闷的统舱环境形成了强烈对比。到 1890 年，汽船每年向纽约运送超过 50 万乘客。到了 20 世纪 20 年代后期，北大西洋每年的客运总量超过 100 万人次。不久之后邮轮的吨位发展到了顶峰（图 6.12）。但到 1957 年，在跨大西洋客运方面，空运的人数超过了海运。同年推出的定期客机服务则堵死了长途客轮的未来：10 年后，跨大西洋的定期船运服务寿终正寝。1869 年苏伊士运河的完工和 19 世纪 80 年代高效冷柜的使用使商用蒸汽船获得了早期增长；其后期增长则受到了巴拿马运河的开通（1914 年）、大型柴油发动机的安装（1920 年之后）以及原油运输的刺激。20 世纪 50 年代以来，更大型的专用船舶不仅被用于输送原油，也在广泛的大宗商品（矿石、木材、谷物、化学品）交易和汽车、机械与消费品不断增长的运输中得到了应用。

定期的国际航空运输始于 1919 年的伦敦—巴黎每日航班，其时速低于 200km/h。它在二战前发展成了常规的跨洋航线：1939 年 3 月，泛美航空的"飞剪"（Clipper）从旧金山出发，经过 6 天的旅程飞抵香港（图 6.13）。大规模航空旅行的时代要等到 20 世纪 50 年代后期喷气式飞机的出现才开始（英国的"彗星"号客机，1952 年开始服役，在经历三次致命灾难后于 1954 年停飞）。波音 707（1957 年首飞，1958 年 10 月开始服役）之后不久便是中程飞机波音 727（从 1964 年 2 月开始定期航行，一直生产到 1984 年）以及中短程的波音 737——这款最小的波音喷气式客机已成为历史上最畅销的飞机，到 2015 年年中，已交付了 8,600 多架（相比之下，空客所有机型共卖出了约 9,200 架）。在 20 世纪 50—60 年代，麦克唐纳道格拉斯公司（DC-9，三引擎 DC-10）、通用动力（Convair）、洛克希德公司（Tristar）和法国南方飞机公司（Caravelle）纷纷推出了自己的喷气式客机。但是到 20 世纪末，美国波音公司和欧洲空中客车仍然保持着双巨头垄断地位（俄国制造商除外）（专栏 6.7）。

这些飞机的速度和航程以及航线和航班的增加，加上几乎所有预订系统的联网，使得人们在一天之内，几乎可以到达地球上所有的主要城市（图 6.13）。到 2000 年，宽体喷气客机的最大航程达到了 15,800km。2015 年最长的定期航班（达拉斯—悉尼和约翰内斯堡—亚特兰大）一趟需持续近 17 个小时。同时，许多城市由频繁的往返航班相连（2015 年，里约热内卢和圣保罗之间每天有近 300 个航班，纽约和芝加哥之间每天有近 200 个航班）。此外，按实际价值算，飞行成本实际上在稳步下降，部分原因是燃油消耗降低了。这些成就开辟了新的商机，为大城市、亚热带和热带海滩带来了大规模的长途旅游。它们还开启了前所未有的移民和难民潮、广泛的毒品走私活动以及劫持航空器的国际恐怖主义。

信息与通信

从概念本身出发，使用化石燃料的社会产生、储存、分发和使用了比以前多得多的信息。在东亚和现代早期的欧洲，在化石燃料被人使用之前数百年，印刷就已经是一种固定的商业活动。但手工排版比较费力，印

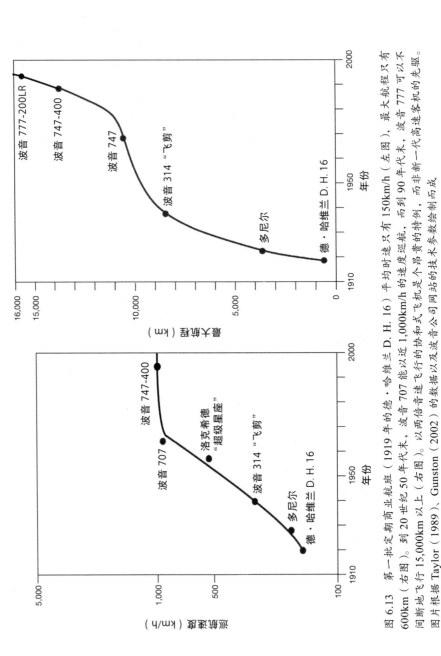

图 6.13　第一批定期商业航班（1919 年的德·哈维兰 D. H. 16）平均时速只有 150km/h（左图），最大航程只有 600km（右图）。到 20 世纪 50 年代末，波音 707 能以近 1,000km/h 的速度巡航，而到 90 年代末，波音 777 可以不间断地飞行 15,000km 以上（右图）。以两倍音速飞行的协和式飞机灵是机昂贵个而且特例，而非新一代高速客机的先驱。图片根据 Taylor（1989）、Gunston（2002）的数据以及波音公司网站的技术参数数绘制而成。

专栏 6.7

波音与空客

波音公司是一家老牌美国公司，由威廉·E. 波音（William E. Boeing, 1881—1956）于 1916 年创立。它设计了标志性的波音 314 "飞剪"、波音 307 "Stratoliner"（两款飞机均诞生于 1938 年）、波音 707（1957 年，第一款成功的喷气式客机）和于 1969 年诞生的第一架宽体客机波音 747（波音 2015）。波音公司最新的产品是波音 787，它的设计更先进，机身 80% 的材料采用更轻更强的碳纤维，因此它的燃油效率比波音 767 高 20%（波音 2015）。空中客车公司（简称"空客"）成立于 1970 年 12 月，由法国和德国参与，随后西班牙和英国公司加入。它的第一架双发动机喷气式飞机是 1972 年 10 月推出的 A300（载客量 226 人）。空客的产品线覆盖了全系列，从短程飞机 A319、A320 和 A321 到远程宽体客机 A340。在 2000 年，空客首次在飞机销售上超过波音。它最重要的创新产品是 2007 年开始服役的双层宽体飞机 A380，单舱最高容量为 853 名乘客。但迄今为止的订单仅限于三舱配置机型，能承载 538 人（相比之下，波音 747-400 的三舱配置能承载 416 人，二舱配置能承载 524 人）。

这两家公司的竞争非常激烈。在 2001—2015 年间，波音交付了 6,803 架飞机，空客生产了 6,133 架喷气客机。为满足不断增长的需求（特别是来自亚洲的需求），两家公司多年来都积压了大量订单。两家公司还与飞机和发动机设计师以及欧洲、北美和亚洲的主要飞机部件供应商签订了许多合作协议。它们还都面临着来自低一级别公司的日益激烈的竞争。加拿大庞巴迪公司和巴西航空工业公司已经扩大了其通勤喷气式飞机：庞巴迪公司的 CRJ-900 有 86 个座位，而巴西航空工业公司的 EMB-195 可以承载 122 名乘客。这两家公司以及俄罗斯的苏霍伊公司、中国商用飞机有限责任公司和日本三菱都正在进入由波音 737 和空中客车 A319/A320 主宰的窄体飞机市场。

刷操作受到缓慢的手动木螺杆印刷机的限制。铁制框架虽然加快了工作速度，然而就算是先进的古腾堡印刷机设计，每小时的印刷次数也不会超过 240 次（Johnson 1973）。但即使是由弗里德里希·柯尼希（Friedrich Koenig）和安德烈亚斯·弗里德里希·鲍尔（Andreas Friedrich Bauer）设计，并于 1814 年出售给泰晤士报的第一台蒸汽动力印刷机，每小时印刷次数也可达 1,100 次。到 1827 年，这个数字增加到了 5,000 次。19 世纪 40 年代的第一台轮转印刷机每小时能印刷 8,000 次。20 年后，这一速度达到了每小时 25,000 次（Kaufer and Carley 1993）。

在大量发行的廉价报纸成为日常信息来源的同时，得益于电报（1838 年开始商用）和不到两代人之后的电话（1876 年），以及在 19 世纪结束前出现的两种新的信息通信技术——录音播音技术和录影技术，新闻的传播速度变得更快了。除了印刷术以外，所有这些技术都是在基于化石燃料的高能时代发展起来的。除摄影和早期的留声机外，没有一项技术可以在断电的情况下使用。除了正在被电子格式文件所取代的印刷品，所有这些技术都拓展了用户基础，并在即时互联的世界中有了新的采集、存储、记录、查看和共享模式。

廉价、可靠和真正的全球性电信技术只有通过电才成为可能。在其发展历程的第一个世纪里，信息主要通过电线来传输。随着威廉·库克（William Cooke）和查尔斯·惠斯通（Charles Wheatstone）在 1837 年首次演示了第一个实用电报系统，各国数十年的实验终于结束了（Bowers 2001）。它的成功取决于 1800 年问世的伏打（Alessandro Volta）电池提供的可靠电力供应。在电信系统发展早期，最显著的成就是 1838 年塞缪尔·莫斯（Samuel Morse）电码系统的采用和与铁路齐头并进的陆路通信线的快速延伸。海底电缆（1851 年横跨英吉利海峡，1866 年横跨大西洋）和大量技术创新（包括爱迪生的一些早期发明）相结合，使电报技术在两代人的时间内实现了全球化。到 1900 年，具备自动编码功能的多路通信线缆每天都会传送数百万文字。这些信息包含从个人信息到外交代码、从股票市场报价到商业订单等各种内容。

1876 年，就在伊莱沙·格雷（Elisha Grey）将电话独立送审的几个小时前，亚历山大·格雷厄姆·贝尔（Alexander Graham Bell）获得了电话的专利（Hounshell 1981）。电话在地区性通信服务中更快为人们所接受（Mercer 2006）。可靠而廉价的长途线路的发展则相当缓慢。第一条跨越美国的电话线路到 1915 年才出现，而跨大西洋的电话线缆直到 1956 年才完成铺设。可以肯定的是，无线电话通信在 20 世纪 20 年代后期就可以使用，但那时它们既不便宜也不稳定。庞大的电话垄断企业提供了廉价和可靠的服务，但它们并不是伟大的创新者：经典的黑色旋转拨号电话在 20 世纪 20 年代初推出，而且在未来 40 年里一直是唯一的选择。第一款电子按键式电话直到 1963 年才在美国出现。

声音和图像的存储、复制和传输技术的进步与电话技术的发展保持着同步。托马斯·爱迪生 1877 年发明的留声机是一部简单的手动机器。1888 年埃米尔·贝林纳（Emile Berliner, 1851—1929）发明的更复杂的留声机同样如此（Gronow and Saunio 1999）。电唱机到 20 世纪 20 年代才开始流行。影像制作技术的发展始于法国，一开始进展缓慢。在此过程中，19 世纪 20—30 年代尼普瑟（J. N. Niepce）和达盖尔（L. J. M. Daguerre）的贡献最令人瞩目（Newhall 1982; Rosenblum 1997）。柯达的第一台廉价盒式相机问世于 1888 年，它在 1890 年后随摄影技术的重大突破而迅猛发展：卢米埃尔（Lumière）兄弟在 1895 年推出了第一部公开的电影短片。有声电影出现在 20 世纪 20 年代后期（第一部有声长片是 1927 年的《爵士歌手》）。第一部彩色电影长片（在彩色电影短片出现多年后）诞生于 1935 年。两年后，切斯特·卡尔森（Chester Carlson, 1906—1968）发明了静电复印术（Owen 2004）。

人类对无线传输的探索始于詹姆斯·克拉克·麦克斯韦（James Clerk Maxwell, 1831—1879）提出电磁辐射理论（Maxwell 1865）和 1887 年海因里希·赫兹（Heinrich Hertz, 1857—1894）证实电磁波的存在（图 6.14）。随后的实际进展非常快。到 1899 年，伽利尔摩·马可尼（Guglielmo Marconi, 1874—1937）的无线电信号已经越过英吉利海峡，两年后跨域了大西洋（Hong 2001）。1897 年费迪南德·布劳恩（Ferdinand Braun, 1850—1918）发明了阴极射线管，这种设备促成了电视摄像机和

图 6.14　詹姆斯·克拉克·麦克斯韦的雕版印刷肖像。基于弗格斯（Fergus）的照片制作而成（来源：Corbis）。麦克斯韦电磁理论的建立为现代无线电事业的发展开辟了道路，并带来了廉价和即时的通信与全球性连接：整个 21 世纪的网络世界都依赖于麦克斯韦的深刻洞见

电视机的诞生。1906 年，李·德·福雷斯特（Lee de Forest, 1873—1961）制作了第一个三极管，它在广播、长途电话和计算机技术里一直起着至关重要的作用，直到晶体管的发明，它才被取代。

定期无线电广播始于 1920 年。1936 年，英国广播公司提供了第一个定期电视服务，美国无线电公司（RCA）于 1939 年也开始跟进（Huurdeman 2003）。机械计算机的发展历程始于 1820 年后查尔斯·巴贝奇（Charles Babbage）和爱德华·舒尔茨（Edward Scheutz）的极具前瞻性的设计（Lindgren 1990; Swade 1991），并在 1911 年随着国际商业机器公司（IBM）的成立而达到巅峰。它最终被二战期间发明的电子计算机的发展甩在了身后。不过，最开始的电子计算机——英国的马克（British Mark）、美国的哈佛马克 1 号（U. S. Harvard Mark 1）和电子数字积分式

计算机（ENIAC）——是特制的和用途单一的，且体积庞大（需要房间大小的空间容纳数千个玻璃真空管），并没有立刻显现出商业前景。

但是，通信与信息技术和相关服务在这一时期接连取得的令人印象深刻的进步被二战后的发展完全掩盖了。这些发展的共同基础是固态电子元件的兴起。这种电子元件始于美国发明的晶体管——一种微型固态半导体器件，相当于用以放大和切换电子信号的真空管。1925年，利林菲尔德（Julius Edgar Lilienfeld）在加拿大申请了场效应晶体管的专利，一年后在美国也申请了专利（Lilienfeld 1930）。该专利申请清楚地概述了如何控制和放大导电固体两端之间的电流。

但是，利林菲尔德并没有进行任何设备制造的尝试。第一次成功的实验是由贝尔实验室的两位研究人员沃尔特·布拉顿（Walter Brattain）和约翰·巴丁（John Bardeen）在1947年12月16日使用锗晶体完成的（Bardeena and Brattain 1950）。正如贝尔系统纪念馆网站所描述的那样，"显而易见的是，贝尔实验室没有发明晶体管，但他们重新创造了它"。然而，他们忽略了20世纪头10年以来完成的大量开拓性研究和设计（Bell System Memorial 2011）。无论如何，改变了电子计算的不是布拉顿和巴丁使用的那种粗糙的点接触器件，而是1951年由威廉·肖克利（William Shockley, 1910—1989）取得专利的更有效的结型场效应晶体管。同年，戈登·K. 蒂尔（Gordon K. Teal）和厄内斯特·布勒（Ernest Buehler）成功制造出了更大的硅晶体，并掌握了单晶拉制和硅掺杂的改进方法（Shockley 1964; Smil 2006）。

1948年，克劳德·香农（Claude Shannon）开创了一条以量化方法评估通信能量成本的道路（Shannon 1948）。这是一个非常重要的理论进展。尽管在那几年间，通信技术有了令人印象深刻的进步（如今通过一根跟头发一样细的电缆，能同时进行的对话数量增加了3个量级），但香农的理论极限表明，这些性能还可以提高几个数量级。然而，二战后的电子计算并没有立即走向商业化。直到1951年，雷明顿·兰德的第一台UNIVAC（通用自动计算机，Eckert-Mauchly ENIAC 的后续型号）才被出售给美国人口调查局。

随着晶体管取代真空管，新型可编程计算机的计算速度开始呈指数增长。直到 20 世纪 50 年代后期，美国的商用计算机市场终于开始发展起来了，仙童半导体公司、德州仪器公司（在 1954 年售出第一个硅晶体管）和 IBM 公司是当时最成熟的硬件和软件开发商（Ceruzzi 2003; Lécuyer and Brock 2010）。1958—1959 年，德州仪器的杰克·S. 基尔比（Jack S. Kilby, 1923—2005）和仙童半导体的罗伯特·诺伊斯（Robert Noyce, 1927—1990）各自独立发明了使用半导体材料的微型集成电路（Noyce 1961; Kilby 1964）。诺伊斯的平面晶体管设计开启了固态电子学的新时代（专栏 6.8）。

美国军方是集成电路的第一个客户。1965 年，当微芯片上的晶体管数量从前一年的 32 个翻倍到 64 个时，戈登·摩尔预测这种倍增将持续下去（Moore 1965）。1975 年，他预测倍增一次的间距将缩短到两年（Moore 1975）。这个如今被称为摩尔定律的行业规律至今都还有效（图 6.15）。世界上第一款使用微处理器控制的商用产品是日本小公司比吉康（Busicom）生产的可编程计算器，它的四芯片模组由当时刚成立的英特尔在 1969—1970 年间设计而成（Augarten 1984）。在 1974 年破产前，比吉康仅销售了几款使用 MCS-4 芯片组的大型计算器原型机。此前，出于偶然的机会，英特尔有预见性地回购了该处理器的知识产权，并于 1971 年 11 月开发了世界上第一个通用微处理器：3mm × 4mm 的 Intel 4004，它集成了 2,250 个金属氧化物半导体晶体管，售价 200 美元。这个处理器的运算速度为每秒 60,000 次，与 1945 年房间大小的 ENIAC 差不多（Intel 2015）。

通过大规模部署，这些存储量不断增加的设备连同功能越来越强大的微处理器，已经影响到现代制造、运输、服务和通信等行业的各个部分。在取得这些显著进步的同时，成本稳步下降，可靠性得到了提高（Williams 1997; Ceruzzi 2003; Smil 2013c; Intel 2015）。微芯片已成为现代文明最常见的复杂人造物：每年生产的微芯片超过 2,000 亿个，囊括了从普通家用物品和电器（恒温器、烤箱、电炉和所有的电子小配件）到复杂组件的自动化制造，甚至包括微处理器本身的设计和制造。它们管理着汽车发动机中燃料点火的时机，优化喷气式涡轮机的运行，引导火箭将卫

专栏 6.8
集成电路的发明

罗伯特·诺伊斯在位于加州圣克拉拉的仙童半导体公司担任研发总监时，在实验室日志中写道："为了能够在生产过程中把不同器件连接到一起，从而减少尺寸、重量和每个有源元件的成本等，就必须在同一片硅半导体上集成多种器件。"（Reid 2001, 13）

诺伊斯 1959 年的专利"半导体器件–连线结构"展示了一种平面集成电路。它有如下详细描述。

"盘形结延伸到外在半导体本体的表面，同种半导体材料的氧化物组成的绝缘层延伸穿过盘形结，同时，以真空沉积或其他方式形成的由金属条构成的引线，延伸并附着到绝缘的氧化物层，从而在不造成结点短路的情况下，在半导体本体的各个区域之间形成电路连接。"（Noyce 1961, 1）

诺伊斯的专利（美国专利 2981877）于 1961 年 4 月获得批准，基尔比的专利（美国专利 3138743）则直到 1964 年 7 月才获得批准，之后是漫长的专利抵触期和诉讼程序。直到 1971 年，高等法院做出上诉判决，其结果对诺伊斯有利。但到此时，这场胜利已经无足轻重了。因为在 1966 年夏天，两家公司已同意分享生产许可，并要求其他制造商与他们两家分别签署合作协议。从原则上来说，基尔比和诺伊斯的构思是相同的。诺伊斯于 1990 年因心脏病而去世。基尔比则活得足够长，在 2000 年"因在发明集成电路方面做出的贡献"而与其他科学家分享了诺贝尔物理学奖。

星置于预定轨道上。

但对个人消费者而言，微处理器的最大影响是带来了便携式电子设备（尤其是蜂窝移动电话）的普及。这一发展过程早于个人电脑的崛起、互联网令人吃惊的长期发展，以及移动电话相对缓慢的普及过程。施乐的帕洛奥托研究中心（PARC）在 20 世纪 70 年代发明了个人计算机，将微

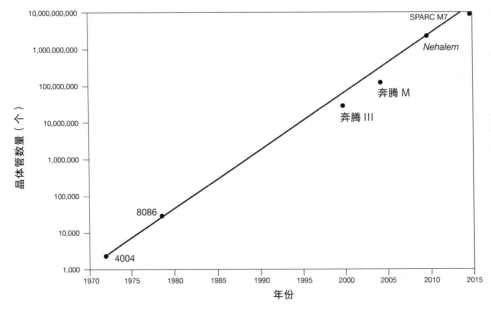

图 6.15　摩尔定律的现实表现。第一个商用微处理器（Intel 4004）拥有 2,250 个金属氧化物半导体晶体管，而目前最新的微处理器拥有超过 100 亿个晶体管（本书成书距今已有数年，这一数字如今已经有了变化），足足增长了 7 个数量级（1,000 万倍）。数据来自 Smil（2006）和 Intel（2015）

芯片的处理能力与鼠标、图形用户界面、图标和弹出式菜单、激光打印、文本编辑、拼写检查以及通过点击鼠标访问文件服务器和打印机相结合（Smil 2006；图 6.16）。如果没有这些进步，斯蒂夫·沃兹尼亚克和史蒂夫·乔布斯就不可能在 1977 年推出第一台成功的商业个人电脑——能显示彩色图像的 Apple Ⅱ（Moritz 1984）。IBM 在 1981 年开始发布个人电脑。在美国，个人电脑拥有量从 1983 年的 200 万台上升到了 1990 年的近 5,400 万台（Stross 1996）。更轻巧便携的笔记本电脑和平板电脑要到 20 世纪 90 年代后期才发展成熟。苹果的 iPad 则到 2010 年才推出。

　　1962 年，美国国防部高级研究计划局的第一任主任约瑟夫·利克莱德（J. C. R. Licklider）首先提出了使用计算机进行通信的想法。"阿帕网"（国防部高级计划局网络，ARPANET）于 1969 年开始投入使用，但仅连接四个站点：斯坦福研究所、加州大学洛杉矶分校、加州大学圣塔芭芭拉分校和犹他大学。1972 年，BBN 科技的雷·汤姆林森（Ray Tomlinson）

图 6.16 1973 年发布的施乐奥托（Xerox Alto）桌面计算机，彰显实用主义，但非常具有革命性。它是第一台几乎集成了现代个人电脑所有基本特征的设备（来源：Wikimedia photograph）

设计了能将消息发送到其他计算机的程序，并选择符号"@"作为电子邮件地址的定位符（Tomlinson 2002）。1983 年，阿帕网衍生出了一个新协议，允许人们通过网络系统进行通信。到 1989 年阿帕网结束运行时，它拥有超过 10 万台主机。一年后，蒂姆·伯纳斯-李（Tim Berners-Lee）在日内瓦的欧洲核子研究组织创建了基于超文本链接的万维网，用来编组在线的科学资料（Abbate 1999）。浏览早期的网络并不容易，但随着高效浏览器的诞生（从 1993 年的网景开始），情况迅速发生改变。

通过地球同步卫星来自动拨号，带来了电话技术的第一个重大电子化进步，即洲际电话变得便宜了。这一创新源于 20 世纪 60 年代微电子技术的进步和强大的火箭发射器的结合。随着基础成本下降，通话也更便宜了。但是，电话通信的第一次彻底改变是移动电话（手机）的出现带来的：个人移动电话于 1973 年首次被展出。1983 年，摩托罗拉在美国推出了一款笨重的设备，配以一整套昂贵的付费服务。手机的保有量要等到 20 世纪 90 年代后期才迅速增长（日本和欧盟比美国更快）。1997 年全球手机销量超过 1 亿部。同年，爱立信推出第一款智能手机。

到 2009 年，手机销量超过 10 亿部。截至 2015 年年底，全球正在使用的移动设备有 79 亿部，包括平板电脑、笔记本电脑和上网本在内的移动设备的年出货量已接近 22 亿部，其中 18.8 亿部是手机（Gartner 2015; mobiForge 2015）。这种包含了通信、娱乐、监控、数据技术和软件的系统经历了令人印象深刻且迅速的变化。这个系统需要大量的能量，这体现在它的能量高度密集的电子设备中，它完全依赖于持续而高度可靠的电力供应来保证必要的基础设施（包括数据中心和蜂窝数据塔）的运行（专栏 6.9）。

特别值得一提的是 20 世纪 60 年代以来，人们在诊断、测量和遥感等一系列技术的设计和广泛部署方面取得了巨大进步。这些进步带来了前人难以想象的丰富信息。1895 年 W. K. 伦琴（W. K. Roentgen, 1845—1923）发现了 X 射线，在 1900 年这是此类检测手段的唯一选择。到 2015 年，这些技术的范围涵盖了超声波（用于医疗诊断和工程）、高分辨率成像（MRI、CT）、雷达（在二战前夕开发，现在是运输和天气监测中不可或缺的工具）和广泛的基于卫星的传感器（这些传感器能获取各种电磁波段的数据，大大改善了天气预报和自然资源管理）。

经济的增长

谈论能量和经济两个概念可以说是一种同语反复：每一种经济活动从根本上说都只不过是一种能量向另一种能量的转化。货币只是用来评估这种能量转化的一种方便（但通常不具代表性）的代理物。获得诺贝尔奖的化学家弗雷德里克·索迪（Frederick Soddy）从这个角度研究这一问题并不令人惊讶。他认为"能量的流动应该是经济学关注的主要问题"（Soddy 1933, 56）。但与此同时，能量的流动并不能很好地衡量智力活动：虽然教育肯定消耗了大量的基础设施和人力，但绝妙的想法（它们与教育的强度一点也不直接相关）并不需要大脑新陈代谢率的大幅增加。

专栏 6.9

移动电话和汽车的能量

即使是一辆紧凑型汽车，重量也有一部智能手机的一万倍（1.4t 比 140g），因此它必然也包含更多能量。然而二者的能量差异远不到 4 个数量级（它们的质量差距），综合计算得出的结果则更令人惊讶。生产一部手机约消耗能量 1GJ，而如今生产一辆典型的乘用车需要大约 100GJ 的能量，两者相差只有 100 倍。2015 年全球手机销量为近 20 亿部，其生产过程消耗的能量约为 2EJ（相当于约 4,800 万吨原油）。2015 年全球约有 7,200 万辆汽车销往世界各地，它们的生产过程需消耗约 7.2EJ 的能量——不到手机消耗量的 4 倍。

移动电话的使用寿命非常短，平均只有两年。现在每年使用的手机的平均生产能量消耗约为 1EJ。乘用车的平均使用寿命至少有 10 年，相当于全球生产的汽车平均每年消耗的能量约为 0.72EJ，比手机制造每年的能量消耗低 30%！这意味着，即使大致的总量估计发生方向上的错误（实际上，汽车消耗的能量比估测值更高，而手机消耗的能量比估测值要低），这两个估测值仍不仅仅是数量级相同，而且是惊人地接近。当然，二者在使用过程中的能量成本大不相同。一部智能手机每年消耗的电量仅为 4kWh，在两年的使用时间内消耗的能量不到 30MJ，仅为其生产过程能量消耗的 3%。相比之下，一辆紧凑型汽车在其使用寿命内，消耗的能量约为其生产所需能量的 4—5 倍（以燃烧汽油或柴油的方式）。但全球信息和通信网络的电气化成本正在上升：2012 年，它占全球发电量的近 5%，预计到 2020 年将接近 10%（Lannoo 2013）。

这一显而易见的事实在很大程度上解释了近年来 GDP 增长与总体能量需求的不一致：非物质成果被赋予了极高的货币价值，它们在当今的经济产品中占了最大份额。但无论如何，能量在现代经济研究中一直处于受关注的边缘；只有生态经济学家认为它应该是主要焦点（Ayres, Ayres, and Warr 2003; Stern 2010）。总的来说，公众对能量和经济的担忧一直以来都不成比例地集中在了价格上，特别是世界上最重要的交易商品——原油的价格。

在西方，OPEC 在 20 世纪 70 年代主导的两轮石油价格上涨——既是当前中东过度消费的根源，也威胁到该地区的稳定——成了广受批评的对象，被认为导致了经济混乱和社会动荡。但 OPEC 的油价上涨对进口其石油的国家使用精炼燃油的效率产生了有益的（也是早该出现的）影响。1973 年，经过 40 年的缓慢的效率下降，美国新乘用车的平均燃料消耗达到了 17.7L/100km，高于 20 世纪 30 年代初期的 14.8L/100km；换句话说，从 16 英里每加仑降到了 13.4 英里每加仑（Smil 2006）。这是现代能量转换效率变低的一个罕见的案例。

油价上涨迫使这种情况发生了逆转。1973—1987 年，随着 CAFE（企业汽车燃油效率）标准降至 8.6L/100km（27.5 英里每加仑），北美市场新车的平均燃料需求减少了一半。不幸的是，1985 年后油价下跌，提高燃油效率的过程也随之停止，甚至发生了倒退（SUV 和皮卡越来越多）。直到 2005 年，美国人才重新开始走上提高汽车燃油效率的理性道路。OPEC 的油价上涨也对全球经济产生了有利影响：它大大降低了平均石油强度（单位 GDP 所需的石油使用量）。发电厂停止燃烧液体燃料；钢铁厂用高炉燃烧煤粉替代喷射燃料油；喷气发动机变得更高效；许多工业过程开始使用天然气。一系列结果令人印象深刻。美国经济在 1985 年创造 1 美元的 GDP 所需的石油比 1970 年少 37%；到 2000 年，这一比率比 1970 年低 53%；到 2014 年，这一比率最终比 1970 年低 62%（Smil 2015c）。

奇怪的是，有一个事实被忽略了：西方政府从石油中赚取的利益一直比 OPEC 多。2014 年，七国集团国家的税收约占一升石油价格的 47%，相比之下，石油生产国的收益只占约 39%。英国这两项收益分配的比例为 60∶30，德国为 52∶34，美国为 15∶61（OPEC 2015）。此外，为确保供应安全，许多政府（包括市场经济国家的政府）都实行了大量的产业监管。许多石油生产国的政府还一直以大量的能源价格补贴来换取政治支持（GSI 2015）。2010 年，沙特的能源补贴费用占政府支出的 20% 以上。

增长（包括它的起源、速度和持续性）一直都是现代经济研究的主要关注点（Kuznets 1971; Rostow 1971; Barro 1997; Galor 2005），因此能量消耗与经济总产值（包括单个经济体的国内生产总值 GDP 和被用以研究全球趋势的世界国内生产总值 GWP）的增长之间的关联一直备受关注（Stern 2004，2010；世界经济论坛 2012；Ayres 2014）。前工业社会的传统经济要么基本处于静止状态，要么设法在 10 年内增长几个百分点。人均能量消费的平均增长速度更缓慢：有不少关于 19 世纪前几十年的证据表明，当时一些贫困群体的生活条件与三四个世纪前的普通人并没有太大的区别。

相比之下，以化石燃料为能量的经济体见证了前所未有的增长——尽管增长会受到经济扩张周期的影响（van Duijn 1983；ECRI 2015），也可能被重大的国内或国际冲突打断。19 世纪工业化社会的经济在 10 年内增长了 20%—60%。这种增长率意味着，英国经济在 1900 年的产出比 1800 年高出近 10 倍。1880—1900 年短短 20 年间，美国 GDP 翻了一番。明治时期（1868—1912 年）日本的产值增长了 2.5 倍。20 世纪上半叶的经济增长虽然受到两次世界大战和 30 年代重大经济危机的影响，但在 1950—1973 年间又出现了前所未见的繁荣。这一时期的经济产量的增长不但速度快，而且范围广。

对这一史无前例的经济扩张来说，1970 年前原油实际价格的稳步下降是关键成因。当时美国的人均 GDP 已经是世界之最，仍增长了 60%。联邦德国的 GDP 增长了 3 倍多，日本的 GDP 则增长了 6 倍多。亚洲和拉丁美洲一些贫穷人口大国的经济也开始蓬勃发展。随后，OPEC 第一轮石油价格上涨（1973—1974 年）暂时中止了这一增长。1979 年第二轮石油价格上涨则是由伊朗君主制的倒台和原教旨主义阿亚图拉的掌权造成的。20 世纪 80 年代初，全球经济增长放缓，同时伴随着创纪录的通货膨胀和高失业率。但到 20 世纪 90 年代，趋于稳定的低油价带来了另一波增长。这次增长一直持续到 2008 年，此时全球遭遇了二战后最严重的经济衰退，之后复苏乏力。

艾尔斯、艾尔斯和瓦尔指出，有效功价格的下降是 20 世纪美国经济增长的引擎（Ayres, Ayres and Warr 2003）。有效功是能量（在理想的能量转换过程中可用于做功的最大能量）和转换效率的乘积。将经济产值的历史数据进行标准化测量（以将通胀纳入调整后的价值不变的货币来衡量GDP，然后以购买力平价计算世界国内生产总值，而非使用官方汇率计算），我们就会发现，无论在全球或国家层面，经济增长和能量消费之间都深刻地显示出了强劲的长期关联。

从1900年到2000年，所有初级能量的使用量（减去化石燃料的加工损失和非燃料用途后）从44EJ增长到382EJ，增长了近8倍。以1990年的货币价格衡量，世界国内生产总值从约2万亿美元增长到近37万亿美元，增长了超过17倍（Smil 2010a; Maddison Project 2013）。这说明两者之间的弹性（一个对象的变化率相对于另一个对象变化率的敏感程度。——译者）小于0.5。这两个变量的高度相关性可以随时间推移在一个国家的经济变化中体现出来，但弹性有区别：整个20世纪，日本GDP增长了52倍，总能量消耗增加了50倍（弹性非常接近1.0），美国这两项数据分别为近10倍和25倍（弹性小于0.4），中国则为近13倍和20倍（弹性为0.6）。

当我们考虑的集合包含世界上所有国家时，人均GDP和人均能量供应值之间的联系和预计的一样紧密。这再次证实了二者之间的相关性非常高（>0.9）。在通常难以驾驭的社会经济事务领域，这种相关性无疑出奇地高。但是一旦我们研究更多由国家构成的同质群体，这种效应就会大大减弱：国家致富需要能量使用的大幅增加，但不同富裕社会之间相对能量消费的增加——无论是按照每单位GDP计算，还是按人均GDP计算——差异都很大，因此相关性非常低。

例如，意大利和韩国的人均GDP很相近——按购买力计算，2014年两国的人均GDP都约为35,000美元——但韩国的人均能量消耗比意大利高出近90%。相反，德国和日本的年人均能量消费量几乎都为170GJ，但2014年德国的人均GDP比日本高出近25%（IMF 2015; USEIA 2015d）。经济增长所需的绝对能量消耗量的增加，掩盖了另一个重要相对量的下降：高收入、高能耗的成熟经济体的能量强度（每单位国内生产总值所消耗的能量）明显低于其发展的早期阶段（专栏6.10，图6.17）。

从人均能量使用和经济增长两者的长期趋势来看，最重要的经验是：

专栏 6.10
经济增长中不断下降的能量消耗强度

历史数据显示，1830—1850 年间，蒸汽机和铁路的普及使得英国的能量消耗强度迅速上升，后又稳步下降（Humphrey and Stanislaw 1979）。加拿大和美国的能量强度出现这种趋势比英国晚了六七十年。美国的能量消耗强度在 1920 年前达到顶峰。中国的能量消耗强度则在 20 世纪 70 年代后期达到历史顶点。印度的能量消耗强度则到 21 世纪才开始下降（Smil 2003）。1955—1973 年，美国的能量消耗强度基本保持平稳（波动仅为 ±2%），而实际 GDP 增长了 2.5 倍。之后能量消耗强度又开始下降，美国 2010 年的能量消耗强度比 1980 年低 45%。

相比之下，日本的能量消耗强度在 1970 年前几乎一直呈上升趋势，但在 1980—2010 年下降了 25%（USEIA 2015d）。中国的下降幅度则更大，在 1980—2013 年几乎下降了 75%（China Energy Group 2014），这反映了中国改革开放初期的极度低效和自 1980 年以来的现代化进程之间的巨大区别。另外，印度仍处于经济发展早期阶段，1980—2010 年，其能量消耗强度仅下降了 7%。这些下降主要来自几个影响因素的综合作用：经济发展早期阶段的特征是能量密集型资本的投入（特别是基础设施建设）所占比重逐渐降低；燃烧和电力使用的转化效率有所提高；服务业（零售、教育、银行业）的份额上升——服务业每一个单位的国内生产总值附加值所需的能量消耗比冶炼、采掘业或制造业要更少。

其余类似的发达经济体的全国能量消耗强度的主要区别，都可以用初级能量使用的构成（高能耗金属的生产总得有人来做）、终端转换的效率（水电总是优于煤电）、气候以及领土的大小来解释（Smil 2003）。如果把美国的能量消耗强度设为 100，2011 年的日本和德国的能量强度就约为 60，瑞典为 70，加拿大为 150，中国为 340。有趣的是，考夫曼指出，富裕国家在 1950 年后的能量消耗强度有所下降，主要是因为所使用的能量种类、主导产品和服务类型发生了变化，而不是因为技术进步（Kaufmann 1992）。

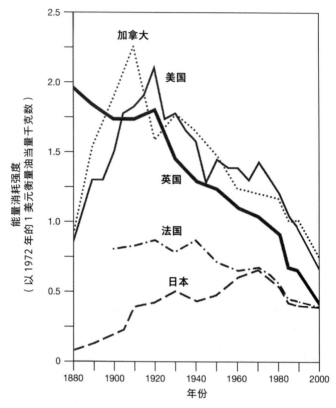

图 6.17　GDP 能量消耗强度的下降是成熟经济体的一个普遍特征。数据来自 Smil（2003）和 USEIA（2015d）

在逐步降低人均能量使用的同时，实现可观的经济增长是可行的。在美国，缓慢但持续的人口增长带来了燃料和电力绝对消费量的进一步增加；但自 20 世纪 80 年代中期以来，人均初级能量消耗在 30 年中一直保持平稳（仅有小幅波动），而实际人均 GDP（以 2009 年美元价格衡量）增长了近 57%，从 1985 年的 32,218 美元增长到了 2014 年的 50,456 美元（FRED 2015）。同样，在法国和日本（这两国的人口正在减少），人均初级能量消耗自 20 世纪 90 年代中期以来就已趋于稳定，但在接下来的 20 年中，两国人均 GDP 分别增长了约 20% 和 10%。

　　但是，这些结果必须被谨慎地解读：在那些能量消耗与 GDP 相对没有明确关联的时期，美国、欧洲和日本的能量密集型重工业和制造业正在大规模地转移到海外，一般来说是亚洲国家，特别是中国。因此，现在就认为这三大经济体的经验是全球性的能量消耗与经济增长脱钩趋势的预兆，尚言之过早。此外，主要由于2014年前中国的能量需求大幅增长（自1990年以来增长了近4.5倍），全球初级能量供应增长了近60%，相应地，1990年之后的25年间，世界国内生产总值增长了2.8倍（弹性为0.56）。另外，电力消耗强度的下降远比总体能量消耗强度的下降要慢。1990—2015年，全球范围电力消耗强度仅下降20%（总体能量消耗强度下降超过40%），美国的下降幅度也是20%，但在此期间迅速实现现代化的中国的能量消耗强度没有任何下降。

在全球经济增长过程中，初级能量（和电力）的消耗强度一直在下降。但因为世界经济规模和亚洲与非洲人口的持续增长，在未来几十年里，用大量燃料和大量增加发电量来驱动现代化国家经济增长的方式将继续下去，但会呈现出另一种面貌。显然，强劲经济增长的启动和维持都有着复杂的、相互依存的投入问题。它们需要技术改进和能够积极响应的制度安排，尤其是健全的银行和法律制度。恰当的政策、良好的教育体系和高水平的竞争力也是必不可少的。但是，如果今天的低收入国家都要脱贫致富（复制中国自1990年以来的经济奇迹），一旦离开了燃料和电力消费的增长，上述因素不会产生任何效果：在现代经济发展的早期阶段，与能量消耗毫不相关的经济增长是违反热力学定律的。

后果与隐患

现代社会的高能量消耗带来了多种负面影响，包括从明显的物理特征到需要几代人的时间才会显现的缓慢变化。首先是丰富的食物供应带来的无可辩驳的惊人浪费，以及它所导致的前所未有的超重（体重指数在25—30之间）和肥胖（体重指数 >30）比例。现代人体能消耗的降低，通过大量使用机器替代肌肉进行劳动从而让人坐得更久的生活方式，即使在短途旅行中也使用汽车而非像以前一样徒步，都进一步加强了肥胖的趋势。到2012年，美国有69%的人口超重或肥胖，而在20世纪50年代这一比例还只有 33%（CDC 2015）。这清楚地表明，体重问题是饮食过多和身体运动减少两种因素的结合导致的。

美国基本不是世界上唯一一个超重和肥胖人口比例上升的国家（沙特阿拉伯人口超重和肥胖的比例更高，中国儿童体重上升的趋势最快），但这一趋势尚未（还是已经？）覆盖全球：欧洲许多人口和撒哈拉以南非洲的大多数人口仍处在合适的体重范围内。无论如何，我并非只讨论集中使用能量的负面影响。我将考察现代能量使用过程中的五大基本的全球性后果。其中的每一个都带来了许多很好的改进，但也产生了从局部到全球规模不等的令人担忧的影响。

持续的城市化——从 2007 年开始，超过一半的人类已经长期居住在城市——一直是创新的主要来源。它改善了人们的物质生活质量，为人们提供了前所未有的教育和文化活动机会；它造成的空气污染和水污染已经到了有害健康的水平，它还导致了过度拥挤，并为最贫穷的城市居民带来了令人震惊的恶劣生活条件。高能社会的生活水平远高于传统社会，使得人们有了对各种问题能得到持续改善的信念：但由于长期的（且经常根深蒂固的）经济不平等，城市化带来的利益分配并不平均；此外，随着人口老龄化的加剧，这些利益（需要进一步扩大赤字开支）也无法得到保证。

对于能源进口和出口国家来说，能源价格、燃料和电力的交易以及能源供应安全都已成为重要的政治因素；特别是对于严重依赖碳氢化合物出口的经济体，无论是高油价还是低油价都会产生重大影响。武器破坏力和核冲突风险的增加，在造成真正的全球性环境和经济影响的同时，使人们普遍认识到了热核战争是无益的，最终使人们采取一系列方案来降低发生此类冲突的可能性。化石燃料的大量燃烧也对环境造成了许多负面影响，尤其是全球加快变暖的风险，但我们仍掌握着缓解这一威胁的有效方法。

城市化

城市——即使是大都市——常常有着悠久的历史（Mumford 1961；Chandler 1987）。公元 1 世纪的罗马有超过 50 万居民。9 世纪早期哈伦·拉希德统治下的巴格达有 70 万人，同时代的长安（唐朝的首都）拥有约 80 万居民。1,000 年后，清朝首都北京的居民数量超过了 100 万，而在 1800 年，约有 50 个城市拥有 10 万以上的人口，但此时即使在欧洲，城市人口也不超过 10%。在这之后，全球最大的那些城市人口和城市居民总体份额的迅速增长离不开化石燃料的使用。传统社会只能支持少数大城市，因为要保证它们的能量供应，至少需要 50 倍——通常都是 100 倍——于这些城市面积的耕地和林地（专栏 6.11）。

现代城市的燃料使用效率要高得多。但因为有着高度集中的住宅、工厂和交通运输，即使是广阔温暖地区的城市，也需要 $15W/m^2$ 的能量

专栏 6.11

传统城市能量供给和使用的功率密度

考虑到人均食物摄入量约为每天 9MJ，前工业社会人们的日常饮食以素食为主（占 90%），而一般的谷物产量只有 750kg/ha，所以一座拥有 50 万人口的传统城市需要约 150,000ha 的耕地。在气候寒冷的地区，每人每年的燃料（木材和木炭）需求约为 2t。如果一片森林能持续提供每年 10t/ha 的木材，那么为这座城市提供燃料需要的森林面积约为 100,000ha。也就是说，一个达到这种人口规模的城市占地面积只有 2,500ha，却要依赖于面积是其自身约 100 倍的土地来获取食物和燃料。

就平均功率密度而言，在这个例子中，总能量消耗的功率密度约为 $25W/m^2$，能量供应的功率密度约为 $0.25W/m^2$。实际上，功率密度变化范围相当大。根据人们食物摄入量的区别、烹饪和加热方式的多样、小型作坊的能量需求和燃烧效率的不同，前工业时代的城市总能量消耗的功率密度从 $5—30W/m^2$ 不等。邻近的森林和林地可持续供应能量的功率密度为 $0.1—1W/m^2$。因此，城市必须依赖于 50—150 倍于自身面积的农田和林地。同时，强大而廉价的原动机的缺乏，限制了城市从远处获取食物和燃料的能力，从而给周边地区的植物资源造成了压力（Smil 2015b）。

供应；对于寒冷地带的工业城市，能量供应水平则高达 150W/m²。然而，用来满足这些需求的煤和原油开采的功率密度为 1—10kW/m²（Smil 2015b）。这意味着一座工业城市要依赖两个事物：一是规模最大不超过城市面积 1/7、最小仅为城市面积 1‰的煤矿或油田；二是能将燃料从采掘地点运送给城市用户的新型的强大原动机。传统城市必须从大片区域收集弥散的能量来集中支持自身运作，现代城市则可以从较小的区域集中提取化石燃料得到能量供应。

接下来是食物的供应。一个有 50 万人口的现代城市，每人每天需要摄入 11MJ 的能量（其中 1/3 来自动物的肉，这些动物需要平均 4 倍于其自身能量的饲料）。即使以每公顷 4t 的作物产量来计算，也仅需 70,000ha 庄稼就能供应这座城市的食物需求。为现代城市提供能量所需的耕地面积已经比传统城市小了一半以上。化石燃料和电力也使得大规模的长途食品进口变得经济可行。只有使用电和液态的可运输燃料，抽取饮用水、清除和处理污水与垃圾、满足超大城市（人口超过 1,000 万的城市）的交通和通信需求才变得可行。所有的现代城市都是高功率密度的化石能量流进行转化的产物。超大型城市的需求则更高：肯尼迪及其同事的一项调查表明，2011 年全球 27 个特大城市（其人口不到全球人口的 7%）消耗了全球电力的 9% 和汽油的 10%（Kennedy et al. 2015）。

使用化石燃料（最初仅仅是燃煤）的城市迅速兴起。1800 年，全球十大城市中只有一个（排名第二的伦敦）所在的国家以煤为主要能量。一个世纪后，10 个最大城市中，有 9 个属于此列：伦敦、纽约、巴黎、柏林、芝加哥、维也纳、圣彼得堡、费城和曼彻斯特；只有东京所在的日本，生物质燃料提供的能量仍占所有初级能量供应的一半以上（Smil 2010a）。1900 年城市人口占全球总人口的比例仅为 15% 左右，但在全球三大产煤国，这一比例要高得多：英国的这一比例超过 70%，德国接近 50%，美国接近 40%。之后，随着城市的持续发展，超大型城市的总数显著增加。到 2015 年，拥有超过 100 万居民的城市群数量发展到了近 550 个，而在 1900 年只有 13 个，在 1800 年仅有两个——北京和大伦敦（2015 年《城市人口》）。

化石能源也带动了移民活动：城市的增长向来依靠农业机械化把人口推出农村，又靠工业化将人口拉入城市。当然，城市化和工业化并不是同义词，但是这两个过程被许多相互放大的影响密切联系到了一起。最值得注意的是，欧洲和北美的技术创新绝大多数起源于城市，城市如今依旧是创新的圣地（Bairoch 1988; Wolfe and Bramwell 2008）。贝当古和韦斯特认为，城市人口每翻一番，经济生产率平均将上涨 130%，无论是总生产率还是人均生产率都会上升（Bettencourt and West 2010）。潘和同事将这一结果主要归因于"超线性标度"（superlinear scaling），意指城市人口密度的增加为居民提供了更多面对面合作的机会（Pan et al. 2013）。

城市就业岗位大规模地向服务行业转变的过程主要始于二战后。到 2015 年，这些转变已使城市人口占到总人口的 75% 以上（在几乎所有的西方国家），甚至占了 80%（墨西哥）到 90%（巴西）。只有在许多非洲和亚洲国家，城市人口份额仍低于 50%，其中印度为 35%，尼日利亚为 47%，但中国为 55%。从 20 世纪 90 年代起，中国迅速走向城市化。对这些巨大的人口跨地域流动所造成的经济、环境和社会影响的研究，已是现代史研究最活跃的领域之一。19 世纪迅速发展的城市中常见的苦难、贫困、污秽和疾病为许多文学作品的创作带来了灵感。这些著作涵盖了从以描述为主的作品（Kay 1832）到以强烈批评为主题的作品（Engels 1845），从一系列议会听证会记录到各种畅销小说（Dickens 1854; Gaskell 1855）。

如今，在亚洲、非洲或拉丁美洲的许多城市，我们仍可以看见类似的事情——除了大多数传染性疾病的威胁，因为它们大多已被现代的疫苗接种所消灭。但人口仍在不停向城市迁移。与过去类似，新移民的居住情况总体而言可能更糟糕，最早的改革主义著作和之后的关于城市化弊端的讨论常常都忽略了这一事实。和以前一样，我们必须对城市环境的惨淡状况——对城市美感的破坏、空气和水污染、噪声、拥挤、贫民窟中恶劣的生活条件——和同样令人反感的农村环境加以权衡。

常见的农村环境压力包括：生物质在不通风的情况下燃烧导致的极高浓度的室内空气污染物（尤其是细颗粒物）、寒冷气候下供暖不足、不安全的供水系统、不良的个人卫生、破败而拥挤的住房，以及孩童们几乎无法享受到良好的教育。此外，即使与工厂中的非技术性劳动相比，单调的户外劳动也并不更吸引人。一般来说，典型的工厂劳动比普通农业劳动所需的能量支出要少。而且在城市走向大规模工业化后很短的时间内，工厂工人的劳动时间就受到了合理控制。

之后，工资逐渐提高，健康保险和养老金计划等福利也出现了。加上更好的教育机会，这些变化给一般人的生活水平带来了明显的改善。它们最终导致在所有主要大型自由经济体中，都出现了大量的城市中产阶级。整个工业化世界都能强烈地感受到西方的这种伟大成就——虽然现在已有些黯淡。相比之下，那些非自由市场国家的人民可能就无法这么迅速地享受到这种福利。同时，城市化对能量消耗的影响也是必然的。即使没有重工业或大型港口，在城市中生活的人均能量供应也需要大幅增加：对于一个迁入亚洲新兴城市的人来说，他所需的化石燃料和电力随随便便就比他在自己出生的村庄使用微薄的生物质燃料来烹饪和（如果必要的话）为房间供暖的能量高出一个数量级。

生活质量

不断上升的能量消耗一直在缓慢（但在某些情况下，如1990年后的中国，发生得相当突然）而深远地对人们的平均生活质量产生有利影响——平均生活质量是一个比生活标准更宽泛的术语，因为它也包含了一些关键的无形变量，如教育和个人自由。在二战后经济快速增长的几十年中，许多以前贫困的国家步入了中等能量消费国行列，其居民整体生活质量也有提高（虽然常常以随之而来的环境退化为代价），但全球能量使用的分布仍极不平衡。1950年，全球最富裕的经济体仅有约2.5亿人口，即全球人口的1/10，每年人均消费2t油当量（约为84GJ）以上——但他们却占用了世界上60%的初级能量（不包括传统生物质）。到2000年，这类人口几乎占了全球人口的1/4，消耗了近3/4的化石燃料和电力。相比之下，全球最贫穷的1/4的人口所使用的能量只占所有商业能量的不到5%（图6.18）。

到2015年，由于中国经济快速增长，全球每年消费能量超过2t油当量的人口份额跃升至40%，这是历史上最大的平等化进程。尽管这些平

图 6.18　基贝拉，肯尼亚内罗毕最大的贫民窟之一（来源：Corbis）。肯尼亚每年的人均现代能量使用量为 20GJ，但是非洲和亚洲的贫民窟居民每年的人均能量使用量只有 5GJ，不到美国平均水平的 2%

均值令人惊叹，但它们并没有反映出平均生活质量的实际差异：贫穷国家只能将其总能量消费中的小得多的部分用于个人家用和交通运输，而且转换效率也更低。因此，人类最富裕的 1/4 人口和最贫穷的 1/4 人口一般的直接人均能量消费的实际差异接近 40 倍，而并非"仅仅"20 倍。这种巨大差异是各国间经济和一般生活质量长期存在差距的主要原因之一。反过来，这些不平等又是持续的全球政治不稳定的主要根源。

　　那些已进入中等能量消费行列的国家都经历了类似的进步阶段，但速度截然不同：西欧国家的早期工业化需要两代甚至三代人的时间，而韩国和中国近些年只在一代人的时间里就迅速完成了同等程度的工业化（后发优势）。在经济增长早期阶段，由于绝大部分的燃料和电力被用于建设工业基础设施，因此能量增长给生活质量带来的收益相当有限。人们购置的家庭用品、个人用品逐步增多，基本饮食习惯变得更好，这是生活质量得到改善的首要迹象，它们一般从城市开始，后逐渐扩散到农村。

　　最初的收益包括更多更好的基本炊具、餐具和其他器皿，更丰富多彩的衣服，更好的鞋子，更好的个人卫生条件（更频繁的洗涤和更换），购买额外的家具，在特殊场合购买小礼物，以及墙上挂的图画（从廉价的复制品开始）。在 20 世纪初的北美和欧洲，在资产阶级化的下一个阶段，人们开始拥有越来越多的家用电器。但如今新电器（空调、微波炉、电视）和电子设备（尤其是手机）的价格低廉，意味着在很多亚洲国家和一些非洲国家，人们甚至在拥有更好的家庭用品之前就已先购买了它们。

在生活质量提高的下一阶段，食品供应的多样性和质量进一步改善，医疗条件也变得更好，发展成果开始惠及农村人口。城市人口的受教育水平开始上升，富裕阶层的标志也越积越多——汽车保有量、新房舒适度和高收入人群的出国旅行。其中有一些被混淆或倒置，特别是在亚洲国家。最终发展到大众消费阶段，大量的身体舒适服务和频繁用于炫耀的展示品不断增多。更长的学校教育时间、高度的个人流动性，以及日益增长的休闲与健康支出是这一进步的部分体现。

这一连串收益与人均能量初级消费量之间的关联是毋庸置疑的，但通常被用来做比较的人均初级能量消费量——即将一个国家的初级能量供应总量除以人口总量——并不是最佳变量。人均初级能量消费量既没有指出消费的构成（军队消耗的比例可能极大，比如在苏联、朝鲜和巴基斯坦），也没能说明典型的（或平均的）能量转换效率（比如日本比印度的转换效率更高，因此用相同单位的初级能量，日本能提供更多的终端服务）。比较居民能量消费的平均比率可能会提供更好的视角，但这一点也并未达到完美的程度：家用的燃料和电力被计算在内，但相当多的间接能量投入（建造房屋或制造汽车、家用电器、电子产品和家具需要的能量）却被排除在外。

记住这一点并考虑到不同国家的特点（从气候到经济特异性），就能排除任何简单粗暴的分类。能量使用和生活质量之间的关系可分为三个基本类别。一个国家每年的民用初级能量消费（不算传统生物质燃料）如果达不到人均 5GJ（即大约 120kg 油当量），甚至无法保证所有居民最基本的生活需求。2010 年埃塞俄比亚仍远低于这一最低水平。孟加拉国刚刚达到这一数值，中国在 1950 年前低于此值，1800 年前西欧的大部分地区也是如此。

随着民用能量消费率接近每年 1t 油当量（42GJ），工业化进程加快了，收入增加了，人们的生活质量得到明显改善。20 世纪 80 年代的中国、20 世纪 30 年代和 50 年代的日本，1870—1890 年的西欧和美国都处于这一发展阶段。即使能量使用效率相当高，若想达到初期的富裕程度，每人每年也至少需要 2t 油当量（84GJ）。法国在 20 世纪 60 年代达到了这一水平；日本在 20 世纪 70 年代、中国在 2012 年分别达到了这一水平。但中国的情况与西方并不完全相同，因为中国的能量消耗很大一部分仍被用于工业发展（在 2013 年几乎达到 30%），个人可自由支配的能量还太少（IEA 2015a）。

但法国和中国的成就都表明了近些年的发展之迅速。1954 年的法国人口普查显示住房存在明显缺陷：不到 60% 的家庭拥有自来水，只有 25% 的家庭拥有室内卫生间，只有 10% 的家庭拥有浴室和中央供暖系统（Prost 1991）。到 20 世纪 70 年代中期，近 90% 的家庭有了冰箱，75% 有厕所，70% 有室内卫生间，约 60% 有中央供暖系统和洗衣机。到了 1990 年，所有这些设施几乎随处可见，此时 75% 的家庭拥有汽车，回到 1960 年，家庭汽车拥有率不到 30%。财富的日益增长当然也反映在了能量使用的上升上。1950—1960 年，法国人均能量消费量增长了约 25%；但在 1960—1974 年，它却飙升了 80% 以上；1950—1990 年，所有燃料的人均供应量都增加了一倍多，汽油消耗量增加了近六倍，用电量增加了八倍多（Smil 2003）。

中国发展得更快。经济改革开始时，中国的年人均能量消费量约为 19GJ，到 2000 年时已接近 35GJ，2010 年时约为 75GJ，在约 30 年内翻了两番，到 2015 年差不多超过了 90GJ（Smil 1976；China Energy Group 2015），与 20 世纪 80 年代早期的西班牙平均水平相当。此外，这些增量中用于基础建设的部分高得不成比例。有一个绝佳的例子可以说明这一事实：美国在整个 20 世纪的水泥消费总量约为 45 亿吨，而中国仅在 2008—2010 这三年的新建设项目中使用的水泥就超过了这一数字，达到了 49 亿吨（Smil 2014b）。因此，如今中国拥有世界上最大的现代高速铁路网和省际高速公路网也就毫不奇怪了。

对提高生活质量而言，没有任何能量形式比廉价电力供应产生的影响更为广泛：在个人层面上，这类影响已经普遍存在，并且伴随着人的一生（早产儿在保育箱中得到照料，给他们接种的疫苗被保存在冰箱中，危险疾病可以通过无创技术得到及时诊断，危重病人被接入电子监视系统）。但电力的一个最重要的社会影响是改变了许多家务劳动，从而使女性极大地受益。即使在西方世界，这一变化也发生得相当晚。

在几代人的时间里，能量消耗的增加对日常家务劳动几乎没有产生影响。事实上，它可能会使情况变得更糟。随着教育水平的上升，卫生标准和社会期望都变得更高，西方国家妇女的工作往往变得更困难。20 世纪30 年代，无论是在狭小的英式公寓中进行洗涤、烹饪和清洁（Spring-Rice 1939），还是在美国的农舍中做日常杂务，女性的工作都非常艰难。电是最终的解放者。无论其他能量形式有多大的可用性，只有电的使用才将女性从劳累且往往危险的工作中解放了出来（Caro 1982；专栏 6.12）。

到 1900 年，市面上已有许多电器：19 世纪 90 年代，通用电气公

专栏 6.12

电对减轻家务负担的重要性

罗伯特·卡洛在林登·约翰逊传记第一卷中描述的电力的解放效应（liberating effect）令人难忘（Robert Caro 1982）。正如卡洛所指出的那样，得克萨斯州希尔郡的生活如此艰难并不是由于能量短缺（家中存有大量的木材和煤油），而是因为缺乏电力。在令人感动的、几乎使身体感到痛苦的记录中，卡洛描述了用烧柴的炉子加热金属楔形重物进行熨烫这种繁重又充满危险的苦差事，还有无休止的抽水，把水运去烹饪、洗涤和饲养动物，研磨饲料和锯木头。这些重负大部分落在了女性身上，它们甚至比贫穷国家的一般劳动要求都要艰难得多，因为 20 世纪 30 年代的希尔郡农民需要非常努力才能维持比亚洲或拉丁美洲的农民高得多的生活水平和规模大得多的农业经营。举例来说，一个五口之家一年的需水量达到了近 300t，供应这么多的水需要 60 多个八小时工作日，步行距离达到约 2,500km。毫不奇怪，对于他们的生活来说，没有比输水管道的延伸更具革命性的东西了。

司开始销售电熨斗和电风扇，以及可以在 12 分钟内煮沸 1 品脱（一种英美制容量单位——译者）水的浸入式热水器盘管（Electricity Council 1973）。但在 20 世纪 30 年代之前，因为这些设备成本高、房屋布线有限，加上农村电气化进展缓慢，它们迟迟无法在欧洲和北美得到推广。冰箱是一种比燃气灶或电热炉更重要的创新（Pentzer 1966）。1914 年克耳文内特公司（Kelvinator Company）向市场推出了第一款家用冰箱。美国的冰箱保有量直到 20 世纪 40 年代才开始激增，而在欧洲到 1960 年后人们才开始普遍使用冰箱。随着人们越来越依赖快餐食品，冰箱的重要性日益增加。如今，制冷用电占富裕国家家庭用电总量的 10%。

在富裕国家，电力对家务的征服继续替人们节省着更多的时间和劳动。自清洁烤箱、食品加工设备和微波炉（1945 年发明，小型家用型号在 20 世纪 60 年代后期才推出）在所有富裕国家都已非常普遍。在亚洲和拉丁美洲的富裕阶层，冰箱、洗衣机和微波炉的拥有量也接近饱和，空调的拥有量也很高。1902 年威利斯·开利（Willis Carrier, 1876—1950）首次取得了空调的专利，在其后的数十年里，它的应用一直限于工业领域。第一批为适应家用进行等比例缩小的小型空调是 20 世纪 50 年代在美国出现的，它们的推广带动了美国北部各州居民向南部的阳光地带大规模移民，并增加了亚热带和热带地区旅游目的地的吸引力（Basile 2014）。家用空调现在也广泛应用于炎热国家的城市地区，其中大部分为壁挂式（图 6.19）。

现代社会经济增长更快，因此能量使用量也不断增加，达到了无可置疑的理想水平。因此，人们默认，使用更多能量总会得到回报。但是，经济增长和能量使用的增长只应被视为确保更好生活质量的手段。"更好的生活质量"这一概念不仅包括基本生理需求的满足（健康、营养），还包括人类智力的发展（从基础教育到个人自由）。这一概念从本质上说是多面的，不能被一个单一的代表性指标来概括，但事实证明，有一些变量充当了它的敏感指标。

新生儿死亡率（每 1,000 个新生儿中的死亡例数的份额）和人口平均预期寿命是人们物质生活质量的两个公认的明确的评判指标。对于可支配收入、居住质量、营养水平、受教育程度和国家在健康医疗上的投入等条

图 6.19　上海的一栋高层公寓楼几乎每个房间都配备了空调（来源：Corbis）

件来说，新生儿死亡率是一个完美的指标：如果一个国家的家庭都享有良好的居住质量，受过良好教育的父母（自己也健康成长）恰当地喂养婴儿，有医疗条件，那么新生儿死亡率就非常小。同时，很自然地，人口平均预期寿命是对上述关键因素长期效应的量化反映。教育和识字率的数据不具有这样的揭示性：入学率只能告诉我们教育是否易得，但无法告诉我们教育的质量；而且多数国家做不到精细地评估学习质量（比如经济合作与发展组织的国际学生评估项目，简称 PISA）。要评估生活质量，还可以使用联合国开发计划署的人类发展指数（HDI），它结合了预期寿命、成人识字率、综合教育入学率和人均 GDP。

　　把这些指标与平均能量使用量进行对比，就能得出一些重要结论。一些社会的年人均能量使用量达到了 40—50GJ，足够的饮食、基本的健康医疗、教育和良好的生活质量就能得到保证。相对较低的新生儿死亡率（低于 20‰）、较高的女性预期寿命（超过 75 岁）和大于 0.8 的 HDI 则需要 60—65GJ 的人均年能量使用量。达到世界最高标准（新生儿死亡率低于 10‰，女性预期寿命超过 80 岁，HDI 大于 0.9）至少需要 110GJ 的人均年能量使用量。能量使用高过这一水平后，基本生活质量就没有明显的提高了。

因此，只有在发展的较低阶段（从尼日利亚的生活质量到马来西亚的生活质量），能量使用量才能与生活质量保持一定的线性关系。标定值显示，在人均消耗量为 50—70GJ 时，二者存在明显的线性关系，之后增益递减，并在人均 100—120GJ（不同的生活质量指标可能稍有不同）之

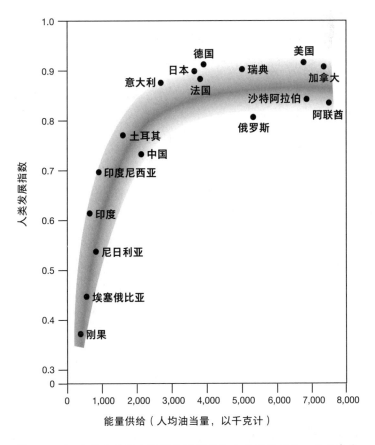

图 6.20　2010 年各国的人均能量消耗量和人类发展指数。数据来自联合国开发计划署（2015）和世界银行（2015a）

后到达平稳状态（图 6.20）。这意味着，能量消耗量对提高生活质量的影响——用一些真正要紧的指标来衡量，而非游艇保有量这样的数据——会达到饱和。这种饱和状态低于富裕国家的一般能量消耗。2015 年，欧盟的发达经济体和日本的年人均能量消耗量约为 150GJ，澳大利亚为 230GJ，美国为 300GJ，加拿大大约为 385GJ（BP 2015）。个体自由消耗的多余能量主要被用在了面积夸张的住房（在平均家庭规模变小的同时，美国房屋的平均面积与 20 世纪 50 年代相比翻了一番以上）、多辆汽车的保有和频繁的飞行等方面。

更值得注意的是，美国虽然能量消耗高，生活质量指标却较低——不仅与欧盟发达国家或日本（人均能量使用量只有美国的一半）相比更低，甚至和许多中等能量消耗国相比也是如此。2013 年，美国新生儿在出生一年内的死亡率为 6.6‰，世界排名 31，新生儿死亡率不仅高于法国（3.8‰）、德国（3.5‰）和日本（2.6‰），甚至比希腊都高了一倍多（CDC 2015）。更糟的是，2013 年美国的人口平均预期寿命全球排名 36，两性的人均预期寿命为 79.8 岁，仅比卡斯特罗治下的古巴（79.4 岁）高一点，落后于希腊、葡萄牙和韩国（WHO 2015a）。

在经济合作与发展组织（OECD）国家，学生的教育成就通过国际学生评估项目来定期评估，最新的结果显示，美国 15 岁年龄段的学生 PISA 排名低于俄罗斯、斯洛伐克和西班牙，更是被德国、加拿大和日本的青少年远远甩在后面（PISA 2015）。在科学方面，美国儿童的得分略低于经合组织国家的平均分（497：501）；在阅读方面，稍微高于平均分（498：496），大幅落后于西方富裕国家。尽管 PISA 与任何类似的其他教育评价系统一样有着种种缺陷，但美国在相对排名上的巨大差距是非常清晰的：没有任何迹象显示，美国的高能量消耗对教育成就产生了任何有益影响。

政治影响

现代社会对持续、可靠且廉价的化石燃料和电力供应的依赖（按需求比率交货，如今的需求量非常巨大），已引起国内外众多政治关注和回应。最普遍的关注点可能是决策权力的高度集中，它来自如今不断强化的整合过程，无论是在政府、企业还是在军队。正如亚当斯指出的那样，当"更充满能量的过程和形式进入一个社会时，对它们的控制就会不成比例地集中在少数人手中。因此越来越少的独立决策要对越来越大的能量释放负起责任"（Adams 1975, 120-121）。

但当这些集中控制被一个决定以侵略性和破坏性方式使用它们的个体完全掌握，就会出现更大的危险。这些人的错误决策可能给人类造成巨大的痛苦、劳动力和资源的巨大浪费、环境破坏以及文化遗产的毁灭。这种过度集中控制以释放破坏力的例子在历史上反复出现；如果仅以伤亡人数来衡量，那么由 16 世纪的西班牙国王、拿破仑·波拿巴（Napoleon Bonaparte, 1769—1821）、德意志皇帝威廉二世（Kaiser Wilhelm Ⅱ，1859—1941）或阿道夫·希特勒（Adolf Hitler, 1889—1945）所做的选择都导致了数百万人的死亡。西班牙对美洲的征服最终直接（通过战斗死亡和奴役）和间接（通过传染病和饥荒）导致了数千万人死亡（López 2014）。拿破仑的一系列侵略战争导致的死亡人数少则 250 万，多则近 500 万（Gates 2011）。普鲁士人的侵略是接下来的一战中 1,700 多万人死亡的最直接原因。在二战当中，军民死亡总人数接近 5,000 万（War Chronicle 2015）。

但有两个国家通过海量的化石燃料和电力，将狂热转化为了现实，其不容置疑的决策是集中控制带来危险的一个空前缩影。1953 年，苏联的能量使用量比 1921 年摆脱内战时高了 25 倍（Clarke and Dubravko 1983）。由于美国和俄罗斯削减核武，人类面临终极威胁（大国之间的热核战争）的可能性已经降低，但仍然存在。

1973 年以来 OPEC 做出的决定，是集中控制能量流动对全球政治和经济造成影响的最佳范例。鉴于原油在现代经济中的重要性和少数中东国家在全球出口市场所占的主导地位，不可避免地会出现这样一种情况：少数人（特别是拥有庞大的石油生产能力并主导 OPEC 决策的沙特阿拉伯的决策者）做出的任何决定都将对全球繁荣产生深远影响。OPEC 对低廉的石油税感到不满。石油价格在随后的 1973—1974 年间上涨了 4 倍，在

1979—1980 年进一步涨了近 3 倍。这引发并进一步深化了世界经济的混乱，这一时期世界经济的主要特征就是高通货膨胀和经济增长的大幅减缓（Smil 1987; Yergin 2008）。

相应地，在国际能源署的协调下，所有的主要西方石油进口国和日本一起签署了紧急能源分享协议，授权建立战略石油储备（有些国家也加强了与 OPEC 国家的双边关系），并且试图推广替代能源，补贴国内的自给型能源探索活动。法国核电的发展和日本的节能工作尤为显著且卓有成效。但中国经济的迅速崛起（中国在 1994 年成为石油净进口国）和传统油田（不论是在阿拉斯加还是在北海）产量的下降，是世界油价再次上涨至创纪录水平的主要原因。2008 年 7 月，油价达到了每桶 145 美元的历史顶点，上涨趋势到 2008 年秋经济危机爆发时才结束。到 2008 年 12 月，油价回落到略高于每桶 30 美元。

随着经济复苏和中国的需求持续增加，2014 年 7 月油价再次上涨至 100 美元每桶以上。但随后，需求的下降和供应量的增加（主要归因于美国再次成为世界最大的原油生产国，而这得益于通过水力压裂法来快速提高页岩油产量的技术）导致了深刻的逆转。但这次的情况有一个关键区别：为了保护自身在全球市场的份额，沙特阿拉伯领导人决定继续以最大产量生产，而不是像过去那样减少产量以支撑价格。无论是对于严重依赖石油出口的国家还是对于所有主要的非 OPEC 产油国（包括美国和加拿大）的政治稳定，少数人做出的决定再一次产生了世界性影响。

油价下跌再一次让 OPEC 濒临消亡——但原油储备分布极不平衡的特点（这是 20 世纪的一个主要战略关注点，并在 21 世纪仍然保持其重要性）仍对中东产油国有利。波斯湾盆地是一个无与伦比的奇点：全球最大的 15 个油田有 12 个在这里；2015 年，它拥有全球液态石油储量的 65% 左右（BP 2015）。这些财富解释了为何各国对该地区的稳定性都保持着持续关注。这个地区由人为的国家组成，原有的古老民族被割裂，孕育了复杂的宗教仇恨，这些因素导致的长期混乱状态让欲望变得非常复杂。

二战后，自从苏联企图占领伊朗北部（1945—1946 年），外部势力对该地区的引人注目的干涉就开始了。1958 年和 1982 年，美国人两次登陆黎巴嫩，但他们的决心在 1983 年被一次针对贝鲁特兵营的恐怖主义爆炸所打破（Hammel 1985）。西方国家曾经帮助伊朗（1979 年前，穆罕默德·礼萨·巴列维统治的最后 10 年）和沙特阿拉伯高度武装了起来，苏联人也将埃及、叙利亚和伊拉克武装起来。两伊战争期间（1980—1988 年），西方的帮助（武器、情报和信贷）使伊拉克受益。在 1990—1991 年由美国领导的、经联合国批准的为应对伊拉克入侵科威特而进行的大规模联合行动——沙漠盾牌和沙漠风暴——中，这种干涉格局达到了顶点（CMI 2010）。

通过入侵行动，伊拉克控制的石油储备增加了一倍，达到了全球总储量的 20% 左右。伊拉克的行动严重威胁到了附近的沙特油田，甚至可能威胁到了控制全球 1/4 石油储量的君主制的存在。但在行动迅速失败之后，萨达姆·侯赛因却仍能掌权。"9·11"事件之后，由于担心进一步的侵略（错误的判断，后来被证明伊拉克没有大规模杀伤性武器），美国在 2003 年 3 月占领伊拉克。之后多年，该国内部都充斥着暴力事件，所谓的伊斯兰国控制了该国的部分地区。但在本章的后面，我会对我所赞同的莱塞的观点（Lesser 1991）进行论证，即在中东的冲突中，看似最为紧要的是与资源相关的目标，但它历来是由更广泛的战略目标决定的，而不是相反。OPEC 的阿拉伯成员国们将石油变成政治武器的企图最终失败了（在 1973 年 10 月阿拉伯和以色列之间的赎罪日战争后，OPEC 立即对美国和荷兰实施石油禁运），但这并不是利用能量供应来传播意识形态信息的首次尝试。

电灯的象征性力量也被不同群体所利用，比如美国大型公司和德国纳粹党。1894 年，美国工业家在芝加哥哥伦比亚博览会上第一次展示了光的力量，他们用"白色道路"淹没了大城市的城区（Nye 1992）。纳粹在 20 世纪 30 年代的大规模政党集会上使用光墙来使参与者产生敬畏（Speer 1970）。电气化成了列宁寻求共产主义国家形式和富兰克林·罗斯福开展新政等不同政治理想的体现。列宁用一句简短的口号总结了他的目标："共产主义等于苏维埃力量加上电气化。"对建造大型水力发电项目的偏好在苏联解体后被中国继承了下来。罗斯福动用联邦力量建设水坝，并把它和农村电气化当作一种复苏经济的手段，其中一些项目是在美国最落后的地区进行的（Lilienthal 1944）。

武器和战争

如今，武器制造已成为一种主要的工业活动，得到前沿研究的大力支持，所有主要经济体都成了大规模军备出口国。这些开支中，只有小部分可以被合理地解释为能真正满足安全需求的；对投资与技术人员的浪费和错置是现代武器采购史的常态——这些错置最主要的是与新型战争无关的武器的开发（重型坦克战肯定不是应对恐怖主义"圣战"的最佳方式）。毫不奇怪，新燃料和新原动机带来的许多技术进步都会被迅速运用于破坏性用途。首先，它们能增加现有技术的力量与效能。其次，它们会被用来设计射程、速度和破坏力前所未有的新型武器。

这些努力随着庞大核武库的建造和能够覆盖地球上任何目标的洲际弹道导弹的部署而达到了顶点。通过对比 19 世纪中期和 20 世纪中期的典型武器以及它们在半个世纪前的前身，我们可以发现现代武器破坏性的演变之迅速。美国在内战期间（1861—1865 年）使用的两种主要武器是步兵滑膛枪和 12 磅火炮（都是通过枪炮口装填弹药），参加过拿破仑战争的老兵都对它们非常熟悉（Mitchell 1931）。相比之下，主导二战战场的坦克、战斗机、轰炸机、航空母舰和潜艇等武器，只有最后一样在 19 世纪 90 年代就已存在，且在当时仍处于早期实验阶段。若要揭示这些发展过程的能量维度，一种很有启发性的方式就是比较那些常用武器的实际动能和爆炸力。

我们可以将前工业时代最常见的两种手持武器（如第 4 章所示）——箭（由弓发射）和刀剑——的动能作为实际动能方面的比较基准。这两者的动能均在 10^1J 这一量级上（大部分在 15—75J 之间），重弩释放的箭能够以 100J 的动能击中目标。相比之下，滑膛枪和来复枪枪口射出的子弹动能在 10^3J 这一量级上（比基准高出 10—100 倍）。现代火炮（包括装在坦克上的炮）射出的炮弹动能在 10^6J 这一量级上。专栏 6.13 展示了 6 种特定武器的动能数据：炮弹的动能数值只是射弹的动能，不包括可能携带

专栏 6.13

由炸药推进的射弹的动能比较

武器	射弹	动能（J）
美国内战时期的滑膛枪	子弹	1×10^3
突击步枪（M16）	子弹	2×10^3
18 世纪的火炮	铁球	300×10^3
一战火炮	榴霰弹	1×10^6
二战重型高射炮	高爆弹	6×10^6
M1A1 艾布拉姆斯坦克	贫铀弹	6×10^6

的爆炸物的能量。

由固体或液体燃料推进的火箭弹和导弹，都主要是通过弹头的定向爆炸（而不是动能）来造成伤害的。但二战时的德国第一枚导弹 V-1 导弹（非制导）若未能爆炸，冲击动能也将达到 15—18MJ。近来使用高动能物体造成巨大破坏的最著名的例子是 2001 年 9 月 11 日，"圣战"劫机者驾驶大型波音飞机（767 和 757）撞击世界贸易中心摩天大楼。虽然那两座大楼在设计时就已考虑到吸收喷气飞机的撞击的可能，但那只能应对一架慢速飞行（80m/s）的波音 707 在接近纽瓦克、拉瓜迪亚或肯尼迪机场时失去控制的情况。波音 767-200 型飞机仅比 707 重了大约 15%，但飞机撞击大厦时的速度不低于 200m/s，因此其动能要比设计时的预期值高出 6 倍以上（分别为约 3.5GJ 和约 480MJ）。

即便如此，当飞机就像子弹击中大树一样撞击大厦时，主体结构也没有倒塌：飞机无法推倒主体结构，但可以破坏表皮穿透大厦。卡里姆和法特指出，那架波音 767 初始动能的 46% 被消耗在了破坏外部立柱上，这些立柱只要有 20mm 厚就不会被摧毁（Karim and Fatt 2005）。大厦的倒塌实际是由于燃料（超过 50t 煤油，能量为 2TJ）以及建筑内部可燃物的燃烧造成的。燃烧使钢结构受热软化，地板托梁受热不均匀，进而发生错层结构陷落，最终导致塔楼的自由落体。大楼倒塌的时间只有 10s 左右（Eagar and Musso 2001）。

随着比火药更强大的化合物的发明，现代武器的爆炸力开始增加：这些化合物也可以自氧化（无须催化剂即可发生氧化反应。——译者），但它们的高爆速会产生冲击波。这类新型化学物质是通过对纤维素、甘油、苯酚和甲苯等有机化合物进行硝化来制备的（Urbanski 1967）。索伯雷罗（Ascanio Sobrero）于 1846 年发明了硝化甘油。舒尔策（J. F. E. Schultze）于 1865 年生产了硝化纤维素。硝化甘油的实际应用最终因阿尔弗雷德·诺贝尔（Alfred Nobel）的两项发明才得以实现：一是将硝化甘油与矽藻土（一种惰性多孔物质）混合制成的炸药，二是一种安全引爆装置——雷管（Fant 2014）。

由于成分不同，火药的爆速可能只有几百米每秒，而炸药的爆速可达 6,800m/s。1863 年，约瑟夫·威尔布兰德（Joseph Wilbrand）合成了三硝基甲苯（TNT）；到了 19 世纪末，它被用于爆炸物（爆速 6,700m/s）。核武器之前最强大的爆炸物——环三次甲基三硝铵（cyclotrimethylene-trinitramine 或称 RDX、Royal Demolition Explosive，爆速为 8,800m/s）最初是汉斯·汉宁（Hans Henning）在 1899 年制造的。自那时起，这些爆炸物曾被用于制造炮弹、地雷、鱼雷和炸弹，近几十年来它们也被用于制造绑在身体上的自杀式炸弹。但是，许多恐怖袭击事件使用的汽车和卡车炸弹只用普通肥料（硝酸铵）和燃油的混合物制作而成：铵油炸药由 94% 的 NH_4NO_3（作为氧化剂）和 6% 的燃油组成。两者都很容易获取，且其爆炸效果是由所使用的爆炸物的量（而不是特别出众的爆速）所决定的（专栏 6.14）。

更好的推进剂和高品质钢材的结合，使得野战炮和海军火炮的射程从 19 世纪 60 年代的不到 2km 增加到 1900 年的 30km 以上。远程火炮、重型装甲和用于推进海军舰艇的蒸汽轮机三者相结合，使人们可以建造新的重型战列舰：1906 年下水的英国皇家海军无畏号战列舰是这类舰船的原型（Blyth，Lambert, and Ruger 2011）。该舰由汽轮机驱动（皇家海军在 1898 年开始使用汽轮机），一战前所有最大的客轮毛里塔尼亚号、卢西塔尼亚号（1907 年下水），以及今天的美国尼米兹级核动力航母都是由这种发动机驱动的（Smil 2005）。一战前其他值得注意的破坏性创新包括机

专栏 6.14

爆炸装置的动能

爆炸装置	爆炸物	动能（J）
手榴弹	TNT	2×10^6
腰带式自杀炸弹	RDX	100×10^6
二战时期的榴霰弹	TNT	600×10^6
卡车炸弹（500kg）	ANFO	2×10^9

关枪、潜艇，以及第一批军用飞机的原型。正是由于重型野战炮、机关枪和迫击炮的大规模部署，一战中可怕的堑壕战僵局持续了下去。无论是毒气（1915 年首次使用）还是第一次被大量使用的战斗机和坦克（首次使用是在 1916 年，到 1918 年被大量使用），都无法打破部署在前线的大规模火力控制（Bishop 2014）。

在两次世界大战之间的那些年里，坦克、战斗机和轰炸机经历了飞速发展。全金属机身取代了早期的木-帆布-绳结构。1922 年出现了第一种专用的航空母舰（Polmar 2006）。这些武器推动了二战中的侵略行动。德国在战争前期的成功主要归功于坦克的快速渗透能力。1941 年 12 月 7 日，日本对珍珠港的突袭依赖于从大型航母上起飞的远程战斗机（三菱 A6M2 零式战机，航程 1,867km）和轰炸机（爱知 3A2，航程 1,407km；中岛 B5N2，航程 1,093km）（Hoyt 2000; National Geographic Society 2001; Smith 2015）。

要击败轴心国就必须使用同等级的武器。这方面的例子首先是 1940 年 8 月和 9 月不列颠之战期间出色的战斗机（喷火战机和飓风战机）和雷达的组合（Collier 1962; Hough and Richards 2007）。然后是美国对舰载机的高效运用（从 1942 年的中途岛战役开始），以及苏联红军向西推进时坦克（T-42 型）的压倒性优势。战后的军备竞赛是随着早在战时便已出现的喷气推进技术、德国的弹道导弹（在 1944 年首次使用的 V-2）以及第一批核弹——1945 年 7 月 11 日在新墨西哥州试爆的"三位一体"（Trinity）、8 月 6 日在广岛爆炸的核弹、3 天后在长崎爆炸的核弹的发展而开始的。这些最早的核弹释放的总能量比以往任何爆炸式武器的能量都高出几个数量级。但即便如此，它们也比后续的氢弹设计低了好几个数量级。

第一门现代野战火炮，即法国的 1897 型 75mm 野战炮，能够发射载有近 700g 苦味酸的炮弹，其爆炸能量达到了 2.6MJ（Benoît 1996）。二战中最有名的火炮可能是德国的防空高射炮 FlaK（Flugzeugabwehrkanone）18，它的改装型号也被用在了虎式坦克上（Hogg 1997）；这种火炮能够发射爆炸能量达 4MJ 的榴霰弹。但是，二战期间最强大的爆炸物是被投放到城市的巨型炸弹。飞行堡垒（波音 B-17）所携带的最强大的炸弹爆炸能量为 3.8GJ。而造成最大破坏的炸弹当属 1945 年 3 月 9 日至 10 日在东京投放的燃烧弹（专栏 6.15，图 6.21）。

广岛原子弹释放了 63TJ 的能量，其中约一半为爆炸能量，35% 为热辐射能量（Malik 1985）。这两种效应造成了大量的即时死亡，而电离辐射既造成了即时伤亡，也造成了延时伤亡。1945 年 8 月 6 日上午 8 时 15 分，这枚炸弹在地面上空约 580m 处爆炸；爆炸点的温度达到了几百万摄氏度——相比之下，传统爆炸物的爆炸温度只有 5,000℃。爆炸的火球在一秒内扩大到 250m 的最大尺寸，爆炸中心的最快爆速为 440m/s，最大压力达到 3.5kg/cm^2（材料汇编委员会 1991）。随后的长崎原子弹释放了大约 92TJ 的能量。

与 1961 年 10 月 30 日苏联在新地岛上试验的最强大的热核炸弹相比，这些武器都显得微不足道：苏联的"沙皇炸弹"释放了 209PJ 的能量（Khalturin et al. 2005）。在不到 15 个月后，尼基塔·赫鲁晓夫宣布苏联科学家制造了一枚威力比这还要强大一倍的核弹。爆炸力的比较单位通常不是焦耳，而是 TNT 当量（1t TNT = 4.184GJ）：广岛原子弹相当于 15,000t TNT 当量，而"沙皇炸弹"达到了 50,000,000t TNT 当量。洲际导弹的弹头能量一般在 100,000—1,000,000t TNT 之间，但对于像美国的潜射波塞冬导弹或俄罗斯的 SS-11 这样一些导弹来说，一枚导弹最多可以装载 10 枚这样的弹头。为了强调能量释放的量级差异，我在描述爆炸性武器的巨大破坏力时不使用科学记数法（专栏 6.16）。

专栏 6.15

1945 年 3 月 9 日至 10 日，东京遭受的燃烧弹攻击

334 架 B-29 轰炸机在低空（约 600—750m）投下了炸弹，这是有史以来规模最大的一次空袭（Caidin 1960; Hoyt 2000）。投下的炸弹大部分是 230kg 的大型集束炸弹，每枚能够释放 39 枚 M-69 燃烧弹——一种由聚苯乙烯、苯和汽油的混合物构成的凝固汽油弹（Mushrush et al. 2000）。此外，简易的 45kg 汽油弹和磷弹也有使用。约有 1,500t 燃烧化合物被投放到东京，包含的总能量（假设凝固汽油弹的平均能量密度为 42.8GJ/t）约为 60TJ，与广岛原子弹的威力相当。

但与城市木质建筑燃烧所释放出的总能量相比，凝固汽油弹燃烧释放的能量只是很小的一部分。根据东京都警视厅的消息，大火摧毁了 286,358 栋建筑物（美国 1947 年战略轰炸情况调查报告）。据保守估计（烧毁了 25 万栋木质建筑，每栋建筑仅含 4t 木材，干木材的能量密度为 18GJ/t），该市木质房屋燃烧释放的能量约为 18PJ，比燃烧弹释放的能量高两个数量级（300 倍）。被摧毁的面积合计约有 4,100ha，至少 10 万人死亡。相比之下，广岛被完全摧毁的地区面积约为 800ha，直接死亡人数的最准确的估计为 6.6 万人。

两个超级核大国最终积累了大约 5,000 枚战略核弹头（以及拥有超过 15,000 枚装载在短程导弹上的其他核弹头的武器库），其总破坏能量约为 20EJ。这完全是不理性的过度行为。正如维克多·魏斯科普夫指出的那样："核武器不是战争武器。它们唯一可能的用途是阻止对方使用核武器。但为达到此目的，很小一部分核武器就够了。"（Victor Weisskopf 1983, 25）然而，这种过度行为实际上为西方国家提供了有效的威慑，阻止了一场明显没有赢家的全球热核战争。

但核弹的研发会给国家经济带来沉重的负担，因为需要投入大量的资金和能量（主要用于分离铀的易裂变同位素）（Kesaris 1977; WNA 2015a）。气体扩散的能量需求约为 9GJ/SWU（分离功单位），但现代气体

图 6.21 1945 年 3 月，被轰炸后的东京（来源：Corbis）

专栏 6.16

爆炸武器的最大能量

年份	武器	能量（J）
1900	法国 1897 型 75mm 火炮的炮弹	2,600,000
1940	德国 88mm Flak 高射炮的榴霰弹	4,000,000
1944	波音 B-17 携带的最大炸弹	3,800,000,000
1945	广岛原子弹	63,000,000,000,000
1945	长崎原子弹	92,400,000,000,000
1961	苏联"沙皇炸弹"	209,000,000,000,000,000

离心分离厂只需要 180MJ/SWU。生产 1kg 武器级铀原料需要 227SWU，后者的离心工作率约为 41GJ/kg。投递核弹头的三件套——远程轰炸机、洲际弹道导弹与核潜艇——也由原动机（喷气发动机或火箭发动机）以及

生产和运行过程高度耗能的结构组成。

常规武器的生产也需要高耗能材料。它们的部署也需要次级化石燃料（汽油、煤油、柴油）和用以驱动运载它们的机器（以及装备士兵来保障它们的操作）的电来供能。虽然普通钢铁可以用铁矿石和生铁炼制而成，仅需 20MJ/kg 的能量；但用来制造重型装甲设备的特种钢的能量需求为 40—50MJ/kg。使用贫铀金属（用于穿甲弹和增强型装甲保护）的能耗则更高。铝和钛（及其合金）是用于制造现代飞行器的主要材料，所需的能耗分别为 170—250MJ/kg（铝）和 450MJ/kg（钛）。更轻更坚固的复合纤维的能耗通常在 100—150MJ/kg 之间。

如此强大的现代战争机器在设计时考虑的显然是强化战斗性能而非最大限度减少能耗。它们非常耗能。例如，美国 60t 重的 M1/A1 艾布拉姆斯主战坦克由 1.1MW 的 AGT-1500 霍尼韦尔燃气轮机提供动力，油耗（取决于任务、地形和天气）达到了 400—800L/100km（陆军技术手册 2015）。相比之下，一辆大型奔驰 S600 轿车的油耗大约为 15L/100km。本田思域的油耗则只有 8L/100km。像 F-16（洛克希德的猎鹰战机）和 F/A-18（麦克唐纳-道格拉斯的大黄蜂战机）这样的高机动性战斗机以超音速飞行（速度高达 1.6—1.8 马赫）则需要非常多的航空燃油，所以它们在执行额外任务时必须由大型加油机（如 KC-10、KC-135 和波音 767）来进行空中加油。

需要高能量投入的现代战争的另一个特点是武器的大规模使用。1918 年最集中的坦克战投入了约 600 辆坦克（还是当时相对较轻的型号），而在 1945 年 4 月最后一次进攻柏林期间，苏联红军投入了近 8,000 辆坦克、11,000 架飞机以及超过 50,000 门大炮和火箭发射器（Ziemke 1968）。关于现代空战的强度的例子，则可以列举海湾战争期间（1991 年 1—4 月的"沙漠风暴"行动）及之前几个月（"沙漠盾牌"行动，1990 年 8 月—1991 年 1 月）的战事。在此期间，约 1,300 架战机飞行了超过 116,000 架次（Gulflink 1991）。

还有一个现象促进了整体能量的消耗，即在很短时间内提高军事装备的大规模生产的需求。两次世界大战就是最好的例子。1914 年 8 月，英国只有 154 架军用飞机。但四年后，英国的飞机工厂雇用了约 35 万人，每年生产 3 万架飞机（Taylor 1989）。美国在 1917 年 4 月向德国宣战时，只拥有不到 300 架二流飞机，且没有一架能够携带机枪或炸弹。但三个月后，美国国会批准了一项史无前例的 6.4 亿美元的拨款（差不多等于 2015 年的 120 亿美元），为新战斗机制造 22,500 台 "自由" 引擎（Dempsey 2015）。二战期间美国的工业增速则更加令人印象深刻。

在 1940 年的最后一个季度，只有 514 架飞机被交付给美国空军。1941 年交付总数达到 8,723 架，1942 年达到 26,448 架，1943 年总数超过 45,000 架。1944 年，美国工厂生产了 51,547 架新飞机（Holley 1964）。美国的飞机制造业是战时经济中最大的制造业分支：它雇用了 200 万工人，占用了战时支出的近 1/4，总共生产了 295,959 架飞机。相比之下，二战期间英国生产了 117,479 架飞机，德国生产了 111,784 架，日本生产了 68,057 架（美国陆军航空部队 1945；Yenne 2006）。归根结底，盟军的胜利应归功于他们在利用破坏性能量方面的优势。到 1944 年，美国、苏联、英国和加拿大正在生产的作战弹药的数量是德国和日本的三倍（Goldsmith 1946）。无论是比较单独的事件，还是比较全面冲突的总体伤亡，我们都可以看出武器的破坏力越来越大，爆炸物的投放集中度越来越高（专栏 6.17）。

计算重大武装冲突的能量成本，需要对应该被考虑进总数的重要内容进行界定。毕竟处于致命危险中的社会不会将文职和军事两个部门分开，让它们各自独立运行，因为战时经济动员几乎会影响到所有活动。可用的数据汇总显示，在 20 世纪的主要冲突中，美国在一战中的总成本约为 3,340 亿美元，在二战中的花费为 4.1 万亿美元，在越南战争（1964—1972 年）中共花费了 7,480 亿美元。这些金额都已经换算成了 2011 年的美元价格（Daggett 2010）。在用现在的货币价值得出这些成本后，将这些数字乘以该国内生产总值当下的能量使用强度的调整平均值，即可得出这些冲突所造成的最低能量成本的合理近似值。

调整是必须的，因为战时的工业生产和运输每得到一个单位的产出，消耗的能量比按照 GDP 计算得出的平均值要更多。我分别选择使用 1.5、

专栏 6.17

现代战争中的伤亡人数

索姆河战役期间（1916 年 7 月—11 月 19 日）的战斗伤亡人数总计 104.3 万。斯大林格勒战役期间（1942 年 8 月 23 日—1943 年 2 月 2 日）伤亡超过 210 万人（Beevor 1998）。战争死亡率——按冲突开始时每 1,000 名武装人员中的死亡人数计算——在前两次涉及大国的现代战争（1853—1856 年的克里米亚战争和 1870—1871 年的普法战争）中不超过 200‰；在一战期间超过 1,500‰，在二战期间超过 2,000‰，苏联的数字超过 4,000‰（Singer and Small 1972）。一战期间，德国士兵每百万人损失了大约 2.7 万人，但在二战期间每百万人损失了超过 4.4 万人。

现代战争的平民伤亡数增长得更快。二战期间，平民伤亡达到了约 4,000 万人，超过了 5,500 万总伤亡人数的 70%。对大城市的轰炸在几天或几小时内就能造成巨大损失（Kloss 1963; Levine 1992）。对德国的轰炸共造成了近 60 万人死亡，近 90 万人受伤。1945 年 3 月 10—20 日期间，B-29 轰炸机将日本的四个主要城市约 83km^2 的区域夷为平地，约 10 万人在夜袭中丧生。对东京投放的燃烧弹和对广岛的核打击造成的影响前面已经描述过了（参见专栏 6.15）。

2 和 3 作为放大倍数来为上述三次冲突取近似值。结果，在 1917 年和 1918 年，参加一战的能量消耗占美国年能量消耗总量的 15% 左右。二战期间这一比例则约为 40%。但在越南战争期间，这一比例不超过 4%。能量占用量的峰值份额明显要比这更高一些：1944 年美国战争消耗占到能量消耗总量的 54%；苏联的峰值则为 1942 年的 76%；德国在 1943 年的战争消耗的比例与 1942 年的苏联类似。

能量使用总量与现代侵略行为（或阻止它们的行为）的成功之间没有明显的相关性。可以说明能量消耗与迅速获胜之间存在正相关的最佳例子是美国为参加二战所做的动员，它使得美国在 1939—1944 年的初级能量使用总量增加了 46%。但从传统意义上来说，美国在越南战争中的优势更加明显——美国空军投放在越南战场的炸弹数量是二战期间在德国和日本投掷炸弹数量之和的 3 倍，同时，美国还拥有最先进的喷气式战斗机、轰炸机、直升机、航空母舰和落叶剂——但由于各种政治和战略原因，美国并未将这种优势转化为另一场胜利。

当然，要想说明能量消耗与所取得的成果之间并没有任何相关性，最清楚的例子便是恐怖袭击了。在冷战模式下，武器的生产成本极高，且需要由国家小心翼翼地保护。恐怖分子则完全颠覆了这一模式，他们所使用的武器廉价且随处可得。几百千克的硝酸铵燃料油（ANFO）就能制作一枚卡车炸弹，几十千克就能制作一枚汽车炸弹，在身上固定仅仅几千克的高爆炸药（通常混合着小金属块），就能变成自杀式炸弹，足以造成数十甚至数百人死亡（1983 年，两枚卡车炸弹在贝鲁特军营中杀死了 307人，其中大多数是美国军人）并造成更多人受伤，同时会恐吓目标人群。

除了几把美工刀之外，"9·11"的 19 名劫机者没有使用任何其他武器，整个行动（包括飞行课程）的成本不到 50 万美元（bin Laden 2004,3）——但是，即使根据最保守的估计（纽约市政府在这次袭击发生一年后发布的审计报告），袭击给纽约市造成的直接损失也高达约 950 亿美元，其中包括约 220 亿美元的重修建筑物和基础设施的费用和 170 亿美元的薪资损失（Thompson 2002）。再考虑到 GDP 的损失、股票价格的下跌、航空公司和旅游业的亏损、保险和航运费的上涨，以及安保和国防支出的增加等，从国家视角来看，损失超过 5,000 亿美元（Looney 2002）。如果再加上后来入侵和占领伊拉克的部分费用，总费用远高于 1 万亿美元。而且袭击以来的经验表明，不存在简单的军事解决方案。因为对于被狂热驱动，自愿进行自杀式袭击的个人或团体来说，传统的强大武器和最新的智能机器效果十分有限。

毫无疑问，"相互保证毁灭"（M. A. D. 机制）这一设想是两个超级核大国之间一直没有发生热核战争的主要原因。但同时，它也导致两方不断扩大核储备规模，最终使得双方投入的潜在能量成本已远超合理的防御威慑所需的水平。研发、部署、保卫和维护核弹头及其运载器（战略轰炸机、弹道导弹、核动力潜艇）的每一步都是高能耗的。根据一个数量级的估计，1950—1990 年，美国和苏联消耗的所有商业能量中，至少有 5% 用在了研发和拥有这些武器及其运载工具上（Smil 2004）。

但是，也有人认为，与使用热核武器互相攻击（哪怕只使用一部分）引起爆炸、火灾和电离辐射而直接造成数千万伤亡相比，核威慑成本再高一倍也是可以接受的（Solomon and Marston 1986）。在 20 世纪 80 年代后期，美国和苏联之间的核武器分别瞄准对方的战略设施，一旦开战就会造成 2,700 万至 5,900 万人死亡（von Hippel et al. 1988）。这样一种前景起到了强大的震慑作用，有力地阻止了核武器的发射——核战争在 20 世纪 60 年代差点成真。

不幸的是，即使立即废除核武器，它们所造成的成本也不会停止：拆除费用、昂贵的看护费用，还有将持续数十年的对受污染的生产场所进行清理的费用。预计在美国，这些费用一直在增加。在苏联的那些加盟共和国，清理受污染更严重的核武器制造场所需要更高的成本。而幸运的是，将裂变材料回收并用于发电，可大大降低核弹头的退役成本（WNA 2014）。

高浓缩铀（HEU，其中 U-235 的含量为 20%—90%）与贫铀（主要是 U-238）、天然铀（含 0.7% 的 U-235）或部分浓缩铀混合，制成的低浓缩铀（U-235 含量低于 5%）可用于生产核反应堆。根据 1993 年美国和俄罗斯之间的协议（"兆吨换兆瓦"计划），俄罗斯从核弹头与战略储备（相当于约 2 万枚核弹）中拆除了 500t 高浓缩铀，并转化为可用于反应堆的燃料（平均约含 4.4% 的 U-235），然后出售给美国作为民用反应堆。

在结束能量和战争这一节之前，我必须对将能量问题作为开战理由的说法做一些评论。长期以来，人们普遍相信存在着这种联系。最近的例子是 2003 年美国入侵伊拉克，我们相信这是为了获取伊拉克的石油。历史学家最常引的例子是 1941 年 12 月日本人对美国的袭击。罗斯福政府首先废除了 1911 年的商业和航海条约（1940 年 1 月），然后停止了航空汽油和机床的出口许可（1940 年 7 月），之后又禁止出口废钢铁（1940 年 9 月）。虽然这些措施远没有到完全封锁日本的程度，但这个国家已别无选择，只好为了腾出手来获取东南亚苏门答腊和缅甸的油田而攻击美国。

但在珍珠港事件之前，从占领中国东北开始，日本已延续了近十年的扩张性军国主义，并在 1937 年进一步扩大了对中国的侵略：如果日本放弃了对华侵略政策，它本可以继续获得美国的石油（Ienaga 1978）。因此毫不奇怪，研究日本现代史的重要历史学家之一马里乌斯·詹森（Marius Jansen）认为，日本与美国的全面对抗完全是特殊的自身原因造成的（Jansen 2000）。谁会认为希特勒的一系列侵略行为——入侵捷克斯洛伐克（1938 年和 1939 年）、波兰（1939 年）、西欧（从 1939 年开始）和苏联（1941 年）——以及对犹太人的种族灭绝战争都是为了寻求能源呢？

同样，朝鲜战争（从斯大林的命令开始）、越南的冲突（1954 年之前法国与共产主义游击队的战斗，1964—1972 年美国人与游击队的战斗）、苏联对阿富汗的占领（1979—1989 年）、美国针对塔利班的战争（2001 年 10 月发起）都缺乏与能源有关的动机。20 世纪晚期的边境冲突（中印的冲突，印巴之间的几轮冲突，厄立特里亚和埃塞俄比亚之间的冲突等）和内战（安哥拉、乌干达、斯里兰卡、哥伦比亚）也和能源无关。尼日利亚与分离主义的比亚法拉的战争（1967—1970 年）和苏丹无休止的内战（现在转变为苏丹与南苏丹之间的冲突和南苏丹境内的部落战争）虽然有明确的石油因素，但它们都主要源于宗教和民族仇恨。况且苏丹的冲突始于 1956 年，比发现石油早了几十年。

最终，石油被普遍视为真正原因的战争只有两场。1990 年 8 月伊拉克入侵科威特，使得萨达姆·侯赛因控制下的常规原油储备翻了一番，还威胁到了附近沙特的巨型油田（科威特以南陆上和近海的萨法尼亚、祖鲁夫、马里安和迈尼费油田）及其君主制的存续。但除石油因素之外还有其他战争动机，包括伊拉克对核武器和其他非常规武器的需求（在 1990 年没有人会怀疑这一点），以及爆发另一场阿以战争的风险（伊拉克对以色列的导弹袭击旨在挑起这种冲突）。如果控制石油资源是 1991 年海湾战争的主要目标，那为什么胜利一方的军队会接到命令停止前进，且没有至少占领伊拉克最富饶的南部油田呢？

2003 年美国入侵伊拉克的结果又如何呢？美国从伊拉克进口的石油实际上在 2001 年就达到了约 4,100 万吨的顶峰，当时萨达姆·侯赛因仍在掌权。战后，美国从伊拉克进口的石油量一直在稳步下降，2015年的进口量总计不到1,200万吨，甚至不到美国进口石油总量的3%（USEIA 2016b）。当然，由于水力压裂技术使美国再次成为全球最大的原油和液态天然气生产国，所以它的进口量一直在稳步下降（BP 2016）。结论很简单：美国不需要伊拉克的石油，东亚才一直是其最大的买方。难道美国入侵伊拉克是为了保证中国的石油供应吗？即使许多人认为这个例子明确表明了能量能够成为战争的理由，但事实并非如此！答案是明确的：更广泛的（无论是合理还是不合理的）战略目标，而非资源诉求，导致美国卷入了二战后的多次冲突。

环境变化

化石燃料和电的供应与使用，是大气污染和温室气体排放最主要的人为因素，也是导致水污染和土地利用发生变化的主要原因。当然，无论哪种化石燃料的燃烧都和碳的快速氧化有关，都会增加二氧化碳排放量。而甲烷（CH_4）作为一种效果更显著的温室气体，会在天然气的生产和运输过程中被释放出来；化石燃料的燃烧过程也会释放少量的一氧化二氮（N_2O）。在过去，煤的燃烧是颗粒物质、硫和氮的氧化物（SOx和NOx）的主要来源，但如今这些物质的固定排放大部分被静电除尘器、脱硫和氮氧化物去除过程控制住了（Smil 2008a）。即便如此，煤燃烧排放的物质仍会对健康产生重大影响（Lockwood 2012）。

水污染增多的主要原因是漏油事故（从管道、轨道车辆、驳船和油轮、炼油厂中泄露）和矿山排放的酸性废水。土地利用发生变化的主要原因有露天采矿，为水力发电建造大坝而形成的水库，高压输电线路占用的线路走廊，用于液体燃料储存、炼制和输送的大型设施，以及最近大型风力和太阳能发电厂的建设。燃料和电力也会间接造成更多污染和生态系统退化，其中最明显的是工业生产（主要来自黑色冶金和化学合成）、农业化学品、城市化和交通运输。相比于过去，这些影响在程度和强度上都有所增加，影响范围也从地方拓展到了地区。这些代价已经迫使所有主要经济体越来越重视环境管理。

到 20 世纪 60 年代，环境退化的表现之一是中欧、西欧和北美东部的酸雨。它主要是由大型煤电厂的硫氧化物和氮氧化物排放与汽车排放造成的，影响范围一度覆盖半个大陆。直到 20 世纪 80 年代中期，酸雨一直被富裕国家普遍视为所面临的最紧迫的环境问题（Smil 1985, 1997）。一系列行动——使用低硫煤和无硫天然气发电，使用更清洁的汽油和柴油以及更高效的汽车发动机，在主要污染源安装烟气脱硫设施——不仅阻止了酸化的加深，到 1990 年还使情况发生了逆转。1990 年，欧洲和北美降水的酸性有所下降（Smil 1997）。但随着 1980 年后中国煤炭燃烧量的大幅增加，自 1990 年以来，同样的问题在东亚又出现了。

南极洲和周围海域上空的臭氧层被部分破坏，曾短暂地成为与能量使用相关的环境问题中的首要话题。早在 1974 年科学家就准确预见到，保护地球免受过度紫外线辐射的平流臭氧层浓度可能会降低。直到 1985 年，人们才首次在南极洲上空测量到该现象（Rowland 1989）。臭氧损失主要是氯氟烃（CFCs，主要用作制冷剂）的排放造成的。世界各国在 1987 年签署了一项有效的国际条约，即《蒙特利尔议定书》，并使用危害较小的化合物来替代氯氟烃，很快缓解了这一担忧（Andersen and Sarma 2002）。

对臭氧层的威胁只是气候变化引发全球性后果的几个新问题中的第一个（Turner et al. 1990; McNeill 2001; Freedman 2014）。人们主要的担忧还包括从全球生物多样性的丧失到海洋中的塑料积累等。但自 20 世纪 80 年代后期以来，有一个全球性气候问题一直尤为紧要：人为排放的温室气体导致气候相对迅速变化，尤其是对流层变暖、海洋酸化与海平面升高。早在 19 世纪末，人类就对温室气体的性质以及它们可能造成的变暖效应有了相当的了解（Smil 1997）。最主要的人为因素是二氧化碳，它是所有化石燃料和生物质燃料有效燃烧的最终产物。森林（尤其是在潮湿的热带地区）和草原的退化一直是二氧化碳排放第二大来源（IPCC 2015）。

自 1850 年——当时大气里只有 54Mt 碳（转化为二氧化碳时需乘以 3.667）——以来，全球的人为二氧化碳排放呈指数级增长，与化石燃料消费的增加保持同步：如前所述，到 1900 年，大气中的碳含量已上升到 534Mt，到 2010 年超过了 9Gt（Boden and Andres 2015）。1957 年，汉斯·聚斯（Hans Suess）和罗格·雷维尔（Roger Revelle）总结道：

> 人类正在进行一场大规模的地球物理实验。这种实验在过去不可能发生，在未来也不会再现。我们在短短几个世纪的时间里，向大气和海洋倾泻着大自然用数亿年的时间才沉积储存在岩层中的浓缩有机碳。（Revelle and Suess 1957, 19）

第一次系统测量二氧化碳浓度上升情况的实验是由查尔斯·基林（Charles Keeling, 1928—2005）组织的，于 1958 年在夏威夷莫纳罗亚火山山顶附近和南极点开展（Keeling 1998）。莫纳罗亚火山的二氧化碳浓度数据一直是对流层二氧化碳浓度上升的全球性指标：1959 年其平均值约为 316ppm（ppm 指百万分比浓度，1ppm=0.001‰），1988 年超过 350ppm，到 2014 年达到 398.55ppm（NOAA 2015；图 6.22）。人类活动释放的其他温室气体体积比二氧化碳小得多，但由于它们的分子能吸收更多的红外辐射（在 20 年中，甲烷吸收的红外辐射是二氧化碳的 86 倍，一

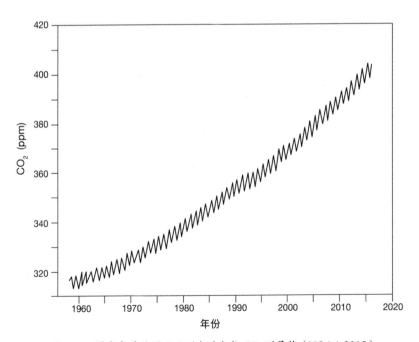

图 6.22　夏威夷莫纳罗亚观测点的大气 CO_2 测量值（NOAA 2015）

氧化二氮吸收的红外辐射是二氧化碳的 268 倍），它们加起来贡献了因人为因素而增强的热辐射的 35%（专栏 6.18）。

目前人们的共识是：为避免全球变暖造成最严重的后果，平均气温的上升幅度应限制在 2℃以内。但这需要立即大幅削减化石燃料的使用，并迅速过渡到非碳能源时代。这个方案虽不是毫无可能，但非常难以实现。因为要考虑到化石燃料在全球能源系统中所占的主导地位，以及低收入社会对能源的庞大需求：我们可以用可再生发电来满足某些新的大规模能源需求，但目前在运输燃料、生产化工原料（氨、塑料）和铁矿石冶炼方面，还没有经济实惠且可大规模应用的替代能源。

专栏 6.18
温室气体与对流层温度的升高

2014 年，人为因素造成的全球平均辐射强迫（温室气体影响地球能量平衡的能力）率达到了 $2.936W/m^2$。二氧化碳占到其中的 65%（Butler and Montzka 2015）。从来源看，化石燃料占 60% 以上，土地利用的变化（主要是砍伐森林）占 10%，甲烷排放（主要来自牲畜）约占 20%。全球平均表面温度（海洋和陆地的综合数据）呈线性上升趋势，在 1880—2012 年间上升了 0.85℃（0.65—1.06℃）（IPCC 2015）。由于未来的全球碳排放水平的不确定性，大气圈、水圈和生物圈演化机制的复杂性，加上它们的相互作用主宰着全球碳循环，我们无法建立能预测 2100 年的全球温度和海平面上升幅度的可靠模型。最新的评估共识表明（在很大程度上取决于未来的碳排放率），到 21 世纪末（2081—2100 年），全球平均气温将比 1986—2005 年至少高出 0.3—1.7℃，但最多可能会高 2.6—4.8℃（IPCC 2015）。

无论如何，北极地区持续变暖的速度将变得更快。显然，缓慢变暖比较容易适应，但若变暖幅度较大会带来许多严重的问题。全球变暖会造成许多变化，其中包括新的降水模式、沿海地区的洪涝、生态系统边界的变化、温带气候的扩散和媒介传播的疾病。主要的经济影响将包括植物生产率的变化、近海不动产的损失、地区性的失业和从受影响地区向别处迁徙的大规模移民。应对温室气体的人为排放没有简单的技术解决方案（例如从空气中捕获二氧化碳或在地下存储二氧化碳。这两者若要生效，都需要廉价的、每年能处理超过 100 亿吨二氧化碳的方案）。应对这些变化唯一有可能成功的方法是利用前所未有的国际合作。令人想不到的是，这一令人担忧的挑战为人类事务管理提供了新的根本动机。

7

世界历史中的能量

从最根本的物理意义上来说，所有自然过程和人类行为都是能量转换的过程。文明的进步可被视为对提高粮食产量，运输更多的产品和各种材料，生产更多且更多样化的商品，实现更高的流动性，并创造可获得几乎无限量的信息的途径所需的更高的能量使用的追求。这些成就带来了更大规模的人口（以更大的社会复杂性组织成民族国家和超国家集体）和更高的生活质量。我希望本书能通过简明梳理主导能源和主要原动力的发展来直截了当地概述这段历史，叙述这些技术变化引发的最重要的社会经济结果也不会很难。

我们一方面将能量需求作为一块棱镜来观察历史，另一方面适当关注总是引发、控制、塑造和改变人类能量使用方式的众多非能量因素——在这两者间找一个敏感的平衡点更具挑战性。必须对能量在生命进化中——尤其是在人类历史中——的作用的自相矛盾的特性给予关注则更为根本。所有生命系统的维持运行都依赖于不间断的能量输入。这种依赖必然会带来许多基础性限制。然而，这些维持生命的能量流并不能解释有机体的根本存在或其组织的特殊复杂性。

能量使用的宏观特征

若要揭示人类的成就和主要能源及不断演化的原动力之间的长期关系，能量的时代特征和转型过程可能是最佳角度。使用这种方法必须避免僵化的分期（因为一些过渡开展得非常缓慢），而且必须认识到，关于特定时期的概括必须考虑到关键基础过程的开始与进度的差异：近期最好的例子也许是 1990 年以后中国异常迅速的发展，它在一代人的时间里取得了许多国家在工业化早期花费三代人的时间才能取得的成就。还有许多全国性的和地区性的特质推动和塑造了这种复杂的变化。

特定的能量时代最明显的一致性表现在与能量的提取、转换和输送有关的活动中。无论是在印度的旁遮普邦还是在法国的皮卡第大区，利用人的肌肉和被驾驭的公牛每天可种植或收获的土地范围都是差不多的。在用传统堆木方法制木炭方面，日本东北（本州北部）的产量与约克郡（英格兰北部）差别不大。在现代地球文明中，这些共性已经成为绝对的特征：相同的能源和相同的原动力现在通过相同的流程和机器在全球范围内被管理、提取和转换，其中绝大多数通常由少数几个主导整个行业的全球公司生产或部署。

这些全球性的公司包括主要开展油田业务的斯伦贝谢公司、哈里伯顿公司、意大利塞班公司、越洋钻探公司和贝克休斯公司，开展重型工程机械业务的卡特彼勒公司、小松公司、沃尔沃公司、日立公司和利勃海尔公司，制造大型汽轮机的通用电气公司、西门子公司、阿尔斯通公司、英国伟尔集团和埃利沃特公司，以及生产大型喷气式客机的波音和空客公司。随着这些企业的服务和产品覆盖范围实现了真正的全球化，以前的性能和可靠性方面的国际差异已大大减少甚至完全消失了。在某些行业，较晚进入的企业如今甚至拥有比老牌企业更高的先进技术份额。尽管在文化和政治环境方面存在巨大差异，但可喜的是，这些基本能量变化带来的社会经济影响可进行概括的范围也很广泛。

对于相同的能源和原动力，回报最高的开发利用往往需要用到相同的技术。这种一致性也给人类社会带来了许多相同或非常相似的印记，它表现在许多方面：作物种植（导致一些商品作物主导了全球农业和动物性食品的大规模生产），工业活动（需要专业化、集中化和自动化），城市的组织（导致市中心商业区的兴起、郊区化，以及随后的对绿色空间的需求）和交通安排（在大城市中表现为需要地铁、通勤火车、汽车和出租车车队），以及消费模式、休闲活动和无形的精神需求等。

在每个成熟的高能社会和许多增长速度仍相对较快的经济体的城市地区，90%以上的家庭拥有电视、冰箱和洗衣机，还有很大比例的家庭拥有从个人电子设备到空调和乘用车等其他消费品。全球范围内共同的食品消费趋势包括口味的国际化（烤鸡咖喱在英国成了最受欢迎的食品，在日本最受欢迎的食品则是咖喱饭）、快餐的普及以及时令水果和蔬菜（一种能耗极高、通过洲际冷藏集装箱和空运实现的消费）的全年供应。如今，流行的休闲活动包括飞往温暖的海滩、参观主题公园（美国迪士尼乐园已经在法国、中国的上海和香港以及日本开设游乐场）以及乘坐邮轮旅行（邮轮以前是欧洲人和美国人的消遣方式，如今在亚洲正快速增长）。更进一步地说，相同的能量基础最终会影响许多无形的精神需求，特别是高等（和精英）教育。

然而，真正在历史上不断重现的，是低收入社会（其能量基础是传统生物质燃料和生物原动力，以及份额逐步增加的化石燃料和电力的混合）和高能耗国家（工业化或后工业化，其人均化石燃料和电力消耗已达到或接近饱和水平）之间的巨大差距。从整体经济产出到平均生活水准，从劳动生产率到受教育机会，几乎在每个层面都可以看到这种差距。这种差距在国家之间的体现正越来越少，反而越来越多地体现在普通人和特权（物质、教育、机会）人群之间。中国和印度富裕阶层最能说明这一事实。2013 年，中国的一个跑车俱乐部要求其会员至少拥有一辆价格高于 44 万美元的保时捷卡雷拉 GT 汽车（Taylor 2013）。亚洲最昂贵的私人住宅楼是位于孟买市中心的 27 层的穆克什·安巴尼（Mukesh Ambani）大厦，价值 20 亿美元，站在楼上可以不受遮挡地看到杂乱的贫民窟。

能量的时代与演变

对人类的能量使用进行任何现实的分期处理都必须考虑到主要的燃料和原动力。将历史分为两个极具概念吸引力的能量时代——生命驱动的与非生命驱动的社会，即传统社会（其中人类和动物的肌肉是主要的驱动力）和现代文明（依赖于靠燃料和电力驱动的机器）——是不合理的。这种区分在过去和现在都有误导性。在许多古老的高级文明中，两类非生命的原动力（水车和风车）在现代机器出现之前的几个世纪中，就已对社会产生了巨大影响。

而西方的崛起在很大程度上要归功于两种非生命原动力的强大组合：对风力的有效利用和火药的使用，这一点体现在了装备重型火炮的远洋帆船上（McNeill 1989）。然而，非生命原动力完全替代生命原动力，只发生在前 1/5 最富有的人类群体中。在非洲和亚洲最贫穷的农村地区，对人的重体力劳动和畜力劳动的严重依赖仍是常态。低收入国家的许多采掘、加工和制造业的数亿工人每天都要进行烦琐的（而且通常是危险的）手工作业（从为了铺路而制造碎石到拆除旧油轮）。

第二种不恰当的简单区分是将能源分成了可再生的与不可再生的。这种方式将历史区分为几千年来的由生物原动力和生物质燃料主导的时期，以及最近的严重依赖化石燃料与电力的时期。在这一点上，实际的发展情况更加复杂。在以木材为主要物资的社会，生物质燃料并非可靠的可再生能源：在脆弱的山地上过度砍伐树木，然后土壤遭到侵蚀破坏，在旧世界的大片地区（尤其是在地中海地区和中国北方），这一过程破坏了森林可持续生长的条件。在今天的化石燃料占主导地位的世界，水力这一可再生资源的发电量约占全部发电的 1/6。同时，（如前所述）贫穷国家的大多数农民仍然依靠人力和畜力开展田间劳动和维护灌溉系统。

明确划分特定能量时代是不现实的，这不仅因为在新燃料和原动力的创新和普及时间方面，存在着明显的国家和地区差异，还因为能量的转型过程是渐变的（Melosi 1982; Smil 2010a）。既有的能源和原动力可能存续相当久的时间，而新的能源或技术可能需要经过长时间的逐步普及才能占主导地位。多数时候，这种惯性能以功能性、可获得性和成本的组合来解释。只要已有的能源或原动力在当前环境中运作良好、易于获得且能带来收益，那么它们的替代品即使有着明显的优越性，也只能缓慢发展。经济学家可能会以戴维（David 1985）概念化的锁定或路径依赖理论的例子来解释这种现象。戴维以 QWERTY 键盘（与更合理的 Dvorak 布局不同）的普及为例，论证了他的理论。

但是，我们不需要任何新奇但受到质疑的标签来描述什么是一个十分常见、缓慢但显然在发展的过程。它表现在有机进化、个人决策、技术进步和经济管理中。在能量史上，此类例子比比皆是。罗马水磨坊最早在公元前 1 世纪就出现了，但要再过大约 500 年才真正普及，而且即便到那时，它们的用途仍几乎完全局限于谷物研磨。正如芬利所说的那样，将奴隶和动物从苦差事中解放出来并不足以激励人们迅速引进水磨坊（Finley 1965）。到 16 世纪末，使用帆船进行环球航行几乎已司空见惯——但在1571 年勒班陀海战中，每一方都使用了 200 多艘桨船。1588 年，入侵英格兰的西班牙无敌舰队仍然拥有 4 艘大型桨船和 4 艘由超过 2,000 名罪犯充当桨手操纵的三桅军舰。到了 1790 年，在斯文斯克松德海战中，瑞典也用重炮桨船摧毁了大部分俄国军舰（Martin and Parker 1988；Parker 1996）。

在欧洲和北美工业化开始后，役畜、水力和蒸汽引擎仍共存了一个多世纪。在林业资源丰富的美国，要到 19 世纪 80 年代，煤燃烧的份额才超过木材，焦炭的重要性开始超过木炭（Smil 2010a）。到 20 世纪 20 年代后期，在农场中使用的机械动力开始超过马匹和骡子。然而在 20 世纪50 年代初，美国南部仍有数百万头骡子。美国农业部到 1963 年才停止统计农场里的役畜数量。二战期间，美国主要的货运船是大规模生产的"自由"级（EC2），它的驱动引擎不是新的高效柴油发动机，而是久经考验的由燃料油驱动的三缸蒸汽机（Elphick 2001）。

在描述旧世界前工业社会部署原动力的长期模式时，我们只能使用可做参考的近似估算。这种模式最显著的特征是人类劳动长期占主导地位（图 7.1）。从人类开始进化到大约 1 万年前驯化役畜，人体肌肉是唯一的机械能量来源。通过使用越来越多、越来越好的工具，人的力量不断增强。在整个旧世界，役畜的劳作在数千年里一直受到粗糙的挽具和不良饲

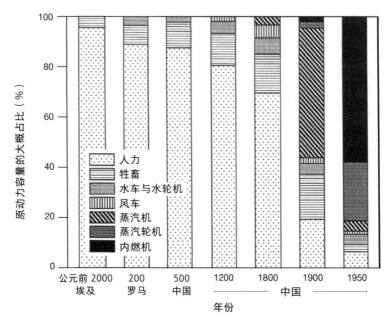

图 7.1　人力劳动长期占主导地位、水力和风力机械的缓慢扩散，以及 1800 年后蒸汽机和汽轮机的快速普及是原动力历史上三个最显著的特征。图中的比例是根据本书引用的大量文献估算得到的

养的限制，而且美洲和大洋洲还没有役畜。因此在所有前工业社会，人体肌肉仍是不可或缺的原动力。

有一种特殊的二分法能够刻画所有古代文明中人力劳动的使用特点。与大规模运用人力修建壮观的大型建筑物形成鲜明对比的是，无论是基于奴隶、徭役或是自由劳工，古代高级文明从未进行过真正的大规模商品生产，原子化生产才是常态（Christ 1984）。汉代中国人掌握了一些潜在的大规模生产方法。其中最令人瞩目的可能是，他们改进了通过一次浇铸来大量生产同一种小金属制品的铸铁工艺（Hua 1983）。但是，目前发现的最大的汉代窑宽度只有 3m，长不到 8m。在欧洲和北美之外，一直到 20 世纪，相对小规模的手工制造仍是主流。缺乏廉价的陆路运输显然是阻碍大规模生产的一个主要因素。

在过去，货物分发一旦超过了一个较小范围，其成本就会超过集中生产所获得的规模经济效益。而且古代的许多建筑项目实际上也不需要非常大量的劳动力投入。数百到数千名劳工每年只需工作两个月到五个月，便可建造巨大的宗教建筑或防御墙，或挖掘长途运河与灌溉渠，或在仅仅 20—50 年内建造大量堤坝。然而，也有许多极大的建设项目所需时间要长得多。锡兰的卡拉威瓦（Kalawewa）灌溉系统修建了大约 1,400 年（Leach 1959）。中国长城的零散建造和维修花费了更长的时间（Waldron 1990）。相比之下，花一两个世纪来建造一座大教堂并不算很久。

在欧洲和亚洲的某些地区，第一批非生命原动力要到公元 200 年后（水车）和公元 900 年（风车）才开始明显起到一些作用。这些装置的逐步改进慢慢取代了许多烦琐而重复的劳作，使其速度有所加快。但是，替代生物动力的过程缓慢且不均衡（图 7.2）。毕竟除了抽水之外，水车和风车并不能减轻田间劳作。因此，富凯的近似估算表明，英国人力和畜力占比在 1500 年达到 85%，到 1800 年仍有 87%（当时水力和风力只占约 12%），但到 1900 年就只有 27% 了：此时蒸汽机已在工业中占了主导地位（Fouquet 2008）。但即使到了蒸汽时代，生物动力在化石燃料的提取和分配以及无数制造工作中仍然不可或缺；在农业方面，在整个 19 世纪它仍是田间劳作的主要原动力（专栏 7.1）。

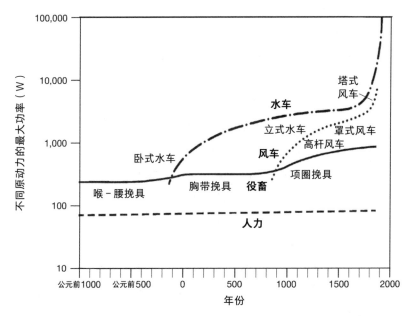

图 7.2 在现代社会的早期，即便采用了更大型的水车，传统原动力的单位功率仍然有限。真正的改变是 19 世纪的蒸汽机带来的。数据来自本书提及的几种原动力

　　但早在役畜的最大功率增加两倍（通过给强壮的马匹装配项圈挽具）前，水车就已是最强大的原动力。但其随后的发展很缓慢：水车最高生产能力首次增加十倍大约花了 1,000 年，第二次增加又花了约 800 年。最终，它们的峰值单位功率被 18 世纪后期的蒸汽机所超越，但直到内燃机和蒸汽轮机投入使用和得到改进，水车的主导地位才真正走向终结。内燃机和蒸汽轮机直到 19 世纪 80 年代才投入使用，在 20 世纪 20 年代变成主流，直到 21 世纪初，它们仍分别是主要的移动和固定式原动力。

　　尽管在不同大陆和地区间存在着一些重要差异，但在所有古代高级文明中，典型的燃料消耗水平和原动力的主要使用模式都非常相似。如果要挑选一个古代社会，说明它在燃料使用和原动力发展方面的显著进步，就必须选择汉代中国（公元前 206—公元 220 年）。它的创新在几个世纪，

专栏 7.1
生物力量的持续性

　　在美洲大陆，在 19 世纪的最后几十年和 20 世纪初，马、骡子和牛改变了今天的大部分耕地，开垦了美国大平原、加拿大大草原、巴西塞拉多草原和阿根廷潘帕斯草原等大片草原。直到 1963 年，美国所用的拖拉机功率几乎达到 1920 年牲畜功率最高纪录的 12 倍，美国农业部才停止统计役畜功率。在 19 世纪末到 20 世纪初的中国，与人类劳动相比，风车、水车和蒸汽机的贡献仍微不足道，人力劳动的总量也远超役畜。根据我的最佳估算，即使到了 1970 年，中国的人力劳动仍做出了约 200PJ 的有用功。相比之下，役畜所做的有用功仅为 90PJ 左右（Smil 1976）。

　　人体肌肉的主导地位使得最常用的单个劳动设备持续做功（一整天）的功率被限制在了 60—100W。这意味着除少数特殊情况外，统一管理的（数百至数千名建筑劳动者）集中人力劳动的持续功率不会超过 10,000—100,000W，尽管短暂的峰值可能会高出好几倍。因此，一位传统建筑师或运河建造者所能控制的能量功率不超过当今一台小型土方机械单个发动机的功率。

甚至一千多年后才被其他地方采用。汉朝人最显著的贡献是用煤炼铁、钻探天然气、用铸铁炼钢、广泛使用带弯曲刮土板的铸铁犁、开始使用项圈挽具以及多管条播机。在接下来的一千多年里，再没有出现这样的大规模重要进展。

早期的伊斯兰教徒创造性地为提水机和风车设计加入了新元素，其疆域内的海上贸易也从三角帆船的有效使用中受益良多。但伊斯兰世界并没有在燃料使用、冶金或牲畜利用方面带来任何根本性创新。只有中世纪的欧洲，从早期中国、印度和穆斯林的成就中汲取经验后，才开始在多种关键领域进行创新。真正让中世纪欧洲社会在能量使用方面脱颖而出的是他们不断加深的对水能和风能的依赖程度。人们通过越来越多的更复杂的机器来利用这些能量，为数十个应用场景提供了前所未有的集中的力量。第一座宏伟的哥特式大教堂建成时，最大的水车额定功率近 5kW，相当于 60 多个男性劳动力。早在文艺复兴前，欧洲一些地区就严重依赖水和风进行谷物碾磨、布料加工和金属冶炼。这种依赖也促进了许多机械技艺的改进和传播。

因此，中世纪晚期和现代早期的欧洲是一个不断扩大创新的地方。但正如同时代的欧洲旅行者关于中国的财富传闻所证实的那样，那时"天朝"的整体技术实力更令人印象深刻。那些旅行者并不知道欧洲需要多久才能赶超中国。到 15 世纪末，欧洲走上了加速创新和扩张的道路，而复杂精巧的中华文明即将开始其漫长而深刻的技术与社会融合。技术优势很快改变了欧洲社会，并将其影响扩展到了其他大陆。

到 1700 年，在一般能量使用水平以及由此决定的平均物质富裕程度上，中国和欧洲仍大致相似。到 18 世纪中期，中国建筑工人的实际收入与欧洲欠发达地区工人的实际收入相当，但落后于欧洲大陆发达经济体的工人收入（Allen et al. 2011）。之后，西方加快了前进的步伐。在能量领域，农作物产量的提高、新的焦炭冶铁法、更好的导航的使用、新式武器的设计、对贸易和科学实验的热衷等向我们展示了这种进步。波默朗认为，这种腾飞与欧洲和中国核心经济区域的制度、心态或人口结构关系不大。相反，煤矿位置、这些核心区域与各自周边的关系，以及新发明本身的过程的巨大差异才是关键（Pomeranz 2002）。

其他人则认为这种成功的基础可以追溯到中世纪。基督教大体上对技术进步起到了积极影响（包括体力劳动的尊严这一重要概念），以及中世纪修道主义对自给自足的追求，都是推动这一过程的重要因素（White 1978; Basalla 1988）。即使是质疑这些联系的重要性的奥维特，也承认修道院的传统是一个积极因素，维护了劳动的基本尊严和精神实用（Ovitt 1987）。无论如何，到 1850 年，中国和欧洲经济最发达的地区已属于两个不同的世界，到 1900 年，它们之间则更展现出一条巨大的鸿沟：西欧的能量使用量至少是中国平均水平的 4 倍。

1700 年以后迅猛发展的时期是由巧妙的实践创新者开创的。但 19 世纪的最大成就是由科学知识的不断增长与新发明的设计和商业化之间的密切互动推动的（Rosenberg and Birdzell 1986; Mokyr 2002; Smil 2005）。19 世纪一系列进步的能量基础包括蒸汽机的发展，以及它作为固定和移动式原动机在焦炭炼铁、大规模钢铁生产中的广泛应用；还包括内燃机和发电机的推出。这些变化之所以有如此的广度和速度，得益于能量创新与新的化学合成技术以及更好的工厂生产组织模式的崭新组合。对于促进生产和国内及国际贸易来说，积极发展新的运输和通信方式也至关重要。

到 1900 年，技术积累和组织方式创新使西方国家（现在包括美国新势力在内）掌握了前所未有的全球能量份额。西方国家仅占世界人口的 30%，却消耗了约 95% 的化石燃料。在整个 20 世纪，西方世界的总能量消耗增加了近 15 倍。尽管它在全球能量消耗量上的份额不可避免地下降了，但到了 20 世纪末，拥有不到全球 15% 人口的西方世界（欧盟和北美）仍消耗了近 50% 的初级商业能量。从人均消耗量来看，欧洲和北美始终是燃料和电力的主要消费者，同时保持着技术领先地位。中国快速的经济增长改变了绝对量排名：中国在 2010 年成为世界上最大的能量消费国，到 2015 年比美国高出约 32%。但其人均能量消耗仅为美国平均水平的 1/3（BP 2016）。

在描绘旧世界长期的初级能量消耗模式时，我们只能采用粗略的近似值（图 7.3）。在英国，煤在 17 世纪就取代了木材；在法国和德国，

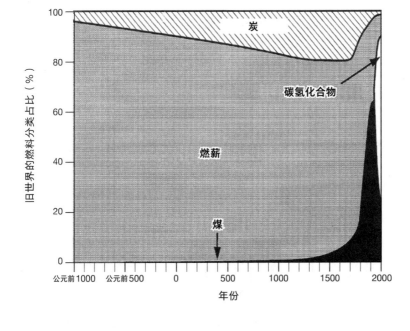

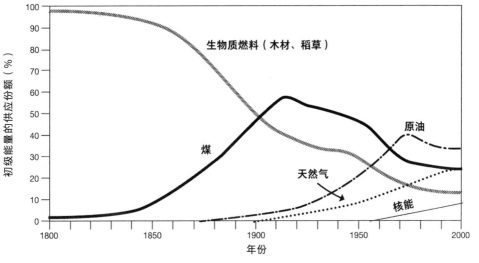

图 7.3 粗略估计图显示了过去 3,000 年里,主要燃料在旧世界初级能量供应中所占的份额(上图)。1850 年后相对更精确的统计(除了传统生物质能量的消耗)揭示了各种能量持续而缓慢的转变过程:到 2010 年,原油是最主要的化石能源,但煤和天然气也相当重要。数据来自联合国(1956)和 Smil(2010a)

直到 1850 年后，木材的重要性才迅速下降；在俄罗斯、意大利和西班牙，直到 20 世纪生物质能量还占据着主导地位（Gales et al. 2007; Smil 2010a）。一旦有了可用的基本能量统计数据，我们就有可能量化这些转变过程，并标记出长期的取代过程（Smil 2010a; Kander, Malanima, and Warde 2013）。从全球范围来看，19 世纪中叶以来的情况可以相当准确地被描述出来（图 7.3）。虽然替代过程一直很缓慢，但考虑到各种干扰因素，它们仍然惊人地相似。

我还原的全球能量转型过程表明，煤（替代木材）占全球市场的比重在 1840 年左右达到 5%，1855 年达到 10%，到 1865 年达到 15%，1870 年达到 20%，到 1875 年达到 25%，到 1885 年达到 33%，1895 年为 40%，1900 年为 50%（Smil 2010a）。达到这些里程碑式的历史阶段所花费的时间分别为 15、25、30、35、45、55、60 年。石油取代煤的时间间隔（1915 年时达到全球能量供应的 5%）实际上是一致的：分别为 15、20、35、40、50、60 年（石油的份额永远不会达到 50%，且正在下降）。到 1930 年，天然气占到全球初级能量供应的 5%，55 年后占到 25%。所以，要达到煤或石油那样的占比，天然气所需的时间间隔明显要长得多。

三次全球性转型的相似进展——一种新能量占据全球市场的主要份额往往需要两代到三代人（或约 50—75 年）——是非常值得注意的，因为这三种燃料需要截然不同的生产、配送和转换技术，还因为发生替代的市场规模是大不相同的：煤的份额从 10% 增加到 20% 时，年产量只需增长不到 4EJ 即可；而天然气从 10% 增加到 20% 时，每年需增长约 55EJ（Smil 2010a）。有两个最重要的因素能够解释转型速度的相似性：基础设施的巨额投资所需的先决条件，以及大规模旧有能量系统的惯性。

三次转换过程的次序并不意味着第四次转变（化石燃料被新的可再生能源所取代，这一过程如今正处于早期阶段）将以相似的速度进行，相反，第四次很可能是另一种漫长的转变。2015 年，两种新的可再生发电方式，即太阳能发电（0.4%）和风电（1.4%），仍低于世界初级能量供应的 2%（BP 2016）。两项早期技术突破将加速这种转变：基于最佳可用设计的新型核电站的迅速修建，新的大规模存储风能和太阳能电力的廉价可行方案。即便如此，我们仍面临着多种挑战，包括对交通运输中数十亿吨的高能量密度液体燃料进行替换，以及在没有任何化石碳元素的条件下生产生铁、水泥、塑料和氨。

长期趋势和不断降低的成本

从典型和最大功率两方面来看，我们可以非常精确地追踪到向更强大的原动力发展的长期转变趋势（图 7.4）。在公元前三千纪的某一时期，原动力的功率范围从人类肌肉的大约 100W 转变到役畜的约 300—400W。

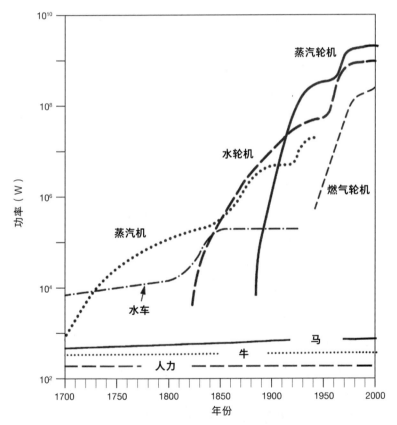

图 7.4 自 1700 年起的三个世纪里，原动力最大容量的演变。如今最大的涡轮发电机比大型挽马（最强的生物原动力）的功率高出六个数量级（接近 200 万倍）。1750 年前，蒸汽机的额定功率超越了水车。到 1850 年，水轮机曾暂时成为最强大的原动机。然后从 20 世纪第二个 10 年开始，蒸汽轮机又成了功率最大的原动机。数据来自本节所引用的各种原动机文献

公元一千纪结束时，卧式水车将最大功率提升到了约 5,000W。到 1800 年，蒸汽机的功率已经超过了 100kW，且直到 19 世纪中叶，蒸汽机一直是最强大的动力机器。在 1850—1910 年，水轮机（功率达到 10MW）曾短暂地占据过主导地位。随后，蒸汽轮机成了最强大的单体原动机，在 1960 年以后安装的大型机组中，稳定功率达到并维持在了 10 亿瓦（1GW）的平台期。

我们可以通过观察原动力的总容量，获得不同的视角。我们可以对 1700 年后全球范围的基本模式合理地进行估算。同时，美国准确的历史统计数据便于我们回顾它的原动力历史（图 7.5）。1850 年，生物动力仍占全世界原动力总容量的 80% 以上。半个世纪后，它的份额降至约 60%，此时蒸汽机的份额已升至约 33%。到 2000 年，全世界绝大多数的可用动力（除了一小部分）都由内燃机和发电机产生。在美国，原动力的更替过程领先于世界上的其他地区。当然，内燃机（无论是车辆、拖拉机、联合收割机还是水泵）很少像发电机那样长时间持续运行。汽车和农业机械通常每年运行不到 500 小时，而涡轮发电机每年的运行时间超过 5,000 小时。因此，就实际能量产量而言，目前全球范围内的内燃机和发电机之间的比率约为 2:1。

在非生命原动力单位功率增长和总量积累的过程中，总伴随着两个重要的总体趋势：质量功率比有所下降（更小的设备产生更高的功率），以及转换效率提高（在相同的初级能量输入的情况下，能够产生的有用功越来越多）。第一个趋势让原动机逐渐变轻，也越来越通用（图 7.6）。最早的蒸汽机虽然比马匹强大得多，却非常重，因为它们的质量功率比与役畜的数量级相当。之后经过两个多世纪的持续进步，蒸汽机的质量功率比降到了初始值的 1/10 左右，但对用于道路运输或驱动飞行而言，这一比率仍然太高。

自 19 世纪 60 年代第一批以煤气为燃料的商用卧式内燃机出现之后，这些机器（先是汽油发动机，后是柴油机）的质量功率比在不到 50 年里下降了两个数量级。这种迅速下降为平价的机械化公路运输（小汽车、公共汽车、卡车）创造了条件，还使航空成为可能。从 20 世纪 30 年代开始

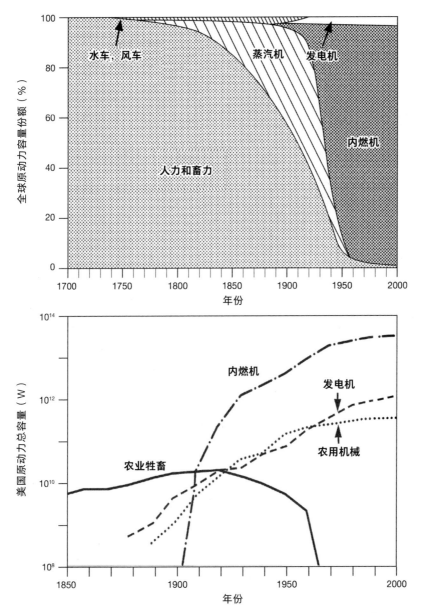

图 7.5 在 1700 年，全球各种原动力的份额与 500 年前甚至 1,000 年前的情况都只是略有不同。相比之下，1950 年全世界几乎所有可用能量都由内燃机（主要用于乘用车）、蒸汽轮机和水轮机产生（上图）。美国的分类统计数据（下图）更详细准确地显示了这种快速变化。上图根据联合国（1956）、Smil（2010a）和 Palgrave Macmillan（2013）的数据估算绘制而成，下图根据 USBC（1975）的数据和《美国统计摘要》绘制而成

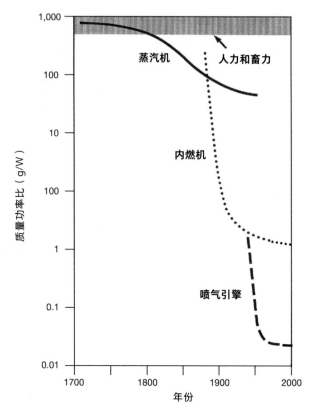

图 7.6 每一种新的非生命能量转换设备最终都会变得更轻、更高效。主要原动力质量功率比的稳步下降意味着，如今最好的内燃机重量只有与其功率相同的役畜或早期蒸汽机的千分之一。数据来自本书所引的文献

（无论是应用于固定场景还是用于飞行），燃气轮机的质量功率比又降低了近两个数量级，从而于 1958 年使高速喷气动力飞行变成了现实。1969 年波音 747 宽体喷气客机首飞后，大规模航空旅行也开始了。同时，燃气轮机也已成为灵活且清洁的首选发电设备。

基本热力学原理限制了原动力的效率。技术进步则一直在缩小最佳性能与理论最大值之间的差距。从萨弗里发明的效率不到百分之一的原型机，到 21 世纪初效率略高于 40% 的大型涡轮发电机，蒸汽动力引擎的效率一直在提高。无论是用蒸汽还是用水驱动，涡轮发电机的效率只剩下微小的上升空间。但联合循环燃气轮机的效率可达 60% 以上。类似地，现

在最好的燃烧室效率已接近理论极限。大型发电厂锅炉和家用天然气炉的效率都可高达97%。相比之下，内燃机（拥有最大总装机功率的原动力）的日常运转效率仍非常低。维护不当的汽车发动机运行效率通常不到其额定最大值的1/3。照明效率的提高则更加令人印象深刻（专栏7.2）。

更强大、更高效且更轻的机械原动力使得陆地和水上长途旅行的一般速度提高了10倍以上，还使飞行成为可能（图7.7）。在1800年，马车的速度通常不到10km/h，重型马拉货车则只能达到这个速度的一半。在2000年，高速公路的交通流速度可达100km/h以上；高速客运列车的行驶速度接近甚至超过了300km/h；在11km的高空飞行的喷气式飞机标准

专栏7.2

照明的效率和功效

用蜡、牛脂或石蜡制作的蜡烛，燃烧时将化学能转化为光能的效率最低只有0.01%，最多不超过0.04%。爱迪生改良的第一批灯泡，在密封的玻璃罩中使用由铂金夹具固定的椭圆环形碳化纸，转换率达到了0.2%，比蜡烛高出一个数量级，但也没有超越同时代的煤气灯（0.15%—0.3%）。1898年推出的锇灯丝将电能转化为光能的效率接近0.6%。1905年后在真空中使用的钨丝使效率翻倍，之后在灯泡中使用的惰性气体使效率再次翻倍。1939年，第一盏荧光灯将效率提高到7%以上；到二战后，照明效率上升到10%以上（Smil 2006）。

但是，评估这些效率提升的最佳方式是考察它们的发光功效。发光与辐射通量的比率（以流明和瓦的比率来表示，lm/W）衡量了辐射能量产生可见光的效率，其最大值为683lm/W。以下是发光功效的提升过程，单位均为lm/W：蜡烛为0.3，煤气灯为1—2，早期白炽灯泡不到5，现代白炽灯为10—15，荧光灯最多可达100（Rea 2000）。低压钠灯是目前最高效的商业光源（最大值能达到200lm/W），但它们的淡黄色灯光仅用于街道照明。适用于多数室内场景的发光二极管的功效已经接近100lm/W，且很快将超过150lm/W（USDOE 2013）。

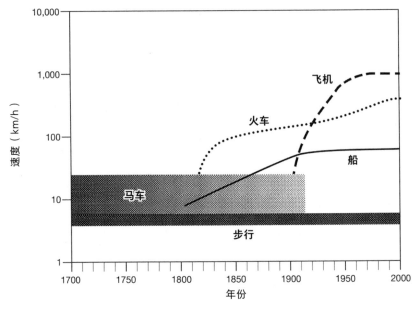

图 7.7　客运交通的最高速度。在铁路出现之前，马车的速度低于 20km/h，几十年后，设计更好的机车速度超过了 100km/h。现代快速列车通常以 200—300km/h 的速度运行，喷气式客机的巡航速度高达 900km/h。数据来自本书引用的与交通运输相关的文献

巡航速度为 880—920km/h。在速度提高的同时，货物和人员的运载量与运输范围也在不断提升。

在陆地上，这种机械化进程最近达到了巅峰，多轴卡车、专列火车（能够运载高达 10,000t 的散装物料）和快速客运电车（最多可容纳 1,000 人）纷纷出现。超级油轮能运载高达 50 万吨的原油。最大的客机波音 747 和空客 A380 则可以运输约 500 人；最大的货运飞机——安东诺夫的安-225 运输机可携带 250t 的货物。运输范围的增加同样令人印象深刻：乘用车一次加油可行驶的最大距离现已超过 2,600km——这项纪录是 2012 年柴油动力的大众帕萨特 TDI 创下的（Quick 2012）。波音 777-200 LR 的飞行纪录则超过了 17,500km。

在客货运输的速度与范围增加的同时，破坏性武器发出射弹的速度、射程和威力也增加了不少。长矛的杀伤范围只有几十米；一个老练的长矛投掷者可以将这个距离增加到 60m 以上。性能优良的复合弓穿刺伤害距

离可达 500—700m。更强大的弩的攻击范围也差不多。各种投石器可以将重达 20—150kg 的石块抛出 200—500m。肌肉被火药替代后，武器的射程迅速上升。在 1500 年前，最重的大炮发射 140kg 的铁球，射程可达约 1,400m，如果是更轻的石球，距离还能增加一倍（Egg et al. 1971）。

到 20 世纪初，当大型战场的范围达到了几十千米，在远程投放、破坏力方面，轰炸机取代了枪炮的主力地位。到二战结束时，一架轰炸机的航程可以超过 6,000km，最多可输送 9t 炸弹；弹道导弹的作战范围又超过了轰炸机（Spinardi 2008）。自 20 世纪 60 年代初以来，从陆基发射井或潜艇发射的导弹能够以更高的精确度投放更强大的核弹，打击地球上的任何地方。从古代旧世界的复合弓到 20 世纪晚期的弹道导弹，投射武器的射程增加了约 3 万倍，而导弹的破坏力又比箭矢高出 16 个数量级。

无论是从绝对还是相对角度来看，能量消费的长期趋势同样令人印象深刻。在全球范围内，包括传统生物质燃料在内的全部初级能量在 1800 年达到 20EJ，在 1900 年达到近 45EJ，1950 年达到 100EJ，2000 年略高于 380EJ，到 2015 年超过了 550EJ。这意味着每年的能量利用功率从 1800 年的约 650GW 增加到了 2000 年的 12.2TW，在两个世纪中增长了近 20 倍。到 2015 年又增加了 40% 以上，达到约 17.5TW。1800—2000 年，化石燃料的开采量从不到 0.4EJ 发展到了 300EJ 以上，增加了近 900 倍。能量使用量的增加深刻地改变了一般人均消费的绝对和相对水准。

采集社会的能量需求主要是提供食物、基本服装和临时住所。古代高级文明缓慢上升的能量需求分布于永久性居所、更多种类的粮食栽培和食品加工、更好的服装、运输业和各种制造业（木炭是矿石冶炼和砖的烧制的主要热源）。早期工业社会——役畜数量增多，由水车和风车提供动能，煤开采量增加——使中世纪末期的人均能量消耗量轻易地翻了一番。

起初，新增的大部分能量都被用在了新的制造业、建筑业和运输业上（包括大量的基础设施发展项目）。但能量使用在不同行业分布的标准报告并不能反映个人能量使用量最终的增加：举例来说，国际能源署的统计数据显示，2013 年美国初级能量使用量中只有 12% 用于住宅，而美国能源信息署认为（包括所有电力和发电过程中的损失）这一份额为 22%

左右，而实际的（包括被归类为商业和运输的大部分能量使用量）比例则超过了 30%。

1900 年，美国的人均能量供应量就已相当高了。因此在 21 世纪的第一个 10 年之后，它"仅仅"增长了 1.5 倍（从人均 132GJ 变为 330GJ）。1900—2015 年，日本的人均能量消耗增长了 15 倍，中国的增量则接近 10 倍。随着平均转换效率的稳步提高，人均有用能量消耗量的增长要更高：对于不同的国家，20 世纪人均有用能量消耗量的增长少则为 4 倍，多则达到了 50 倍。1900 年，美国总体能量效率不高于 20%，人均有效能量消耗不超过 25GJ。但到 2000 年，平均效率升至 40%，人均消耗量约为 150GJ，在一个世纪中增长了 5 倍。我对中国的最合理估算表明，1950 年其人均有效能量消耗量为 0.3GJ，2000 年增至约 15GJ，在仅仅两代人的时间里就增长了 50 倍。

富凯关于英国的研究得出的数据展示了 1750—2000 年的 250 年间，主要能量消费类别下的有用增长（Fouquet 2008）。所有用于工业的能量功率（1750 年由畜力、水车、风车和一些蒸汽机提供；2000 年主要由电动机和内燃机提供）在 250 年中增长了 13 倍。用于室内加热的能量功率增长了 14 倍。客运交通（1750 年的马匹、手推车、载人马车、驳船和帆船；2000 年的由内燃机驱动的车辆和船舶，以及大部分喷气动力飞机）功率增长了近 900 倍。此外，（如前所述）照明功率的增长居于首位，2000 年普通英国人的照明消耗比 1750 年高出约 11,000 倍。

那些反映了用于服务的能量收益的倍数是最具启发性的能量指标。因为它们解释了生产能力、生活质量、前所未有的移动能力的巨大提升，以及（如果有一个智能的外星人要看一看）卫星图像显示的欧洲、北美和亚洲大片地区连接成片的夜间灯光。但是，能量效率的提高被需求和人口的增长稀释了。尽管全球经济的能量消耗强度相对降低了，但总能量使用量在增加。只有在部分最发达的经济体，近 30 年人均能量需求才已现饱和状态。

与此同时，虽然能量消耗不断增长，用于提供物质生活必需品的能量的占比却在逐步变小。在所有的富裕国家，各种商品生产、无数服务的提供，以及运输和休闲活动正在消耗大量燃料和电力；在所有人口众多的现代化国家，尤其是在中国、印度和巴西，越来越多的城市富裕人口也呈现出同样的特征。效率的长期不断提升是能量价格（根据实际通货膨胀调整后）大幅下降的最重要原因。

坎德的研究表明，在 20 世纪，西欧的实际能量价格下降了 75%，英国下降了 80%，意大利下降了 33%（Kander 2013）。富凯利用英国的价格数据（有些甚至追溯到了中世纪），总结了一些有趣的长期趋势（按不变货币单位计算，或按特定性能或单次服务交付的单位价格计算）（Fouquet 2008）。1500—2000 年，英国家庭供暖成本下降近了 90%，工业用电成本下降了 92%，陆上货运成本下降了 95%，海运成本下降了 98%。但到目前为止，最显著的成本下降仍体现在照明方面。

直接用来发光的燃料和电的成本的下降，加上照明设备效率的提高，带来了照明服务成本（货币与流明之比）的长期下降，这种下降是任何其他类型的能量转换都无法比拟的。在 2000 年，英国每一流明光的成本仅为 1500 年的 0.01%，约为 1990 年的 1%（Fouquet 2008）。诺德豪斯的计算表明，美国 20 世纪末的照明成本比 1800 年低了 4 个数量级（实际比值约为 0.0003）（Nordhaus 1998）。20 世纪欧洲和北美的实际电价都下降了 97%—98%（Kander 2013）。当人均可支配收入增长了 5 倍，能量转换率提高了一个数量级，加上照明成本的下降，三者的结合意味着在 2000 年的美国，一个单位的电力服务比 1900 年实惠至少 200 倍，最多 600 倍（Smil 2008a）。自 2000 年来，美国普通家庭总能量支出仅为其可支配收入的 4%—5%，考虑到一般住房规模和交通强度，这是一种非常便宜的消费（USEIA 2014）。

这些长期价格下跌趋势都无可争议。但与此同时，我们必须注意，如果能量价格真能充分反映各种外部因素——各种与环境和健康相关的影响，例如燃料的提取、运输、加工和燃烧，以及各种发电方式的影响——那么几乎所有这些发展轨迹都会有所不同。但没有任何地方是这样发展的。一些外部因素，包括颗粒物质捕获和烟气脱硫，已基本上得到内部处理，另一些则仍被忽视：最值得注意的是，没有哪种化石燃料承担了由二氧化碳导致的全球变暖的最终成本。此外，大多数能量价格——无论是在所谓的自由市场经济体还是在实行严格经济管控的国家，无论是在高收入国家还是在低收入国家——通常都得到了补贴。这些补贴方式主要是通过忽视大量外部因素、降低税率以及其他优惠待遇来实现的（专栏 7.3）。

什么未曾改变？

从能量驱动的社会发展基本性质出发，这是一个很自然的问题。对此有一个显而易见的简单答案：新能源与新原动力的采用与普及一直是造成经济、社会和环境变化的根本物理因素，几乎改变了现代社会的方方面面。这个过程一直伴随着我们，但节奏已在加快。史前社会能量利用发生变化的原因有更好的工具、对火的掌握、更好的狩猎策略，其过程非常缓慢，延续了数万年。之后，固定耕作活动得到采用和强化，这一过程又持续了数千年。它带来的最重要的影响是人口密度的大幅增加以及由此而来的社会阶级分层、职业专业化和初期的城市化。化石燃料消耗量的不断增

专栏 7.3

能量补贴

国际货币基金组织将它于 2011 年对全球能量补贴的最初估值（2 万亿美元）上调了一倍多，调至 4.2 万亿美元；并将 2015 年的补贴总额估值调整到 5.3 万亿美元，约占全球经济生产总值的 6.5%（IMF 2015）。这些补贴大部分是通过降低对国内的环境、健康负担以及其他外部因素（包括交通拥堵和事故）的收费而实现的。在绝对值上，中国因为燃烧大量煤而成为最主要的补贴国家（2015 年的补贴约为 2.27 万亿美元）；乌克兰的补贴占到了该国 GDP 的 60%；卡塔尔的人均补贴世界排名第一，每位居民占了约 6,000 美元。新一轮的能量补贴已被用于建立和扩大太阳能与风能这两种主要的可再生发电方式，以及将碳水作物发酵以生产车用乙醇等产业上（Charles and Wooders 2011; Alberici et al. 2014; USEIA 2015c）。

加带来的现代高能耗社会是这种变化的缩影，它使人们普遍痴迷于持续创新的需要。

采集社会族群的人口密度差别很大，但一些海洋文明除外，它们每平方千米从未超过一个人。即使对于生产率最低的游耕农业，人口密度也至少比采集社会高 10 倍。永久性耕作又带来了 10 倍的增长。传统农业的集约化作业需要更高的能量投入。只要生物动力仍是田间劳作的唯一原动力，从事作物种植和畜牧的人口就必须保持在很高的比例，一般超过 80%，超过 90% 的情况也很常见。包含了灌溉、修筑梯田、多熟复种、轮作和施肥的集约化农业的净能量回报通常低于粗放型农业，但它带来了前所未有的人口密度。

最密集的传统农业——其中最有名的是亚洲的全年多熟复种，主要维持素食供应——每公顷耕地通常可支持超过 5 个人。这种人口密度带来了逐步的城市化，但城市的扩张、广泛的贸易、扩张型帝国的有效整合都受到了速度缓慢且效率低下的陆路运输的制约。但在海洋社会，得益于帆船的强大能力，人们既能展开利润丰厚的洲际贸易，也能远距离投放武力。

与传统社会缓慢的累积转变相比，在基于化石燃料的工业化过程中，社会经济影响几乎是瞬间的。化石燃料取代生物质燃料，以及后来电和内燃机取代生物能量，在短短几代人的时间里创造了一个新世界（Smil 2005）。美国的历史经验就是这些变化集中发生的极端例子。与任何其他现代国家相比，美国的国力和影响力都是由其极高的能量消耗所创造的（Schurr and Netschert 1960; Jones 1971; Jones 2014; Smil 2014b）。1850 年，美国绝大多数地区都还是以木材为燃料的农村，它处于全球进口市场的边缘。仅一个世纪后，它便成了经济和军事超级大国，并成为世界领先的技术创新者：它的人均有用能量消耗增加了两倍以上；它成了世界上最大的化石燃料生产国和消费国；作为技术创新的领先者，它能够利用这些优势，在二战中取得胜利。

在由化石燃料驱动的新世界，最明显的物质变化由工业化和城市化相互交织而成。在最基本的层面上，这种变化将数亿人从艰苦的体力劳动中解放出来，带来了数量及种类更多的食物供应、更好的住房条件。生产率更高的农业和在产业扩大的过程中产生的新劳动机会相结合，导致了从农村向外的大规模移民和各大洲的持续性快速城市化。相应地，这一变化又对全球能量使用造成了巨大的正反馈。城市生活（即使这些城市没有达到高度工业化）的基础设施要求也使人均能量消耗大大超过了农村。如果没有食品和燃料的廉价长途运输以及晚一些的电力传输，这些能量密度相对较高的需求就无法得到满足。

化石燃料和电驱动了机械化工厂中的批量生产，使普通商品的大规模生产成为可能，在保证了产品价格低廉的同时，还能有多样化和高质量。它带来了新材料（金属、塑料、复合材料），极大地强化了贸易、运输和电信产业，使它们成为真正的全球性业务。同时，所有拥有合理可支配收入的人都可享受这些商品与服务（拥挤的人群、体验变得商业化，这些是不可避免的后果。很显然，成群的游客会围攻每一个著名的建筑或景点，敷衍地看一眼，并用自拍杆拍一堆自拍照）。

这些发展使社会变革的方方面面都加快了。它们打破了有限的社会疆界和经济疆界里的传统循环。这种现象首先体现在（不讨论传播数量和质量之间不可避免的负相关）数十亿"社交媒体"用户的出现，继以工业活动中频繁的离岸外包和分包（由于固有的高运输成本，以及质量控制难以适当进行）。这些变革改善了健康，延长了寿命，几乎使全民受益（对应的是处理人口老龄化的负担）。它们既传播了基础文化，又促进了高等教育（虽然所有大学都在大规模授予学位，降低了它们的价值），并为越来越多的人提供了些许财富。同时，变革也为民主和人权创造了更多的空间（但当然，世界并未因它们而真正变得更加民主）。

由于电有着许多独特的作用，我们必须把它单独拿来讨论。对这种最灵活、最方便的能量形式的依赖已迅速发展为一种全面性的依赖。如果没有电，现代社会就无法以如今的方式耕种或饮食：电为合成氨工厂和家用冰箱的压缩机提供动力。离开了电，现代社会也无法预防疾病（由冷藏保存的疫苗来控制）和照顾病人（从古老的 X 光机到最新的 MRI，人们依赖于电动机器来诊断，并在重症监护室进行大量监测），无法控制社会的运输网络、处理大量信息（数据中心成了电力的最大消费点）以及城市污水。

　　而且很显然，离开了电，现代社会就无法运营、管理其产业，也就无法大规模生产越来越多更优质而实惠的产品。现代生产已消灭了大多数古老制造业——后者要么局限于为最有钱的少数人生产种类繁多的精致奢侈品，要么为大众生产种类有限的粗糙商品。这一进步所产出的商品所占份额越来越大，已在世界市场占据一席之地。2015年，外贸占世界经济总产值的25%左右，而在1900年它的占比还不到5%（世界银行2015c）。随着更快、更可靠的运输方式和即时电子通信手段的出现，这一趋势的演化速度不断加快。过去的世界充满着经济独裁的马赛克和有限的文化视野，而化石燃料和电力使其走向了一个日益相互依存的整体。

　　化石燃料时代的深刻变革也包含了新的社会关系结构。其中最重要的也许是新的财富分配系统。从身份到契约的转变，带来了更大的个人与政治独立性。这种转变带来了新的劳动组织形式（典型情况下，包括固定的工作时间和多层级的组织架构）和有着特定利益的新社会群体（工会、管理层、投资者）。几乎从一开始，它就带来了新的全国性挑战，尤其是人们要应对区域性的快速工业增长和周期性的经济衰退等极端情况。这种差异持续困扰着各个国家（即使是那些最富裕的国家）。贸易壁垒、补贴、关税和外资所有权也导致国际关系出现了新的紧张局势。

　　新的初级能量和原动力的推广，也对经济增长和技术创新周期产生了深远的影响。新能源的开发提取（或利用）、燃料和电力的运输（或传输）、加工以及新型原动力机械的大规模生产，都需要巨额投资。相应地，新能源和新原动力的引入也引起了技术的大量渐进式改进和根本性创新。熊彼特对西方工业化国家商业周期所做的经典描述表明，新能源与原动力之间存在明显的相关性，换句话说，它们相互促进了在对方身上的投资行为（Schumpeter 1939；专栏7.4，图7.8）。

　　这些长周期循环的后续延伸影响效果显著。战后经济的腾飞与全球范围内碳氢化合物对煤的替代、发电量（包括核裂变）的增加、大规模的汽车保有以及农业领域广泛的能量补贴有关。OPEC于1973年将石油价格上调五倍，一度遏制经济扩张态势。最近的创新浪潮涵盖了各种高效的工业和家用能量转换器，以及光伏发电方面的进步。微芯片的快速普及、

专栏 7.4

商业周期与能量

　　第一个有着充足记录的经济扩张时期（1787—1814 年）和采煤活动的扩大以及固定式蒸汽机的最早推出相吻合。第二次扩张浪潮（1843—1869 年）则显然由移动式蒸汽机（铁路和蒸汽船）的普及和冶铁技术的进步所推动。第三次扩张（1898—1924 年）受到了商业发电量的增加和电动机在工厂生产中的快速普及的影响。这几次经济扩张的中心时间点相隔约 55 年。1945 年后，一项令人着迷的研究提供了大量证据，表明人类事务中确实存在着约 50 年一次的脉动周期（Marchetti 1986），证实了这种长周期现象（在经济生活中尤其是在技术发明中）的反复出现（van Duijn 1983; Vasko, Ayers, and Fontvieille 1990; Allianz 2010; Bernard et al. 2013）。

　　这些研究表明，新的初级能量在应用的初始阶段，明显与重大创新浪潮的开始存在关联。能量创新的历史也深刻印证了一个主张（这一主张仍存在争议），即经济萧条是创新活动的导火索。由门施（Mensch, 1979）确定的三个创新集群的中心点几乎完全落在熊彼特式经济衰退周期的中点上。第一个创新集群在 1828 年达到顶峰，显然与固定式和移动式蒸汽机的部署、焦炭对木炭的取代以及煤成气体的生产有关。第二个创新集群在 1880 年达到顶峰，其中包括发电机、电灯、电话、汽轮机、铝的电解生产和内燃机等革命性创新。第三个创新集群在 1937 年左右达到高潮，内容包括燃气轮机、喷气发动机、荧光灯、雷达与核能。

计算机的进步、光纤的广泛使用、新材料和工业生产的新方法的推出，以及无处不在的自动化和机器人化将带来更大的能量影响。

　　全世界大量使用能量的经济结果也反映在了全球最大公司的名单中（福布斯 2015）。2015 年全球前 20 大非金融跨国公司中，有 5 家是石油公司——埃克森美孚、中国石油、荷兰皇家壳牌、雪佛龙和中国石化，还有 3 家是汽车和卡车制造商——丰田、大众和戴姆勒。可靠且实惠的能量

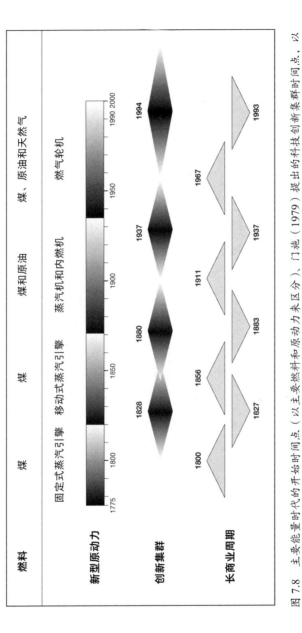

图 7.8 主要能量时代的开始时间点（以主要燃料和原动力来区分），门施（1979）提出的科技创新集群时间点，以及熊彼特（1939）为西方商业周期划定的长波的对比。对比时间被延长到 2000 年

供应促进了生产的集约化，继而创造了工业集中度明显的规模经济。对于这个发展过程，每种产业都有着很好的范例。1900年，美国有大约200家汽车制造公司，法国则超过600家（Byrn 1900）。到2000年，美国只有三家汽车公司，通用、福特和克莱斯勒；而法国只剩两家公司，雷诺和标致雪铁龙。英国啤酒酿造厂的数量从1900年的6,000多家下降到1980年的142家（Mark 1985）。但也要注意到，也有一些行业（包括小型啤酒酿造厂）自20世纪70年代以来一直在逆向发展。这一变化应主要归功于更好的通信、更快的交付手段和满足专业需求的机会。

到目前为止，高能时代对个人而言最重要的影响包括前所未有的富裕和生活质量的提高。从最根本上来说，这一成就是建立在丰富多样且数量充足的食物供应之上的。富裕国家的一般人均食物可用量远高于现实需求。然而，在过剩时期也存在着持续性的营养不良甚至饥饿（2015年约有4,500万美国人领食品券），这是一个分配不平等问题。从健康的角度来看，富裕程度的不断提升在婴儿死亡率的大幅下降和预期寿命的延长上体现得最为显著。从智力层面上讲，它反映在更高的识字率、更长的学校教育年限以及更容易获得的种类繁多的信息上。

人们用能量来节省时间，这是这种富裕的另一个重要因素。它包括人们普遍偏好使用更耗能但更快捷的私家车，而非公共交通。冰箱（避免每天购买食物）、电热炉和燃气炉灶、微波炉和食物加工机（简化、加快食品的烹饪或加热过程）以及集中加热（避免反复点火和反复储存燃料）一直是很好的省时技术。如今世界上所有富裕地区都在使用这些技术。相应地，人们通过这些能量投入所获得的时间越来越多地被用于休闲旅行和消遣活动，而这些活动往往需要更多的能量投入。

但有一个基本事实并未改变：所有这些明显且令人印象深刻的历史趋势，虽然都伴随着新能源的崛起、新的优越性能和效率的提升，但并不意味着人类使用能量的方式在逐渐趋于理性。在城里驾驶汽车由于速度更快而被许多人所青睐，但它也是非理性使用能量的绝佳范例。考虑到挣钱购买（或租赁）汽车并为其加油、保养、上保险所花费的总时间，20世纪70年代初美国汽车旅行的平均速度总计不到8km/h（Illich 1974）。另外，随着拥堵情况增多，到 21 世纪初，这个速度不高于 5km/h，相当于 1900 年前马拉公共汽车或仅靠步行所达到的速度。此外，由于油井到车轮（well-to-wheel，指最初的化石燃料被转换为汽车燃油，汽车燃油再被转换为汽车前进动力的过程）的效率远低于 10%，因而汽车一直是环境污染的首要来源；而且如前所述，汽车也造成了相当数量的人员伤亡（WHO 2015b）。

人们常以浪费的方式部署和使用燃料、电以及更轻、更可靠、更灵活和更高效的转换设备，并引发环境问题，仅仅为了获得短暂的个人满足感（或至少声称获得了）——这是仅有的正向回报。正如罗斯所总结的那样："到目前为止，越来越多的能量被用来将资源转化为垃圾，我们只从中获得了短暂的收益和乐趣。过去的记录看起来并不算很好。"（Ross 1974, 359）但是，将能量用于非生产性用途并不新鲜。只有当人类社会严格地由一个总体目标驱动，最大限度地将能量用于与种群生存直接相关的任务或过程时，能量的非生产性用途才会被视为浪费。

然而一旦我们对物质世界进行掌控，并开始产生一些能量盈余，尽管可以利用更多能量来确保基本的物质需求，但此时人类的才智就会利用这些盈余来创造一个多元化和（对某些人而言）休闲的人造世界。承重柱完全可以只是一根简单的光滑石柱或一根细长棱柱，但古希腊建筑的三种柱式（多立克柱式、爱奥尼亚柱式和科林斯柱式）从来没有体现出任何结构性或功能性需要。光有丰盛的晚餐是不够的：罗马的盛宴必须持续多天。在文艺复兴时期和现代早期（1500—1800 年），这种对于差异、新奇、多样性的追求达到了一种崭新的（相对的）无处不在的程度。但即使在那个时代，这种追求最有艺术价值的创造仍然很少，绝大多数还是为了公共消费或子孙后代而设计的。

此外，我们很容易得出结论，前现代社会的各种纪念性建筑并不能被简单地视作对稀缺资源的浪费。诺伦扎扬认为，对于具备审判能力的神（"伟大神祇"）的信仰，在促进建立与维持复杂社会和纪念性建筑所需的合作时是至关重要的（Norenzayan 2013）。因此，作为这种信仰的物质表现，这些建筑有助于提升社会凝聚力，鼓励敬畏、尊重、谦卑、沉思和慈善思想。毕竟，后人的猜测往往倾向于认为它们是完美的，每年前去瞻仰罗马圣伯多禄大教堂或阿格拉泰姬陵的游客数量就证明了这一点（图 7.9）。相比之下，浪费能量的标签是否更应该贴在那些用于管理金钱或观看现代角斗士（各种球类运动员）踢、投、打各种球而修建的奢侈的，且多数没有吸引力的建筑上呢？

更重要的一点是，现代社会通过所有权和多到荒唐的种类来实现对多样性、休闲娱乐、炫耀性消费和差异化的追求，还达到了前所未有的规模。如今有数亿人每年自行决定花在非必需品（包括比例逐渐上升的奢侈品）上的开支远超一个世纪前西方家庭的平均收入。这些铺张浪费的例子比比皆是。富裕国家的家庭规模不断缩小，但美国定制房屋的平均面积已超过 $500m^2$；造船厂的等候名单上记满了带直升机停机坪的游艇；市场上许多汽车拥有极强的动力，在任何公共道路上都无法充分发挥性能：柯尼塞格的雷格拉发动机的功率为 1.316MW，兰博基尼和顶级梅赛德斯–奔驰跑车的发动机功率则"仅"有 1.176MW——后者接近 1,600hp，是我驾驶

图 7.9 1626 年完工的圣伯多禄大教堂（来源：Corbis）

的小型车本田思域的 11 倍。

在普通人身上更常见的是，每年有数千万人乘坐洲际航班前往各种海滩，只为了更快患上皮肤癌；群体规模逐渐缩小的古典音乐狂热爱好者们，有 100 多份维瓦尔第的《四季》唱片可以选择；有 500 多种早餐谷物、700 多种款型的乘用车供消费者选择。这种过度多样化导致了相当程度的能量错配，且似乎没有停止的迹象：人们通过电子技术访问全球的精选产品，网络购物的选择由此被成倍扩大；许多定制消费品的生产（利用计算机设计和添加制造进行个性化调整）又进一步使这种过剩达到了更高的水平。送货速度也是如此：我们真的需要一件网络下单、几个小时后送到的只会暂时用到的垃圾吗？它还（马上就会）是无人机送达的，浪费一点都不会少！

但无论使用何种评估指标，这些浪费的、非生产性的和过度的能量使用方式在全球仍是少数。从人均能量供应来看，全球 200 多个国家中只有约 1/5 已经成功转变为高能耗（人均超过 120GJ）的成熟、富裕的工业社会。按人口算，这一比例更低，约为 18%（2015 年，全球 73 亿人口中只有 13 亿人符合条件）。如果加上中国、印度、印度尼西亚和巴西等低收入和中等收入国家富裕家庭的数量，仅能将这一比例稍稍提高，使其达到约 20%。例如，如今中国富裕家庭数量排全球第四（仅次于美国、日本和英国），但到 2015 年满足条件的家庭仍不到 500 万（Atsmon and Dixit 2009; Xie and Jin 2015）。

因此，西方迅速的技术创新奇迹在传播到全球后，却导致了令人担忧的社会分裂，在国家之间造成了前所未有的经济不平等。到 2015 年，最富有的 10% 的人口（生活在 25 个国家）占有了全球 35% 的能量。从个人角度看，这意味着美国一周的人均能量消耗量相当于一个尼日利亚人一年的能量消耗总量，或一个乌干达人两年的平均能量供应量。相反，最贫穷的 5% 的人口（生活在 15 个非洲国家）消耗的能量不超过全球初级商业能量供应的 0.2%。

没有简单的办法弥补这些差距。即使经济增长异常迅速，缩小差距也需要时间：在经历了 35 年（1980—2015 年）的快速现代化进程后，中国的人均能量消耗量几乎增加了 4 倍，达到了人均 90GJ 以上，在此过程中付出了巨大的环境与健康成本，但仍比"优裕"这一级别低了 20%——25%。最根本的是，即使能够轻易获得必要的资源，将世界其他地区的能量消耗水平提高到西方的水平也将造成无法接受的环境后果。有关生物圈完整性的担忧（从生物多样性的保护到人为的快速气候变化）已经成为影响高能文明未来的主要因素。

在宿命论与抉择之间

许多历史发展都是一系列以有限的特定方式使用某种能量产生的结果。对不同初级能量的依赖给日常工作和休闲活动留下了不同的印记。用重锄头打碎土块、移栽掉落的种子、用手拔或用镰刀砍切植物根茎、用稻草烧火做饭、手工捣碎谷物（在 19 世纪末的中国农村仍然很常见）塑造的世界与使用强壮马匹组成的马队牵拉弯曲板犁、机械播种机和收割机塑造的世界是截然不同的，与使用薪柴的大型炉灶、蒸汽动力面粉磨坊（常见于 19 世纪末的美国）塑造的世界也是完全不同的。

同样，对不同原动力的依赖也决定了不同的日常生活范围和节奏。戴着马嚼子、鼻带、头冠、颈轭、项圈、背带和挽绳的马匹，马蹄铁的咔哒声，有着糟糕悬挂缓冲的车厢的震动，饲料袋中的牲畜口套，将城市街道的马粪扫起来然后运走以滋养郊区的花园——这些图像使人构想出了一种生活节奏，它与转动钥匙点火、轮胎的晃动、轿车和 SUV 平稳快速驾驶、加油站、来自加利福尼亚或西班牙的通过冷藏集装箱以及来自其他大陆的由喷气式货运飞机送达的蔬菜和水果等元素所构成的生活节奏是完全不同的。

因此，将能量作为人类历史的主要分析概念是一个显而易见、有益且可取的选择。但我们不应将其视为主要的解释因素。我们也一定不能夸大能量解释历史的能力。推断过于粗略会导致结论难以站住脚。总的来说，数千年来，社会经济越复杂，越需要更多、更高效的能量投入。这是无可争辩的事实。如果像福克斯那样认为，能量流动方式的每一次改进，结果都带来了文化机制的提升（Fox 1988），我们就会遗漏大量相互矛盾的历史证据。

要评估能量在人类历史中的重要性，唯一有益且有启发性的方法是，既不通过赘述无穷的能量需求来做出简单化、确定性的解释，也不通过将其与其他历史形成因素（无论是气候变化和流行病，还是人类的突发奇想和激情）相比，将它弱化到边缘地位来贬低它。要完成任何事情，能量的转换总是必要的。但由人所发起和控制的任何体外能量转换都不是由上天注定的；只有少数是由混乱引起的或意外发生的。这种二分法对于解释过去和理解未来的可能性同等重要：影响历史的因素不是注定的，但它们的范围肯定是有限的，能量的流动方式则决定了那些最基本的限制。

能量需求和使用的必然性

能量在物质世界和在维持生命的过程中的重要作用，必然反映在进化和历史发展过程中。史前人类社会的发展和高等文明日益增加的复杂性之间的共同特征是无数的能量需求。当然，最基本的物理极限是地球接收的太阳辐射。这种能量流动使地球的温度保持在适合碳基生命生存的范围内，为大气环流和水循环提供动力。温度、降水和营养物质可用性是作物生产率的关键决定因素，但新合成的生物量中只有一部分是可消化的。这些事实重塑了所有采集社会的基本存在方式、人口密度和社会复杂性。在绝大多数情况下，这些人口必须是杂食性的。他们的大部分食物能量必须来自收集的大量种子（结合了淀粉、蛋白质和油脂）和块茎（富含碳水化合物）。

相比于总生物量和多样性，可供采集植物的集中程度和易获得性更为重要。相比于茂密的森林，草原和林地提供了更好的生存要素。捕杀大型（多肉、多脂）哺乳动物能带来极高的净能量回报；而狩猎小型动物比起采集植物，能量回报几乎总要少一点。脂质是最理想的营养物质，常常供不应求。它们能量密度高，能提供令人满意的饱腹感。这些能量需求决定了采集与狩猎的策略，促成了社会复杂性的出现。

只要人类（以及之后的牲畜）的肌肉还是唯一的原动力，所有劳动率便都会由新陈代谢需求——食物和饲料的消化率、恒温生物体的基础代谢率与生长要求、肌肉的机械效率——决定。成年人做功的持续输出功率不超过 100W。食物转化为机械能的效率不超过 20%—25%。只有运用大量的人力或畜力才能突破这些限制。而且正如史前和古代纪念性建筑所证明的那样，这种成就需要有效的和相互协调的控制。许多不同的文明都曾反复实现过这种控制，比如爱尔兰和布列塔尼的建筑工人、早王朝时期的埃及人以及复活节岛上的少数居民。

由人类肌肉驱动的攻击，必须通过近身搏击或悄悄地从不超过几百米的距离上发动偷袭释放出来。几千年来，杀戮行为都必须在相当近的距离内完成。人体解剖原理使得一名弓弩手伸直一只手臂、弯曲另一只手臂时拉开的长度不超过 70cm，也就将最大力量限制在了这个极限中。这就限制了满弓的程度，进而限制了箭矢的射程。由很多人一起拉开的弩炮增加了弹射物的重量，但没有增加攻击范围。最终在面对面战斗中，个人的战果在很大程度上取决于技能、经验和机会。

从采集社会到农业社会的转变是由与能量相关的因素（主要是营养）和社会因素共同推动的，但人类随后对定居耕种的强化可以用明确的能量诉求来解释（Boserup 1965, 1976）。当已有的粮食生产方式的产出接近物理极限时，人们就只有两种选择：要么稳定人口规模（通过控制人口出生或外迁），要么采用生产率更高的粮食生产系统。在全球范围内，连续强化的过程的开始时间和持续时间差别很大。但为了更多地利用地面光合作用的潜力，每一次进步都要求更多的能量投入。相应地，更高的食物收成能够支持更高的人口密度。

农业集约化还需要更高的间接能量投入，包括饲养草食性动物，制作、交换或购买越来越复杂的工具，以及建造长期的基础设施项目（修筑梯田、灌溉渠、蓄水池、粮仓和道路）等活动的能量投入。反过来，这种集约化导致了人类社会越来越依赖人体肌肉以外的能源。如果没有耕畜，在较黏重的土壤中耕作要么极其费力，要么根本不可能。手工碾磨谷物需要大量劳动，因此集中处理收获物必须用到动物及后来的水力和风力。向城市长途运输粮食不得不在很大程度上依赖动物力量，但有时也依赖风能。要制造更耐用、更高效的铁制工具，就需要消耗木炭来冶炼矿石。

传统农业世界是由许多特殊的能量需求塑造而成的。如果没有大量可用牧场，同时所有耕地都必须用来种粮食，那么人类的能量需求就会限制饲料的生产，从而限制大型役畜的数量。在几乎所有情况下（除了美洲和澳大利亚），人们都会逐步扩大役畜的使用，但一般的喂养方式几乎都是放牧以及喂以农作物残渣。随着人均谷物供应量的增加，人们可以留出足够的可耕土地来种植优质动物饲料：在美国，这种土地供应最终占到了所有耕地的近25%；而在传统的人口密集的亚洲低地，这一比例通常低于5%。

种植强度（即粮食生产的能量密度）也产生了一定影响。在集约化湿地上（在土坡上、梯田上）种植亚洲水稻，几乎没有放牧大型动物的空间，水牛经常在河边甚至水下啃食水草。相比之下，在欧洲（以及19世纪的北美）土地资源丰富的地区，大量的牛、马和其他家畜的存在影响了农村的人口密度和定居点的组织结构。人们需要大量空间来建造谷仓和马厩，也需要空间来储存牲畜粪便以便重新利用。

有两种农业生态系统将这些极端情况体现得淋漓尽致：一个是中国长江以南传统的由水稻主导的多熟复种，另一个是高度依赖牲畜（包括乳制品与肉类等食物需求和畜力耕作的需求）的西欧混合农业。前哥伦布时期的农业形态由不同能量需求塑造而成。在其他条件相同的情况下，玉米（一种C_4作物）的产量会高于其他旱地谷物（小麦、大麦、黑麦和所有C_3作物）。当人们将玉米与豆科植物间作时，这种优势会进一步增加：在前哥伦布时期的农业中，在除高海拔的安第斯地区（主要种植土豆和藜麦）之外的美洲大陆，玉米和豆类是人们的主食。此外，美洲没有大型家畜，这为其他需求留下了更多的能量和时间。

能量需求也改变了非农业活动和传统社会结构的面貌（从地域限制到有效管理的挑战）。更大规模的金属冶炼和锻造只有依靠水力才能实现。因此，即使能够廉价运输矿石和木炭，熔炉和锻炉的位置仍会被限制在山区。实际上，役畜的力量和恶劣的路况极大地限制了大宗材料可盈利的陆上运输范围。因此水运成了首选，人们为此修建了运河。同时，低效的炭化方法（只能将不到20%的木材能量转化为无烟燃料）导致了大面积的森林滥伐。

在过去，远距离管理领土、贸易和军事行动非常困难。这不仅因为陆路和海路运输非常缓慢，还因为它们很不可靠。从罗马到埃及（埃及是罗马帝国最大的剩余谷物生产国）的航行时间少则一周，多则三个月甚至更久（Duncan-Jones 1990）。1588 年，西班牙无敌舰队未能成功登陆英格兰，在很大程度上是风的缘故：要么是没风，要么是风向不对（Martin and Parker 1988）。直到 1800 年，英国船只还必须等待（有时要等数周）正确的风向，然后被风带入普利茅斯海峡（Chatterton 1926）。

在现代能量转型的过程中，能量需求对国家和地区的命运产生了深远的影响。如果一些国家或地区能更容易获得比过去的主要能源更易生产和分发的燃料，就能有更快的经济增长，从而变得更加繁荣，创造更高的生活质量。荷兰人对泥炭的重度依赖是可以解释这一优势的最早的国家范例。在 17 世纪，这种依赖带来了荷兰共和国的黄金时代。尽管昂格尔（Unger 1984）对德泽乌（De Zeeuw 1978）估算的泥炭每年的高开采量表示质疑，但毫无疑问，这种年轻的化石燃料是当时该国最重要的初级能量来源。仅仅几代人的时间之后，英国就用烟煤和焦炭几乎完全取代了木材和木炭，进一步证明了这种优势（King 2011）。1870 年后，一开始的优质煤和随后的碳氢化合物驱动了美国经济的腾飞，英国的经验又被远远抛在了后面。

毫无疑问，荷兰、英国和美国相继获得经济领导地位和国际影响力，与它们早期以更少的单位有用能量投入提取可开采的燃料（即有着更高的净能量回报）密切相关。化石燃料和电的主导地位逐渐将技术带到了前所未有的水平，也逐步实现了经济和社会的一致性（图 7.10）。一个高能文明所需的最普遍的基础设施基本清单就已很冗长：煤矿，油气田，火力发电站，水电站大坝，管道网络，港口，炼油厂，钢铁厂，铝冶炼厂，肥料加工厂，无数的加工、化工和制造企业，铁路，多车道高速公路，机场，以摩天大楼为主的市中心以及广阔的郊区。

由于许多基础设施有着相同的功能，所以它们的物理外观一定完全相同或高度相似，而且许多部件的制造和管理工作越来越向少数公司集

图 7.10　巴西最大的大都市圣保罗。照片摄于 2013 年。大量使用化石燃料和电力带来了全球范围的一致性，超大型城市就是其典型范例（来源：Corbis）

中，这些公司为全球市场提供核心设备、工艺和相关技术。这种对高度能量流的依赖明显带来了两个令人担忧的后果：选择受限（也就是无法在不造成大量混乱的情况下放弃现有的做法）和环境退化。第一种现象最好的例证就是：在不彻底改变整个社会的情况下，人们不可能切断现代农业的高能量补贴。

举例来说，要想用役畜取代美国农田里现有的机器，人们所需的马和骡子的数量将至少是 20 世纪初的最高纪录的 10 倍。光是喂养这些牲畜就需约 3 亿公顷的土地，约为美国耕地总面积的两倍。同时，大量城市居民将不得不离开城市去农场工作。此外，富裕国家并不是仅有的必须按照前工业化的情形进行彻底改造才能返回传统农业的国家：由于有着世界上强度最高的施肥和灌溉，中国的粮食生产对化石能源的依赖程度更高。

雅克·埃吕尔（Jacques Ellul, 1912—1994）提出了一个由简单而无所不包的"技术社会"（la technique）主宰的世界的概念，"在人类活动的每个领域，都存在着合理的方法，它〔对于特定的发展阶段〕有着绝对的效率"（Ellul 1954, xxv）。在这个世界里，选择的限制是自相矛盾的。这个世界给了我们前所未有的好处和几乎神奇般的自由。但反过来，现代社会不仅要适应它，还要服从它的规则和限制。现在每个人都依赖于这些技术，但没有一个人能全面地理解它们。我们在日常生活中仅仅是在遵循它们的指示。

这种情况的结果不仅是无知的服从。因为技术的传播力量已使很大一部分人脱离了生产过程，如今全球大规模的商品设计和生产只需一小部分劳动力（在越来越多的计算机的帮助下）。结果，现在更多的人销售产品，而非设计、改进和制造产品。根据劳动力规模进行排名，1960 年美国最大的 15 家公司中有 11 家（由通用汽车、福特、通用电气和美国钢铁公司领衔）是制造业企业，总共雇用了超过 210 万名工人。到 2010 年只有两家商品制造企业（惠普和通用电气，雇用约 60 万人）跻身前 15 名。规模最大的公司的榜单如今由商品零售和服务企业（沃尔玛、联合包裹、麦当劳、百胜餐饮公司、塔吉特公司）主导。

将这一事实视为机器终将取代碳基生命的过程的一部分是下一个合乎逻辑的步骤（Wesley 1974）。这两种实体的进化之间有着非常有趣的相似之处。机器在热力学上是有生命的，它们的传播符合自然选择：失败品不会繁殖，新物种会扩散；并且它们倾向于向着环境可容纳的上限去发展；在连续的更新换代中，效率也会逐渐提高（请回想一下所有那些令人印象深刻的极低的质量功率比！），更具机动性，寿命更长。我们可以根据这些相似之处认为机器仅仅是生物的一种有趣的形态。但机器相对于生物存在着明显的优势，这是不可否认的事实。

机器用它们的生产、运输和储存所需的基础设施（矿山、铁路、公路、工厂、停车场）取代了大面积的自然生态系统。人类越来越多地将时间用于服务机器。机器的废料导致了土壤、水和大气的大量退化。全球范围内的汽车总质量已远高于全体人类。化石燃料的有限性对阻止机器的崛起几乎没有任何作用。在短期内，它们可以通过提高效率来适应燃料短缺；从长远来看，机器可以依赖可再生能源。

无论如何，目前人们对确切的地质学证据有一个根本性的误解，即认为化石燃料使用量日益增加会过早地耗尽能量。化石燃料储备只是资源基础的一小部分。我们已能够详细了解各种资源的空间分布和回收成本（以当前价格和现有技术），进而证明其商业开发的合理性。随着原有可用资源回收利用率的提高，生产一个边际单位的矿物的成本就成了关于其可用性的最佳衡量指标。这种指标考虑到了我们开采技术的改进和承担回收成本的能力。2005 年后，美国丰富的页岩矿藏原油的回收率增长令人印象深刻：依靠水平钻井和水力压裂技术相结合（Smil 2015a），美国再次成为全球最大的石油和天然气生产国。这一增长表明这些资源仍有可充分利用的巨大空间。

因此，资源耗尽并非实际的物质消耗问题，而是一个最终无法承受的成本增长负担的问题。除一些著名的特例外（比如格罗宁根地区的超大天然气田被发现后，荷兰迅速中止开采煤矿），一种能源的开采并不会突然终结，只会长期缓慢减产，慢慢退场，并逐渐转移到新的供应阶段（英国的煤矿开采是这个过程的一个完美例证）。这种理解对于评估化石燃料文明的兴起和前景至关重要。化石燃料资源有限，但这并不意味着煤或碳氢化合物会在任何固定日期耗尽，也不意味着回收这些资源的实际成本从一开始就难以承受。我们更不能由此得出必须快速过渡到后化石燃料时代的结论。

仅凭对储量和资源的评估，我们还不足以推测化石燃料的未来。全球的需求和使用效率同样重要：在可预见的范围内，需求（由经济和人口增长驱动）可能会增加，但它同时也高度可控。即使在经历了数代改进之后，能量转换效率仍有很大的提高空间。因此，人类不必担心化石燃料会早早耗尽——石油峰值论支持者最突出的观点（Deffeyes 2001）——而要担心它们对生物圈宜居性的影响（尤其是通过影响全球气候），这是全世界对煤和碳氢化合物的依赖所造成的最重要的近期和长期隐患。

控制的重要性

如果没有引入与完善能量利用的新模式，以及控制能量的转换率以供应特定的能量服务（热、光、运动），以前人们对新能源和新原动力的采用就不可能产生如此深远的影响。人类的控制或触发能够打开原本关闭的阀门并释放新的能量——或者提高已有过程的总工作效率，或使它们变得更可靠、更高效。控制系统可以是简单的机械装置（水车），也可以是本身就相当高耗能的复杂装置：现代汽车的微处理器就是一个很好的例子。控制系统还可以是一系列更好的管理程序、新兴的发达市场、基本的政治或经济策略等。

一匹马无论多强壮，只有被戴上马嚼子，由骑手握住缰绳，才能成为被有效控制的原动力；只有配备优质的挽具，才能拉战车；只有背负鞍座、配有马镫，才能被用于武装战斗；只有配备了舒适的轭，才能提供强大的耕地能力。只有当不同体形的马匹之间不平衡的拉力被马车横木平衡之后，它们才能成为一支高效的马队。

缺乏适当的控制，可能使优秀原动力的表现大打折扣。有时候，相应的补救措施来得非常晚。用来说明这一点的最好的失败案例或许就是人们迟迟无法确定航船所在地点的经度。到 18 世纪初，全帆装船已是高效的风能转换器，也是缔造欧洲强大帝国的工具，但是船长仍无法确定船只所在地点的经度。正如 1714 年英国的船长和商人们向议会提交的请愿书所总结的那样，太多船只的航行出现了延期，许多船只甚至干脆迷路了。因为地球赤道的转速约为 460m/s，确定经度就要求计时器每周的误差不超过几分之一秒，人们才能在两个月到三个月的航程之后，将船舶的定位误差控制在几千米以内。1714 年，英国议会为达成这一目标而提出一项法案，并提供了高达 20,000 英镑的奖金。最终，奖金直到 1773 年才被约翰·哈里森（John Harrison, 1693—1776）赢得（Sobel 1995）。

就燃料而言，如果煤仅被用于在开放式壁炉中替代木材，原油的使用仅限于制造用于照明的煤油，历史的进程将完全不同。在大多数情况下，仅靠其储量丰富或能用于特定的原动机，并不能造成长期差异。决定性因素往往是对创新的追求，以及部署和完善新能源技术并不断寻找新用途的努力。这些因素的组合决定了整个经济体或特定发展过程的能量效率，也决定了新的转换技术的安全性和可接受性。相关的例子有时引人注目，有时不很明显。当然，我们在所有能量时代以及所有燃料和原动力的发展史上都能找到这样的例子。

在狭义的技术意义上，最重要的一类控制设备是反馈设备和系统（Doyle, Francis, and Tannenbaum 1990；Åström and Murray 2009）。它们将有关特定过程的信息传回控制装置，控制装置随之调整操作。现代早期的欧洲在这些反馈系统的发展方面有着决定性的领导地位。最早的应用包括荷兰工程师科内利斯·德雷贝尔（Cornelis Drebbel）在 1620 年左右发明的恒温器、1745 年由英国铁匠埃德蒙·李（Edmund Lee）取得专利的能通过扇尾自动调节风车方向的装置、家用水箱和蒸汽锅炉中的浮子开关（1746—1758 年）以及詹姆斯·瓦特著名的用于调节蒸汽机动力的离心调速器（1789 年）。今天这一类控制中最常见的例子是控制汽车和喷气发动机运行的微处理器。

在控制系统中有一个不可或缺的类别，即一系列可以复制生产、管理流程，进而生产标准化商品和服务的指令。现代早期欧洲印刷业的快速发展在这方面做出了巨大贡献。到 1500 年，西欧出版了超过 4 万种不同版本的书籍，发行量超过 1,500 万册（Johnson 1973）。16 世纪的精细铜版雕刻技术的推出和同一时期各种地图投影技术的发展也是非常值得注意的早期进步。这一类别中还有另一项杰出创新，即约瑟夫·玛丽·雅卡尔（Joseph Marie Jacquard, 1752—1834）于 1801 年发明的控制织布机操作的打孔卡装置。1900 年之前，赫尔曼·何乐礼（Herman Hollerith, 1860—1929）将打孔卡用在了处理人口普查数据的机器上（Lubar 1992）。1940 年后，人们用打孔卡输入的方式来控制第一台机械计算机和后来的电子计算机（如今已被电子数据存储所取代）。

直到 19 世纪末，新的控制系统大多仍是机械系统。在由 20 世纪的应用数学和物理学所推动的进步中，最重要的是晶体管、集成电路和微处理器的出现和广泛应用。这些器件创造了一个日益复杂的使用电气和电子设备进行自动控制的广阔新领域。其中的重要创新范围广泛，从雷达的广泛部署（应用于火灾控制、轰炸、导弹制导和自动驾驶导航）到计算机、消费电子和工业过程中各种基于微芯片的控制。

从更广泛的意义上讲，控制的最基本考虑是社会使用能量和原动力应该去做些什么。人们如何应用控制系统将它们分配给生产性用途和个人消费呢？他们希望在独裁统治和对对外贸易的广泛依赖的相互拉扯之间取得什么平衡？他们愿意对商品和创意保持多大程度的开放？他们愿意支付多少军费？他们希望运用多少集中控制？在所有这些方面，文化、宗教、意识形态和政治的限制、冲动和倾向等因素都是决定性的。同样，在所有的能量时代中都能找出许多例子。两个重要的对比尤其具有启发性：第一个是西方和中国在航海发现方面的差异，另一个是俄罗斯和日本在经济现代化方法方面的差异。

远洋航行不仅需要能够切近风的船帆，还需要更坚固的船体、良好的尾舵和可靠的导航设备。这类进步大部分由中国人所创造，并被组合应用在他们伟大的明朝舰队中。马可·波罗从中国返回欧洲仅一个世纪后，明朝舰队从中国向西航行的距离就比当时欧洲人向东的任何航程都要远。在 1405—1433 年间，他们多次在东南亚水域和印度洋航行，还到达了非洲东海岸（Needham et al. 1971）。

相比之下，中世纪晚期的欧洲船只起初显然都是一些性能较差的原动力。但航海冒险事业是由西班牙和葡萄牙的统治者与航海家的好奇、积极性与热情的结合支撑起来的。到 17 世纪，英国和荷兰的商业探险脱颖而出：1600 年东印度公司在伦敦成立，1602 年荷兰的联合东印度公司（Vereenigde Oost-Indische Compagnie，VOC）获得特许（Keay 2010; Gaastra 2007）。1602—1796 年，VOC 的船只向东印度群岛航行了近 4,800次。1757—1858 年，东印度公司统治着南亚次大陆的大部分地区。这种经济、宗教和政治意愿的混合，最终使得欧洲国家统治了海洋，建立了辽阔的帝国。

俄罗斯和日本在 1945 年后的经济命运的对比，是数量与质量的对比，专制社会与商业社会的对比，国家作为经济生活中的唯一仲裁者与国家作为现代化的主要催化剂的对比。日本由于煤炭资源规模较小，水电潜能有限，碳氢化合物缺乏，所需的能源大部分不得不依赖进口。为了降低由高油价和进口中断带来的脆弱性，日本成了世界上最高效的能源使用国之一（Nagata 2014）。日本的官僚机构也在积极促进它与其他国家在产业、技术创新和增值出口方面的合作。

相比之下，由于在俄罗斯的欧洲部分、西伯利亚和中亚拥有非常丰富的矿产资源，苏联不仅在所有形式的能量方面都实现了自给自足，还成了主要的燃料出口国。但由于经过几代人僵化的中央计划，斯大林的五年计划在他去世后仍然持续了很长时间，加上经济的过度军事化，该国成了工业化世界中能量利用效率最低的国家：在苏联解体前的最后几年，它是迄今为止世界上最大的原油生产国（原油开采量是沙特阿拉伯的 1.66 倍）和天然气生产国（几乎是美国的 1.5 倍），但其人均 GDP 仅为美国的 10% 左右（Kushnirs 2015）。

能影响关键能量流动过程的决定性控制系统往往超出人类的影响力。它们或者会被寄生物的转化过程篡改，或至少受到其严重影响。麦克尼尔在他对微寄生和巨寄生的双重处理中将它们概念化了（McNeill 1980）。微寄生物（细菌、真菌和昆虫）危害了人类获取足够的食物能量的努力。它们会破坏或摧毁农作物和家畜，也可能直接侵入人体阻止被消化的营养物质的有效利用。现代社会不得不投入大量能量来限制它们在田地和人群中的传播，其中最重要的手段就是使用杀虫剂和抗生素。

巨寄生论假设，对能量流动过程的一系列社会控制都依赖于强制行为（从奴隶制和徭役到军事征服）和不平等人群之间的复杂的（和部分自愿的）关系。特殊利益集团无疑已成为现代发达国家最重要的巨寄生体，它们包括各种有着高准入门槛的专业协会和工会、各种工业寡头企业联盟和游说团。这些群体通过促成、有时否决或禁用政府的政策和价格限制，抵制一切资源的优化利用，因而不可避免地对能源的开发和使用效率产生了显著影响。几十年来，它们一直支持对各种化石燃料和核电生产商进行巨额补贴，现在它们则支持和推动对太阳能光伏发电和风力涡轮机建设进行新的补贴（参见专栏 7.3）。

奥尔森恰如其分地将这些群体称为分利联盟，还指出稳定的社会将逐渐出现更多这样的联盟（Olson 1982）。接受这一论点有助于理解英国和美国的工业衰落以及二战后德国和日本的成功。1945 年后，在两个战败国家的国土上，由获胜的力量所创建的组织更具包容性，它们的能量表现支持了这一观点：日本和德国经济的能量强度显然不如英美，这不仅体现在总体上，而且体现在几乎每一个主要类别的比较中。

在另一边，一些特殊群体的行动已开辟了新的能量大门，还提高了转换效率。19 世纪来自英国的移民人口的技能水平要高于他们在当地移民中所占的人口比例。他们涌入美国显然是能量流动增加的重要触发因素（Adams 1982），但最终明显节约了能量。自 20 世纪 90 年代以来，类似的过程一直存在。印度工程师向美国大规模移民，主要去了电子公司和互联网公司，尤其是硅谷（Bapat 2012）。由于被迫参与全球竞争，跨国公司努力降低其生产的能量强度，在全球范围内推广新技术，提高了全球的能量转换效率。

能量解释的局限性

大多数历史学家都没有将能量当作必要的解释变量。即使是以坚持物质世界和经济因素的重要性而闻名的费尔南·布罗代尔（Fernand Braudel, 1902—1985），也没有在他对文明的冗长定义中以任何形式提到能量：

> 文明首先是一个空间，一个"文化区域"，正如人类学家所说的那样，是一个场所。在这个场所里……你必须想象各种各样具备文化特征的"物品"，从房屋的形状、建筑材料、屋顶，到制作羽毛箭头这样的技艺、方言或当地族群、烹饪的口味、特定的技术、信仰的结构、做爱的方式，甚至包括指南针、纸张和印刷机。（Braudel 1982, 202）

据他的描述，材料、房屋、箭头和印刷机好像都是凭空出现的，不需要任何能量支出！如果人们试图理解塑造历史的所有基本因素，那么这种疏漏是不可原谅的——但如果我们注意到能源的种类、原动力以及能量使用水平并不能决定人类社会的愿景和成就，那么这种疏漏就是合理的。这种现实有其无可争辩的自然原因。诚然，能量转换对于所有生物的存活和进化都是绝对必要的，但这个过程的变种和差异又受到生物固有的性质的支配。

正如热力学定律一样根本，能量并非生物圈进化的唯一决定因素，也不是生命（尤其是人类行为）的唯一决定因素：不可避免地，进化是一个熵增的过程；但同时，也有一些物质投入是无法替代、无法循环利用的。如果没有足够的必需元素来支撑生物化学转化过程，一个弥漫着辐射的地球是无法支持碳基生命存在的。这些元素包括三磷酸腺苷（ATP）中的磷、蛋白质中的氮和硫、酶里面的钴和钼、植物茎中的硅以及动物的壳或骨头中的钙。表观遗传信息能分配能量，将它们分别用于生命的维持、生长、分化以及繁殖。这些不可逆的转变消耗了物质和能量，还受到土地、水和养分的可用性以及应对物种间竞争的需求和食物链的影响。

能量流会限制，但不能决定任何规模的生物圈组织。正如布鲁克斯和威利所说：

> 能量流不能解释为什么存在有机体，为什么有机体能够变化，或为什么有不同的物种。……有机体的内在属性将决定能量的流动方式，而不是相反。如果能量流对于生物系统是确定的，那么任何活物都不可能饿死。……我们认为有机体是具有遗传和表观遗传决定的个体特征的物理系统，它们以相对随机的方式利用环境中的流动能量。（Brooks and Wiley 1986, 37-38）

但这些基本事实并不能成为忽视能量在历史中的作用的理由。相反，这要求我们在合适的框架中对其进行讨论。在复杂的现代人类社会，能量使用显然更多是出于欲望和炫耀的目的，而不仅仅是为了满足物质需求。一个社会能够利用的能量规模明显会给这个社会的活动范围划定清晰的界限，却几乎无法告诉我们这个社会中人群的基本经济情况或精神状况。主要燃料和原动力是塑造社会的最重要因素，但它们并不能确定社会成功或失败的细节。当人们研究能量与文明的平衡关系时，这一点尤为明显。认为高能量使用等同于高水平的文明的观念，在现代社会普遍存在：我们只需要回想一下奥斯特瓦尔德的工作，或者福克斯的结论——"能量流动方式的每一次改进，结果都带来了文化机制的提升"（Fox 1988, 166）。

这种联系的起源并不令人意外。只有不断增长的化石能源消耗才能满足如此大规模的物质需求。更多的财产和更高的舒适度已等同于文明的进步。这种有失偏颇的看法抹除了世界上所有创造性成就——道德、智力和美学，这些成就与任何特定的能量使用水平或模式没有明显的关联：能量使用的模式和水平与"文化机制的提升"之间没有明显的相关性。这种能量决定论与任何其他还原论的解释一样，都是极具误导性的。

针对历史解释的挑战，乔治斯库-罗金提出了一个很好的类比：正方形的几何形状限制了它的对角线长度，而非它的颜色；同时，"正方形为何恰好是'绿色的'，几乎是一个完全不同的、不可能被回答的问题"（Georgescu-Roegen 1980, 264）。因此，每个社会的物理行为和成就的领域都会受到对特定的能量流动方式和原动力的依赖的约束——但即使是不起眼的地方，也可能达成精致的成就，但它为什么会出现，可能并不好解释。在大大小小各种领域中，我们都很容易为这一结论找到历史依据。

那些普遍且持久的道德规范都是由中东、印度和中国的古代思想家、道德家和宗教创始人在低能量社会中制定的。这些社会的一个特征是其中的大多数人只专注于基本生存。基督教和伊斯兰教（如今仍能对现代事务产生巨大影响的两种主流一神论信仰）分别出现在 2,000 年前和 1,300 年前的干旱环境中，这种环境下的农业社会没有技术手段能将丰富的阳光转化为有用的能量。古典时代的希腊人经常提到他们的奴隶，他们明确地将奴隶等同于役畜（他们将奴隶称为 andrapoda，即"像人一样行走的"动物；牛则是 tetrapoda）。但希腊人给我们贡献了有关个人自由与民主的基本概念。自由和奴役同时发展是希腊历史最显著的特征之一（Finley 1959），就如美国在共和国成立初期同时肯定人类平等和奴隶制一样。

当美国社会还在依赖木柴供能，宪法的主要起草人、第四任总统詹姆斯·麦迪逊（James Madison, 1751—1836）与第一任总统乔治·华盛顿（George Washington, 1732—1799）、第三任总统托马斯·杰斐逊（Thomas Jefferson, 1743—1826）一样都还是奴隶主，美国就通过了富有远见的宪法（"人人生而平等"）。19 世纪后期的德国刚刚成为欧洲大陆主要的能量消费国，便拥抱了侵略性的军国主义，并在两代人之后进一步转向法西斯主义——而意大利和西班牙分别在 20 世纪 20 年代和 30 年代成为独裁国家，当时他们的人均能量使用量是欧洲大陆国家中最低的，落后德国数代人。

艺术在其萌芽阶段，它的成就与能量使用水平、使用方式或特定种类无关：创造永恒的文学、绘画、雕塑、建筑或音乐，并不表示社会能量消费平均水平出现了相应的进步。在 16 世纪的头 10 年，佛罗伦萨领主广场上的一个闲人可以在几天内遇到达·芬奇、拉斐尔、米开朗基罗和波提切利等一系列创造力丰富的天才。这一现象绝对无法通过燃烧木材或驾驭牲畜（这些活动在当时的意大利、欧洲或亚洲任何其他城市都很常见）来解释。

没有任何能量方面的考虑可以解释为什么在 18 世纪 80 年代，格鲁克、海顿和莫扎特会聚集在约瑟夫二世时期维也纳的一个房间里。能量因素也无法解释 19 世纪 90 年代在世纪末的巴黎，一个人可以阅读埃米尔·左拉（Émile Zola）的最新小说，然后欣赏克劳德·莫奈（Claude Monet）或卡米耶·毕沙罗（Camille Pissarro）最新的油画（图 7.11），在同一天里，古斯塔夫·多雷（Gustave Doret）指挥乐团演奏了克劳德·德彪西（Claude Debussy）的《牧神午后》。此外，艺术的发展没有显示出任何与能量时代相称的特征：法国南部新石器时代洞穴中的动物绘画、希腊和意大利南部古典神庙的比例、来自法国修道院的中世纪颂歌的声音，与胡安·米罗（Joan Miró）色彩缤纷的作品、丹下健三（Kenzo Tange）的建筑曲线、拉赫玛尼诺夫（Rachmaninov）音乐的魄力和忧思相比，现代气息丝毫不落下风，而且同样迷人且令人愉悦。

在整个 20 世纪，能量的使用水平与享受政治和个人自由关系不大：在能量丰富的美国和能量匮乏的印度，能量的使用都有所增加；而在储量丰富的苏联，能量的使用却受到了限制，在今天仍处于能量稀缺状态的巴基斯坦也是一样。二战后，苏联和苏联的一些加盟共和国相比于西欧资本主义国家使用了更多的能量，却无法为人民提供与西欧同等水平的生活质量。今天能量丰富的沙特阿拉伯的自由评级远低于能量匮乏的印度（Freedom House 2015）。

图 7.11 卡米耶·毕沙罗的油画《蒙马特大道，春晓》，绘于 1897 年（来源：Google Art Project）

人均能量使用量和个人对生活幸福的主观感受之间也不存在任何强联系（Diener, Suh, and Oishi 1997; Layard 2005; Bruni and Porta 2005）。生活满意度指数最高的 20 个国家不仅包括能量丰富的瑞士和瑞典，还包括不丹、哥斯达黎加和马来西亚等能量使用量相对较低的国家；日本（第 90位）还排在乌兹别克斯坦和菲律宾之后（White 2007）。根据 2015 年世界幸福指数报告，墨西哥、巴西、委内瑞拉和巴拿马等能量使用相对中等的国家跻身前 25 名，领先于德国、法国、日本和沙特阿拉伯（Helliwell, Layard, and Sachs 2015）。

满足人类的基本需求显然需要一定水平的能量投入。但国家间的比较清楚地表明，随着能量消耗的增加，生活质量的进一步增益逐渐趋于平稳。那些更关注人类福利而非无谓消费的社会可以达到更高的生活质量，与浪费奢靡的国家相比，它们使用的燃料和电力只占很小一部分。日本和俄罗斯、哥斯达黎加和墨西哥，或以色列和沙特阿拉伯之间的对比清楚地表明了这一点。在所有这些情况下，能量流动的外部现实与内部动机和决策比起来显然是次要的。非常相似的人均能量使用量（例如俄罗斯和新西兰的能量使用量）可以产生完全不同的结果，而截然不同的能量消费率也能导致惊人地相似的物质生活水平：韩国和以色列的人类发展指数几乎完全相同，然而韩国的人均能量消耗比以色列高出约 80%。

在观察世界范围内的高能结构和进程的实际特征时，物理事实表象背后的精神形象同样重要。由于它们在能量投入、材料投入和操作方面的普遍要求，美国中西部、德国鲁尔区、乌克兰顿涅茨克地区、中国河北省、日本九州和印度比哈尔邦的高炉从表面上看是几乎完全相同的。但如果考虑到所有的外部环境，它们实际并不相同。它们的独特性与它们起源于其中并持续运作于其中的文化、政治、社会、经济和战略环境的混合体有关，也与由它们冶炼的金属制品的最终用途和质量有关。

能量供应对人口增长的影响，是反映能量解释功能有用性十分有限的另一个关键环节。相对最可靠的长期人口重建（包括欧洲和中国的人口历史）显示，连续的流行病和战争所引发的扩张浪潮与危机构成了长期的缓慢增长（Livi-Bacci 2000, 2012）。18 世纪上半叶，欧洲总人口大约是公元时代开始时人口的两倍；到了 1900 年，人口又增加了两倍多。营养的改善肯定是主要原因。但如果我们认为它是唯一的潜在因素（McKeown 1976），就与平均食物摄入量的仔细重建呈现的结果不相匹配了（Livi-Bacci 1991）。

如果我们将欧洲 1750 年后的人口增长归功于更高的能量消耗（转化为更好的住房、卫生和医疗保健），那么我们该如何解释同一时期中国人口的增长呢？ 1700 年清朝的人口总数仅为公元 145 年汉朝人口顶峰时的总数的三倍左右；但到了 1900 年，它几乎有着与欧洲相同的增长，中国人口在这 200 年间增长了两倍，达到了约 4.75 亿。然而在此期间，没有出现任何新能源或原动力方面的重大转变：生物质燃料和煤的人均使用量几乎没有任何提升，人均食物供应量也没有大幅增长。事实上，中国在 1876—1879 年间的饥荒是史上最严重的饥荒之一。

毫不意外，在试图解释历史上一些反复出现的最复杂的谜题——复杂社会的崩溃时，能量的解释力是有限的。只有当作者愿意忽略碍事的复杂因素时，对这个迷人的挑战的研究才能提供简洁的答案（Tainter 1988; Ponting 2007; Diamond 2011; Faulseit 2015）。在与能量有关的解释中，最引人注目的是世界范围内不可持续的耕作方法和过度砍伐森林所导致的广泛的生态系统退化，以及进一步导致的粮食减产。还有一些常见的解释，比如陆上交通不畅与守卫遥远领土的资源负担的不断增加，导致大型帝国无法有效整合（帝国的过度扩张综合征）。

但是，正如解释罗马帝国的衰落——迄今为止在历史上被研究得最多的"崩溃"（Rollins 1983; Smil 2010c）——的各种不同理由所证实的那样，社会功能失调、内部冲突、入侵、流行病或气候变化等解释更为普遍。毋庸置疑，在许多社会和政治崩溃的例子中，没有任何有说服力的证据表明其能量基础遭到了削弱。无论是西罗马帝国的缓慢解体，还是特奥蒂瓦坎的突然灭亡，都不能与粮食产能的严重退化、主要原动力的任何明显变化、生物质燃料使用方法的任何显著变化产生令人信服的联系。相反，历史上一些意义深远的崛起和扩张——包括埃及古王国的逐渐兴起、罗马共和国作为意大利的主导力量的崛起、7 世纪伊斯兰教的迅速蔓延以及 13 世纪蒙古人的侵略行动——都与原动力和燃料使用的任何重大变化毫无关系。

我们很容易勾勒出极端的未来。一方面，我们可以想象在基本行为模式范围内，现在的西方文明所掌握的理念可能会超越其他文明。这些理念知识的传播可以创造出真正的世界文明，它将学会如何在生物圈范围内生活，并在未来几千年中繁荣发展。与此直接相反的另一方面是，有人主张生物圈已受到人类活动的影响。人类行为已干扰到许多支持生命的基本过程，甚至快要威胁到人类在这颗行星上安全活动范围的边界（Stockholm Resilience Center 2015）。因此，同样可以想象（撇开全面核战争的可能性不谈），全球高能文明可能在远未接近其资源极限之前就会崩溃。这两种极端情况之间存在着巨大的空间，有许多可能的情景：人类未来有可能是全球不平等的暂时延续或持续深化，也有可能走向一种更合理的国家和全球政策，开始一段缓慢但重要的前进过程。

若不考虑小行星撞击、巨型火山喷发或前所未有的病毒性流行病暴发的可能［对于它们的评估参见 Smil（2008b）］，相比于特奥蒂瓦坎的突然灭亡，生物圈退化直至超出可持续居住范围而导致的逐渐消散的可能性似乎更高。我不会提出任何关于破坏性的社会功能丧失、全球战争或流行病可能性的预测，只会注意关于现代社会能量基础的两个相互矛盾的预期共存的现象：关于技术创新力量的长期保守主义（是缺乏想象力？）与代表新能源的一再被夸大的主张形成鲜明对比。

技术预测的失败案例数不胜数（Gamarra 1969; Pogue 2012），其中一些最佳案例与能量转换技术的开发和使用有关（Smil 2003）。当时的专家意见驳斥过燃气照明、蒸汽船、白炽灯泡、电话、汽油发动机、动力飞行、交流电、无线电、火箭推进、核能通信卫星和大规模计算的可能性。即使在这些创新得到成功推广之后，这种保守主义也经常持续很久。跨大西洋的汽船航行似乎是不可能的，因为人们认为这些船只无法携带足够的燃料来进行如此长距离的航行。1896 年，开尔文勋爵拒绝加入英国皇家航空学会：他在给一位热情的军事航空支持者巴登-鲍威尔（Baden F. S. Baden-Powell）的手记中说道，他对"除热气球以外的任何航空技术连丝毫的信心都没有"（Thomson 1896）。正当许多汽车制造商推出更高效、更可靠的汽车时，伯恩则认为"没了马，人类是不可能活下去的"（Byrn 1900, 271）。

新能量神话的持续同样值得注意。在使用初期，新能源所带来的问题很难（如果有的话）被人发现。它们向我们承诺，会提供充足而廉价的供应，这开辟了近乎乌托邦的社会变革的可能性（Basalla 1982; Smil 2003, 2010a）。经过了数千年的对生物质燃料的依赖，19 世纪的许多作家将煤视为理想的能源，将蒸汽机视为近乎神迹的原动力。严重的空气污染、土地破坏、健康危害、采矿事故以及开始对逐渐贫乏或更深层的煤矿进行挖掘的需求，很快就让这个神话走向了破灭。电是传说中下一个具备无限可能的能量载体，人们相信它的力量如此广泛，甚至最终能治愈贫困和疾病（专栏 7.5）。

我们几乎可以肯定地预见到，在未来几代人的时间里，我们将需要更多的能量，从而让体面的生活覆盖仍在增长的全球人口中的大多数，因为

专栏 7.5

电的前景永无止境

电是用途最为广泛的能量形式，它多方面的潜力激励了无数创新者（爱迪生、威斯汀豪斯、斯泰因梅茨、福特）和一些政治家（如列宁和罗斯福）。甚至在俄国内战结束前，列宁就得出结论，要确保经济上的成功，"唯一途径便是无产阶级俄国有效控制了建立在最新技术基础上的巨大工业机器——而这就意味着电气化"（Lenin 1920, 1）。水电作为一种"白煤"（white coal），对西方技术官僚们有着特别的吸引力。直到 20 世纪 50 年代，它才被核能展示出的那种前所未有的前景所超越。

1954 年美国原子能委员会（AEC）主席刘易斯·L. 施特劳斯（Lewis L. Strauss, 1896—1974, 于 1953—1958 年担任 AEC 主席）告诉纽约的全国科学作家协会："我们的孩子将在家中享受便宜到无须计量的电。不难想象，对我们的孩子来说，世界上的大规模周期性区域饥荒只会是过去的历史；他们将能轻易地在海上、海底以及空气中以最小的危险和最快的速度旅行；他们的寿命会比我们长得多，因为疾病将会减少，人类将探明导致衰老的原因。这是对一个和平时代的预测。"（Strauss 1954, 5）

1971 年，AEC 主席格伦·西博格（Glen Seaborg）预测，到 2000 年，美国发电能力的一半将来自安全无污染的核反应堆，核动力宇宙飞船将把人送往火星（Seaborg 1972）。然而实际上，20 世纪 80 年代西方新核电厂的订单几乎完全停止。1986 年切尔诺贝利事故和 2011 年福岛核电站的多次爆炸进一步使裂变发电的前景变得更加惨淡。但风力涡轮机和光伏发电进入了西方核裂变风潮退却后留下的空间。它们有望让发电变得极容易且便宜，使得去中心化的发电（清除所有的中央发电站）即将如同天赐祝福一样降临在现代世界（这种愿景需要忽略一个事实，即世界上大多数人口很快将生活在特大城市，而城市并不是分散式发电的最佳应用场合）。然后，就像 1945 年以来不断变化的期望一样，核聚变又成了最有前景的发电方式（尽管在实际技术上，我们并没有比上一代人更接近这个目标）。

他们现在所能获取的能量远低于与体面生活质量相匹配的最低标准。这似乎是一项极其困难的甚至不可能完成的任务。因为在急剧扩张的过程中，全球高能文明已面临经济和社会两方面的压力，它的进一步增长威胁着所有生命赖以生存的生物圈的完整性（Smil 2013a; Rockström et al. 2009）。

还有一个很大的不确定性，即城市生活的长期可行性。在现代城市中，具备农村生活特征的社会凝聚力和家庭养育方式显然并不普遍。城市生活给长期生活在农村环境中的人口带来了凝聚力和压力，这在富裕国家和贫穷国家都有所体现。在许多国家，总体犯罪率可能已经在下降，但世界上许多大城市的大块地区仍然满是暴力、吸毒成瘾、无家可归、遗弃儿童、卖淫和肮脏生活的缩影。然而，现代经济发展的要求可能比以往任何时候都更需要社会稳定和连续有效的合作。城市总在因来自农村的人口的迁移而得到更新——但一旦村庄几乎完全消失，城市社会结构继续瓦解，那么本已占主导地位的城市文明会发生什么变化呢？

但还有一些充满希望的迹象。正因为能量使用的总体状况并不决定历史的进程，因此我们很有可能靠着决心和创造力，走上一条削弱甚至扭转文明进步与能量之间的演化关联的发展道路。如今我们已意识到，不断增长的能量使用量并不等同于有效适应，我们应该能够停止甚至扭转这种趋势，打破洛特卡定律关于最大能量的论断（Lotka 1925）。鉴于它已明确指出，最大限度提高能量输出反而会适得其反，因此扭转这种趋势应该会更容易。

实际上，更高的能量使用本身只能引起更大的环境负担，此外并不能保证任何东西（Smil 1991）。历史证据清楚地表明：更高的能量使用量并不会确保可靠的粮食供应（燃烧木材的沙皇俄国是粮食出口国，碳氢化合物超级大国苏联却不得不进口粮食），也不会赋予国家战略安全（美国在 1915 年肯定比在 2015 年更安全）；它不会安全地支撑政治稳定（无论是在巴西、意大利还是在埃及），也不一定会导致更开明的社会治理（在朝鲜或伊朗肯定没有），更不会让国民在生活水平方面广泛分享增长的福利（比如危地马拉或尼日利亚）。

〔特别是〕对西欧、北美和日本这些世界上最突出的能量和材料滥用者来说，向能量强度更低的社会大规模过渡的机会已经出现了。想要实现这一过渡，其中一些节省可能出奇地容易。我同意巴萨拉的观点：

> 如果能量-文明方程式毫无价值且具有潜在的危险，那么它就应该被揭露和丢弃。因为它提供了一种看似科学的论据，反对基于较低的能耗水平来获取某种生活方式的努力。如果它是对伟大真理和知识财富的概括，那么它应该得到更复杂、更严谨的处理，而不是受到像它的支持者所做的那样的对待。（Basalla 1980, 40）

在了解现代文明中资源使用中的严重低效（无论是在能量、食品、水还是金属上的低效）之后，我一直倡导更合理的消费方式。这一过程会对评估高能文明的前景产生深远影响——但是，任何刻意减少特定能量使用量的建议都会被一些人拒绝，他们认为永不停歇的技术进步总可以满足稳定增长的需求。在任何情况下，对于一般资源的消耗（特别是对能量的使用）采取合理、适度克制的可能，甚至是坚持这一过程的可能，都是不能被量化描述的。

生命的两个根本特征是扩张和复杂性的增加。我们能否通过采用在技术上可行、在环境上可接受的转变，使能量使用方式变得更温和，以此来扭转这些趋势呢？我们能否通过只关注那些不需要能量最大化的方面来继续人类的进化过程，我们能否创造出一种能够严格生活在太阳系/生物圈范围内而不改变能量需求的文明？这种转变能否在不以经济停滞或全球人口减少为代价的前提下最终实现呢？对个人而言，这将意味着社会地位与物质消费的革命性消解。建立这样的社会对于转型期间的第一代人来说会显得尤其沉重。从长远来看，这些新的社会安排也将消灭西方文明进步的主要动力之一——对社会和经济流动的追求。或者，新的技术突破可否让我们直接而有效地大量利用太阳辐射，并确保我们仍享有无数外在舒适呢？

我们当前的能量系统是自我限制的：即使在历史时间尺度上，我们的高能文明（利用由世代积累的辐射能量转化而成的燃料）也只会是一个插曲。因为即使这些燃料的燃烧不造成环境影响，它也不能像前一个时代的能量（生物质能量）那样近乎即时地捕获太阳能量，持续数千年。但化石能源的最终耗尽是最不可能发生的，因为煤和碳氢化合物的燃烧是人为二氧化碳排放的主要来源，可利用的化石燃料的燃烧将使对流层温度升高到足以融解整个南极冰盖的程度，并导致海平面上升约58m（Winkelmann et al. 2015）。

由于世界上大多数人生活在沿海地区，海平面上升将对文明的存续造成巨大影响。当前可用的可再生能源规模足够大，能让我们避免这种命运——但为了维持当前的生活质量，也为了让低收入经济体的数十亿人口持续扩大一般的能量使用规模，我们的能量获取水平、转换效率以及存储规模都必须比过往的水平高出几个数量级。从由化石燃料主导的全球能量系统向完全依靠可再生能源的全新安排的划时代转变，带来了巨大的（且通常未得到充分认识的）挑战：我们对化石燃料无处不在的强烈依赖，加上对全球能量使用量进一步增加的需求，意味着即使是最积极有力的转变也需要经历几代人的时间。

这样一种完全的转变就需要代替化石燃料，而化石燃料不仅是各种能量的首要提供者，还是各种原料的重要来源：化石能源是用来合成氨（2015年产量约为1.75亿吨，主要用于为农作物供应氮元素）、其他肥料和农用化学品（除草剂和杀虫剂）的原料，也是如今无处不在的塑料的原料（总产量约为每年3亿吨）；它可以制备冶金焦炭（现在人类每年需要大约10亿吨炼焦煤，它不仅被用来为铁的氧化物的还原工艺供应能量，还是每年生产超过10亿吨钢铁的高炉中支撑铁矿石和助熔剂的结构材料）；它还是润滑剂（对固定用途的机器和运输机器都至关重要）和铺路材料的原料（廉价的沥青）。

整个世界的行为是复杂和相互依存的——生物圈发展、能量的生产使用、经济活动、技术进步、社会变革、政治发展和武装侵略等的相互作用，我们对此无法完全理解，因此任何特定的（如今普遍存在的）关于遥远未来的愿景都只能是猜测。相比之下，勾勒出极端情况则很容易，因为对未来的愿景存在着从悲惨凄凉到欣喜若狂的诸多可能。乔治斯库-罗金没有那么乐观："或许，人类的未来命运是短暂但火热、令人兴奋且热烈的，而不是一个漫长、平静和如同植物般的存在。让其他在精神上没有雄心壮志的物种——比如阿米巴虫（变形虫）——继承仍阳光普照的地球吧。"（Georgescu-Roegen 1975, 379）相比之下，技术乐观主义者看到了一个无限能量的未来——无论是来自超高效的光伏电池还是来自核聚变，也看到了人类改造和殖民其他类地行星的未来。但在可预见的未来（两到四代人的时间，或 50—100 年），我认为如此广阔的愿景不过是个童话故事而已。

现在唯一可以确定的是，创造一种与高能文明的长期生存相适应的新能量系统这一史无前例的探索并获得成功的机会仍是不确定的。鉴于我们当前的理解程度，这种挑战可能并不会比我们过去克服的种种困难更加令人生畏。但是，对这些问题的理解，无论多么令人印象深刻，都是不够的。我们真正需要的是做出改变的决心，因此我们能够像塞南古（Senancour, 1770—1846）一样说：

> 凡人终将灭亡。但即使注定灭亡，我们也应奋斗；如果徒劳无功是我们的命运，那么只要有任何收获就都算是公平的奖励。［Senancour 1901（1804），2: 187］

附　录

基本测量单位

长度、质量、时间和温度是基本的科学度量。米（m）是基本的长度单位。对于普通身材的人来说，它大致是腰部到地面的距离。大多数人身高在 1.5—1.8m 之间；美国房屋的天花板高约 2.5m；一条奥运会跑道长 400m，一条喷气式飞机跑道长约 3,000m。标准希腊语前缀用于表示科学单位的倍数。kilo 是 1,000，因此 3,000m 是 3 千米（3km）。马拉松比赛的赛程为 42.195km，美国东西海岸之间的飞行距离为 4,000km，赤道周长约为 40,000km，光线每秒传播 300,000km，地球距离太阳 1.5 亿千米。标准拉丁语前缀用于表示较小的单位。1 厘米（1cm）是 1m 的百分之一。手指握在一起的拳头长约 10cm（0.1m），新铅笔长约 20cm（0.2m），新生婴儿长度约 50cm（0.5m）。

常见的面积单位的范围从平方厘米（cm^2）到平方千米（km^2）不等。一个杯垫面积约 $10cm^2$，一张床约 $2m^2$，一栋美国小平房的地基面积约为 $100m^2$。10m 见方的区域被称为一个公亩（1are），100（hecto）公亩加起来是 1 公顷（1hectare，缩写为 1ha），这是测量农业用地的基本公制单位。中国人或孟加拉人不得不依靠人均不到 0.1ha 的土地来养活自己，而美国人的人均耕作面积将近 1ha。在农业之外，较大的区域通常以 km^2 表示。北美百万人口规模的城市通常占地不到 $500km^2$，欧洲小国的领土往往低于 $100,000km^2$，美国国土面积接近 $10,000,000km^2$。

通过用水填充立方体，我们可以很容易地得到基本质量单位。一个1立方厘米（1cm³）的小立方体，其侧面只有一个小指甲的宽度，充满水后就是1克（1g）的重量（或更确切地说是质量）。一个拳头大小的立方体有1,000cm³（10cm×10cm×10cm）或1升（1L）的体积。装满水时，其质量为1,000克（1,000g）或1千克（1kg）。千克（kg）是质量的基本单位。一瓶软饮料重约1/3kg（350g），新生婴儿体重在3—4kg之间，大多数非美国的成年人体重在50—90kg之间。紧凑型轿车的质量约为1,000kg，或1吨（1t，t也称为公吨；美国短吨仅为907kg）。一匹大马的重量可达1t，铁路车辆从30—100t不等，船只从几千吨到50万吨不等。

秒（s）的时间跨度略长于平均心跳，是时间的基本单位。休息时，我们每4s呼吸一次，喝一杯水大约需要10s。较大的时间单位是公制科学单位系统中的例外。它们不是10进制的，反而遵循古代苏美尔-巴比伦的60进制（基数为60）计数。繁忙路口的红灯会持续60s，亦即1分钟（1min），煮鸡蛋需要8min，古典交响乐的平均持续时间是40min。人类正常怀孕时间持续280天（280d），每个非闰年有365d或315,360,000s。西方国家女性平均寿命现已超过80岁（80yr，即80年），农业的扩散始于大约1万年前，恐龙在8,000万年前随处可见，地球大约有45亿年的历史。

温度的科学单位，即开尔文（K），从绝对零度开始。摄氏温标（C）更加常见：它将水的冷冻和沸点之间的跨度分成100摄氏度（100℃）。根据该温标衡量，绝对零度为-273.15℃，水在0℃时结冰。温暖的春天约有20℃，人体正常温度为37℃，水在100℃沸腾，纸在230℃时点燃，铁在1,535℃熔化，太阳的热核反应在15,000,000℃进行。

几乎所有其他的科学度量都可以从长度、质量、时间和温度的组合中获得。对于能量和功率，推导方法如下。使1kg物体达到1m/s²的加速度的力等于1牛顿（1N）。在1米的距离上施加1N的力等于1个能量的基本单位焦耳（1J）。卡路里（cal）是一种常用于营养学著作的能量单位，1cal相当于4.184J。这两个单位都很小：一名活跃的成年女性的每日食物消耗量为2,000cal（2kcal）或8.36kJ。功率表示的是单位时间内的能量，因此1J/s等于1瓦特（1W）。下面的"功率的历史"部分列出了以瓦特为单位、功率不断增加的各种活动。

许多单位，例如速度——米每秒（m/s）或千米每小时（km/h），以及生产率——千克或吨每小时（kg/h，t/h）或吨每年（t/yr），都没有特别的名字。马的工作速度约为1m/s；大多数公路限速约为100km/h。奴隶用石磨碾磨谷物生产面粉的生产率不高于4kg/h；中世纪晚期优质麦田的产量为1t/ha。

此处描述的测量单位只能解释本书中出现的大多数单位。除能量和功率单位外，还包括长度和质量的两个基本物理单位（m 和 kg）、两个面积测量单位（ha 和 km²），以及四个时间标记（秒、小时、日和年）。完整的前缀列表见下一节内容，但只有少数（向上增加——百 hecto，千 kilo，兆 mega，吉 giga；向下减小——毫 milli，微 micro）被经常使用。

科学单位和转换倍率

基本国际单位

量	名称	符号
长度	米	m
质量	千克	kg
时间	秒	s
电流	安培	A
温度	开尔文	K
物质的量	摩尔	mol
光照强度	坎德拉	cd

本书使用的其他单位

量	名称	符号
面积	公顷	ha
	平方米	m²
电势	伏特	V
能量	焦耳	J

续表

量	名称	符号
力	牛顿	N
质 量	克	g
	吨	t
功率	瓦特	W
压强	帕斯卡	Pa
温度	摄氏度	℃
体积	立方米	m^3

国际单位制中的倍率

前缀	缩写	科学计数法
十（deka）	da	10^1
百（hecto）	h	10^2
千（kilo）	k	10^3
兆（mega）	M	10^6
吉（giga）	G	10^9
太（tera）	T	10^{12}
拍（peta）	P	10^{15}
艾（exa）	E	10^{18}
泽（zetta）	Z	10^{21}
尧（yotta）	Y	10^{24}

国际单位制中的分率

前缀	缩写	科学计数法
分（deci）	d	10^{-1}
厘（centi）	c	10^{-2}
毫（milli）	m	10^{-3}
微（micro）	μ	10^{-6}
纳（nano）	n	10^{-9}

续表

前缀	缩写	科学计数法
皮（pico）	p	10^{-12}
飞（femto）	f	10^{-15}
阿（atto）	a	10^{-18}
仄（zepto）	z	10^{-21}
幺（yocto）	y	10^{-24}

能量发展的大事年表

本年表汇编自正文和参考书目中引用的各种资料。在芒福德（Mumford 1934）、吉勒（Gille 1978）、泰勒（Taylor 1982）、威廉姆斯（Williams 1987）和邦奇与埃勒曼（Bunch and Hellemans 1993）的工作中可以找到更全面的技术进步年表。希望看到最完整的与能量相关的发展事件（按能量、应用和影响列出）年表的读者可以参考克利夫兰与莫里斯（Cleveland and Morris 2014）的近 1,000 页的专著。因空间限制，这一列表只会包含主要的实践上的进步（以及一些值得注意的失败）：它不包含潜在的知识、科学、政治和经济的贡献。所有较早的年代都是不可避免的近似值，不同的来源可能给出不同的时间。即使是现代的进步事件，也存在差异：年代值标定的是最初的构思、专利、第一次实际应用或成功的商业化的时间。关于标定发明时间的问题，参见彼得罗斯基（Petroski 1993）。

公元前

1,700,000+	奥杜威的石器（刃长度小于 0.5m）
250,000+	阿舍利石器
150,000+	莫斯特石片工具
50,000+	骨器
30,000+	奥里尼雅克石器
	弓和石制箭矢

15,000+	马格德林石器（刃的长度达到 12cm）
9,000+	中东地区驯养绵羊
7,400+	瓦哈卡中央谷地开始种植玉米
7,000+	美索不达米亚开始种植小麦
	中东开始驯养猪
6,500+	中东开始驯养牛
6,000+	中东出现更多的铜制品
5,000+	埃及开始种植大麦
	墨西哥盆地开始种植玉米
4,400+	秘鲁和玻利维亚高原开始种植土豆
4,000+	美索不达米亚平原使用轻质木犁
3,500+	中东开始使用驴
	地中海出现了木船
	美索不达米亚平原的人们使用窑炉烧制陶器和砖块
	美索不达米亚平原有了灌溉系统
3,200+	乌鲁克出现了轮子
3,000+	埃及出现了方形帆
	美索不达米亚平原使用牛耕
	驯养骆驼
	美索不达米亚平原出现陶轮
2,800+	埃及建造金字塔
2,500+	美索不达米亚平原出现青铜
	埃及出现小的玻璃制品
2,000+	美索不达米亚平原出现辐条车轮
	埃及出现马拉车辆
	美索不达米亚平原出现汲水吊杆
1,700+	开始骑马
1,500+	中国出现青铜
	中国人开始种植水稻
	中东出现轮轴润滑剂

1,400+	美索不达米亚平原出现铁
1,300+	美索不达米亚平原使用条播机
	中国出现马拉战车
1,200+	印度、中东、欧洲出现更多的铁
800+	亚洲草原上出现了骑射手
	中东出现了蜡烛
600+	希腊出现了锡
	桨船在希腊普及
	埃及灌溉系统开始使用阿基德螺旋泵
500+	北阿拉伯出现驼鞍
	希腊出现三桨座船
400+	中国出现弩
432	帕特农神庙修建完毕
300+	中国出现了马镫
	埃及和希腊出现了齿轮
312	罗马的阿皮亚大道和阿皮亚水道修建完毕
200+	中国出现胸带挽具
	中国人开始使用帆船
	中国出现压条增强型帆船
	四川出现冲击钻井
	中国出现手摇曲柄
150+	中国出现铁犁
100+	中国出现项圈挽具
	中国人使用煤炭为房屋供暖
	希腊和罗马出现水车
	中国出现手推独轮车
	中东出现卧水轮
80+	罗马出现地底供暖火炕

公元纪年

300	罗马国家邮驿系统超过 80,000km
600+	风车（伊朗）
850+	地中海出现三角帆
900+	项圈挽具和马蹄铁在欧洲普及
	中国出现竹制火枪
980+	中国出现了运河船闸
1000+	水车在西欧普及
1040	中国出现详细的火药配方
1100+	英格兰出现长弓
1150+	风车在西欧普及
1200+	印加帝国修建道路
1280+	中国出现大炮
1300+	欧洲出现火药和大炮
1327	京杭大运河（长约 1,800km）修建完成
1350+	欧洲出现手枪
1400+	欧洲使用重型挽马来耕作
	荷兰出现排水风车
	莱茵河地区出现高炉
1420+	葡萄牙快船进行了更远的航行
1492	哥伦布跨越大西洋
1487	达·伽马驶向印度
1519	麦哲伦的"维多利亚"号完成环球航行
1550+	西欧出现配备火炮的大型全装帆战船
1600+	西欧出现滚珠轴承
1640+	英国煤矿开采规模扩大
1690	实验大气压下的蒸汽引擎（Denis Papin）
1698	小型简易蒸汽机（Thomas Savery）
1709	用烟煤制造焦炭（Abraham Darby）
1712	大气压下的蒸汽机（Thomas Newcomen）
1745	风车安装扇尾自动调节方向

1750+	西欧的大规模运河建设
	英国冶铁业中焦炭使用量增加
	纽科门蒸汽机在英国煤矿中普及
1757	发明精密切割机床（Henry Maudslay）
1769	瓦特为与蒸汽机分离的压缩缸申请了专利
1770 年代	出现水车驱动的工厂
1775	瓦特的专利被延长至 1800 年
1782	发明热气球（Joseph 和 Etienne Montgolfier）
1794	发明带灯丝和玻璃罩的灯具（Aimé Argand）
1800	发明伏打电池（Alessandro Volta）
1800 年代	发明蒸汽船（"夏洛特登打士"号和"克莱蒙特"号）
	发明高压蒸汽引擎（R. Trevithick，O. Evans）
1805	发明蒸汽起重机（John Rennie）
	英国出现煤气灯
1808	发明弧光灯（Humphrey Davy）
1809	智利发现硝酸盐
1816	发明煤矿安全灯（Humphrey Davy）
1820 年代	设计机械计算机（Charles Babbage）
	人们开始使用铁制船体
1820	提出电磁理论（Hans C. Oersted）
1823	分离硅元素（J. J. Berzelius）
1824	发明硅酸盐水泥（Joseph Aspdin）
	分离铝元素（Hans C. Oersted）
1825	斯托克顿—达林顿铁路开通
1828	冶铁业采用热风炉（James Neilson）
1829	发明"火箭"号蒸汽机车（Robert Stephenson）
1830 年代	英格兰大规模建设铁路
	蒸汽船跨越大西洋
	发明机械谷物收割机（Cyrus McCormick, Obed Hussey）

1830	发明恒温器
	利物浦—曼彻斯特铁路开通
1832	发明水轮机（Benoît Fourneyron）
1833	发明钢犁（John Lane）
	"皇家威廉"号蒸汽船从魁北克出发抵达伦敦
1834	发明独立厨灶（Philo P. Stewart）
1837	电报获得专利（William F. Cooke 与 Charles Wheatstone）
1838	发明蒸汽船所使用的推进式螺旋桨（John Ericsson）
	发明莫斯电码（Samuel Morse）
1840 年代	美国捕鲸业到达巅峰十年
1841	发明蒸汽脱粒机
	托马斯·库克推出假日旅游服务
1847	发明内向流水轮机（James B. Francis）
1850 年代	从石油中提取石蜡，用以照明
	快速帆船出现在远程航线上
1852	发明氢气飞艇（Henri Giffard）
1854	"大东方"号蒸汽船（Isambard K. Brunel）
1856	发明炼钢转炉（Henry Bessemer）
1858	发明谷物收割机（C. W. Marsh 与 W. W. Marsh）
1859	宾夕法尼亚开始石油钻探（E. L. Drake）
1860 年代	美国大农场使用蒸汽耕地设备
1860	发明水平内燃机（J. J. E. Lenoir）
	发明挤奶机（L. O. Colvin）
1864	平炉炼钢法问世（W. and F. Siemens）
1865	发明硝化纤维素（J. F. E. Schultze）
1866	发明碳锌电池（Georges Leclanche）
	跨大西洋电缆持续投入使用
	发明鱼雷（Robert Whitehead）

1867	冷冻铁路车厢投入使用
1869	苏伊士运河完工
	美国的跨大陆铁路修建完成
1870 年代	远洋货船运送冷冻肉类
	磷酸盐化肥工业出现
1871	发明环形电枢发电机（Z. T. Gramme）
1875	发明炸药（Alfred Nobel）
1874	发明照相胶片（George Eastman）
1876	发明四冲程内燃机（N. A. Otto）
	申请电话专利（Alexander Graham Bell, Elisha Gray）
1877	发明留声机（Thomas A. Edison）
1878	发明二冲程内燃机（Dugald Clerk）
	发明灯丝灯泡（Joseph Swan）
	发明适用于谷物收割机的绳子打捆机（John Appleby）
1879	发明碳丝灯泡（Thomas A. Edison）
1880 年代	加州出现马拉谷物联合收割机
	发明现代自行车（J. K. Starley, William Sutton）
	发明运输原油的油轮
	设计军用高爆武器
1882	爱迪生的第一座发电厂建设成功
1883	发明冲动式汽轮机（Carl Gustaf de Laval）
	发明四冲程液体燃料引擎（Gottlieb Daimler）
	发明机关枪（Hiram S. Maxim）
1884	发明汽轮机（Charles Parsons）
1885	发明变压器（William Stanley）
	卡尔·本茨制造第一辆汽车
1886	发明预应力混凝土（C. E. Dochring）
	铝的制造（C. M. Hall 和 P. L. T. Héroult）

1887	人们在得克萨斯州发现原油
	产生电磁波（Heinrich Hertz）
1888	发明感应电动机（Nikola Tesla）
	发明留声机（Emile Berliner）
	发明充气橡胶轮胎（John B. Dunlop）
1889	留声机播放蜡筒唱片（Thomas A. Edison）
	水斗式水轮机（Lester A. Pelton）
1890 年代	西方城市里的马匹数量达到巅峰
	出现家用电器
1892	发明柴油机（Rudolf Diesel）
1894	加州出现离岸钻油平台
1895	发明电影（Louis 和 August Lumiére）
	发现 X 射线（Wilhelm K. Roentgen）
1897	发明阴极射线管（Ferdinand Braun）
1898	发明卡带录音机（Valdemar Poulsen）
1899	无线电信号穿越英吉利海峡（Guglielmo Marconi）
1900 年代	美国和英国的电力消费大幅增长
	汽车开始量产
1900	发明可驾驶飞艇（Ferdinand von Zeppelin）
1901	发明工业空调（Willis H. Carrier）
	旋转钻井（Spindletop, Texas）
	无线电信号穿越大西洋（Guglielmo Marconi）
1903	实现可持续的受控动力飞行（Oliver and Wilbur Wright）
1904	地热发电（Lardarello, Italy）
	发明真空二极管（John A. Fleming）
1905	发明光电池（Arthur Korn）
	美国生产商用拖拉机
1906	英国"无畏"号战舰下水

	发明真空三极管（Lee De Forest）
1908	发明钨丝灯泡
	福特 T 型车诞生（1927 年停产）
1909	发明滚刀钻头（Howard Hughes）
	路易·布莱里奥飞越英吉利海峡
	发明电木，它是第一种常用塑料（Leo Baekeland）
1910	发明霓虹灯（Georges Claude）
	合成煤气（Fischer-Tropsch）
1913	发明移动生产线（福特公司）
	巴拿马运河完工
	氨合成技术（Fritz Haber 和 Carl Bosch）
	高压原油开采技术（W. M. Burton）
1914	第一次世界大战（直至 1918 年）：堑壕、毒气、飞机和坦克
1919	跨大西洋飞行（J. Alcock 和 A. W. Brown）
	定期航班业务开通（巴黎—伦敦）
1920 年代	锅炉使用煤粉
	发明流线型金属机身
	发明电唱机
	北美和欧洲出现无线电广播
	煤液化技术（Friedrich Bergius）
1920	发明轴流式水轮机（Viktor Kaplan）
1922	日本"凤翔"号航母下水
1923	发明电子显像管（Vladimir Zworykin）
	伊莱克斯发明电冰箱
1927	发明合成橡胶（Buna）
	首次单人跨大西洋飞行（Charles A. Lindbergh）
	伊拉克基尔库克发现油田
1928	发明树脂玻璃（W. Bauer）

1929	实验性的电视广播（英国）
1930 年代	原油催化裂化技术（Eugene Houdry）
	美国和苏联建设大型水电站
	远程轰炸机
	人们将含氯氟烃用于制冷
1933	发明聚乙烯（帝国化学工业）
1935	发明日光灯（通用电气）
	发明塑料磁带（德国通用电力公司；法本公司）
	发明尼龙（Wallace Carothers）
1936	开通日常电视广播服务（BBC）
	发明燃气轮机（Brown-Boveri）
1937	发明全增压飞机（洛克希德 XC-35）
1938	喷气式战机原型机（Hans Pabst von Ohain）
1939	英国发明雷达
	第二次世界大战（直至 1945 年）：闪电战
1940 年代	发明军用喷气式飞机
	发明电子计算机
1940	发明直升飞机（Igor Sikorsky）
1942	发明 V-1 导弹（Wernher von Braun）
	硅的工业化生产
	可控链式反应（Enrico Fermi，芝加哥）
1944	发明 V-2 导弹
	"滴滴涕"（DDT）上市
1945	核弹出现（"三位一体"核试，广岛和长崎遭到轰炸）
	电子计算机（ENIAC，美国）
	第一种除草剂（2,4-D）上市
1947	发明晶体管（J. Bardeen, W. H. Brattan, and W. B. Shockley）

	离岸钻井（路易斯安那州）
	超音速飞行（贝尔 X-1）
1948	氧气顶吹炼钢转炉（Linz-Donawitz）
1949	沙特发现世界上最大的油田（加瓦尔油田）
1950 年代	第一架喷气式客机（德·哈维兰的"彗星"）
	全球原油消耗量快速增长
	连续铸钢件
	静电除尘器得到普及
	商用计算机
	立体声录音
	录像机
1951	自动引擎组装线（福特公司）
	传输彩色电视图像
	氢弹（聚变）
1952	英国首款喷气式客机"彗星"投入商用
1953	微波炉（Raytheon Manufacturing Company）
1954	美国海军核潜艇"鹦鹉螺"号下水
1955	索尼全晶体管收音机
1956	第一个商用核能发电站（英国科尔德霍尔）
	跨大西洋电话线缆
	美国开始建设州际高速公路
1957	"斯普特尼克 1 号"，首个人造地球卫星（苏联）
	美国首个核电站（宾夕法尼亚希平港）
1958	集成电路（德州仪器）
	美国的波音 707 喷气式客机投入使用
1960 年代	半潜式离岸钻井平台
	气象和通信卫星
	巨型油轮

续表

	大规模部署洲际弹道导弹
	苏联在大气层内试爆史上最大的氢弹
	合成化肥和杀虫剂普及
	发明高产农作物品种
1960	美国测试"民兵"洲际导弹系统
1961	美国核动力航空母舰"企业"号下水
	载人航天飞行（Yuri Gagarin）
1962	跨大西洋电视信号中继卫星（Telstar）
1964	日本新干线投入运营
1966	美国大型喷气式飞机波音 747 首飞
1969	英法共同研制的超音速客机"协和"号首飞
	波音 747 投入商用
	美国"阿波罗 11 号"飞船登陆月球
1970 年代	无线电和电视卫星广播
	化石燃料供应危机
	欧洲和北美出现酸雨
	日本汽车出口量腾飞
1971	第一个微处理器出现（英特尔，德州仪器）
1973	OPEC 第一轮原油价格上涨（直至 1974 年）
1975	巴西开始用甘蔗生产汽车用酒精
1976	"协和"号投入使用
	美国"海盗"号无人太空飞船登陆火星
1977	"游丝神鹰"号人力飞行器
1979	OPEC 第二轮原油价格上涨（直至 1981 年）
1980 年代	个人电脑保有量开始增加
	更高效的电器和汽车
	全球气候变化危机
	基因工程大获成功
1982	CD 播放器（飞利浦，索尼）
1983	法国高速列车投入运营（巴黎—里昂）

续表

1985	人类首次探测到南极臭氧层空洞
1986	切尔诺贝利核灾难
1989	万维网出现（Tim Berners-Lee）
1990	世界人口数突破 50 亿
1994	网景浏览器发布
1999	智能手机开始普及
2000 年代	风力涡轮发电机和光伏电池开始大规模安装
2000	德国"能源转型"开始
2003	中国长江上的三峡大坝完工
2007	水力压裂技术在美国迅速发展
2009	中国成为全球最大的能量消费国
2011	海啸与不当管理导致了福岛核灾难的发生 世界人口数达到 70 亿
2014	美国再次成为全球最大的天然气生产国
2015	大气二氧化碳平均浓度接近 400 ppm

功率的历史

功率的等级：从蜡烛到现代文明

行为、原动力、转换器	功率（W）
小蜡烛燃烧（前 800 年）	5
一名埃及男孩转动阿基米德螺旋泵（前 500 年）	25
美国小型风车旋转（1880 年）	30
操作扬谷机的中国妇女（前 100 年）	50
稳定工作的法国玻璃抛光工（1700 年）	75
快速踩木质踏车的强壮男性（1400 年）	200
用来写作本书第一版的 IBM 计算机（1993 年）	287
拉动罗马漏斗形石磨的驴子（前 100 年）	300
一对体弱的中国耕牛拉犁（1900 年）	600
一匹英国良马拉车（1770 年）	750

行为、原动力、转换器	功率（W）
由 8 人使用的荷兰踏车（1500 年）	800
拉马车的非常强壮的美洲马匹（1890 年）	1,000
奥运会长跑运动员（前 600 年）	1,400
罗马磨坊使用的立式水车（100 年）	1,800
纽科门的抽水机（1712 年）	3,750
兰索姆·奥兹的弯挡板汽车发动机（1904 年）	5,200
全速前进的希腊 50 人战舰（前 600 年）	6,000
大型德国高杆风车榨油（1500 年）	6,500
罗马信使策马奔驰（前 200 年）	7,200
大型荷兰风车为圩田排涝（1750 年）	12,000
全速前进的福特 T 型车的发动机（1908 年）	14,900
全速前进的由 170 名桨手划动的希腊三桨座船（500 年）	20,000
拉煤的瓦特蒸汽机（1795 年）	20,000
加州 40 匹马组成的马队拉动联合收割机（1885 年）	28,000
巴尔贝格的罗马水磨坊的 16 座水车（350 年）	30,000
富尔内隆的首个水轮机（1832 年）	38,000
凡尔赛宫的水泵（1685 年）	60,000
本田思域的发动机（1985 年）	63,000
帕森斯的汽轮机（1888 年）	75,000
爱迪生的珍珠街发电站所用的蒸汽机（1882 年）	93,200
瓦特最大的蒸汽机（1800 年）	100,000
美国超市的用电量（1980 年）	200,000
德国潜艇的柴油发动机（1916 年）	400,000
全球最大的水车"伊莎贝拉夫人"（1854 年）	427,000
全速前进的大型蒸汽机车（1890 年）	850,000
埃尔伯费尔德发电站的帕森斯汽轮机（1900 年）	1,000,000
苏格兰格里诺克的肖氏自来水厂（1840 年）	1,500,000
大型风力涡轮机（2015 年）	4,000,000
用于发射 V-2 导弹的引擎（1944 年）	6,200,000

续表

行为、原动力、转换器	功率（W）
驱动管道增压机的燃气轮机（1970 年）	10,000,000
日本商船的柴油发动机（1960 年）	30,000,000
波音 747 的 4 台喷气引擎（1969 年）	60,000,000
科尔德霍尔电站的核反应堆（1956 年）	202,000,000
舒茨核电站的涡轮发电机（1990 年）	1,457,000,000
"土星 5 号"运载火箭的发动机（1969 年）	2,600,000,000
柏崎刈羽核电站（1997 年）	8,212,000,000
日本初级能量消耗量（2015 年）	63,200,000,000
美国煤炭和生物质能量消耗量（1850 年）	79,000,000,000
美国商业能量消耗量（2010 年）	3,050,000,000,000
全球商业能量消耗量（2015 年）	17,530,000,000,000

农业用原动力的最大功率，1700—2015 年

年份	行为或原动力	功率（W）
1700	锄白菜地的中国农民	50
1750	意大利农民用年老体弱的牛耙地	200
1800	英国农民用两匹小马耕地	1,000
1870	北达科他州的农民用 6 匹强壮的马耕地	4,000
1900	加州农民用 32 匹马拉联合收割机进行收割	22,000
1950	法国农民用小型拖拉机收割	50,000
2015	曼尼托巴的农民用大型柴油拖拉机耕地	298,000

陆路交通原动力的最大功率，1700—2015 年

年份	原动力	功率（W）
1700	两头牛拉的车	700
1750	四匹马拉的车	2,500
1850	英国蒸汽机车	200,000
1900	美国最快的蒸汽机车	1,000,000

续表

年份	原动力	功率（W）
1950	强大的德国柴油机车	2,000,000
2006	阿尔斯通制造的法国高速列车	9,600,000
2015	新干线 N700 型高速列车	17,080,000

初级能量的年人均消耗量（GJ）

	1750	1800	1850	1900	1950	2000
中国	10	10	10	<15	<20	40
英国	30	60	80	115	100	150
法国	<20	20	25	55	65	180
日本	10	10	10	10	25	170
美国	<80	<100	105	135	245	345
世界	<20	20	25	35	40	65

注：所有的数据都包含了传统/现代生物质燃料、化石燃料和初级电力，近似到了 5。

文献综述

    关于能量使用的最新研究进展，包括在下列学者关于技术进步系统的历史文献中：Singer 与其同事（1954—1958）、Forbes（1964—1972）和 Needham 与其同事（1954—2015）的著作。能量问题的细节体现在不同的层次和角度，在许多追溯发明创新和引擎技术发展史的文献中都有所体现。它们包括 Byrn（1900）、Abbott（1932）、Mumford（1934）、Usher（1954）、Derry 和 Williams（1960）、Burstall（1968）、Kranzberg 和 Pursell（1967）、Daumas（1969）、Lindsay（1975）、Gille（1978）、L. White（1978）、Landels（1980）、Taylor（1982）、Hill（1984）、K. D. White（1984）、Williams（1987）、Basalla（1988）、Pacey（1990）、Finniston et al.（1992）、Constable 和 Somerville（2003）、Cleveland（2004）、Smil（2005，2006）、McNeill et al.（2005）、Billington 和 Billington（2006）、Oleson（2008）、Burke（2009）、Weissenbacher（2009）、Coopersmith（2010）、Sørensen（2011）以及 Wei（2012）等人的相关著作。

    要评估马匹对文明所做的贡献，可以参考 Lefebvre des Noëttes（1924）、Smythe（1967）、Dent（1974）、Silver（1976）、Villiers（1976）、Telleen（1977）、Langdon（1986）、Hyland（1990）、Anthony（2007）、McShane 和 Tarr（2007）以及 Oleson（2008）等人的相关著作。水车的悠久历史以及它们在工业化早期的重要贡献可参考 Bresse（1876）、Forbes（1965）、Reynolds（1970）、Hindle（1975）、Reynolds（1983）、

Wikander（1983）、Lewis（1997）、Walton（2006）、Malone（2009）以及 Mays（2010）等人的著作。有关风车的历史和它们对经济的重要影响，可以参考 Wolff（1900）、Skilton（1947）、Freese（1957）、Stockhuyzen（1963）、Needham 与其同事（1965）、Husslage（1965）、Reynolds（1970）、Wailes（1975）、Torrey（1976）、Harverson（1991）以及 Righter（2008）的著作。帆船的发展在 Chatterton（1914）、Torr（1964）、Armstrong（1969）以及 Chapelle（1988）等的著作中有着系统全面的阐述。关于桨船，则有 Morrison 和 Gardiner（1995）、Morrison、Coates 和 Rankov（2000）的相关记述。

关于蒸汽机的历史和对它们的使用，以下学者的相关著述至关重要：Farey（1827）、Fry（1896）、Croil（1898）、Dalby（1920）、Dickinson（1939）、Watkins（1967）、Jones（1973）、von Tunzelmann（1978）、Hunter（1979）、Ellis（1981）、O'Brien（1983）、Hills（1989）以及 Garrett 和 Wade-Matthews（2015）。关于内燃机和燃气轮机的发展历程，参见 Diesel（1913）、Constant（1981）、Taylor（1984）、Gunston（1986，1999）、Cumpsty（2006）以及 Smil（2010b）的相关著述。对于汽车时代，Beaumont（1906）、Kennedy（1941）、Sittauer（1972）、May（1975）、Flower 和 Jones（1981）、Flink（1988）、Cummins（1989）、Ling（1990）、Womack、Jones 和 Roos（1990）以及 Maxton 和 Wormald（2004）等人有编年史记载。关于飞行的记载见于 Wright（1953）、Constant（1981）、Taylor（1989）、Jakab（1990）、Heppenheimer（1995）、U.S. Centennial of Flight Commission（2003）、Blériot（2015）以及 McCullough（2015）的相关文献。

关于生物质能量的价值和使用，Earl（1973）、Smil（1983）、Sieferle（2001）以及 Perlin（2005）有一些相关著述。煤炭历史的相关陈述包括 Bald（1812）、Jevons（1865）、Nef（1932）、Eavenson（1942）、Flinn 及其同事（1984—1993）、Church、Hall 和 Kanefsky（1986）以及 Thomson（2003）的著作。石油与天然气工业发展史的相关著述包括 Brantly（1971）、Perrodon（1985）、Yergin（2008）以及 Smil（2015a）。电气工业的初创时代及其后续发展见于 Jehl（1937）、MacLaren（1943）、Lilienthal（1944）、

Josephson（1959）、Dunsheath（1962）、Electricity Council（1973）、Hughes（1983）、Cheney(1981）、Friedel 和 Israel（1986）、Schurr 及其同事（1990）、Cantelon、Hewlett 和 Williams（1991）、Nye（1992）、Beauchamp（1997）、Bowers（1998）以及 Hausman、Hertner 和 Wilkins（2008）等人的著作。

关于人类活动的丰富创造力的相关著述浩如烟海。对从农业起源到 20 世纪的农业发展的整体观察见于 Bailey（1908）、King（1927）、Seebohm（1927）、Buck（1930，1937）、Leser（1931）、Lizerand（1942）、Haudricourt 和 Delamarre（1955）、Geertz（1963）、Slicher van Bath（1963）、Allan（1965）、Boserup（1965，1976）、Perkins（1969）、Titow（1969）、Clark 和 Haswell（1970）、White（1970）、Fussell（1972）、Ho（1975）、Schlebecker（1975）、Cohen（1977）、Abel（1962）、Xu 和 Dull（1980）、Bray（1984）、Rindos（1984）、Mazoyer 和 Roudart（2006）、Federico（2008）以及 Tauger（2010）等的著作中。对提水和灌溉的具体描述见于 Ewbank(1870）、Molenaar(1956）、Needham 及其同事（1965）、Butzer（1976）、Oleson（1984，2008）以及 Mays（2010）的著述。现代农业的能量消耗在 Pimentel（1980）、Fluck（1992）以及 Smil（2008a）等人的著作中有所记载。

对工业化的起源、过程与结果的跨学科研究包括 Kay（1832）、Clapham（1926）、Ashton（1948）、Landes（1969）、Falkus（1972）、Mokyr（1976，2002）、Clarkson（1985）、Rosenberg 和 Birdzell（1986）、Blumer（1990）以及 Stearns（2012）。对建设活动有许多方面的阐述，它们包括 Ashby（1935）、Fitchen（1961）、Bandaranayke（1974）、Baldwin（1977）、Hodges(1989）、Lepre(1990）、Waldron(1990）、Wilson(1990）、Gies 和 Gies（1995）、Lehner（1997）以及 Ching、Jarzombek 和 Prakash（2011）等人的相关著作。交通运输的历史在 Savage（1959）、Hadfield（1969）、Sitwell(1981）、Piggott（1983）、Ratcliffe(1985）、Ville（1990）、Gerhold（1993）、Herlihy（2004）、Levinson（2006）以及 Smil（2010b）的著作中有所体现。

Biringuccio［1959（1540）］、Agricola［1912（1556）］、Bell（1884）、

Greenwood（1907）、King（1948）、Needham（1964）、Straker（1969）、Hogan（1971）、Hyde（1977）、Gold 及其同事（1984）、Haaland 和 Shin-nie（1985）、Harris（1988）、Geerdes、Toxopeus 和 van der Vliet（2009）以及 Smil（2016）等的著作中记述了冶金学的发展。从古代到现代武器的发展以及它们对社会的影响，在 Mitchell（1932）、Kloss（1963）、Cipolla（1965）、Ziemke（1968）、Egg（1971）、Singer 和 Small（1972）、Kesaris（1977）、McNeill（1989）、Keegan（1994）、Chase（2003）、Parker（2005）、Buchanan（2006）以及 Archer 和同事（2008）的著作中有所评述。

对能量使用所产生的广泛社会影响进行阐述的著作包括 Ostwald（1912）、Ellul（1964）、Jones（1971）、Odum（1971）、Adams（1975，1982）、Smil（1991，2008）以及 Schobert（2014）。以及最后，想要通过工具和机器的变革来一窥历史面貌，就得恰当地引用一些文献。其中有两本无与伦比的经典著作：Ramelli［1976（1588）］和 Diderot 与 d'Alembert（1769—1772）。在这一方面的现代优秀著作包括 Ardrey（1894）、Abbott（1932）、Hommel（1937）、Burstall（1968）、Hopfen（1969）、Williams（1987）、Basalla（1988）、Finniston 及其同事（1992）、Smil（2005，2006）以及 DK Publishing（2012）的相关作品。

参考文献

Abbate, J. 1999. *Inventing the Internet*. Cambridge, MA: MIT Press.

Abbott, C. G. 1932. *Great Inventions*. Washington, DC: Smithsonian Institution.

Abel, W. 1962. *Geschichte der deutschen Landwirtschaft von frühen Mittelalter bis zum 19 Jahrhundert*. Stuttgart: Ulmer.

Adam, J.-P. 1994. *Roman Building: Materials and Techniques*. London: Routledge.

Adams, R. N. 1975. *Energy and Structure: A Theory of Social Power*. Austin: University of Texas Press.

Adams, R. N. 1982. *Paradoxical Harvest: Energy and Explanation in British History, 1870–1914*. Cambridge: Cambridge University Press.

Adler, D. 2006. Daimler & Benz: *The Complete History: The Birth and Evolution of the Mercedes-Benz*. New York: Harper.

Adshead, S. A. M. 1992. *Salt and Civilization*. New York: St. Martin's Press.

Agricola, G. 1912(1556). *De re metallica*. Trans. H. C. Hoover and L. H. Hoover. London: The Mining Magazine.

Aiello, L. C. 1996. Terrestriality, bipedalism and the origin of language. *Proceedings of the British Academy* 88:269–289.

Aiello, L. C., and J. C. K. Wells. 2002. Energetics and the evolution of the genus Homo. *Annual Review of Anthropology* 31:323–338.

Aiello, L. C., and P. Wheeler. 1995. The expensive-tissue hypothesis. *Current Anthropology* 36:199–221.

Alberici, S., et al. 2014. *Subsidies and Costs of EU Energy*. Brussels: EU Commission. https://ec.europa.eu/energy/sites/ener/files/documents/ECOFYS%202014%20 Subsidies%20and%20costs%20of%20EU%20energy_11_Nov.pdf.

Aldrich, L. J. 2002. *Cyrus McCormick and the Mechanical Reaper*. Greensboro, NC: Morgan Reynolds.

Allan, W. 1965. *The African Husbandman*. Edinburgh: Oliver & Boyd.

Allen, R. 2003. *Farm to Factory: A Reinterpretation of the Soviet Industrial Revolution*. Princeton, NJ: Princeton University Press.

Allen, R. C. 2007. *How Prosperous Were the Romans? Evidence from Diocletian's Price Edict(301 AD)*. Oxford: Oxford University, Department of Economics.

Allen, R. C., et al. 2011. Wages, prices, and living standards in China, 1738–1925: In comparison with Europe, Japan, and India. *Economic History Review* 64(S1): 8–38.

Allianz. 2010. *The Sixth Kondratieff: Long Waves of Prosperity*. Frankfurt am Main: Allianz. https://www.allianz.com/v_1339501901000/media/press/document/other/

kondratieff_en.pdf.

Alvard, M. S., and L. Kuznar. 2001. Deferred harvests: The transition from hunting to animal husbandry. *American Anthropologist* 103:295–311.

Amitai, R., and M. Biran, eds. 2005. *Mongols, Turks, and Others: Eurasian Nomads and the Sedentary World*. Leiden: Brill.

Amontons, G. 1699. Moyen de substituer commodement l'action du feu, à la force des hommes et des chevaux pour mouvoir les machines. *Mémoires de l'Académie Royale* 1699:112–126.

Andersen, S. O., and K. M. Sarma. 2002. *Protecting the Ozone Layer*. London: Earthscan.

Anderson, B. D. 2003. *The Physics of Sailing Explained*. Dobbs Ferry, NY: Sheridan House.

Anderson, E. N. 1988. *The Food of China*. New Haven, CT: Yale University Press.

Anderson, M. S. 1988. *War and Society in Europe of the Old regime, 1618–1789*. New York: St. Martin's Press.

Anderson, R. 1926. *The Sailing Ship: Six Thousands Years of History*. London: George Harrap.

Anderson, R. C. 1962. *Oared Fighting Ships: From Classical Times to the Coming of Steam*. London: Percival Marshall.

Angelo, J. E. 2003. *Space Technology*. Westport, CT: Greenwood Press.

Anthony, D. W. 2007. *The Horse, the Wheel, and Language: How Bronze-Age Riders from the Eurasian Steppes Shaped the Modern World*. Princeton, NJ: Princeton University Press.

Anthony, D., D. Y. Telegin, and D. Brown. 1991. The origin of horseback riding. *Scientific American* 265(6): 94–100.

Apt, J., and P. Jaramillo. 2014. *Variable Renewable Energy and the Electricity Grid*. Washington, DC: Resources for the Future.

Archer, C. I., et al. 2008. *World History of Warfare*. Lincoln: University of Nebraska Press.

Ardrey, L. R. 1894. *American Agricultural Implements*. Chicago: L. R. Ardrey.

Arellano, C. J., and R. Kram. 2014. Partitioning the metabolic cost of human running: A task-by-task approach. *Integrative and Comparative Biology* 54:1084–1098.

Armelagos, G. J., and K. N. Harper. 2005. Genomics at the origins of agriculture, part one. *Evolutionary Anthropology* 14:68–77.

Armstrong, R. 1969. *The Merchantmen*. London: Ernest Benn.

Army Air Forces. 1945. *Army Air Forces Statistical Digest, World War II*. http://www.afhra.af.mil/shared/media/document/AFD-090608-039.pdf.

Army Technology. 2015. *M1A1/2 Abrams Main Battle Tank, United States of America*. http://www.army-technology.com/projects/abrams.

Ashby, T. 1935. *The Aqueducts of Ancient Rome*. Oxford: Oxford University Press.

Ashton, Thomas S. 1948. *The Industrial Revolution, 1760–1830*. Oxford: Oxford University Press.

Astill, G., and J. Langdon, eds. 1997. *Medieval Farming and Technology: The Impact of Agricultural Change in Northwest Europe*. Leiden: Brill.

Åström, K. J., and R. M. Murray. 2009. *Feedback Systems: An Introduction for Scientists and Engineers*. Princeton, NJ: Princeton University Press; http://www.cds.caltech.edu/~murray/books/AM05/pdf/am08-complete_22Feb09.pdf.

Atalay, S., and C. A. Hastorf. 2006. Food, meals, and daily activities: Food habitus at Neolithic Çatalhöyük. *American Antiquity* 71:283–319.

Atkins, S. E. 2000. *Historical Encyclopedia of Atomic Energy*. Westport, CT:

Greenwood Press.

Atsmon, Y., and V. Dixit. 2009. Understanding China's wealthy. *McKinsey Quarterly*. http://www.mckinsey.com/insights/marketing_sales/understanding_chinas_wealthy.

Atwater, W. O., and C. F. Langworthy. 1897. *A Digest of Metabolism Experiments in Which the Balance of Income and Outgo Was Determined*. Washington, DC: U.S. GPO.

Atwood, C. P. 2004. *Encyclopedia of Mongolia and the Mongol Empire*. New York: Facts on File.

Atwood, R. 2009. Maya roots. *Archaeology* 62:18–66.

Augarten, S. 1984. *Bit by Bit*. Boston: Ticknor & Fields.

Axelsson, E., et al. 2013. The genomic signature of dog domestication reveals adaptation to a starch-rich diet. *Nature* 495:360–364.

Ayres, R. U. 2014. *The Bubble Economy: Is Sustainable Growth Possible?* Cambridge, MA: MIT Press.

Ayres, R. U., L. W. Ayres, and B. Warr. 2003. Exergy, power and work in the UA economy, 1900–1998. *Energy* 28:219–273.

Baars, C. 1973. *De Geschiedenis van de Landbouw in de Bayerlanden*. Wageningen: PUDOC(Centrum voor Landbouwpublicaties en Landbouwdocumentatie).

Bailey, L. H., ed. 1908. *Cyclopedia of American Agriculture*. New York: Macmillan.

Bailey, R. C., G. Head, M. Jenike, et al. 1989. Hunting and gathering in tropical rain forest: Is it possible? *American Anthropologist* 91:59–82.

Bailey, R. C., and T. N. Headland. 1991. The tropical rain forest: Is it a productive environment for human foragers? *Human Ecology* 19:261285.

Baines, D. 1991. *Emigration from Europe 1815–1930*. London: Macmillan.

Bairoch, P. 1988. *Cities and Economic Development: From the Dawn of History to the Present*. Chicago: University of Chicago Press.

Baker, T. L. 2006. *A Field Guide to America Windmills*. Tempe, AZ: ACMRS(Arizona Center for Medieval and Renaissance Studies), University of Arizona.

Bald, R. 1812. *A General View of the Coal Trade of Scotland, Chiefly that of the River Forth and Mid-Lothian. To Which is Added An Inquiry Into the Condition of the Women Who Carry Coals Under Ground in Scotland. Known by the Name of Bearers*. Edinburgh: Oliphant, Waugh and Innes.

Baldwin, G. C. 1977. *Pyramids of the New World*. New York: G. P. Putnam's Sons.

Bamford, P. W. 1974. *Fighting Ships and Prisons: The Mediterranean Galleys of France in the Age of Louis XIV*. Cambridge: Cambridge University Press.

Bandaranayke, S. 1974. *Sinhalese Monastic Architecture*. Leiden: E. J. Brill.

Bank of Nova Scotia. 2015. *Global Auto Report*. http://www.gbm.scotiabank.com/English/bns_econ/bns_auto.pdf.

Bapat, N. 2012. How Indians defied gravity and achieved success in Silicon Valley. http://www.forbes.com/sites/singularity/2012/10/15/how-indians-defied-gravity-and-achieved-success-in-silicon-valley.

Bar-Yosef, O. 2002. The Upper Paleolithic revolution. *Annual Review of Anthropology* 31:363–393.

Bardeen, J., and W. H. Brattain. 1950. *Three-electron Circuit Element Utilizing Semiconductive Materials*. US Patent 2,524,035, October 3. Washington, DC: USPTO. http://www.uspto.gov.

Barjot, D. 1991. *L'énergie aux XIXe et XXe siècles*. Paris: Presses de l'E.N.S.

Barker, A. V., and D. J. Pilbeam. 2007. *Handbook of Plant Nutrition*. Boca Raton, FL: CRC Press.

Barles, S. 2007. Feeding the city: Food consumption and flow of nitrogen, Paris, 1801–1914. *Science of the Total Environment* 375:48–58.

Barles, S., and L. Lestel. 2007. The nitrogen question: Urbanization, industrialization, and river quality in Paris 1830–1939. *Journal of Urban History* 33:794–812.

Barnes, B. R. 2014. Behavioural change, indoor air pollution and child respiratory health in developing countries: A review. *International Journal of Environmental Research and Public Health* 11:4607–4618.

Barro, R. J. 1997. *Determinants of Economic Growth: A Cross-Country Empirical Study.* Cambridge, MA: MIT Press.

Bartosiewicz, L. et al. 1997. *Draught Cattle: Their Osteological Identification and History.* Tervuren: Musée royal de l'Afrique central.

Basalla, G. 1980. Energy and civilization. In *Science, Technology and the Human Prospect*, ed. C. Starr and P. C. Ritterbusch, 39–52. Oxford: Pergamon Press.

Basalla, G. 1982. Some persistent energy myths. In *Energy and Transport*, ed. G. H. Daniels and M. H. Rose, 27–38. Beverley Hills, CA: Sage.

Basalla, G. 1988. *The Evolution of Technology.* Cambridge: Cambridge University Press.

Basile, S. 2014. *Cool: How Air Conditioning Changed Everything.* New York: Fordham University Press.

Basso, L. C., T. O. Basso, and S. N. Rocha. 2011. *Ethanol Production in Brazil: The Industrial Process and Its Impact on Yeast Fermentation, Biofuel Production: Recent Developments and Prospects.* http://cdn.intechopen.com/pdfs/20058/InTech-Ethanol_production_in_brazil_the_industrial_process_and_its_impact_on_yeast_fermentation.pdf.

Bayley, J., D. Dungworth, and S. Paynter. 2001. *Archaeometallurgy.* London: English Heritage.

Beauchamp, K. G. 1997. *Exhibiting Electricity.* London: Institution of Electrical Engineers.

Beaumont, W. W. 1902. *Motor Vehicles and Motors: Their Design, Construction and Working by Steam, Oil and Electricity.* Westminster: Archibald Constable and Company.

Beaumont, W. W. 1906. *Motor Vehicles and Motors: Their Design, Construction and Working by Steam, Oil and Electricity.* Westminster: Archibald Constable and Co.

Beevor, A. 1998. *Stalingrad.* London: Viking.

Behera, B., et al. 2015. Household collection and use of biomass energy sources in South Asia. *Energy* 85:468–480.

Bell, L. 1884. *Principles of the Manufacture of Iron and Steel.* London: George Routledge & Sons.

Bell System Memorial. 2011. Who really invented the transistor? http://www.porticus.org/bell/belllabs_transistor1.html.

Bennett, M. K. 1935. British wheat yield per acre for seven centuries. *Economy and History* 3:12–29.

Benoît, C. 1996. Le Canon de 75: Une gloire centenaire. Vincennes, France: Service Historique de l'Armée de Terre.

Benoit, F. 1940. L'usine de meunerie hydraulique de Barbegal(Arles). *Review of Archaeology* 15:19–80.

Beresford, M. W., and J. G. Hurst. 1971. *Deserted Medieval Villages.* London: Littleworth.

Berklian, Y. U., ed. 2008. *Crop Rotation.* New York: Nova Science Publishers.

Bernard, L., A. V. Gevorkyan, T. Palley, and W. Semmler. 2013. Time scales and mechanisms of economic cycles: A review of theories of long waves. Political Economy Research Institute Working Paper, no.337, 1–21. Amherst, MA: University of Massachusetts.

Bessemer, H. 1905. *Sir Henry Bessemer, F.R.S.: An Autobiography.* London: Offices of

Engineering.

Bettencourt, L., and G. West. 2010. A unified theory of urban living. *Nature* 467:912–913.

Bettinger, R. L. 1991. *Hunter-Gatherers: Archaeological and Evolutionary Theory*. New York: Plenum Press.

Betz, A. 1926. *Wind-Energie und ihre Ausnutzung durch Windmühlen*. Göttingen: Bandenhoeck & Ruprecht.

Billington, D. P., and D. P. Billington, Jr. 2006. *Power, Speed, and Form: Engineers and the Making of the Twentieth Century*. Princeton, NJ: Princeton University Press.

bin Laden, U. 2004. Message to the American people. http://english.aljazeera.net/NR/exeres/79C6AF22-98FB-4A1C-B21F-2BC36E87F61F.htm.

Bird-David, N. 1992. Beyond "The Original Affluent Society." *Current Anthropology* 33:25–47.

Biringuccio, V. 1959(1540). *De la pirotechnia*［*The pirotechnia*］. Trans. C. S. Smith and M. T. Gnudi. New York: Basic Books.

Bishop, C. 2014. *The Illustrated Encyclopedia of Weapons of World War I: The Comprehensive Guide to Weapons Systems, Including Tanks, Small Arms, Warplanes, Artillery*. London: Amber.

Blériot, L. 2015. *Blériot: Flight into the XXth Century*. London: Austin Macauley.

Blumenschine, R. J., and J. A. Cavallo. 1992. Scavenging and human evolution. *Scientific American* 267(4): 90–95.

Blumer, H. 1990. *Industrialization as an Agent of Social Change*. New York: Aldine de Gruyter.

Blyth, R. J., A. Lambert, and J. Ruger, eds. 2011. *The Dreadnought and the Edwardian Age*. Farnham: Ashgate.

Boden, T., and B. Andres. 2015. Global CO 2 Emissions from Fossil-Fuel Burning, Cement Manufacture, and Gas Flaring: 1751–2011. Oak Ridge, TN: CDIAC(Carbon Dioxide Information Analysis Center), Oak Ridge National Laboratory. http://cdiac.ornl.gov/trends/emis/tre_glob_2011.html.

Boden. T., B. Andres, and G. Marland. 2016. Global CO 2 emissions from fossil fuel burning, cement manufacture, and gas flaring: 1751–2013. http://cdiac.ornl.gov/ftp/ndp030/global.1751_2013.ems.

Boeing. 2015. Boeing history. http://www.boeing.com/history.

Bogin, B. 2011. Kung nutritional status and the original "affluent society": A new analysis. *Anthropologischer Anzeiger* 68:349–366.

Bono, P., and C. Boni. 1996. Water supply of Rome in antiquity and today. *Environmental Geology* 27:126–134.

Boonenburg, K. 1952. *Windmills in Holland*. The Hague: Netherlands Government Information Service.

Borghese, A., ed. 2005. *Buffalo Production and Research*. Rome: FAO.

Bos, M. G. 2009. *Water Requirements for Irrigation and the Environment*. Dordrecht: Springer.

Bose, S., ed. 1991. *Shifting Agriculture in India*. Calcutta: Anthropological Survey of India.

Boserup, E. 1965. *The Conditions of Agricultural Growth: The Economics of Agrarian Change under Population Pressure*. Chicago: Aldine.

Boserup, E. 1976. Environment, population, and technology in primitive societies. *Population and Development Review* 2:21–36.

Bott, R. D. 2004. *Evolution of Canada's Oil and Gas Industry*. Calgary, AB: Canadian Centre for Energy Information.

Boulding, K. E. 1974. The social system and the energy crisis. *Science* 184:255–257.

Bowers, B. 1998. *Lengthening the Day: A History of Lighting Technology*. Oxford: Oxford University Press.

Bowers, B. 2001. *Sir Charles Wheatstone: 1802–1875*, 2nd ed. London: Institution of Engineering and Technology.

Boxer, C. R. 1969. *The Portuguese Seaborne Empire 1415–1825*. London: Hutchinson.

BP(British Petroleum). 2016. *Statistical Review of World Energy 2016*. https://www. bp.com/content/dam/bp/pdf/energy-economics/statistical-review-2015/bp-statistical-review-of-world-energy-2015-full-report.pdf.

Bramanti, B., et al. 2009. Genetic discontinuity between local hunter-gatherers and Central Europe's first farmers. *Science* 326:137–140.

Bramble, D. M., and D. E. Lieberman. 2004. Endurance running and the evolution of Homo. *Nature* 432:345–352.

Brandstetter, T. 2005. "The most wonderful piece of machinery the world can boast of": The water-works at Marly, 1680–1830. *History and Technology* 21:205–220.

Brantly, J. E. 1971. *History of Oil Well Drilling*. Houston, TX: Gulf Publishing.

Braudel, F. 1982. *On History*. Chicago: University of Chicago Press.

Braun, D. R., et al. 2010. Early hominin diet included diverse terrestrial and aquatic animals 1.95 Ma in East Turkana, Kenya. *Proceedings of the National Academy of Sciences of the United States of America* 107:10002–10007.

Braun, G. W., and D. R. Smith. 1992. Commercial wind power: Recent experience in the United States. *Annual Review of Energy and the Environment* 17:97–121.

Bray, F. 1984. *Science and Civilisation in China*. Vol. 6, Part II. Agriculture. Cambridge: Cambridge University Press.

Bresse, M. 1876. *Water-Wheels or Hydraulic Motors*. New York: John Wiley.

Brodhead, M. J. 2012. *The Panama Canal: Writings of the U. S. Army Corps of Engineers Officers Who Conceived and Built It*. Alexandria, VA: U.S. Army Corps of Engineers History Office.

Brody, S. 1945. *Bioenergetics and Growth*. New York: Reinhold.

Bronson, B. 1977. The earliest farming: Demography as cause and consequence. In *Origins of Agriculture*, ed. C. Reed, 23–48. The Hague: Mouton.

Brooks, D. R., and E. O. Wiley. 1986. *Evolution as Entropy*. Chicago: University of Chicago Press.

Brown, G. I. 1999. *Count Rumford: The Extraordinary Life of a Scientific Genius*. Stroud: Sutton Publishing.

Brown, K. S., et al. 2009. Fire as an engineering tool of early modern humans. *Science* 325:859–862.

Brown, K. S., et al. 2012. An early and enduring advanced technology originating 71,000 years ago in South Africa. *Nature* 491:590–593.

Brown, S., P. Schroeder, and R. Birdsey. 1997. Aboveground biomass distribution of US eastern hardwood forests and the use of large trees as an indicator of forest development. *Forest Ecology and Management* 96:31–47.

Bruce, A. W. 1952. *The Steam Locomotive in America*. New York: Norton.

Brunck, R. F. P. 1776. *Analecta Veterum Poetarum Graecorum*. Strasbourg: I. G. Bauer & Socium.

Bruni, L., and P. L. Porta. 2006. *Economics and Happiness*. New York: Oxford University Press.

Brunner, K. 1995. Continuity and discontinuity of Roman agricultural knowledge in the early Middle Ages. In *Agriculture in the Middle Ages*, ed. D. Sweeney, 21–39. Philadelphia: University of Pennsylvania Press.

Brunt, L. 1999. *Estimating English Wheat Production in the Industrial Revolution.* Oxford: University of Oxford. http://www.nuffield.ox.ac.uk/economics/history/paper35/dp35a4.pdf.

Buchanan, B. J., ed. 2006. *Gunpowder, Explosives and the State: A Technological History.* Aldershot: Ashgate.

Buck, J. L. 1930. *Chinese Farm Economy.* Nanking: University of Nanking.

Buck, J. L. 1937. *Land Utilization in China.* Nanking: University of Nanking.

Buckley, T. A. 1855. *The Works of Horace.* New York: Harper & Brothers.

Budge, E. A. W. 1920. *An Egyptian Hieroglyphic Dictionary.* London: John Murray.

Bulliet, R. W. 1975. *The Camel and the Wheel.* Cambridge, MA: Harvard University Press.

Bulliet, R. W. 2016. *The Wheel: Inventions and Reinventions.* New York: Columbia University Press.

Bunch, B. H., and A. Hellemans. 1993. *The Timetables of Technology: A Chronology of the Most Important People and Events in the History of Technology.* New York: Simon & Schuster.

Burke, E., III. 2009. Human history, energy regimes and the environment. In *The Environment and World History*, ed. E. Burke III and K. Pomeranz, 33–53. Berkeley: University of California Press.

Burstall, A. F. 1968. *Simple Working Models of Historic Machines.* Cambridge, MA: MIT Press.

Burton, R. F. 1880. *The Lusiads.* London: Tinsley Brothers.

Butler, J. H., and S. A. Montzka. 2015. The NOAA Annual Greenhouse Gas Index. Boulder, CO: NOAA. http://www.esrl.noaa.gov/gmd/aggi/aggi.html.

Butzer, K. W. 1976. *Early Hydraulic Civilization in Egypt.* Chicago: University of Chicago Press.

Butzer, K. W. 1984. Long-term Nile flood variation and political discontinuities in Pharaonic Egypt. In *From Hunters to Farmers*, ed. J. D. Clark and S. A. Brandt, 102–112. Berkeley: University of California Press.

Byrn, E. W. 1900. *The Progress of Invention in the Nineteenth Century.* New York: Munn & Co.

Caidin, M. 1960. *A Torch to the Enemy: The Fire Raid on Tokyo.* New York: Balantine Books.

Cairns, M. F., ed. 2015. *Shifting Cultivation and Environmental Change: Indigenous People, Agriculture and Forest Conservation.* London: Earthscan Routledge.

Cameron, R. 1982. The Industrial Revolution: A misnomer. *History Teacher* 15(3): 377–384.

Cameron, R. 1985. A new view of European industrialization. *Economic History Review* 3:1–23.

Campbell, B. M. S., and M. Overton. 1993. A new perspective on medieval and early modern agriculture: Six centuries of Norfolk farming, c. 1250-c. 1850. *Past & Present* 141(1): 38–105.

Campbell, H. R. 1907. *The Manufacture and Properties of Iron and Steel.* New York: Hill Publishing.

Cantelon, P. L., R. G. Hewlett, and R. C. Williams, eds. 1991. *The American Atom: A Documentary History of Nuclear Policies from the Discovery of Fission to the Present.* Philadelphia: University of Pennsylvania Press.

Capulli, M. 2003. *Le Navi della Serenissima: La Galea Veneziana di Lazise.* Venezia: Marsilio Editore.

Cardwell, D. S. L. 1971. *From Watt to Clausius: The Rise of Thermodynamics in the*

Early Industrial Age. Ithaca, NY: Cornell University Press.

Caro, R. A. 1982. *The Years of Lyndon Johnson: The Path to Power*. New York: Knopf.

Caron, F. 2013. *Dynamics of Innovation: The Expansion of Technology in Modern Times*. New York: Berghahn.

Carrier, D. R. 1984. The energetic paradox of human running and hominid evolution. *Current Anthropology* 25:483–495.

Carter, R. A. 2000. *Buffalo Bill Cody: The Man behind the Legend*. New York: John Wiley.

Carter, W. E. 1969. *New Lands and Old Traditions: Kekchi Cultivators in the Guatemala Lowlands*. Gainesville: University of Florida Press.

Casson, L. 1994. *Ships and Seafaring in Ancient Times*. Austin: University of Texas Press.

CDC(Centers for Disease Control and Prevention). 2015. Overweight & Obesity. http://www.cdc.gov/nchs/fastats/obesity-overweight.htm.

CDFA(Clean Diesel Fuel Alliance). 2015. Ultra Low Sulfur Diesel(ULSD). http://www.clean-diesel.org/index.htm.

Centre des Recherches Historiques. 1965. *Villages Desertes et Histoire Economique*. Paris: SEVPEN.

Ceruzzi, P. E. 2003. *A History of Modern Computing*. Cambridge, MA: MIT Press.

CFM International. 2015. Discover CFM. http://www.cfmaeroengines.com/files/brochures/Brochure_CFM_2015.pdf.

Chandler, T. 1987. *Four Thousand Years of Urban Growth: An Historical Census*. Lewiston, NY: Edwin Mellen Press.

Chapelle, H. I. 1988. *The History of American Sailing Ships*. Modesto, CA: Bonanza Books.

Charette, R. N. 2009. This car runs on code. *IEEE Spectrum 2009*(February). http://spectrum.ieee.org/green-tech/advanced-cars/this-car-runs-on-code/0.

Charles, C., and P. Wooders. 2011. *Subsidies to Liquid Transport Fuels: A comparative review of estimates*. Geneva: IISD.

Chartrand, R. 2003. *Napoleon's Guns 1792–1815*. Botley. Osprey Publishing.

Chase, K. 2003. *Firearms: A Global History to 1700*. Cambridge: Cambridge University Press.

Chatterton, E. K. 1914. *Sailing Ships: The Story of Their Development from the Earliest Times to the Present Day*. London: Sidgwick & Jackson.

Chatterton, E. K. 1926. *The Ship Under Sail*. London: Fisher Unwin.

Chauvois, L. 1967. *Histoire merveilleuse de Zénobe Gramme*. Paris: Albert Blanchard.

Cheney, Margaret. 1981. *Tesla: Man out of Time*. New York: Dorset Press.

Chevedden, P. E., et al. 1995. The trebuchet. *Scientific American* 273(1): 66–71.

China Energy Group. 2014. *Key China Energy Statistics 2014*. Berkeley, CA: Lawrence Berkeley National Laboratory.

Chincold. 2015. Three Gorges Project. http://www.chincold.org.cn/dams/rootfiles/2010/07/20/1279253974143251-1279253974145520.pdf.

Ching, F. D. K., M. Jarzombek, and V. Prakash. 2011. *A Global History of Architecture*. Hoboken, NJ: John Wiley & Sons.

Chorley, G. P. H. 1981. The agricultural revolution in Northern Europe, 1750–1880: Nitrogen, legumes, and crop productivity. *Economic History Review* 34(1):71–93.

Choudhury, P. C. 1976. *Hastividyarnava*. Gauhati: Publication Board of Assam.

Christ, K. 1984. *The Romans*. Berkeley: University of California Press.

Church, R., Hall, A. and J. Kanefsky. 1986. *History of the British Coal Industry*. Vol. 3, Victorian Pre-Eminence. Oxford: Oxford University Press.

Cipolla, C. M. 1965. *Guns, Sails and Empires: Technological Innovation and the Early Phases of European Expansion, 1400–1700*. New York: Pantheon Books.

City Population. 2015. Major agglomerations of the world. http://www.citypopulation. de/world/Agglomerations.html.

Clapham, J. H. 1926. *An Economic History of Modern Britain*. Cambridge: Cambridge University Press.

Clark, C., and M. Haswell. 1970. *The Economics of Subsistence Agriculture*. London: Macmillan.

Clark, G. 1987. Productivity growth without technical change in European agriculture before 1850. *Journal of Economic History* 47:419–432.

Clark, G. 1991. Yields per acre in English agriculture, 1250–1850: Evidence from labour inputs. *Economic History Review* 44:445–460.

Clark, G., M. Huberman, and P. H. Lindert. 1995. A British food puzzle, 1770–1850. *Economic History Review* 48:215–237.

Clarke, R., and M. Dubravko. 1983. *Soviet Economic Facts, 1917–1981*. London: Palgrave Macmillan.

Clarkson, L. A. 1985. *Proto-Industrialization: The First Phase of Industrialization?* London: Macmillan.

Clavering, E. 1995. The coal mills of Northeast England: The use of waterwheels for draining coal mines, 1600–1750. *Technology and Culture* 36:211–241.

Clerk, D. 1909. *The Gas, Petrol, and Oil Engine*. London: Longmans, Green and Co.

Cleveland, C. J., ed. 2004. *Encyclopedia of Energy*, 6 vols. Amsterdam: Elsevier.

Cleveland, C. J., and C. Morris. 2014. *Handbook of Energy*. Vol. 2, *Chronologies, Top Ten Lists, and World Clouds*. Amsterdam: Elsevier.

CMI(Center for Military History). 2010. *War in the Persian Gulf: Operations Desert Shield and Desert Storm*, August 1990–March 1991. http://www.history.army.mil/html/ books/070/70-117-1/cmh_70-117-1.pdf.

Coates, J. F. 1989. The trireme sails again. *Scientific American* 261(4): 68–75.

Cobbett, J. P. 1824. *A Ride of Eight Hundred Miles in France*. London: Charles Clement.

Cochrane, W. W. 1993. *The Development of American Agriculture: A Historical Analysis*. Minneapolis: University of Minnesota Press.

Cockrill, W. R., ed. 1974. *The Husbandry and Health of the Domestic Buffalo*. Rome: FAO.

Cohen, B. 1990. *Benjamin Franklin's Science*. Cambridge, MA: Harvard University Press.

Cohen, N. M. 1977. *The Food Crisis in Prehistory*. New Haven, CT: Yale University Press.

Collier, B. 1962. *The Battle of Britain*. London: Batsford.

Collins, E. V., and A. B. Caine. 1926. *Testing Draft Horses. Iowa Experimental Station Bulletin* 240.

Coltman, J. W. 1988. The transformer. *Scientific American* 258(1): 86–95.

Committee for the Compilation of Materials on Damage Caused by the Atomic bombs in Hiroshima and Nagasaki. 1991. *Hiroshima and Nagasaki: The Physical, Medical and Social Effects of the Atomic Bombing*. New York: Basic Books.

Conklin, H. C. 1957. *Hanunoo Agriculture*. Rome: FAO.

Conquest, Robert. 2007. *The Great Terror: A Reassessment*. 40th Anniversary Edition. Oxford: Oxford University Press.

Constable, G., and B. Somerville. 2003. *A Century of Innovation*. Washington, DC: Joseph Henry Press.

Constant, E. W. 1981. *The Origins of Turbojet Revolution*. Baltimore, MD: Johns

Hopkins University Press.

Coomes, O. T., F. Grimard, and G. J. Burt. 2000. Tropical forests and shifting cultivation: Secondary forest fallow dynamics among traditional farmers of the Peruvian Amazon. *Ecological Economics* 32:109–124.

Coopersmith, J. 2010. *Energy, the Subtle Concept: The Discovery of Feynman's Blocks from Leibniz to Einstein.* Oxford: Oxford University Press.

Copley, Frank B. 1923. *Frederick W. Taylor: Father of Scientific Management.* New York: Harper & Brothers.

Cornways. 2015. Combine. http://www.cornways.de/hi_combine.html.

Cotterell, B., and J. Kamminga. 1990. *Machines of Pre-industrial Technology.* Cambridge: Cambridge University Press.

Coulomb, C. A. 1799. Résultat de plusieurs expériences destinées à déterminer la quantité d'action que les hommes peuvent fournir par leur travail journalier. *...Mémoires de l'Institut national des sciences et arts—Sciences mathématiques et physique* 2:380–428.

Coulton, J. J. 1977. *Ancient Greek Architects at Work.* Ithaca, NY: Cornell University Press.

Cowan, R. 1990. Nuclear power reactors: A study in technological lock-in. *Journal of Economic History* 50:541–567.

Craddock, P. T. 1995. *Early Metal Mining and Production.* Edinburgh: Edinburgh University Press.

Crafts, N. F. R., and C. K. Harley. 1992. Output growth and the British Industrial Revolution. *Economic History Review* 45:703–730.

Crafts, N., and T. Mills. 2004. Was 19th century British growth steam-powered? The climacteric revisited. *Explorations in Economic History* 41:156–171.

Croil, J. 1898. *Steam Navigation.* Toronto: William Briggs.

Crossley, D. 1990. *Post-medieval Archaeology in Britain.* Leicester: Leicester University Press.

Cummins, C. L. 1989. *Internal Fire.* Warrendale, PA: Society of Automotive Engineers.

Cumpsty, N. 2006. *Jet Propulsion.* Cambridge: Cambridge University Press.

Cuomo, S. 2004. The sinews of war: Ancient catapults. *Science* 303:771–772.

Curtis, W. H. 1919. *Wood Ship Construction.* New York: McGraw-Hill.

Daggett, S. 2010. *Costs of Major U.S. Wars.* Washington, DC: Congressional Research Service. http://cironline.org/sites/default/files/legacy/files/June2010CRScostofuswars.pdf.

Dalby, W. E. 1920. *Steam Power.* London: Edward Arnold.

Darby, H. C. 1956. The clearing of the woodland of Europe. In *Man's Role in Changing the Face of the Earth,* ed. W. L. Thomas, 183–216. Chicago: University of Chicago Press.

Darling, K. 2004. *Concorde.* Marlborough: Crowood Press.

Daugherty, C. R. 1927. The development of horse-power equipment in the United States. In *Power Capacity and Production in the United States,* ed. C. R. Daugherty, A. H. Horton and R. W. Davenport, 5–112. Washington, DC: U.S. Geological Survey.

Daumas, M., ed. 1969. *A History of Technology and Invention.* New York: Crown Publishers.

David, P. 1985. Clio and the economics of QWERTY. *American Economic Review* 75:332–337.

David, P. A. 1991. The hero and the herd in technological history: Reflections on Thomas Edison and the Battle of the Systems. In *Favorites of Fortune: Technology, Growth and Economic Development since the Industrial Revolution,* ed. P. Higonett, D. S. Landes and H. Rosovsky, 72–119. Cambridge, MA: Harvard University Press.

Davids, K. 2006. River control and the evolution of knowledge: A comparison between regions in China and Europe, c. 1400–1850. *Journal of Global History* 1:59–79.

Davies, N. 1987. *The Aztec Empire: The Toltec Resurgence*. Norman: University of Oklahoma Press.

Davis, M. 2001. *Late Victorian Holocausts*. New York: Verso.

de Beaune, S. A., and R. White. 1993. Ice age lamps. *Scientific American* 266(3): 108–113.

de la Torre, I. 2011. The origins of stone tool technology in Africa: A historical perspective. *Philosophical Transactions of the Royal Society of London. Series B, Biological Sciences* 366(1567): 1028–1037.

De Zeeuw, J. W. 1978. Peat and the Dutch Golden Age: The historical meaning of energy-attainability. *A.A.G. Bijdragen* 21:3–31.

Deffeyes, K. S. 2001. *Hubbert's Peak: The Impending World Oil Shortage*. Princeton, NJ: Princeton University Press.

Demarest, A. 2004. *Ancient Maya: The Rise and Fall of a Rainforest Civilization*. Cambridge: Cambridge University Press.

Dempsey, P. 2015. Notes on the Liberty aircraft engine. http://www.enginehistory.org/Before1925/Liberty/LibertyNotes.shtml.

Denevan, W. H. 1982. Hydraulic agriculture in the American tropics: Forms, measures, and recent research. In *Maya Subsistence*, ed. K. V. Flannery, 181–203. New York: Academic Press.

Denny, M. 2004. The efficiency of overshot and undershot waterwheels. *European Journal of Physics* 25:193–202.

Denny, M. 2007. *Ingenium: Five Machines That Changed the World*. Baltimore, MD: Johns Hopkins University Press.

Dent, A. 1974. *The Horse*. New York: Holt, Rinehart and Winston.

Department of Energy & Climate Change, UK Government. 2015. Historical coal data: Coal production, availability and consumption 1853 to 2014. https://www.gov.uk/government/statistical-data-sets/historical-coal-data-coal-production-availability-and-consumption-1853-to-2011.

Derry, T. K., and T. I. Williams. 1960. *A Short History of Technology*. Oxford: Oxford University Press.

Diamond, J. 2011. *Collapse: How Societies Choose to Fail or Succeed*. New York: Penguin Books.

Dickens, C. 1854. *Hard Times*. London: Bradbury & Evans.

Dickey, P. A. 1959. The first oil well. *Journal of Petroleum Technology* 59:14–25.

Dickinson, H. W. 1939. *A Short History of the Steam Engine*. Cambridge: Cambridge University Press.

Dickinson, H. W., and R. Jenkins. 1927. *James Watt and the Steam Engine*. Oxford: Oxford University Press.

Diderot, D., and J.L.R. D'Alembert. 1769–1772. *L'Encyclopedie ou dictionnaire raisonne des sciences des arts et des métiers*. Paris: Avec approbation et privilege du roy.

Dieffenbach, E. M., and R. B. Gray. 1960. The development of the tractor. In *Power to Produce: 1960 Yearbook of Agriculture*, 24–45. Washington, DC: U.S. Department of Agriculture.

Dien, A. 2000. The stirrup and its effect on Chinese military history. http://www.silk-road.com/artl/stirrup.shtml.

Diener, E., E. Suh, and S. Oishi. 1997. Recent findings on subjective well-being. *Indian Journal of Clinical Psychology* 24:25–41.

Diesel, E. 1937. *Diesel: Der Mensch, das Werk, das Schicksal*. Hamburg: Hanseatische Verlagsanstalt.

Diesel, R. 1893a. Arbeitsverfahren und Ausführungsart für Verbrennungskraftmaschinen.

https://www.dhm.de/lemo/bestand/objekt/patentschrift-von-rudolf-diesel-1893.html.

Diesel, R. 1893b. *Theorie und Konstruktion eines rationellen Wärmemotors zum Ersatz der Dampfmaschinen und der heute bekannten Verbrennungsmotoren.* Berlin: Julius Springer.

Diesel, R. 1903. *Solidarismus: Natürliche wirtschaftliche Erlösung des Menschen.* Munich(repr., Augsburg: Maro Verlag, 2007).

Diesel, R. 1913. *Die Entstehung des Dieselmotors.* Berlin: Julius Springer.

Dikötter, F. 2010. *Mao's Great Famine: The History of China's Most Devastating Catastrophe, 1958–1962.* London: Walker Books.

DK Publishing. 2012. *Military History: The Definitive Visual Guide to the Objects of Warfare.* New York: DK Publishing.

Domínguez-Rodrigo, M. 2002. Hunting and scavenging by early humans: The state of the debate. *Journal of World Prehistory* 16:1–54.

Donnelly, J. S. 2005. *The Great Irish Potato Famine.* Stroud: Sutton Publishing.

Doorenbos, J., et al. 1979. *Yield Response to Water.* Rome: FAO.

Dowson, D. 1973. Tribology before Columbus. *Mechanical Engineering* 95(4):12–20.

Doyle, J., B. Francis, and A. Tannenbaum. 1990. *Feedback Control Theory.* London: Macmillan.

Drews, R. 2004. *Early Riders: The Beginnings of Mounted Warfare in Asia and Europe.* New York: Routledge.

Duby, G. 1968. *Rural Economy and Country Life in the Medieval West.* London: Edward Arnold.

Duby, G. 1998. *Rural Economy and Country Life in the Medieval West.* Philadelphia: University of Pennsylvania Press.

Dukes, J. S. 2003. Burning buried sunshine: Human consumption of ancient solar energy. *Climatic Change* 61:31–44.

Duncan-Jones, R. 1990. *Structure and Scale in the Roman Economy.* Cambridge: Cambridge University Press.

Dunsheath, P. 1962. *A History of Electrical Industry.* London: Faber and Faber.

Dupont, B., D. Keeling, and T. Weiss. 2012. Passenger fares for overseas travel in the 19th and 20th centuries. Paper presented at the Annual Meeting of the Economic History Association, Vancouver, BC, September 21–23. http://eh.net/eha/wp-content/uploads/2013/11/Weissetal.pdf.

Dyer, Frank L., and Thomas C. Martin. 1929. *Edison: His Life and Inventions.* New York: Harper & Brothers.

Eagar, T. W., and C. Musso. 2001. Why did the World Trade Center collapse? Science, engineering, and speculation. *JOM* 53:8–11. http://www.tms.org/pubs/journals/JOM/0112/Eagar/Eagar-0112.html.

Earl, D. 1973. *Charcoal and Forest Management.* Oxford: Oxford University Press.

Eavenson, H. N. 1942. *The First Century and a Quarter of American Coal Industry.* Pittsburgh, PA: Privately printed.

Eckermann, E. 2001. *World History of the Automobile.* Warrendale, PA: SAE Press.

ECRI(Economic Cycle Research Institute). 2015. Economic cycles. https://www.businesscycle.com.

Eden, F. M. 1797. *The State of the Poor.* London: J. Davis.

Edison, T. A. 1880. Electric Light. Specification forming part of Letters Patent No.227,229, dated May 4, 1880. Washington, DC: U.S. Patent Office. http://www.uspto.gov.

Edison, T. A. 1889. The dangers of electric lighting. *North American Review* 149:625–634.

Edgerton, D. 2007. *The Shock of the Old: Technology and Global History since 1900.* Oxford: Oxford University Press.

Edgerton, S. Y. 1961. Heat and style: Eighteenth-century house warming by stoves. *The Journal of the Society of Architectural Historians* 20:20–26.

Edwards, J. F. 2003. Building the Great Pyramid: Probable construction methods employed at Giza. *Technology and Culture* 44:340–354.

Egerton, W. 1896. *Indian and Oriental Armour.* London: W. H. Allen.

Egg, E., et al. 1971. *Guns.* Greenwich, CT: New York Graphic Society.

Electricity Council. 1973. *Electricity Supply in Great Britain: A Chronology—From the Beginnings of the Industry to 31 December 1972.* London: Electricity Council.

Elliott, D. 2013. *Fukushima: Impacts and Implications.* Houndmills: Palgrave Macmillan.

Ellis, C. H. 1983. *The Lore of the Train.* New York: Crescent Books.

Ellison, R. 1981. Diet in Mesopotamia: The evidence of the barley ration texts. *Iraq* 45:35–45.

Ellul, J. 1954. *La Technique ou l'enjeu du siècle.* Paris: Armand Colin.

Elphick, P. 2001. *Liberty: The Ships That Won the War.* Annapolis, MD: Naval Institute Press.

Elton, A. 1958. Gas for light and heat. In *A History of Technology*, vol. 4, ed. C. Singer et al., 258–275. Oxford: Oxford University Press.

Engels, F. 1845. *Die Lage der arbeitenden Klasse in England.* Leipzig: Otto Wigand.

Erdkamp, P. 2005. *The Grain Market in the Roman Empire: A Social, Political and Economic Study.* Cambridge: Cambridge University Press.

Erickson, C. L. 1988. Raised field agriculture in the Lake Titicaca Basin. *Expedition* 30(1): 8–16.

Erlande-Brandenburg, A. 1994. *The Cathedral: The Social and Architectural Dynamics of Construction.* Cambridge: Cambridge University Press.

Esmay, M. L., and C. W. Hall, eds. 1968. *Agricultural Mechanization in Developing Countries.* Tokyo: Shin-Norinsha.

Evangelou, P. 1984. *Livestock Development in Kenya's Maasailand.* Boulder, CO: Westview Press.

Evans, O. 1795. *The Young Millwright and Miller's Guide.* Philadelphia: O. Evans.

Evelyn, J. 1607. *Silva.* London: R. Scott.

Ewbank, T. 1870. *A Descriptive and Historical Account of Hydraulic and Other Machines for Raising Water.* New York: Scribner.

Executive Office of the President. 2013. *Economic Benefits of Increasing Electric Grid Resilience to Weather Outages.* Washington, DC: The White House.

Fairlie, S. 2011. Notes on the history of the scythe and its manufacture. http://scytheassociation.org/history.

Faith, J. T. 2007. Eland, buffalo, and wild pigs: Were Middle Stone Age humans ineffective hunters? *Journal of Human Evolution* 55:24–36.

Falkenstein, A. 1939. *Zehnter vorläufiger Bericht über die von der Notgemeinschaft der deutschen Wissenschaft in Uruk-Warka unternommen Ausgrabungen.* Berlin: Verlag Akademie der Wissenschaften.

Falkus, M. E. 1972. *The Industrialization of Russia, 1700–1914.* London: Macmillan.

Fant, K. 2014. *Alfred Nobel: A Biography.* New York: Arcade Publishing.

FAO(Food and Agriculture Organization). 2004. *Human Energy Requirements. Report of a Joint FAO/WHO/UNU Consultation.* Rome: FAO.

FAO. 2015a. FAOSTAT. http://faostat3.fao.org/home/E.

FAO. 2015b. The state of food insecurity in the world 2015. http://www.fao.org/hunger/

key-messages/en.

Faraday, M. 1832. Experimental researches in electricity. *Philosophical Transactions of the Royal Society of London* 122:125–162.

Farey, J. 1827. *A Treatise on the Steam Engine*. London: Longman, Rees, Orme, Brown and Green.

Faulseit, R. K., ed. 2015. *Beyond Collapse: Archaeological Perspectives on Resilience, Revitalization, and Transformation in Complex Societies*. Carbondale, IL: Southern Illinois University Press.

Federico, G. 2008. *Feeding the World: An Economic History of Agriculture, 1800–2000*. Princeton, NJ: Princeton University Press.

Ferguson, E. F. 1971. The measurement of the "man-day." *Scientific American* 225(4): 96–103.

Fernández-Armesto, F. 1988. *The Spanish Armada: The Experience of War in 1588*. New York: Oxford University Press.

Feuerbach, A. 2006. Crucible Damascus steel: A fascination for almost 2,000 years. *Journal of Metals*(May): 48–50.

Feugang, J. M., P. Konarski, D. Zou, F. C. Stintzing, and C. Zou. 2006. Nutritional and medicinal use of cactus pear(Opuntia spp.) cladodes and fruits. *Frontiers in Bioscience* 11:2574–2589.

Feynman, R. 1988. *The Feynman Lectures on Physics*. Redwood City, CA: Addison-Wesley.

Fiedel, S., and G. Haynes. 2004. A premature burial: Comments on Grayson and Meltzer's "Requiem for overkill." *Journal of Archaeological Science* 31:121–131.

Figuier, L. 1888. *Les nouvelles conquêtes de la science: L'électricité*. Paris: Manpir Flammarion.

Finley, M. I. 1959. Was Greek civilization based on slave labour? *Historia. Einzelschriften* 1959:145–164.

Finley, M. I. 1965. Technical innovation and economic progress in the ancient world. *Economic History Review* 18:29–45.

Finniston, M. et al. 1992. *Oxford Illustrated Encyclopedia of Invention and Technology*. Oxford: Oxford University Press.

Fish, J. L., and C. A. Lockwood. 2003. Dietary constraints on encephalization in primates. *American Journal of Physical Anthropology* 120:171–181.

Fitchen, J. 1961. *The Construction of Gothic Cathedrals: A Study of Medieval Vault Erection*. Chicago: University of Chicago Press.

Fitzhugh, B., and J. Habu, eds. 2002. *Beyond Foraging and Collecting: Evolutionary Change in Hunter-Gatherer Settlement Systems*. Berlin: Springer.

Flannery. K.V., ed. 1982. *Maya Subsistence*. New York: Academic Press.

Flink, J. J. 1988. *The Automobile Age*. Cambridge, MA: MIT Press.

Flinn, M. W. et al. 1984–1993. *History of the British Coal Industry*, 5 vols. Oxford: Oxford University Press.

Flower, R., and M. W. Jones. 1981. *100 Years of Motoring: An RAC Social History of Car*. Maidenhead: McGraw-Hill.

Fluck, R. C., ed. 1992. *Energy in Farm Production*. Amsterdam: Elsevier.

Fogel, R. W. 1991. The conquest of high mortality and hunger in Europe and America: Timing and mechanisms. In *Favorites of Fortune*, ed. P. Higgonet et al., 33–71. Cambridge, MA: Harvard University Press.

Foley, R. A., and P. C. Lee. 1991. Ecology and energetics of encephalization in hominid evolution. *Philosophical Transactions of the Royal Society of London* 334:223–232.

Fontana, D. 1590. Della trasportatione dell'obelisco Vaticano et delle fabriche dinostro signore Papa Sisto V. Roma: Domenico Basa. http://www.rarebookroom.org/Control/ftaobc/index.html.

Forbes, R. J. 1958. Power to 1850. In *A History of Technology*, vol. 4, ed. C. Singer et al., 148–167. Oxford: Oxford University Press.

Forbes, R. J. 1964–1972. *Studies in Ancient Technology*. 9 volumes. Leiden: E. J. Brill.

Forbes, R. J. 1964. Bitumen and petroleum in antiquity. In *Studies in Ancient Technology*. vol. 1, 1–124. Leiden: E. J. Brill.

Forbes, R. J. 1965. *Studies in Ancient Technology*, vol. 2. Leiden: E. J. Brill.

Forbes, R. J. 1966. Heat and heating. In *Studies in Ancient Technology*, vol. 6, 1–103. Leiden: E. J. Brill.

Forbes, R. 1972. Copper. In *Studies in Ancient Technology*, vol. 6, 1–133. Leiden: E. J. Brill.

Forbes. 2015. The world's biggest public companies. http://www.forbes.com/global2000/list/#tab:overall.

Fores, M. 1981. The Myth of a British Industrial Revolution. *History* 66:181–198.

Foster, D. R., and J. D. Aber. 2004. F*orests in Time: The Environmental Consequences of 1,000 Years of Change in New England*. New Haven, CT: Yale University Press.

Foster, N., and L. D. Cordell. 1992. *Chilies to Chocolate: Food the Americas Gave the World*. Tucson: University of Arizona Press.

Fouquet, R. 2008. *Heat, Power and Light: Revolutions in Energy Services*. London: Edward Elgar.

Fouquet, R. 2010. The slow search for solutions: Lessons from historical energy transitions by sector and service. *Energy Policy* 38:6586–6596.

Fouquet, R., and P. J. G. Pearson. 2006. Seven centuries of energy services: The price and use of light in the United Kingdom(1300–2000). *Energy Journal* 27:139–177.

Fox, R. F. 1988. *Energy and the Evolution of Life*. San Francisco: W. H. Freeman.

Francis, D. 1990. *The Great Chase: A History of World Whaling*. Toronto: Penguin Books.

Frankenfield, D. C., E. R. Muth, and W. A. Rowe. 1998. The Harris-Benedict studies of human basal metabolism: History and limitations. *Journal of the American Dietetic Association* 98:439–445.

FRED(Federal Reserve Economic Data). 2015. Real gross domestic product per capita. https://research.stlouisfed.org/fred2/series/A939RX0Q048SBEA.

Freedman, B. 2014. *Global Environmental Change*. Amsterdam: Springer Netherlands.

Freedom House. 2015. Freedom in the world 2015. https://freedomhouse.org/report/freedom-world/freedom-world-2015#.Vfcs74dRGM8.

Freese, S. 1957. *Windmills and Millwrighting*. Cambridge: Cambridge University Press.

French, J. C., and C. Collins. 2015. Upper Palaeolithic population histories of southwestern France: A comparison of the demographic signatures of 14 C date distributions and archaeological site counts. *Journal of Archaeological Science* 55:122–134.

Friedel, R., and P. Israel. 1986. *Edison's Electric Light*. New Brunswick, NJ: Rutgers University Press.

Friedman, H. B. 1992. DDT(dichlorodiphenyltrichloroethane): A chemist's tale. *Journal of Chemical Education* 69:362–365.

Frison, G. C. 1987. Prehistoric hunting strategies. In *The Evolution of Human Hunting*, ed. M. H. Nitecki and D. V. Nitecki, 177–223. New York: Plenum Press.

Froment, A. 2001. Evolutionary biology and health of hunter-gatherer populations. In *Hunter-gatherers: An Interdisciplinary Perspective*, ed. C. Panter-Brick, R. Layton and P. Rowley-Conwy, 239–266. Cambridge: Cambridge University Press.

Fry, H. 1896. *History of North Atlantic Steam Navigation*. London: Sampson, Low,

Marston & Company.

Fujimoto, T. 1999. *The Evolution of a Manufacturing System at Toyota*. New York: Oxford University Press.

Fussell, G. E. 1952. *The Farmer's Tools, 1500–1900*. London: A. Melrose.

Fussell, G. E. 1972. *The Classical Tradition in West European Farming*. Rutherford: Fairleigh Dickinson University Press.

Gaastra, F. S. 2007. *The Dutch East India Company*. Zutpen: Walburg Press.

Gaier, C. 1967. The origin of Mons Meg. *Journal of the Arms and Armour Society London* 5:425–431.

Galaty, J. G., and P. C. Salzman, eds. 1981. *Change and Development in Nomadic and Pastoral Societies*. Leiden: E. J. Brill.

Gales, B., et al. 2007. North versus South: Energy transition and energy intensity in Europe over 200 years. *European Review of Economic History* 2:219–253.

Galloway, J. A., D. Keene, and M. Murphy. 1996. Fuelling the city: Production and distribution of firewood and fuel in London's region, 1290–1400. *Economic History Review* 49:447–472.

Galor, O. 2005. *From Stagnation to Growth: Unified Growth Theory*. Amsterdam: Elsevier.

Gamarra, N. T. 1969. *Erroneous Predictions and Negative Comments*. Washington, DC: Library of Congress.

Gans, P. J. 2004. The medieval horse harness: Revolution or evolution? A case study in technological change. In *Villard's Legacy: Studies in Medieval Technology, Science and Art in Memory of Jean Gimpel*, ed. M.-T. Zenner, 175–187. London: Routledge.

Garcke, E. 1911. Electric lighting. In *Encyclopaedia Britannica*, 11th ed., vol. 9., 651–673. Cambridge: Cambridge University Press.

Gardiner, R. 2000. *The Heyday of Sail: The Merchant Sailing Ship 1650–1830*. New York: Chartwell Books.

Gardner, J., ed. 2011. *Gilgamesh*. New York: Knopf Doubleday.

Garrett, C., and M. Wade-Matthews. 2015. *The Ultimate Encyclopedia of Steam and Rail*. London: Southwater Publishing.

Gartner. 2015. Gartner says Smartphone sales surpassed one billion units in 2014. http://www.gartner.com/newsroom/id/2996817.

Gaskell, E. 1855. *North and South*. London: Chapman & Hall.

Gates, D. 2011. *The Napoleonic Wars 1803–1815*. New York: Random House.

Geerdes, M., H. Toxopeus, and C. van der Vliet. 2009. *Modern Blast Furnace Ironmaking*. Amsterdam: IOS Press.

Geertz, C. 1963. *Agricultural Involution*. Berkeley: University of California Press.

Gehlsen, D. 2009. *Social Complexity and the Origins of Agriculture*. Saarbrücken: VDM Verlag.

Georgescu-Roegen, N. 1975. Energy and economic myths. *Ecologist* 5:164–174, 242–252.

Georgescu-Roegen, N. 1980. Afterword. In *Entropy: A New World View*, ed. J. Rifkin, 261–269. New York: Viking Press.

Geothermal Energy Association. 2014. 2014 Annual U.S. & Global Geothermal Power Production Report. http://geo-energy.org/events/2014%20Annual%20US%20&%20Global%20Geothermal%20Power%20Production%20Report%20Final.pdf.

Gerhold, D. 1993. *Road Transport before the Railways*. Cambridge: Cambridge University Press.

Gesner, J. M., ed. 1735. *Scriptores rei rusticae*. Leipzig: Fritsch.

Giampietro, M., and K. Mayumi. 2009. *The Biofuel Delusion*. London: Earthscan.

excelsa) by scatter-hoarding rodents in a central Amazonian forest. *Journal of Tropical Ecology* 26:251–262.

Hausman, W. J., P. Hertner, and M. Wilkins. 2008. *Global Electrification: Multinational Enterprise and International Finance in the History of Light and Power, 1878–2007*. Cambridge: Cambridge University Press.

Hawkes, K., J. F. O'Connell, and N. G. Blurton Jones. 2001. Hadza meat sharing. *Evolution and Human Behavior* 22:113–142.

Hayden, B. 1981. Subsistence and ecological adaptations of modern hunter/gatherers. In *Omnivorous Primates*, ed. R. S. O. Harding and G. Teleki, 344–421. New York: Columbia University Press.

Haynie, D. 2001. *Biological Thermodynamics*. Cambridge: Cambridge University Press.

Headland, T. N., and L. A. Reid. 1989. Hunter-gatherers and their neighbors from prehistory to the present. *Current Anthropology* 30:43–66.

Heidenreich, C. 1971. *Huronia: A History and Geography of the Huron Indians*. Toronto: McClelland and Stewart.

Heinrich, B. 2001. *Racing the Antelope: What Animals Can Teach Us about Running and Life*. New York: HarperCollins.

Heizer, R. F. 1966. Ancient heavy transport, methods and achievements. *Science* 153:821–830.

Helland, J. 1980. *Five Essays on the Study of Pastoralists and the Development of Pastoralism*. Bergen: Universitet i Bergen.

Helliwell, J. F., R. Layard, and J. Sachs eds. 2015. World Happiness Report 2015. http://worldhappiness.report/wp-content/uploads/sites/2/2015/04/WHR15-Apr29-update.pdf.

Hemphill, R. 1990. Le transport de l'obélisque du Vatican. *Etudes Francaises* 26(3):111–116.

Henry, A. G., A. S. Brooks, and D. R. Piperno. 2014. Plant foods and the dietary ecology of Neanderthals and early modern humans. *Journal of Human Evolution* 69:44–54.

Heppenheimer, T. A. 1995. *Turbulent Skies: The History of Commercial Aviation*. New York: John Wiley.

Herlihy, D. V. 2004. *Bicycle: The History*. New Haven, CT: Yale University Press.

Herodotus. n.d. Book of Histories. Excerpt at http://www.cheops-pyramide.ch/khufu-pyramid/herodotus.html.

Herring, H. 2004. Rebound effect in energy conservation. In *Encyclopedia of Energy*, ed. C. Cleveland et al., vol. 5, pp. 411–423. Amsterdam: Elsevier.

Herring, H. 2006. Energy efficiency: A critical view. *Energy* 31:10–20.

Heston, A. 1971. An approach to the sacred cow of India. *Current Anthropology* 12:191–209.

Heyne, E. G., ed. 1987. *Wheat and Wheat Improvement*. Madison, WI: American Society of Agronomy.

Hildinger, E. 1997. *Warriors of the Steppe: A Military History of Central Asia, 500 B.C. to A.D. 1700*. New York: Sarpedon Publishers.

Hill, A. V. 1922. The maximum work and mechanical efficiency of human muscles and their most economical speed. *Journal of Physiology* 56:19–41.

Hill, D. 1984. *A History of Engineering in Classical and Medieval Times*. La Salle, IL: Open Court Publishing.

Hills, R. 1989. *Power from Steam: A History of the Stationary Steam Engine*. Cambridge: Cambridge University Press.

Hindle, B., ed. 1975. *America's Wooden Age: Aspects of Its Early Technology*. Tarrytown, NY: Sleepy Hollow Restorations.

Hippisley, J. C. 1823. *Prison Treadmills*. London: W Nicol.

Hitchcock, R. K., and J. I. Ebert. 1984. Foraging and food production among Kalahari hunter/gatherers. In *From Hunters to Farmers*, ed. J. D. Clark and S. A. Brandt, 328–348. Berkeley: University of California Press.

Ho, P. 1975. *The Cradle of the East*. Hong Kong: Chinese University of Hong Kong Press.

Hodge, A. T. 1990. A Roman factory. *Scientific American* 263(5): 106–111.

Hodge, A. T. 2001. *Roman Aqueducts & Water Supply*. London: Duckworth.

Hodges, P. 1989. How the Pyramids Were Built. Longmead: Element Books. Hoffmann, H. 1953. Die chemische Veredlung der Steinkohle durch Verkokung. http://epic.awi.de/23532/1/Hof1953a.pdf.

Hogan, W. T. 1971. *Economic History of the Iron and Steel Industry in the United States*. 5 vols. Lexington, MA: Lexington Books.

Hogg, I. V. 1997. *German Artillery of World War Two*. Mechanicsville, PA: Stackpole Books.

Holley, I. B. 1964. *Buying Aircraft: Matériel Procurement for the Army Air Forces*. Washington, DC: Department of the Army.

Holliday, M. A. 1986. Body composition and energy needs during growth. In *Human Growth: A Comprehensive Treatise*, ed. F. Falkner and J. M. Tanner, vol. 2, 101–117. New York: Plenum Press.

Holt, P. M. 2014. *The Age of the Crusades: The Near East from the Eleventh Century to 1517*. London: Routledge.

Holt, R. 1988. *The Mills of Medieval England*. Oxford: Oxford University Press.

Homewood, K. 2008. *Ecology of African Pastoralist Societies*. Oxford: James Curry.

Hommel, R. P. 1937. *China at Work*. Doylestown, PA: Bucks County Historical Society.

Hong, S. 2001. *Wireless: From Marconi's Black-Box to the Audio*. Cambridge, MA: MIT Press.

Hopfen, H. J. 1969. *Farm Implements for Arid and Tropical Regions*. Rome: FAO.

Hough, R. and D. Richards. 2007. *Battle of Britain*. Barnsley: Pen & Sword Aviation.

Hounshell, D. A. 1981. Two paths to the telephone. *Scientific American* 244(1): 157–163.

Howell, J. M. 1987. Early farming in Northwestern Europe. *Scientific American* 257(5): 118–126.

Howell, J. W., and H. Schroeder. 1927. *The History of the Incandescent Lamp*. Schenectady, NY: Maqua Co.

Hoyt, E. P. 2000. *Inferno: The Fire Bombing of Japan, March 9–August 15, 1945*. New York: Madison Books.

Hua, J. 1983. The mass production of iron castings in ancient China. *Scientific American* 248:120–128.

Huang, N. 1958. *China Will Overtake Britain*. Beijing: Foreign Languages Press.

Hubbard, F. H. 1981. *Encyclopedia of North American railroading: 150 years of railroading in the United States and Canada*. New York: McGraw-Hill.

Hublin, J.-J., and M. P. Richards, eds. 2009. *The Evolution of Hominin Diets: Integrating Approaches to the Study of Palaeolithic Subsistence*. Berlin: Springer.

Hudson, P. 1990. Proto-industrialisation. *Recent Findings of Research in Economics and Social History* 10:1–4.

Hughes, Thomas P. 1983. *Networks of Power*. Baltimore, MD: Johns Hopkins University Press.

Hugill, P. J. 1993. *World Trade Since 1431*. Baltimore, MD: Johns Hopkins University Press.

Humphrey, W. S., and J. Stanislaw. 1979. Economic growth and energy consumption in the UK, 1700–1975. *Energy Policy* 7:29–42.

Hunley, J. D. 1995. The Enigma of Robert H. Goddard. *Technology and Culture* 36:327–350.

Hunter, L. C. 1975. Water power in the century of steam. In *America's Wooden Age: Aspects of Its Early Technology*, ed. B. Hindle, 160–192. Tarrytown, PA: Sleepy Hollow Restorations.

Hunter, L. 1979. *A History of Industrial Power in the US, 1780–1930*, vol. 1. Charlottesville: University of Virginia Press.

Hunter, L. C., and L. Bryant. 1991. *A History of Industrial Power in the United States, 1780–1930. Vol. 3, The Transmission of Power*. Cambridge, MA: MIT Press.

Husslage, G. 1965. *Windmolens: Een overzicht van de verschillende molensoorten en hunwerkwijze*. Amsterdam: Heijnis.

Huurdeman, A. A. 2003. *The Worldwide History of Telecommunications*. New York: John Wiley & Sons.

Hyde, C. K. 1977. *Technological Change and the British Iron Industry 1700–1870*. Princeton, NJ: Princeton University Press.

Hyland, A. 1990. *Equus: The Horse in the Roman World*. New Haven, CT: Yale University Press.

IBIS World. 2015. Bicycle manufacturing in China. http://www.ibisworld.com/industry/china/bicycle-manufacturing.html.

IEA(International Energy Agency). 2015a. *Energy Balances of Non-OECD Countries*. Paris: IEA.

IEA. 2015b. World balance. http://www.iea.org/sankey.

Ienaga, S. 1978. *The Pacific War, 1931–1945*. New York: Pantheon Books.

ICCT(International Council on Clean Transportation). 2014. *European Vehicle Market Statistics. Pocketbook 2014*. http://www.theicct.org/sites/default/files/publications/EU_pocketbook_2014.pdf.

IFIA(International Fertilizer Industry Association). 2015. Market outlook reports. http://www.fertilizer.org/MarketOutlooks.

Illich, I. 1974. *Energy and Equity*. New York: Harper and Row.

IMF(International Monetary Fund). 2015. Counting the cost of energy subsidies. http://www.imf.org/external/pubs/ft/survey/so/2015/new070215a.htm.

Intel. 2015. Moore's law and Intel innovation. http://www.intel.com/content/www/us/en/history/museum-gordon-moore-law.html.

International Labour Organization. 2015. Forced labour, human trafficking and slavery. http://www.ilo.org/global/topics/forced-labour/lang--en/index.htm.

IPCC(Intergovernmental Panel on Climate Change). 2015. 〔 *Synthesis Report Summary for Policymakers*. Geneva: IPCC. 〕*Climatic Change*:2014.

Irons, W., and N. Dyson-Hudson, eds. 1972. *Perspective on Nomadism*. Leiden: E. J. Brill.

IRRI(International Rice Research Institute). 2015. Rice milling. http://www.knowledgebank.irri.org/ericeproduction/PDF_&_Docs/Teaching_Manual_Rice_Milling.pdf.

Jakab, P. L. 1990. *Visions of a Flying Machine: The Wright Brothers and the Process of Invention*. Washington, DC: Smithsonian Institution Press.

Jamasmie, C. 2015. End of an era for UK coal mining: Last mines close up shop. http://www.mining.com/end-of-an-era-for-uk-coal-mining-last-mines-close-up-shop.

James, A. 2015. Global PV Demand Outlook 2015–2020: Exploring Risk in Downstream Solar Markets. GTM Research, June. http://www.greentechmedia.com/research/report/global-pv-demand-outlook-2015-2020.

Janick, J. 2002. Ancient Egyptian agriculture and the origins of horticulture. *Acta Horticulturae* 582:23–39.

Jansen, M. B. 2000. *The Making of Modern Japan*. Cambridge, MA: Belknap Press of Harvard University Press.

Jehl, F. 1937. *Menlo Park Reminiscences*. Dearborn, MI: Edison Institute.

Jenkins, B. 1993. *Properties of Biomass, Appendix to Biomass Energy Fundamentals*. Palo Alto, CA: EPRI.

Jenkins, R. 1936. *Links in the History of Engineering and Technology from Tudor Times*. Cambridge: Cambridge University Press.

Jensen, H. 1969. *Sign, Symbol and Script*. New York: G. P. Putnam's Sons.

Jevons, W. S. 1865. *The Coal Question: An Inquiry Concerning the Progress of the Nation, and the Probable Exhaustion of our Coal Mines*. London: Macmillan.

Jing, Y., and R. K. Flad. 2002. Pig domestication in ancient China. *Antiquity* 76:724–732.

Johannsen, O. 1953. Geschichte des Eisens. Dusseldorf: Verlag Stahleisen. Johanson, D. 2006. How bipedalism arose. PBS, Nova, October 1. http://www.pbs.org/wgbh/nova/evolution/what-evidence-suggests.html.

Johnson, E. D. 1973. *Communication: An Introduction to the History of the Alphabet, Writing, Printing, Books, and Libraries*. Metuchen, NJ: Scarecrow Press.

Jones, C. F. 2014. *Routes of Power*. Cambridge, MA: Harvard University Press.

Jones, H. M. 1971. *The Age of Energy*. New York: Viking Press.

Jones, H. 1973. *Steam Engines*. London: Ernest Benn.

Josephson, M. 1959. *Edison: A Biography*. New York: McGraw-Hill.

J.P. Morgan. 2015. *A Brave New World: Deep Decarbonization of Electricity Grids*. New York: J. P. Morgan.

Juleff, G. 2009. Technology and evolution: A root and branch view of Asian iron from first-millennium BC Sri Lanka to Japanese steel. *World Archaeology* 41:557–577.

Junqueira, A. B, G. H. Shepard, and C. R. Clement. 2010. Secondary forests on anthropogenic soils in Brazilian Amazonia conserve agrobiodiversity. *Biodiversity and Conservation* 19:1933–1961.

Kander, A. 2013. The second and third industrial revolutions. In *Power to the People: Energy in Europe Over the Last Five Centuries*, by A. Kander, P. Malanima, and P. Warde, 249–386. Princeton, NJ: Princeton University Press.

Kander, A., P. Malanima, and P. Warde. 2013. *Power to the People: Energy in Europe over the Last Five Centuries*. Princeton, NJ: Princeton University Press.

Kander, A., and P. Warde. 2011. Energy availability from livestock and agricultural productivity in Europe, 1815–1913: A new comparison. *The Economic History Review* 64:1–29.

Kanigel, R. 1997. *The One Best Way: Frederick Winslow Taylor and the Enigma of Efficiency*. New York: Viking.

Kaplan, D. 2000. The darker side of the "Original Affluent Society." *Journal of Anthropological Research* 56:301–324.

Karim, M. R., and M. S. H. Fatt. 2005. Impact of the Boeing 767 aircraft into the World Trade Center. *Journal of Engineering Mechanics* 131:1066–1072.

Karkanas, P., et al. 2007. Evidence for habitual use of fire at the end of the Lower Paleolithic: Site-formation processes at Qesem Cave, Israel. *Journal of Human Evolution* 53:197–212.

Kaufer, D. S., and K. M. Carley. 1993. *Communication at a Distance: The Influence of Print on Sociocultural Organization and Change*. Hillsdale, NJ: Lawrence Erlbaum Associates.

Kaufmann, R. K. 1992. A biophysical analysis of the energy/real GDP ratio: Implications for substitution and technical change. *Ecological Economics* 6:35–56.

Kay, J. P. 1832. *The Moral and Physical Condition of the Working Classes Employed in the Cotton Manufacture in Manchester*. London: Ridgway.

Keay, J. 2010. *The Honourable Company: A History of the English East India Company*. London: HarperCollins UK.

Keegan, J. 1994. *A History of Warfare*. New York: Vintage.

Keeling, C. D. 1998. Rewards and penalties of monitoring the Earth. *Annual Review of Energy and the Environment* 23: 25–82.

Kelly, R. L. 1983. Hunter-gatherer mobility strategies. *Journal of Anthropological Research* 39:277–306.

Kendall, A. 1973. *Everyday Life of Incas*. London: B. T. Batsford.

Kennedy, C. A., et al. 2015. Energy and material flows of megacities. *Proceedings of the National Academy of Sciences of the United States of America* 112:5985–5990.

Kennedy, E. 1941. *The Automobile Industry: The Coming of Age of Capitalism's Favorite Child*. New York: Reynal & Hitchcock.

Kesaris, P. 1977. *Manhattan Project: Official History and Documents*. Washington, DC: University Publications of America.

Khaira, G. 2009. Coal transportation logistics. Annual Community Coal Forum, Tumbler Ridge, BC.

Khalturin, V. I., et al. 2005. A review of nuclear testing by the Soviet Union at Novaya Zemlya, 1955–1990. *Science & Global Security* 13(1): 1–42.

Khazanov, A. M. 1984. *Nomads and the Outside World*. Cambridge: Cambridge University Press.

Khazanov, A. M. 2001. *Nomads in the Sedentary World*. London: Curzon.

Kilby, Jack S. 1964. *Miniaturized Electronic Circuits*. U.S. Patent 3,138,743, June 23, 1964. Washington, DC: USPTO.

King, C. D. 1948. *Seventy-five Years of Progress in Iron and Steel*. New York: American Institute of Mining and Metallurgical Engineers.

King, F. H. 1927. *Farmers of Forty Centuries*. New York: Harcourt, Brace & Co.

King, P. 2011. The choice of fuel in the eighteenth century iron industry: The Coalbrookdale accounts reconsidered. *Economic History Review* 64:132–156.

King, R. 2000. *Brunelleschi's Dome: How a Renaissance Genius Reinvented Architecture*. London: Chatto & Windus.

King, P. 2005. The production and consumption of bar iron in early modern England and Wales. *Economic History Review* 58:1–33.

Kingdon, J. 2003. *Lowly Origin: Where, When, and Why Our Ancestors First Stood Up*. Princeton, NJ: Princeton University Press.

Klein, H. A. 1978. Pieter Bruegel the Elder as a guide to 16th-century technology. *Scientific American* 238(3): 134–140.

Klima, B. 1954. Paleolithic huts at Dolni Vestonice, Czechoslovakia. *Antiquity* 28:4–14.

Kloss, E. 1963. *Der Luftkrieg über Deutschland, 1939–1945*. Munich: DTV.

Komlos, J. 1988. Agricultural productivity in America and Eastern Europe: A comment. *Journal of Economic History* 48:664–665.

Konrad, T. 2010. MV Mont, Knock Nevis, Jahre Viking—World's largest supertanker. *gCaptain* July 18,2020. http://gcaptain.com/mont-knock-nevis-jahre-viking-worlds-largest-tanker-ship/#.Vc3zB4dRGM8.

Kongshaug, G. 1998. *Energy Consumption and Greenhouse Gas Emissions in Fertilizer Production*. Paris: International Fertilizer Association.

Kopparapu, R. K., et al. 2014. Habitable zones around main sequence stars: Dependence on planetary mass. *Astrophysical Journal. Letters* 787:L29.

Kranzberg, M., and C. W. Pursell, eds. 1967. *Technology in Western Civilization*, vol. 1. New York: Oxford University Press.

Krausmann, F., and H. Haberl. 2002. The process of Industrialization from an energetic metabolism point of view: Socio-economic energy flows in Austria 1830–1995. *Ecological Economics* 41:177–201.

Kumar, S. N. 2004. Tanker transportation. In *Encyclopedia of Energy*, vol. 6, ed. C. Cleveland et al., 1–12. Amsterdam: Elsevier.

Kushnirs, I. 2015. Gross Domestic Product(GDP) in USSR. http://kushnirs.org/macroeconomics/gdp/gdp_ussr.html#leader1.

Kuthan, J. and J. Royt. 2011. *Katedrála sv. Víta, Václava a Vojt ě cha: Svatyn ě č eských patron ů a král ů*. Praha: Nakladatelství Lidové noviny.

Kuthan, M., et al. 2003. Domestication of wild Saccharomyces cerevisiae is accompanied by changes in gene expression and colony morphology. *Molecular Microbiology* 47:745–754.

Kuznets, S. S. 1971. *Economic Growth of Nations: Total Output and Production Structure*. Cambridge, MA: Belknap Press of Harvard University Press.

Lacey, J. M. 1935. *A Comprehensive Treatise on Practical Mechanics*. London: Technical Press.

Laloux, R., et al. 1980. Nutrition and fertilization of wheat. In *Wheat*, 19–24. Basel: CIBA-Geigy.

Lancaster, L. C. 2005. *Concrete Vaulted Construction in Imperial Rome: Innovations in Context*. Cambridge: Cambridge University Press.

Landels, J. G. 1980. *Engineering in the Ancient World*. London: Chatto & Windus.

Landes, David. 1969. *The Unbound Prometheus: Technological Change and Industrial Development in Western Europe from 1750 to the Present*. Cambridge: Cambridge University Press.

Langdon, J. 1986. *Horses, Oxen, and Technological Innovation*. Cambridge: Cambridge University Press.

Lannoo, B. 2013. Energy consumption of ICT networks. Brussels: TREND Final Workshop. http://www.fp7-trend.eu/.../energyconsumptionincentives-energy-efficient-net.

Lardy, N. 1983. *Agriculture in China's Modern Economic Development*. Cambridge: Cambridge University Press.

Latimer, B. 2005. The perils of being bipedal. *Annals of Biomedical Engineering* 33:3–6.

Lawler, A. 2016. Megaproject asks: What drove the Vikings? *Science* 352:280–281.

Layard, A. H. 1853. *Discoveries among the Ruins of Nineveh and Babylon*. New York: G.P. Putnam & Company.

Layard, R. 2005. *Happiness: Lessons from a New Science*. New York: Penguin Press.

Layton, E. T. 1979. Scientific technology, 1845–1900: The hydraulic turbine and the origins of American industrial research. *Technology and Culture* 20:64–89.

Leach, E. R. 1959. Hydraulic society in Ceylon. *Past & Present* 15:2–26.

Lécuyer, C., and D. C. Brock. 2010. *Makers of the Microchip*. Cambridge, MA: MIT Press.

Lee, R. B., and R. Daly, eds. 1999. *The Cambridge Encyclopaedia of Hunters and Gatherers*. Cambridge: Cambridge University Press.

Lee, R. B., and I. DeVore, eds. 1968. *Man the Hunter*. New York: Aldine de Gruyter.

Lefebvre des Noëttes, R. 1924. *La Force Motrice animale à travers les Âges*. Paris: Berger-Levrault.

Legge, A. J., and P. A. Rowley-Conwy. 1987. Gazelle killing in Stone Age Syria.

Scientific American 257(2): 88–95.

Lehner, M. 1997. *The Complete Pyramids*. London: Thames and Hudson.

Lenin, V. I. 1920. Speech delivered to the Moscow Gubernia Conference of the R.C.P.(B.), November 21, 1920. https://www.marxists.org/archive/lenin/works/1920/nov/21.htm.

Lenstra, J. A., and D. G. Bradley. 1999. Systematics and phylogeny of cattle. In *The Genetics of Cattle*, ed. R. Fries and A. Ruvinsky, 1–14. Wallingford: CABI.

Leon, P. 1998. *The Discovery and Conquest of Peru, Chronicles of the New World Encounter*, ed. and trans. A. P. Cook and N. D. Cook. Durham, NC: Duke University Press.

Leonard, W. R., J. J. Snodgrass, and M. L. Robertson. 2007. Effects of brain evolution on human nutrition and metabolism. *Annual Review of Nutrition* 27:311–327.

Leonard, W. R., et al. 2003. Metabolic correlates of hominid brain evolution. *Comparative Biochemistry and Physiology Part A* 136:5–15.

Lepre, J. P. 1990. *The Egyptian Pyramids*. Jefferson, NC: McFarland & Co.

Lerche, G. 1994. *Ploughing Implements and Tillage Practices in Denmark from the Viking Period to about 1800: Experimentally Substantiated*. Herning: P. Kristensen.

Leser, P. 1931. *Entstehung und Verbreitung des Pfluges*. Münster: Aschendorff.

Lesser, I. O. 1991. *Oil, the Persian Gulf, and Grand Strategy*. Santa Monica, CA: Rand Corp.

Leveau, P. 2006. Les moulins de Barbegal(1986–2006). http://traianus.rediris.es.

Levine, A. J. 1992. *The Strategic Bombing of Germany, 1940–1945*. London: Greenwood.

Levinson, M. 2006. *The Box: How the Shipping Container Made the World Smaller and the World Economy Bigger*. Princeton, NJ: Princeton University Press.

Levinson, M. 2012. *U.S. Manufacturing in International Perspective*. Washington, DC: Congressional Research Service; http://www.fas.org/sgp/crs/misc/R42135.pdf.

Lewin, R. 2004. *Human Evolution: An Illustrated Introduction*. Oxford: Wiley.

Lewis, M. J. T. 1993. The Greeks and the early windmill. *History and Technology* 15:141–189.

Lewis, M. J. T. 1994. The origins of the wheelbarrow. *Technology and Culture* 35:453–475.

Lewis, M. J. T. 1997. *Millstone and Hammer: The Origins of Water-Power*. Hull: University of Hull Press.

Li, L. 2007. *Fighting Famine in North China: State, Market, and Environmental Decline, 1690s-1990s*. Stanford, CA: Stanford University Press.

Liebenberg, L. 2006. Persistence hunting by modern hunter-gatherers. *Current Anthropology* 47:1017–1025.

Lighting Industry Association. 2009. Lamp history. http://www.thelia.org.uk/lighting-guides/lamp-guide/lamp-history.

Lilienfeld, E. J. 1930. *Method and apparatus for controlling electric currents*. US Patent 1,745,175, January 28, 1930. Washington, DC: USPTO.

Lilienthal, D. E. 1944. *TVA: Democracy on the March*. New York: Harper and Brothers.

Lindgren, M. 1990. *Glory and Failure*. Cambridge, MA: MIT Press.

Lindsay, R. B. 1975. *Energy: Historical Development of the Concept*. Stroudsburg, PA: Dowden, Hutchinson & Ross.

Ling, P. J. 1990. *America and the Automobile: Technology, Reform and Social Change*. Manchester: Manchester University Press.

Linsley, J. W., E. W. Rienstra, and J. A. Stiles. 2002. *Giant under the Hill: History of the Spindletop Oil Discovery at Beaumont, Texas, in 1901*. Austin: Texas State Historical Association.

Livi-Bacci, M. 1991. *Population and Nutrition*. Cambridge: Cambridge University Press.

Livi-Bacci, M. 2000. *The Population of Europe*. Oxford: Blackwell.

Livi-Bacci, M. 2012. *A Concise History of World Population*. Oxford: Wiley-Blackwell.

Lizerand, G. 1942. *Le régime rural de l'ancienne France*. Paris: Presses Universitaires.

Lizot, J. 1977. Population, resources and warfare among the Yanomami. *Man* 12:497–517.

Lockwood, A. H. 2012. *The Silent Epidemic: Coal and the Hidden Threat to Health*. Cambridge, MA: MIT Press.

Looney, R. 2002. *Economic Costs to the United States Stemming from the 9/11 Attacks*. Monterey, CA: Center for Contemporary Conflict.

López, A. E. 2014. *La conquista de América*. Barcelona: RBA Libros.

Lotka, A. J. 1922. Contribution to the energetics of evolution. *Proceedings of the National Academy of Sciences of the United States of America* 8:147–151.

Lotka, A. 1925. *Elements of Physical Biology*. Baltimore, MD: Williams and Wilkins.

Lovejoy, C. O. 1988. Evolution of human walking. *Scientific American* 259(5): 82–89.

Lowrance, R., et al., eds. 1984. *Agricultural Ecosystems*. New York: John Wiley.

Lubar, S. 1992. "Do not fold, spindle or mutilate": A cultural history of the punch card. *Journal of American Culture* 15(4): 43–55.

Lucas, A. R. 2005. Industrial milling in the ancient and medieval Worlds. A survey of the evidence for an industrial revolution in medieval Europe. *Technology and Culture* 4: 1–30.

Lucassen, J., and R. W. Unger. 2011. Shipping, productivity and economic growth. In *Shipping Efficiency and Economic Growth 1350–1850*, ed. R. W. Unger, 3–44. Leiden: Brill.

Lucchini, F. 1996. *Pantheon*. Roma: Nova Italia Scientifica.

Luknatskii, N. N. 1936. Podnyatie Aleksandrovskoi kolonny v 1832. *Stroitel'naya Promyshlennost'* 1936(13): 31–34.

Lüngen, H. B. 2013. Trends for reducing agents in blast furnace operation. http://www.dkg.de/akk-vortraege/2013-_-2rd_polnisch_deutsches_symposium/abstract-luengen_reducing-agents.pdf.

MacDonald, W. L. 1976. *The Pantheon Design, Meaning, and Progeny*. Cambridge, MA: Harvard University Press.

Macedo, I. C., M. R. L. V. Leal, and J. E. A. R. da Silva. 2004. Assessment of Greenhouse Gas Emissions in the Production and Use of Fuel Ethanol in Brazil. São Paulo: Government of the State of São Paulo; http://unica.com.br/i_pages/files/pdf_ingles.pdf.

Machiavello, C. M. 1991. *La construcción del sistema agrario en la civilización andina*. Lima: Editorial Econgraf.

MacLaren, M. 1943. *The Rise of the Electrical Industry During the Nineteenth Century*. Princeton, NJ: Princeton University Press.

Madden, J. 2015. How much software is in your car? From the 1977 Toronado to the Tesla P85D. http://www.qsm.com/blog/2015/how-much-software-your-car-1977-toronado-tesla-p85d.

Maddison Project. 2013. Maddison Project. http://www.ggdc.net/maddison/maddison-project/home.htm.

Madureira, N. L. 2012. The iron industry energy transition. *Energy Policy* 50:24–34.

Magee, D. 2005. *The John Deere Way: Performance That Endures*. New York: Wiley.

Mak, S. 2010. *Rice Cultivation—The Traditional Way*. Solo, Java: CRBOM(Center for River Basin Organizations and Management).

Malanima, P. 2006. Energy crisis and growth 1650–1850: The European deviation in a comparative perspective. *Journal of Global History* 1:101–121.

Malanima, P. 2013a. Energy consumption in the Roman world. In *The Ancient Mediterranean Environment between Science and History*, ed. W. V. Harris, 13–36. Leiden: Brill.

Malanima, P. 2013b. Pre-industrial economies. In *Power to the People: Energy in Europe Over the Last Five Centuries*, ed. A. Kander, P. Malanima, and P. Warde, 35–127. Princeton, NJ: Princeton University Press.

Malik. J. 1985. *The Yields of Hiroshima and Nagasaki Explosions*. Los Alamos, NM: Los Alamos National Laboratory. http://atomicarchive.com/Docs/pdfs/00313791.pdf.

Malone, P. M. 2009. *Waterpower in Lowell: Engineering and Industry in Nineteenth-Century America*. Baltimore, MD: Johns Hopkins University Press.

Manx National Heritage. 2015. *The Great Laxey Wheel*. http://www.manxnationalheritage.im/attractions/laxey-wheel.

Marchetti, C. 1986. Fifty-year pulsation in human affairs. *Futures* 18:376–388.

Marder, T. A., and M. W. Jones. 2015. *The Pantheon: From Antiquity to the Present*. Cambridge: Cambridge University Press.

Mark, J. 1985. Changes in the British brewing industry in the twentieth century. In *Diet and Health in Modern Britain*, ed. D. J. Oddy and D. P. Miller, 81–101. London: Croom Helm.

Marlowe, F. W. 2005. Hunter-gatherers and human evolution. *Evolutionary Anthropology* 14:54–67.

Marshall, R. 1993. *Storm from the East: From Genghis Khan to Khublai Khan*. Berkeley: University of California Press.

Martin, C., and G. Parker. 1988. *The Spanish Armada*. London: Hamish Hamilton.

Martin, P. S. 1958. Pleistocene ecology and biogeography of North America. *Zoogeography* 151:375–420.

Martin, P. S. 2005. *Twilight of the Mammoths*. Berkeley: University of California Press.

Martin, T. C. 1922. *Forty Years of Edison Service, 1882–1922: Outlining the Growth and Development of the Edison System in New York City*. New York: New York Edison Company.

Mason, S. L. R. 2000. Fire and Mesolithic subsistence: Managing oaks for acorns in northwest Europe? *Palaeogeography, Palaeoclimatology, Palaeoecology* 164:139–150.

Mauthner, F., and W. Weiss. 2014. *Solar Heat Worldwide* 2012. Paris: IEA.

Maxton, G. P., and J. Wormald. 2004. *Time for a Model Change: Re-engineering the Global Automotive Industry*. Cambridge: Cambridge University Press.

Maxwell, J. C. 1865. A dynamical theory of the electromagnetic field. *Philosophical Transactions of the Royal Society of London* 155:459–512.

May, G. S. 1975. *A Most Unique Machine: The Michigan Origins of the American Automobile Industry*. Grand Rapids, MI: William B. Eerdmans Publishing.

May, T. 2013. *The Mongol Conquests in World History*. London: Reaktion Books.

Mayhew, H., and J. Binny. 1862. *The Criminal Prisons of London: And Scenes of Prison Life*. London: Griffin, Bohn, and Co.

Mays, L. W., ed. 2010. *Ancient Water Technologies*. Berlin: Springer.

Mays, L. W., and Y. Gorokhovich. 2010. Water technology in the ancient American Societies. In *Ancient Water Technologies*, ed. L. W. Mays, 171–200. Berlin: Springer.

Mazoyer, M., and L. Roudart. 2006. *A History of World Agriculture: From the Neolithic Age to the Current Crisis*. New York: Monthly Review Press.

McCalley, B. 1994. *Model T Ford: The Car That Changed the World*. Iola, WI: Krause Publications.

McCartney, A. P., ed. 1995. *Hunting the Largest Animals: Native Whaling in the*

Western Arctic and Subarctic. Studies in Whaling 3. Edmonton, AB: Canadian Circumpolar Institute.

McCloy, S. T. 1952. *French Inventions of the Eighteenth Century*. Lexington: University of Kentucky Press.

McCullough, D. 2015. *The Wright Brothers*. New York: Simon & Schuster.

McDougall, I., F. H. Brown, and J. G. Fleagle. 2005. Stratigraphic placement and age of modern humans from Kibish, Ethiopia. *Nature* 433:733–736.

McGranahan, G., and F. Murray, eds. 2003. *Air Pollution and Health in Rapidly Developing Countries*. London: Routledge.

McHenry, H. M., and K. Coffing. 2000. Australopithecus to Homo: Transformations in body and mind. *Annual Review of Anthropology* 29:125–146.

McKeown, T. 1976. *The Modern Rise of Population*. London: Arnold.

McNeill, J. R. 2001. *Something New Under the Sun: An Environmental History of the Twentieth-Century*. New York: W. W. Norton.

McNeill, W. H. 1980. *The Human Condition*. Princeton, NJ: Princeton University Press.

McNeill, W. H. 1989. *The Age of Gunpowder Empires, 1450–1800*. Washington, DC: American Historical Association.

McNeill, W. H. 2005. *Berkshire Encyclopedia of World History 5 Volumes*. Great Barrington, MA: Berkshire Publishing.

McShane, C., and J. A. Tarr. 2007. *The Horse in the City*. Baltimore, MD: Johns Hopkins University Press.

Medeiros, L. C., et al. 2001. *Nutritional Content of Game Meat*. Laramie: University of Wyoming. http://www.wyomingextension.org/agpubs/pubs/B920R.pdf.

Meldrum, R. A., and C. E. Hilton, eds. 2004. *From Biped to Strider: The Emergence of Modern Human Walking, Running, and Resource Transport*. Berlin: Springer.

Mellars, P. A. 1985. The ecological basis of social complexity in the Upper Paleolithic of Southwestern France. In *Prehistoric Hunter-Gatherers*, ed. T. D. Price and J. A. Brown, 271–297. Orlando, FL: Academic Press.

Mellars, P. 2006. Why did modern human populations disperse from Africa ca.60000 years ago? A new model. *Proceedings of the National Academy of Sciences of the United States of America* 103:9381–9386.

Melosi, M. V. 1982. Energy transition in the nineteenth-century economy. In *Energy and Transport*, ed. G. H. Daniels and M. H. Rose, 55–67. Beverly Hills, CA: Sage Publications.

Melville, H. 1851. *Moby-Dick or the Whale*. New York: Harper & Brothers.

Mendels, F. F. 1972. Proto-industrialization: The first phase of the industrialization process. *Journal of Economic History* 32:241–261.

Mendelssohn, K. 1974. *The Riddle of the Pyramids*. London: Thames and Hudson.

Mensch, Gerhard. 1979. *Stalemate in Technology*. Cambridge, MA: Ballinger.

Mercer, D. 2006. *The Telephone: The Life Story of a Technology*. New York: Greenwood Publishing Group.

Merrill, A. L., and B. K. Watt. 1973. *Energy Value of Foods: Basis and Derivation*. Washington, DC: United States Department of Agriculture.

Meyer, J. H. 1975. *Kraft aus Wasser: Vom Wasserrad zur Pumpturbine*. Innertkirchen: Kraftwerke Oberhasli.

Mill, J. S. 1913. *The Panama Canal. A History and Description of the Enterprise*. New York: Sully & Kleinteich.

Minchinton, W. 1980. Wind power. *History Today* 30(3): 31–36.

Minchinton, W., and P. Meigs. 1980. Power from the sea. *History Today* 30(3): 42–46.

Minetti, A. E. 2003. Efficiency of equine express postal systems. *Nature* 426:785–786.

Minetti, A. E., et al. 2002. Energy cost of walking and running at extreme uphill and downhill slopes. *Journal of Applied Physiology* 93:1039–1046.

Mir-Babaev, M. F. 2004. *Kratkaia khronologiia istorii azerbaidzhanskogo neftiianogo dela.* Baku: Sabakh.

Mitchell, W. A. 1931. *Outlines of the World's Military History.* Harrisburg, PA: Military Service Publishing.

mobiForge. 2015. Global mobile statistics 2014. https://mobiforge.com/research-analysis/global-mobile-statistics-2014-part-a-mobile-subscribers-handset-market-share-mobile-operators.

Mokyr, J. 1976. *Industrialization in the Low Countries, 1795–1850.* New Haven, CT: Yale University Press.

Mokyr, J. 2002. *The Gifts of Athena: Historical Origins of the Knowledge Economy.* Princeton, NJ: Princeton University Prss.

Mokyr, J. 2009. *The Enlightened Economy: An Economic History of Britain 1700–1850.* New Haven, CT: Yale University Press.

Molenaar, A. 1956. *Water Lifting Devices for Irrigation.* Rome: FAO.

Moore, G. 1965. Cramming more components onto integrated circuits. *Electronics* 38(8): 114–117.

Moore, G. E. 1975. Progress in digital integrated electronics. *Technical Digest, IEEE International Electron Devices Meeting,* 11–13.

Morgan, R. 1984. *Farm Tools, Implements, and Machines in Britain: Pre-history to 1945.* Reading: University of Reading and the British Agricultural History Society.

Moritz, L. A. 1958. *Grain-Mills and Flour in Classical Antiquity.* Oxford: Clarendon Press.

Moritz, M. 1984. *The Little Kingdom: The Private Story of Apple Computer.* New York: W. Morrow.

Morrison, J. S., and J. F. Coates. 1986. *The Athenian Trireme.* Cambridge: Cambridge University Press.

Morrison, J. S., J. F. Coates, and B. Rankov. 2000. *The Athenian Trireme: The History and Reconstruction of an Ancient Greek Warship.* Cambridge: Cambridge University Press.

Morrison, J. S., and R. Gardiner, eds. 1995. *The Age of the Galley: Mediterranean Oared Vessels since Pre-Classical Times.* London: Conway Maritime.

Morton, H. 1975. *The Wind Commands: Sailors and Sailing Ships in the Pacific.* Vancouver: University of British Columbia Press.

Mozley, J. H. 1928. *Statius. Silvae: Thebaid I–IV.* London: William Heinemann.

Mukerji, C. 1981. *From Graven Images: Patterns of Modern Materialism.* New York: Columbia University Press.

Muldrew, C. 2011. *Food, Energy and the Creation of Industriousness: Work and Material Culture in Agrarian England, 1550–1780.* Cambridge: Cambridge University Press.

Muller, G., and K. Kauppert. 2004. Performance characteristics of water wheels. *Journal of Hydraulic Research* 42:451–460.

Müller, I. 2007. *A History of Thermodynamics: The Doctrine of Energy and Entropy.* Berlin: Springer.

Müller, W. 1939. *Die Wasserräder.* Detmold: Moritz Schäfer.

Mumford, L. 1934. *Technics and Civilization.* New York: Harcourt, Brace & Company.

Mumford, L. 1961. *The City in History: Its Origins, Its Transformations, and Its Prospects.* New York: Harcourt, Brace & World.

Mumford, L. 1967. *Technics and Human Development.* New York: Harcourt, Brace & World.

Mundlak, Y. 2005. Economic growth: Lessons from two centuries of American agriculture. *Journal of Economic Literature* 43:989–1024.

Murdock, G. P. 1967. Ethnographic atlas. *Ethnology* 6:109–236.

Murphy, D. J. 2007. *People, Plants, and Genes: The Story of Crops and Humanity.* Oxford: Oxford University Press.

Murphy, D. J., and C. A. S. Hall. 2010. EROI or energy return on(energy) invested. *Annals of the New York Academy of Sciences* 1185:102–118.

Murra, J. V. 1980. *The Economic Organization of the Inka State.* Greenwood, CT: JAO Press.

Mushet, D. 1804. Experiments on wootz or Indian steel. Philosophical Transactions of the Royal Society of London. *Series A, Mathematical and Physical Sciences* 95:175.

Mushrush, G. W., et al. 2000. Use of surplus napalm as an energy source. *Energy Sources* 22:147–155.

Mussatti, D. C. 1998. *Coke Ovens: Industry Profile.* Research Triangle Park, NC: U.S. Environmental Protection Agency.

Musson, A. E. 1978. *The Growth of British Industry.* New York: Holmes & Meier.

Nagata, T. 2014. *Japan's Policy on Energy Conservation.* Tokyo: Ministry of Economy, Trade and Industry. http://www.meti.go.jp/english/policy/energy_environment/.Napier, J. R. 1970. The Roots of Mankind. Washington, DC: Smithsonian Institution Press.

National Coal Mining Museum. 2015. *National Coal Mining Museum for England.* https://www.ncm.org.uk.

National Geographic Society. 2001. Pearl Harbor ships and planes. http://www.nationalgeographic.com/pearlharbor/history/pearlharbor_facts.html.

Naville, E. 1908. *The Temple of Deir el Bahari. Part VI.* London: The Egyptian Exploration Fund.

Needham, J. 1964. *The Development of Iron and Steel in China.* London: The Newcomen Society.

Needham, J. 1965. *Science and Civilisation in China.* Vol. 4, Part II. *Physics and Physical Technology.* Cambridge: Cambridge University Press.

Needham, J. et al. 1954–2015. *Science and Civilisation in China.* 7 volumes. Cambridge: Cambridge University Press.

Needham, J., et al. 1971. *Science and Civilisation in China.* Vol. 4, Part III. *Civil Engineering and Nautics.* Cambridge: Cambridge University Press.

Needham, J., et al. 1986. *Science and Civilisation in China.* Vol. 5, Part VII. *Military Technology: The Gunpowder Epic.* Cambridge: Cambridge University Press.

Nef, J. U. 1932. *The Rise of the British Coal Industry.* London: G. Routledge.

Nelson, W. H. 1998. *Small Wonder: The Amazing Story of the Volkswagen Beetle.* Cambridge, MA: Robert Bentley.

Nesbitt, M., and G. Prance. 2005. *The Cultural History of Plants.* London: Taylor & Francis.

Newhall, B. 1982. *The History of Photography: From 1839 to the Present.* New York: Museum of Modern Art.

Newitt, M. 2005. *A History of Portuguese Overseas Expansion, 1400–1668.* London: Routledge.

Nicholson, J. 1825. *Operative Mechanic, and British Machinist.* London: Knight and Lacey.

Niel, F. 1961. *Dolmens et menhirs.* Paris: Presses Universitaires de France.

Nishiyama, M., and G. Groemer. 1997. *Edo Culture: Daily Life and Diversions in Urban Japan, 1600–1868.* Honolulu: University of Hawaii Press.

NOAA. 2015. Trends in atmospheric carbon dioxide. ftp://aftp.cmdl.noaa.gov/products/trends/co2/co2_annmean_mlo.txt.

Noelker, K., and J. Ruether. 2011. Low energy consumption ammonia production: Baseline energy consumption, options for energy optimization. Nitrogen + Syngas.

Conference 2011, Düsseldorf. http://www.thyssenkrupp-industrial-solutions.com/fileadmin/documents/publications/Nitrogen-Syngas-2011/Low_Energy_Consumption_Ammonia_Production_2011_paper.pdf.

Noguchi, Tatsuo, and Toshishige Fujii. 2000. Minimizing the effect of natural disasters. *Japan Railway & Transport Review* 23:52–59.

Nordhaus, W. D. 1998. *Do Real-Output and Real-Wage Measures Capture Reality? The History of Lighting Suggests Not.* New Haven, CT: Cowles Foundation for Research in Economics at Yale University.

Norenzayan, A. 2013. *Big Gods: How Religion Transformed Cooperation and Conflict.* Princeton, NJ: Princeton University Press.

Norgan, N. G., et al. 1974. The energy and nutrient intake and the energy expenditure of 204 New Guinean adults. *Philosophical Transactions of the Royal Society of London. Series B, Biological Sciences* 268:309–348.

Norris, J. 2003. *Early Gunpowder Artillery: 1300–1600.* Marlborough: Crowood Press.

North American Electric Reliability Corporation. 2015. *State of Reliability 2015.* http://www.nerc.com/pa/RAPA/PA/Performance%20Analysis%20DL/2015%20State%20of%20Reliability.pdf.

Noyce, Robert N. 1961. Semiconductor Device-and-Lead Structure. U.S. Patent 2,981,877, April 25, 1961. Washington, DC: USPTO.

Nutrition Value. 2015. Nutrition value. http://www.nutritionvalue.org.

Nye, D. E. 1992. *Electrifying America: Social Meaning of a New Technology.* Cambridge, MA: MIT Press.

Nye, D. E. 2013. *America's Assembly Line.* Cambridge, MA: MIT Press.

Oberg, E., et al. 2012. *Machinery's Handbook,* 29th ed. South Norwalk, CT: Industrial Press.

O'Brien, P., ed. 1983. *Railways and the Economic Development of Western Europe, 1830–1914.* New York: St. Martin's Press.

Odend'hal, S. 1972. Energetics of Indian cattle in their environment. *Human Ecology* 1:3–22.

Odum, H. T. 1971. *Environment, Power, and Society.* New York: Wiley-Interscience.

Okigbo, B. N. 1984. *Improved Production Systems as an Alternative to Shifting Cultivation.* Rome: FAO.

Oklahoma State University. 2015. Horses. http://www.ansi.okstate.edu/breeds/horses.

Oleson, J. P. 1984. *Greek and Roman Mechanical Water-Lifting Devices: The History of a Technology.* Toronto: University of Toronto Press.

Oleson, J. P., ed. 2008. *The Oxford Handbook of Engineering and Technology in the Classical World.* Oxford: Oxford University Press.

Oliveira, A. R. E. 2014. *A History of the Work Concept: From Physics to Economics.* Dordrecht: Springer.

Olivier, J. G. J. 2014. *Trends in Global CO 2 Emissions: 2014 Report.* The Hague: Netherlands Environmental Assessment Agency. http://edgar.jrc.ec.europa.eu/news_docs/jrc-2014-trends-in-global-co2-emissions-2014-report-93171.pdf.

Olson, M. 1982. *The Rise and Fall of Nations.* New Haven, CT: Yale University Press.

Olsson, F. 2007. *Järnhanteringens dynamic: Produktion, lokalisering och agglomerationer i Bergslagen och Mellansverige 1368–1910.* Umeå: Umeå Studies in Economic History.

Olsson, M., and P. Svensson, eds. 2011. *Growth and Stagnation in European Historical Agriculture.* Turnhout: Brepols.

Ohno, T. 1988. *Toyota Production System: Beyond Large-Scale Production*. Cambridge, MA: Productivity Press.

OPEC(Organization of Petroleum Exporting Countries). 2015. Who gets what from imported oil? http://www.opec.org/opec_web/en/publications/341.htm.

Orme, B. 1977. The advantages of agriculture. In *Hunters, Gatherers and First Farmers beyond Europe*, ed. J. V. S. Megaw, 41–49. Leicester: Leicester University Press.

Orwell, G. 1937. *The Road to Wigan Pier*. London: Victor Gollancz. Osirisnet. 2015. Djehutyhotep. http://www.osirisnet.net/tombes/el_bersheh/djehutyhotep/e_djehoutyhotep_02.htm.

Ostwald, W. 1912. *Der energetische Imperativ*. Leipzing: Akademische Verlagsgesselschaft.

Outram, A. K., et al. 2009. The earliest horse harnessing and milking. *Science* 323:1332–1335.

Ovitt, G. 1987. *The Restoration of Perfection: Labor and Technology in Medieval Culture*. New Brunswick, NJ: Rutgers University Press.

Owen, D. 2004. *Copies in Seconds*. New York: Simon and Schuster.

Pacey, A. 1990. *Technology in World Civilization*. Cambridge, MA: MIT Press.

Palgrave Macmillan, ed. 2013. *International Historical Statistics*. London: Palgrave Macmillan; http://www.palgraveconnect.com/pc/connect/archives/ihs.html.

Pan, W., et al. 2013. Urban characteristics attributable to density-driven tie formation. *Nature Communications*. http://hdl.handle.net/1721.1/92362.

Park, J., and T. Rehren. 2011. Large-scale 2nd and 3rd century AD bloomery iron smelting in Korea. *Journal of Archaeological Science* 38:1180–1190.

Parker, G. 1996. *The Military Revolution: Military Innovation and the Rise of the West, 1500–1800*. Cambridge: Cambridge University Press.

Parker, G., ed. 2005. *The Cambridge History of Warfare*. Cambridge: Cambridge University Press.

Parris, H. S., M.-C. Daunay, and J. Janick. 2012. Occidental diffusion of cucumber(Cucumis sativus) 500–1300 CE: Two routes to Europe. *Annals of Botany* 109:117–126.

Parrott, A. 1955. *The Tower of Babel*. London: SCM Press.

Parsons, J. T. 1976. The role of chinampa agriculture in the food supply of Aztec Tenochtitlan. In *Cultural Change and Continuity*, ed. C. Clelland, 233–257. New York: Academic Press.

Parsons, R. H. 1936. *The Development of Parsons Steam Turbine*. London: Constable & Co.

Patton, P. 2004. *Bug: The Strange Mutations of the World's Most Famous Automobile*. Cambridge, MA: Da Capo Press.

Patwhardan, S. 1973. *Change among India's Harijans*. New Delhi: Orient Longman.

Pearson, P. J. G., and T. J. Foxon. 2012. A low carbon industrial revolution? Insights and challenges from past technological and economic transformations. *Energy Policy* 50:117–127.

Pentzer, W. T. 1966. The giant job of refrigeration. In *USDA Yearbook*, 123–138. Washington, DC: USDA.

Perdue, P. C. 1987. *Exhausting the Earth: State and Peasant in Hunan, 1500–1850*. Cambridge, MA: Harvard University Press.

Perdue, P. C. 2005. *China Marches West: The Qing Conquest of Central Asia*. Cambridge, MA: Belknap Press of Harvard University Press.

Perkins, D. S. 1969. *Agricultural Development in China, 1368–1968*. Chicago: University of Chicago Press.

Perkins, S. 2013. Earth is only just within the Sun's habitable zone. *Nature*. doi:10.1038/nature.2013.14353.

Perlin, J. 2005. *Forest Journey: The Story of Wood and Civilization*. Woodstock, VT: Countryman Press.

Perrodon, A. 1985. *Histoire des Grandes Decouvertes Petrolieres*. Paris: Elf Aquitaine.

Pessaroff, N. 2002. An electric idea. ... Edison's electric pen. *Pen World International* 15(5): 1–4.

Pétillon, J.-M., et al. 2011. Hard core and cutting edge: Experimental manufacture and use of Magdalenian composite projectile tips. *Journal of Archaeological Science* 38:1266–1283.

Petroski, H. 1993. On dating inventions. *American Scientist* 81:314–318.

Petroski, H. 2011. Moving obelisks. *American Scientist* 99:448–451.

Pfau, T., et al. 2009. Modern riding style improves horse racing times. *Science* 325:289–291.

Phocaides, A. 2007. *Handbook on Pressurized Irrigation Techniques*. Rome: FAO.

Piggott, S. 1983. *The Earliest Wheeled Transport*. Ithaca, NY: Cornell University Press.

Pimentel, D., ed. 1980. *Handbook of Energy Utilization in Agriculture*. Boca Raton, FL: CRC Press.

Pinhasi, R., J. Fort, and A. J. Ammerman. 2005. Tracing the origin and spread of agriculture in Europe. *PLoS Biology* 3:2220–2228.

PISA. 2015. PISA 2012 Results. http://www.oecd.org/pisa/keyfindings/pisa-2012-results.htm.

Plutarch. 1961. *Plutarch's Lives*. Trans. B. Perrin. Cambridge, MA: Harvard University Press.

Pobiner, B. L. 2015. New actualistic data on the ecology and energetics of hominin scavenging opportunities. *Journal of Human Evolution* 80:1–16.

Pogue, S. 2012. Use it better: The worst tech predictions of all time. *Scientific American* http://www.scientificamerican.com/article/pogue-all-time-worst-tech-predictions.

Polimeni, J. M., et al. 2008. *The Jevons Paradox and the Myth of Resource Efficiency Improvements*. London: Earthscan.

Polmar, N. 2006. *Aircraft Carriers: A History of Carrier Aviation and Its Influence on World Events*. Vol. 1., *1909–1945*. Lincoln, NB: Potomac Press.

Polmar, N., and T. B. Allen. 1982. *Rickover: Controversy and Genius*. New York: Simon and Schuster.

Pomeranz, K. 2002. Political economy and ecology on the eve of industrialization: Europe, China, and the global conjuncture. *American Historical Review* 107:425–446.

Ponting, C. 2007. *A New Green History of the World: The Environment and the Collapse of Great Civilizations*. New York: Penguin Books.

Pope, F. L. 1894. *Evolution of the Electric Incandescent Lamp*. New York: Boschen & Wefer.

Pope, S. T. 1923. A study of bows and arrows. *University of California Publications in American Archaeology and Ethnology* 13:329–414.

Prager, F. D., and G. Scaglia. 1970. *Brunelleschi: Studies of His Technology and Inventions*. Cambridge, MA: MIT Press.

Pratap, A., and J. Kumar. 2011. *Biology and Breeding of Food Legumes*. Wallingford: CAB.

Price, T. 1991. The Mesolithic of Northern Europe. *Annual Review of Anthropology* 20:211–233.

Price, T. D., and O. Bar-Yosef. 2011. The origins of agriculture: New data, new ideas. *Current Anthropology* 52(Supplement): S163–S174.

Prigogine, I. 1947. *Étude thermodynamique des phenomenes irreversibles*. Paris: Dunod.

Prigogine, I. 1961. *Introduction to Thermodynamics of Irreversible Processes*. New York: Interscience.

Prost, Antoine. 1991. Public and private spheres in France. In *A History of Private Life*, vol. 5, ed. Antoine Prost and Gérard Vincent., 1–103. Cambridge, MA: Belknap Press of Harvard University Press.

Protzen, J.-P. 1993. *Inca Architecture and Construction at Ollantaytambo*. Oxford: Oxford University Press.

Pryor, F. L. 1983. Causal theories about the origin of agriculture. *Research in Economic History* 8:93–124.

Pryor, A. J. E., et al. 2013. Plant foods in the Upper Palaeolithic at Dolní Vestonice? Parenchyma redux. *Antiquity* 87(338): 971–984.

Quick, D. 2012. World record 1,626 miles on one tank of diesel. http://www.gizmag.com/tank-diesel-distance-world-record/22488.

Raepsaet, G. 2008. Land transport, part 2: Riding, harnesses, and vehicles. In *The Oxford Handbook of Engineering and Technology in the Classical World*, ed. J. P. Oleson, 580–605. Oxford: Oxford University Press.

Rafiqul, I., et al. 2005. Energy efficiency improvements in ammonia production: Perspectives and uncertainties. *Energy* 30:2487–2504.

Raghavan, B., and J. Ma. 2011. The energy and emergy of the Internet. *Hotnets '11*: 1–6. http://www1.icsi.berkeley.edu/~barath/papers/emergy-hotnets11.pdf.

Ramelli, A. 1976(1588). *Le diverse et artificiose machine*. Trans. M. Teach Gnudi. Baltimore, MD: Johns Hopkins University Press.

Ranaweera, M. P. 2004. Ancient stupas in Sri Lanka: Largest brick structure sin the world. *Construction History Society Newsletter* 70:1–19.

Rankine, W. J. M. 1866. *Useful Rules and Tables Relating to Mensuration, Engineering Structures and Machines*. London: G. Griffin & Co.

Rapoport, B. I. 2010. Metabolic factors limiting performance in marathon runners. *PLoS Computational Biology* 6:1–13.

Rappaport, R. A. 1968. *Pigs for the Ancestors*. New Haven, CT: Yale University Press.

Ratcliffe, M. 1985. *Liquid Gold Ships: A History of the Tanker, 1859–1984*. London: Lloyd's of London Press.

Rea, M. S., ed. 2000. *IESNA Handbook*. New York: Illuminating Engineering Society of North America.

Reader, J. 2008. *Propitious Esculent: The Potato in World History*. New York: Random House.

Recht, R. 2008. *Believing and Seeing: The Art of Gothic Cathedrals*. Chicago: University of Chicago Press.

Reid, T. R. 2001. *The Chip: How Two Americans Invented the Microchip and Launched a Revolution*. New York: Simon and Schuster.

REN21. 2016. *Renewables 2016 Global Status Report*. Paris: REN21. http://www.ren21.net/wp-content/uploads/2016/06/GSR_2016_KeyFindings1.pdf.

Revel, J. 1979. Capital city's privileges: Food supply in early-modern Rome. In *Food and Drink in History*, ed. R. Foster and O. Ranum, 37–49. Baltimore, MD: Johns Hopkins University Press.

Revelle, R., and H. E. Suess. 1957. Carbon dioxide exchange between atmosphere and ocean and the question of an increase of atmospheric CO_2 during the past decades. *Tellus* 9:18–27.

Reynolds, J. 1970. *Windmills and Watermills*. London: Hugh Evelyn.

Reynolds, S. C., and A. Gallagher, eds. 2012. *African Genesis: Perspectives on Hominin*

Evolution. Cambridge: Cambridge University Press.

Reynolds, T. S. 1979. Scientific influences on technology: The case of the overshot waterwheel, 1752–1754. *Technology and Culture* 20:270–295.

Reynolds, T. S. 1983. *Stronger Than a Hundred Men: A History of the Vertical Water Wheel*. Baltimore, MD: Johns Hopkins University Press.

Rhodes, J. A., and S. E. Churchill. 2009. Throwing in the Middle and Upper Paleolithic: inferences from an analysis of humeral retroversion. *Journal of Human Evolution* 56:1–10.

Ricci, M. 2014. *Il genio di Brunelleschi e la costruzione della Cupola di Santa Maria del Fiore*. Livorno: Casa Editrice Sillabe.

Richerson, P.J., R. Boyd, and R. L. Bettinger. 2001. Was agriculture impossible during the Pleistocene but mandatory during the Holocene? A climate change hypothesis. *American Antiquity* 66:387–411.

Richmond, B. G., et al. 2001. Origin of human bipedalism: The knuckle-walking hypothesis revisited. *Yearbook of Physical Anthropology* 44:71–105.

Rickman, G. E. 1980. The grain trade under the Roman Empire. *Memoirs from the American Academy in Rome* 36:261–276.

Riehl, S., M. Zeidi, and N. J. Conard. 2013. Emergence of agriculture in the foothills of the Zagros Mountains of Iran. *Science* 341:65–67.

Righter, R. W. 2008. *Wind Energy in America: A History*. Norman: University of Oklahoma Press.

Rindos, D. 1984. *The Origins of Agriculture: An Evolutionary Perspective*. Orlando, FL: Academic Press.

Robson, G. 1983. *Magnificent Mercedes: The History of the Marque*. New York: Bonanza Books.

Roche, D. 2000. *A History of Everyday Things: The Birth of Consumption in France, 1600–1800*. Cambridge: Cambridge University Press.

Rockström, J., et al. 2009. A safe operating space for humanity. *Nature* 461:472–475.

Rogin, L. 1931. *The Introduction of Farm Machinery*. Berkeley: University of California Press.

Rollins, A. 1983. *The Fall of Rome: A Reference Guide*. Jefferson, NC: McFarland & Co.

Rolt, L.T.C. 1963. *Thomas Newcomen: The Prehistory of the Steam Engine*. Dawlish: David and Charles.

Rose, D. J. 1974. Nuclear eclectic power. *Science* 184:351–359.

Rosen, W. 2012. *The Most Powerful Idea in the World: The Story of Steam, Industry, and Invention*. Chicago: University of Chicago Press.

Rosenberg, N. 1975. America's rise to woodworking leadership. In *America's Wooden Age: Aspects of Its Early Technology*, ed. B. Hindle, 37–62. Tarrytown, PA: Sleepy Hollow Restorations.

Rosenberg, N., and L. E. Birdzell. 1986. *How the West Grew Rich: The Economic Transformation of the Industrial World*. New York: Basic Books.

Rosenblum, N. 1997. *A World History of Photography*. New York: Abbeville Press.

Rostow, W. W. 1965. *The Stages of Economic Growth*. Cambridge: Cambridge University Press.

Rostow, W. W. 1971. *The Stages of Economic Growth: A Non-Communist Manifesto*. Cambridge: Cambridge University Press.

Rothenberg, B., and F. G. Palomero. 1986. The Rio Tinto enigma—no more. *IAMS* 8:1–6. https://www.ucl.ac.uk/iams/newsletter/accordion/journals/iams_08/iams_8_1986_rothenberg_palomero.

Rouse, J. E. 1970. *World Cattle*. Norman: University of Oklahoma Press.

Rousmaniere, P., and N. Raj. 2007. Shipbreaking in the developing world: Problems and prospects. *International Journal of Occupational and Environmental Health* 13:359–368.

Rowland, F. S. 1989. Chlorofluorocarbons and the depletion of stratospheric ozone. *American Scientist* 77:36–45.

Rubio, M., and M. Folchi. 2012. Will small energy consumers be faster in transition? Evidence form early shift from coal to oil in Latin America. *Energy Policy* 50:50–61.

Ruddle, K., and G. Zhong. 1988. *Integrated Agriculture-Aquaculture in South China.* Cambridge: Cambridge University Press.

Ruff, C. B., et al. 2015. Gradual decline in mobility with the adoption of food production in Europe. *Proceedings of the National Academy of Sciences of the United States of America* 112:7147–7152.

RWEDP(Regional Wood Energy Development Programme in Asia). 1997. *Regional Study of Wood Energy Today and Tomorrow. Rome: FAO-RWEDP.* http://www.rwedp.org/fd50.html.

Ryder, H. W., H. J. Carr, and P. Herget. 1976. Future performance in footracing. *Scientific American* 224(6): 109–119.

Sagui, C. L. 1948. Le meunerie de Barbegal(France) et les roués hydrauliques les ancients et au moyen âge. *Isis* 38:225–231.

Sahlins, M. 1972. *Stone Age Economics.* Chicago: Aldine.

Salkield, L. U. 1970. Ancient slags in the wouth west of the Iberian Peninsula. Paper presented at the Sixth International Mining Congress, Madrid, June 1970.

Salzman, P. C. 2004. *Pastoralists: Equality, Hierarchy, and the State.* Boulder, CO: Westview Press.

Samedov, V.A. 1988. *Neft' i ekonomika Rossii: 80–90e gody XIX veka.* Baku: Elm.

Sanders, W. T., J. R. Parsons, and R. S. Santley. 1979. *The Basin of Mexico: Ecological Processes in the Evolution of a Civilization.* New York: Academic Press.

Sanz, M., J. Call, and C. Boesch, eds. 2013. *Tool Use in Animals: Cognition and Ecology.* Cambridge: Cambridge University Press.

Sarkar, D. 2015. *Thermal Power Plant: Design and Operation.* Amsterdam: Elsevier.

Sasada, T., and A. Chunag. 2014. Irom smelting in the nomadic empire of Xiongnu in ancient Mongolia. *ISIJ International* 54:1017–1023.

Savage, C. I. 1959. *An Economic History of Transport.* London: Hutchinson.

Schlebecker, J. T. 1975. *Whereby We Thrive.* Ames: Iowa State University Press.

Schmidt, M. J. 1996. Working elephants. *Scientific American* 274(1): 82–87.

Schmidt, P., and D. H. Avery. 1978. Complex iron smelting and prehistoric culture in Tanzania. *Science* 201:1085–1089.

Schobert, H. H. 2014. *Energy and Society: An Introduction.* Boca Raton, FL: CRC Press.

Schram, W. D. 2014. Greek and Roman Siphons. http://www.romanaqueducts.info/siphons/siphons.htm.

Schumpeter, J. A. 1939. *Business Cycle: A Theoretical and Statistical Analysis of the Capitalist Processes.* New York: McGraw-Hill.

Schurr, S. H., and B. C. Netschert. 1960. *Energy in the American Economy 1850–1975.* Baltimore, MD: Johns Hopkins University Press.

Schurr, S. H., et al. 1990. *Electricity in the American Economy: Agent of Technological Progress.* New York: Greenwood Press.

Schurz, W. L. 1939. *The Manila Galleon.* New York: E. P. Dutton.

Scott, D. A. 2002. *Copper and Bronze in Art: Corrosion, Colorants, Conservation.* Los Angeles: Getty Conservation Institute.

Scott, R. A. 2011. *Gothic Enterprise A Guide to Understanding the Medieval Cathedral.*

Berkeley: University of California Press.

Seaborg, G. T. 1972. Opening Address. In *Peaceful Uses of Atomic Energy: Proceedings of the Fourth International Conference on the Peaceful Uses of Atomic Energy*, 29–35. New York: United Nations.

Seavoy, R. E. 1986. *Famine in Peasant Societies*. New York: Greenwood Press.

Seebohm, M. E. 1927. *The Evolution of the English Farm*. London: Allen & Unwin.

comte de Ségur, P.-P. 1825. *History of the Expedition to Russia, Undertaken by Emperor Napoleon, in the Year 1812*. London: Treuttel and Würtz.

Self. 2015. Nuts, brazilnuts. Dried, unblanched. Self.com. http://nutritiondata.self.com/facts/nut-and-seed-products/3091/2.

Sellin, H. J. 1983. The large Roman water mill at Barbégal(France). *History and Technology* 8:91–109.

Senancour, E. P. 1901(1804). *Obermann*. Trans. J. D. Frothingham. Cambridge: Riverside Press.

Sexton, A. H. 1897. *Fuel and Refractory Materials*. London: Vlackie and Son.

Sharma, R. 2012. *Wheat Cultivation Practices: With Special Reference to Nitrogen and Weed Management*. Saarbrücken: LAP Lambert Academic Publishing.

Shannon, C. E. 1948. A mathematical theory of communication. *Bell System Technical Journal* 27:379–423, 623–656.

Sheehan, G. W. 1985. Whaling as an organizing focus in Northwestern Eskimo society. In *Prehistoric Hunter-Gatherers*, ed. T. D. Price and J. A. Brown, 123–154. Orlando, FL: Academic Press.

Sheldon, C. D. 1958. *The Rise of the Merchant Class in Tokugawa Japan, 1600–1868: An Introductory Survey*. New York: J. J. Augustin.

Shen, T. H. 1951. *Agricultural Resources of China*. Ithaca, NY: Cornell University Press.

Shift Project. 2015. Redesigning Economy to Achieve Carbon Transition. http://www.theshiftproject.org.

Shockley, W. 1964. Transistor technology evokes new physics. In *Nobel Lectures: Physics 1942–1962*, 344–374. Amsterdam: Elsevier.

Shulman, P. A. 2015. *Coal and Empire: The Birth of Energy Security in Industrial America*. Baltimore, MD: Johns Hopkins University Press.

Sieferle, R. P. 2001. *The Subterranean Forest*. Cambridge: White Horse Press.

Siemens, C. W. 1882. Electric lighting, the transmission of force by electricity. *Nature* 27:67–71.

Sierra-Macías, M., et al. 2010. Caracterización agronómica, calidad industrial y nutricional de maíz para el trópico mexicano. *Agronomía Mesoamericana* 21:21–29.

Sillitoe, P. 2002. Always been farmer-foragers? Hunting and gathering in the Papua New Guinea Highlands. *Anthropological Forum* 12:45–76.

Silver, C. 1976. *Guide to the Horses of the World*. Oxford: Elsevier Phaidon.

Simons, G. 2014. *Comet! The World's First Jet Airliner*. Barnsley: Pen and Sword Books.

Singer, C. et al., eds. 1954–1958. *A History of Technology*. 5 volumes. Oxford: Oxford University Press.

Singer, J. D., and M. Small. 1972. *The Wages of War 1816–1965: A Statistical Handbook*. New York: John Wiley.

Sinor, D. 1999. The Mongols in the West. *Journal of Asian History* 33:1–44.

Sittauer, H. L. 1972. *Gebändigte Explosionen*. Berlin: Transpress Verlag für Verkehrswesen.

Sitwell, N. H. 1981. *Roman Roads of Europe*. New York: St. Martin's Press.

Siuru, B. 1989. Horsepower to the people. *Mechanical Engineering*(New York) 111(2): 42–46.

Skilton, C. P. 1947. *British Windmills and Watermills*. London: Collins.

Slicher van Bath, B. H. 1963. *The Agrarian History of Western Europe, A.D. 500–1850*. London: Arnold.

Smeaton, J. 1759. An experimental enquiry concerning the natural power of water and wind to turn mills, and other machines, depending on a circular motion. *Philosophical Transactions of the Royal Society of London* 51:100–174.

Smil, V. 1976. *China's Energy*. New York: Praeger.

Smil, V. 1981. China's food. *Food Policy* 6:67–77.

Smil, V. 1983. *Biomass Energies*. New York: Plenum Press.

Smil, V. 1985. *Carbon Nitrogen Sulfur: Human Interference in Grand Biospheric Cycles*. New York: Plenum Press.

Smil, V. 1987. *Energy Food Environment*. Oxford: Oxford University Press.

Smil, V. 1988. *Energy in China's Modernization*. Armonk, NY: M. E. Sharpe.

Smil, V. 1991. *General Energetics*. New York: John Wiley.

Smil, V. 1994. *Energy in World History*. Boulder, CO: Westview.

Smil, V. 1997. *Cycles of Life*. New York: Scientific American Library.

Smil, V. 2000a. Energy in the twentieth century: Resources, conversions, costs, uses, and consequences. *Annual Review of Energy and the Environment* 25:21–51.

Smil, V. 2000b. *Feeding the World*. Cambridge, MA: MIT Press.

Smil, V. 2000c. Jumbo. *Nature* 406:239.

Smil, V. 2001. *Enriching the Earth: Fritz Haber, Carl Bosch and the Transformation of World Food Production*. Cambridge, MA: MIT Press.

Smil, V. 2003. *Energy at the Crossroads: Global Perspectives and Uncertainties*. Cambridge, MA: MIT Press.

Smil, V. 2004. War and energy. In *Encyclopedia of Energy*, ed. C. Cleveland et al., vol. 6, 363–371. Amsterdam: Elsevier.

Smil, V. 2005. *Creating the Twentieth Century: Technical Innovations of 1867–1914 and Their Lasting Impact*. New York: Oxford University Press.

Smil, V. 2006. *Transforming the Twentieth Century: Technical Innovations and Their Consequences*. New York: Oxford University Press.

Smil, V. 2008a. *Energy in Nature and Society: General Energetics of Complex Systems*. Cambridge, MA: MIT Press.

Smil, V. 2008b. *Global Catastrophes and Trends*. Cambridge, MA: MIT Press.

Smil, V. 2008c. *Oil*. Oxford: Oneworld Press.

Smil, V. 2010a. *Energy Transitions: History, Requirements, Prospects*. Santa Barbara, CA: Praeger.

Smil, V. 2010b. *Prime Movers of Globalization: The History and Impact of Diesel Engines and Gas Turbines*. Cambridge: MIT Press.

Smil, V. 2010c. *Why America Is Not a New Rome*. Cambridge, MA: MIT Press.

Smil, V. 2013a. *Harvesting the Biosphere: What We Have Taken from Nature*. Cambridge, MA: MIT Press.

Smil, V. 2013b. Just how polluted is China, anyway? *The American*, January 31, 2013. http://www.vaclavsmil.com/wp-content/uploads/smail-article-20130131.pdf.

Smil, V. 2013c. *Made in the USA: The Rise and Retreat of American Manufacturing*. Cambridge, MA: MIT Press.

Smil, V. 2013d. *Should We Eat Meat?* Chichester: Wiley Blackwell.

Smil, V. 2014a. Fifty years of the *Shinkansen*. *Asia-Pacific Journal: Japan Focus*, December 1, 2014. http://www.vaclavsmil.com/wp-content/uploads/shinkansen.pdf.

Smil, V. 2014b. *Making the Modern World: Materials and Dematerialization*. Chichester: Wiley.

Smil, V. 2015a. *Natural Gas: Fuel for the 21st Century*. Chichester: Wiley.

Smil, V. 2015b. *Power Density: A Key to Understanding Energy Sources and Uses*. Cambridge, MA: MIT Press.

Smil, V. 2015c. Real price of oil. *IEEE Spectrum* 26(October). http://www.vaclavsmil. com/wp-content/uploads/10.OIL_.pdf.

Smil, V. 2016. *Still the Iron Age: Iron and Steel in the Modern World*. Amsterdam: Elsevier.

Smith, K. 2013. *Biofuels, Air Pollution, and Health: A Global Review*. Berlin: Springer.

Smith, K. P., and A. Anilkumar. 2012. *Rice Farming*. Saarbrücken: Lambert Academic Publishing.

Smith, N. 1980. The origins of the water turbine. *Scientific American* 242(1): 138–148.

Smith, P. C. 2015. *Mitsubishi Zero: Japan's Legendary Fighter*. Barnsley: Pen & Sword Books.

Smith, N. 1978. Roman hydraulic technology. *Scientific American* 238:154–161.

Smythe, R. H. 1967. *The Structure of the Horse*. London: J. A. Allen & Co.

Sobel, D. 1995. *Longitude: The True Story of a Lone Genius Who Solved the Greatest Scientific Problem of His Time*. New York: Penguin.

Sockol, M. D., D. A. Raichlen, and H. Pontzer. 2007. Chimpanzee locomotor energetics and the origin of human bipedalism. *Proceedings of the National Academy of Sciences of the United States of America* 104:12265–12269.

Soddy, F. 1933. *Money versus Man: A Statement of the World Problem from the Standpoint of the New Economics*. New York: E. P. Dutton.

Soedel, W., and V. Foley. 1979. Ancient catapults. *Scientific American* 240(3): 150–160.

Solomon, B. D., J. R. Barnes, and K. E. Halvorsen. 2007. Grain and cellulosic ethanol: History, economics, and energy policy. *Biomass and Bioenergy* 31:416–425.

Solomon, F., and R. Q. Marston, eds. 1986. *The Medical Implications of Nuclear War*. Washington, DC: National Academies Press.

Sørensen, B. 2011. *History of Energy: Northern Europe from the Stone Age to the Present Day*. London: Routledge.

Speer, A. 1970. *Inside the Third Reich: Memoirs*. New York: Macmillan.

Spence, K. 2000. Ancient Egyptian chronology and the astronomical orientation of pyramids. *Nature* 408:320–324.

Spencer, J. E. 1966. *Shifting Cultivation in Southeastern Asia*. Berkeley: University of California Press.

Spinardi, G. 2008. *From Polaris to Trident: The Development of US Fleet Ballistic Missile Technology*. Cambridge: Cambridge University Press.

Sponheimer, M., et al. 2013. Isotopic evidence of early hominin diets. *Proceedings of the National Academy of Sciences of the United States of America* 110:10513–10518.

Sprague, G. F., and J. W. Dudley, eds. 1988. *Corn and Corn Improvement*. Madison, WI: American Society of Agronomy.

Spring-Rice, M. 1939. *Working-Class Wives*. Hardmonsworth: Penguin.

Spruytte, J. 1983?. *Études expérimentales sur l'attelage: Contribution à l'histoire du cheval*. Paris: Crépin-Lebond.

Stanhill, G. 1976. Trends and deviations in the yield of the English wheat crop during the last 750 years. *Agro-ecosystems* 3:1–10.

Stanley, W. 1912. Alternating-current development in America. *Journal of the Franklin Institute* 173:561–580.

Starbuck, A. 1878. *History of the American Whale Fishery*. Waltham, MA: A. Starbuck.

Stearns, P. N. 2012. *The Industrial Revolution in World History*. Boulder, CO: Westview Press.

Stern, D. I. 2004. Economic growth and energy. In *Encyclopedia of Energy*, ed. C. Cleveland et al., vol. 2, 35–51. Amsterdam: Elsevier.

Stern, D. I. 2010. *The Role of Energy in Economic Growth*. Canberra: Australian National University.

Stewart, I., D. De, and A. Cole. 2015. Technology and people: The great job-creating machine. Deloitte. http://www2.deloitte.com/uk/en/pages/finance/articles/technology-and-people.html.

Stockholm Resilience Center. 2015. The nine planetary boundaries. http://www.stockholmresilience.org/research/planetary-boundaries/planetary-boundaries/about-the-research/the-nine-planetary-boundaries.html.

Stockhuyzen, F. 1963. *The Dutch Windmill*. New York: Universe Books.

Stoltzenberg, D. 2004. *Fritz Haber: Chemist, Nobel Laureate, German, Jew*. Philadelphia: Chemical Heritage Press.

Stopford, M. 2009. *Maritime Economics*. London: Routledge.

Straker, E. 1969. *Wealden Iron*. New York: Augustus M. Kelley.

Strauss, L. L. 1954. Speech to the National Association of Science Writers, New York City, September 16. Cited in *New York Times*, September 17, 5.

Stross, R. E. 1996. *The Microsoft Way: The Real Story of How the Company Outsmarts its Competition*. Reading, MA: Addison-Wesley.

Subcommittee on Horse Nutrition. 1978. *Nutrient Requirements of Horses*. Washington, DC: NAS.

Sullivan, R. J. 1990. The revolution of ideas: Widespread patenting and invention during the English Industrial Revolution. *Journal of Economic History* 50:349–362.

Swade, D. 1991. *Charles Babbage and His Calculating Engines*. London: Science Museum.

Taeuber, I. B. 1958. *The Population of Japan*. Princeton, NJ: Princeton University Press.

Tainter, J. A. 1988. *The Collapse of Complex Societies*. New York: Cambridge University Press.

Takamatsu, N., et al. 2014. Steel recycling circuit in the world. *Tetsu To Hagane* 100:740–749.

Tanaka, Y. 1998. The cyclical sensibility of Edo-period Japan. *Japan Echo* 25(2): 12–16.

Tata Steel. 2011. Tata Steel announces completion of 100 years of its A-F Blast Furnace's existence. http://www.tatasteel.com/UserNewsRoom/usershowcontent.asp?id=785&type=PressRelease&REFERER=http://www.tatasteel.com/media/press-release.asp.

Tate, K. 2009. America's Moon Rocket Saturn V. http://www.space.com/18422-apollo-saturn-v-moon-rocket-nasa-infographic.html.

Tauger, M. B. 2010.. London: Routledge.

Taylor, A. 2013. A luxury car club is stirring up class conflict in China. http://www.businessinsider.com/chinas-sports-car-club-envy-2013-4.

Taylor, C. F. 1984. *The Internal-Combustion Engine in Theory and Practice*. Cambridge, MA: MIT Press.

Taylor, G. R., ed. 1982. *The Inventions That Changed the World*. London: Reader's Digest Association.

Taylor, M. J. H., ed. 1989. *Jane's Encyclopedia of Aviation*. New York: Portland House.

Taylor, F. S. 1972. *A History of Industrial Chemistry*. New York: Arno Press.

Taylor, F. W. 1911. *Principles of Scientific Management*. New York: Harper & Brothers.

Taylor, N. A. S. 2006. Ethnic differences in thermoregulation: Genotypic versus phenotypic heat adaptation. *Journal of Thermal Biology* 31:90–104.

Taylor, N. A. S., and C. A. Machado-Moreira. 2013. Regional variations in transepidermal water loss, eccrine sweat gland density, sweat secretion rates and electrolyte composition in resting and exercising humans. *Extreme Physiology & Medicine* 2:1–29.

Taylor, R. 2007. The polemics of eating fish in Tasmania: The historical evidence revisited. *Aboriginal History* 31:1–26.

Taylor, T. S. 2009. *Introduction to Rocket Science and Engineering*. Boca Raton, FL: CRC Press.

Telleen, M. 1977. *The Draft Horse Primer*. Emmaus, PA: Rodale Press.

Termuehlen, H. 2001. *100 Years of Power Plant Development*. New York: ASME Press.

Tesla, N. 1888. *Electro-magnetic Motor. Specification forming part of Letters Patent No.391,968, dated May 1, 1888*. Washington, DC: U.S. Patent Office. http://www.uspto.gov.

Testart, A. 1982. The significance of food storage among hunter-gatherers: Residencepatterns, population densities, and social inequalities. *Current Anthropology* 23:523–537.

Thieme, H. 1997. Lower Paleolithic hunting spears from Germany. *Nature* 385:807–810.

Thomas, B. 1986. Was there an energy crisis in Great Britain in the 17th century? *Explorations in Economic History* 23:124–152.

Thomas Edison Papers. 2015. Edison's patents. http://edison.rutgers.edu/patents.htm.

Thompson, W. C. 2002. *Thompson Releases Report on Fiscal Impact of 9/11 on New York City*. New York: NYC Comptroller.

Thomsen, C. J. 1836. *Ledetraad til nordisk oldkyndighed*. Copenhagen: L. Mellers.

Thomson, K. S. 1987. How to sit on a horse. *American Scientist* 75:69–71.

Thomson, E. 2003. *The Chinese Coal Industry: An Economic History*. London: Routledge.

Thomson, W. 1896. Letter to Major Baden Baden-Powell, December 8, 1896. Correspondence of Lord Kelvin. http://zapatopi.net/kelvin/papers/letters.html#baden-powell.

Thoreau, H. D. 1906. *The Journal of Henry David Thoreau, 1837–1861*. Boston: Houghton-Mifflin.

Thrupp, L. A., et al. 1997. *The Diversity and Dynamics of Shifting Cultivation: Myths, Realities, and Policy Implications*. Washington, DC: World Resources Institute.

Thurston, R. H. 1878. *A History of the Growth of the Steam-Engine*. New York: D. Appleton Co.

Titow, J. Z. 1969. *English Rural Society, 1200–1350*. London: George Allen and Unwin.

Tomaselli, I. 2007. *Forests and Energy in Developing Countries*. Rome: FAO.

Tomlinson, R. 2002. The invention of e-mail just seemed like a neat idea. SAP INFO. http://www.sap.info.

Tompkins, P. 1971. *Secrets of the Great Pyramid*. New York: Harper & Row.

Tompkins, P. 1976. *Mysteries of Mexican Pyramids*. New York: Harper & Row.

Torii, M. 1995. Maximal sweating rate in humans. *Journal of Human Ergology* 24:137–152.

Torr, G. 1964. *Ancient Ships*. Chicago: Argonaut Publishers.

Torrey, V. 1976. *Wind-Catchers: American Windmills of Yesterday and Tomorrow*. Brattleboro, VT: Stephen Greene Press.

Tresemer, D. 1996. *The Scythe Book*. Chambersburg, PA: Alan C. Hood.

Trinkaus, E. 1987. Bodies, brawn, brains and noses: Human ancestors and human predation. In *The Evolution of Human Hunting*, ed. M. Nitecki and D. V. Nitecki, 107–145. New York: Plenum.

Trinkaus, E. 2005. Early modern humans. *Annual Review of Anthropology* 34:207–230.

TsSU(Tsentral'noie statisticheskoie upravlenie). 1977. *Narodnoie khoziaistvo SSSR za 60 let*. Moscow: Statistika.

Turner, B. L. 1990. The rise and fall of population and agriculture in the Central Maya Lowlands 300 B.C. to present. In *Hunger in History*, ed. L. F. Newman, 78–211. Oxford: Blackwell.

Tvengsberg, P. M. 1995. Rye and swidden cultivation. *Tools and Tillage* 7:131–146.

Tyne Built Ships. 2015. *Glückauf*. http://www.tynebuiltships.co.uk/G-Ships/gluckauf1886.html.

UNDP(United Nations Development Programme). 2015. *Human Development Report 2015*. New York: UNDP.

UNESCO. 2015a. Head-Smashed-In Buffalo Jump. http://whc.unesco.org/en/list/158.

UNESCO. 2015b. *Mount Qingcheng and Dujianyang Irrigation System*. http://whc.unesco.org/en/list/1001.

Unger, R. 1984. Energy sources for the Dutch Golden Age. *Research in Economic History* 9:221–253.

United Nations Organization. 1956. World energy requirements in 1975 and 2000. In *Proceedings of the International Conference on the Peaceful Uses of Atomic Energy*, vol.1, 3–33. New York: UNO.

Upham, C. W., ed. 1851. *The life of General Washington: First President of the United States*. vol. 2. London: National Illustrated Library.

Urbanski, T. 1967. *Chemistry and Technology of Explosives*. New York: Pergamon Press.

U.S. Strategic Bombing Survey. 1947. *Effects of Air Attack on Urban Complex Tokyo-Kawasaki-Yokohama*. Washington, DC: U.S. Strategic Bombing Survey.

USBC(U.S. Bureau of the Census). 1954. *U.S. Census of Manufacturers: 1954*. Washington, DC: U.S. GPO.

USBC. 1975. *Historical Statistics of the United States: Colonial Times to 1970*. Washington, DC: USBC.

U.S. Centennial of Flight Commission. 2003. *History of Flight*. Washington, DC.

U.S. Centennial of Flight Commission. http://www.centennialofflight.gov/hof/index.htm.

USDA(U.S. Department of Agriculture). 1959. *Changes in Farm Production and Efficiency*. Washington, DC: USDA.

USDA. 2011. National Nutrient Database for Standard Reference. http://ndb.nal.usda.gov.

USDA. 2014. *Multi-Cropping Practices: Recent Trends in Double Cropping*. Washington, DC: USDA.

USDOE(U.S. Department of Energy). 2011. *Biodiesel Basics*. http://www.afdc.energy.gov/pdfs/47504.pdf.

USDOE. 2013. Energy efficiency of LEDs. http://apps1.eere.energy.gov/buildings/publications/pdfs/ssl/led_energy_efficiency.pdf.

USDOL(U.S. Department of Labor). 2015. Employment by major industry sector. http://www.bls.gov/emp/ep_table_201.htm.

USEIA(U.S. Energy Information Agency). 2014. Consumer energy expenditures are roughly 5% of disposable income, below long-term average. http://www.eia.gov/todayinenergy/detail.cfm?id=18471.

USEIA. 2015a. *Annual Coal Report*. http://www.eia.gov/coal/annual.

USEIA. 2015b. China. http://www.eia.gov/beta/international/analysis.cfm?iso=CHN.

USEIA. 2015c. *Direct Federal Financial Interventions and Subsidies in Energy in Fiscal Year 2013*. Washington, DC: USEIA. http://www.eia.gov/analysis/requests/subsidy.

USEIA. 2015d. Energy intensity. http://www.eia.gov/cfapps/ipdbproject/iedindex3. cfm?tid=92&pid=46&aid=2.

USEIA. 2016a. Coal. http://www.eia.gov/coal.

USEIA. 2016b. U.S. imports from Iraq of crude oil and petroleum products. https:// www.eia.gov/dnav/pet/hist/LeafHandler.ashx?n=pet&s=mttimiz1&f=a.

USEPA(U.S. Environmental Protection Agency). 2004. Photochemical smog. http:// www.epa.sa.gov.au/files/8238_info_photosmog.pd.

USEPA. 2015. *Light-Duty Automotive Technology, Carbon Dioxide Emissions, and Fuel Economy Trends: 1975 Through 2015*. https://www3.epa.gov/fueleconomy/fetrends/1975-2015/420r15016.pdf.

USGS(U.S. Geological Survey). 2015. Commodity statistics and information. http:// minerals.usgs.gov/minerals/pubs/commodity.

Usher, A. P. 1954. *A History of Mechanical Inventions*. Cambridge, MA: Harvard University Press.

Utley, F. 1925. *Trade Guilds of the Later Roman Empire*. London: London School of Economics.

Van Beek, G. W. 1987. Arches and vaults in the ancient Near East. *Scientific American* 257(2): 96–103.

van Duijn, J. J. 1983. *The Long Wave in Economic Life*. London: George Allen & Unwin.

Van Noten, F., and J. Raymaekers. 1988. Early iron smelting in Central Africa. *Scientific American* 258:104–111.

Varvoglis, H. 2014. *History and Evolution of Concepts in Physics*. Berlin: Springer.

Vasko, T., R. Ayres, and L. Fontvieille, eds. 1990. *Life Cycles and Long Waves*. Berlin: Springer-Verlag.

Vavilov, N. I. 1951. *Origin, Variation, Immunity and Breeding of Cultivated Plants*. Waltham, MA: Chronica Botanica.

Veraverbeke, W. S., and J. A. Delcour. 2002. Wheat protein composition and properties of wheat glutenin in relation to breadmaking functionality. *Critical Reviews in Food Science and Nutrition* 42:179–208.

Versatile. 2015. Versatile. http://www.versatile-ag.ca.

Vikingeskibs Museet. 2016. Wool sailcloth. http://www.vikingeskibsmuseet.dk/en/ professions/boatyard/experimental-archaeological-research/maritime-crafts/maritime-technology/woollen-sailcloth.

Ville, S. P. 1990. *Transport and the Development of European Economy, 1750–1918*. London: Macmillan.

Villiers, G. 1976. *The British Heavy Horse*. London: Barrie and Jenkins.

Vogel, H. U. 1993. The Great Wall of China. *Scientific American* 268(6): 116–121.

Volkswagen, A. G. 2013. Ivan Hirst. http://www.volkswagenag.com/content/vwcorp/ info_center/en/publications/2013/11/ivan_hirst.bin.html/binarystorageitem/file/VWAG_ HN_4_Ivan-Hirst-eng_2013_10_18.pdf.

von Bertalanffy, L. 1968. *General System Theory*. New York: George Braziller.

von Braun, W., and F. I. Ordway. 1975. *History of Rocketry and Space Travel*. New York: Thomas Y. Crowell.

von Hippel, Frank, et al. 1988. Civilian casualties from counterforce attacks. *Scientific American* 259(3): 36–42.

von Tunzelmann, G. N. 1978. *Steam Power and British Industrialization to 1860*. Oxford: Clarendon Press.

Wailes, R. 1975. *Windmills in England: A Study of Their Origin, Development and Future*. London: Architectural Press.

Waldron, A. 1990. *The Great Wall of China*. Cambridge: Cambridge University Press.

Walther, R. 2007. *Pechelbronn: A la source du pétrole, 1735–1970*. Strasbourg: Hirlé.

Walton, S. A., ed. 2006. *Wind and Water in the Middle Ages: Fluid Technologies from Antiquity to the Renaissance*. Tempe: Arizona Center for Medieval and Renaissance Studies.

Walz, W., and H. Niemann. 1997. *Daimler-Benz: Wo das Auto Anfing*. Konstanz: Verlag Stadler.

Wang, Z. 1991. *A History of Chinese Firearms*. Beijing: Military Science Press.

War Chronicle. 2015. Estimated war dead World War II. http://warchronicle.com/numbers/WWII/deaths.htm.

Warburton, M. 2001. Barefoot running. *Sportscience* 5(3): 1–4.

Warde, P. 2007. *Energy Consumption in England and Wales, 1560–2004*. Naples: Consiglio Nazionale della Ricerche.

Warde, P. 2013. The first industrial revolution. In *Power to the People: Energy in Europe Over the Last Five Centuries*, ed. A. Kander, P. Malanima, and P. Warde, 129–247. Princeton, NJ: Princeton University Press.

Washlaski, R. A. 2008. *Manufacture of Coke at Salem No. 1 Mine Coke Works*. http://patheoldminer.rootsweb.ancestry.com/coke2.html.

Waterbury, J. 1979. *Hydropolitics of the Nile Valley*. Syracuse, NY: Syracuse University Press.

Watkins, G. 1967. Steam power—an illustrated guide. *Industrial Archaeology* 4(2): 81–110.

Watt, J. 1855(1769). *Steam Engines, &c. 29 April 1769*. Patent reprint by G. E. Eyre and W. Spottiswoode. https://upload.wikimedia.org/wikipedia/commons/0/0d/James_Watt_Patent_1769_No_913.pdf.

Watters, R. F. 1971. *Shifting Cultivation in Latin America*. Rome: FAO.

Watts, P. 1905. *The Ships of the Royal Navy as They Existed at the Time of Trafalgar*. London: Institution of Naval Architects.

Wei, J. 2012. *Great Inventions that Changed the World*. Hoboken, NJ: Wiley.

Weissenbacher, M. 2009. *Sources of Power: How Energy Forges Human History*. Santa Barbara, CA: Praeger.

Weisskopf, V. F. 1983. Los Alamos anniversary: "We meant so well." *Bulletin of the Atomic Scientists*, August–September, 24–26.

Weller, J. A. 1999. Roman traction systems. http://www.humanist.de/rome/rts.

Welsch, R. L. 1980. No fuel like an old fuel. *Natural History* 89(11): 76–81.

Wendel, J. F., et al. 1999. Genes, jeans, and genomes: Reconstructing the history of cotton. In *Seventh International Symposium of the International-Organization-of-Plant-Biosystematists*, ed. L. W. D. VanRaamsdonk and J. C. M. DenNijs, 133–159.

Wesley, J. P. 1974. *Ecophysics*. Springfield, IL: Charles C. Thomas.

Whaples, R. 2005. Child Labor in the United States. EH.Net Encyclopedia http://eh.net/encyclopedia/child-labor-in-the-united-states.

Wheat Foods Council. 2015. Wheat facts. http://www.wheatfoods.org/resources/72.

Whipp, B. J., and K. Wasserman. 1969. Efficiency of muscular work. *Journal of Applied Physiology* 26:644–648.

White, A. 2007. A global projection of subjective well-being: A challenge to positive psychology? *Psychtalk* 56:17–20.

White, K. D. 1967. *Agricultural Implements of the Roman World*. Cambridge: Cambridge University Press.

White, K. D. 1970. *Roman Farming*. London: Thames & Hudson.

White, K. D. 1984. *Greek and Roman Technology*. Ithaca, NY: Cornell University Press.

White, L. A. 1943. Energy and the evolution of culture. *American Anthropologist* 45:335–356.

White, L. 1978. *Medieval Religion and Technology.* Berkeley: University of California Press.

White, P., and T. Denham, eds. 2006. *The Emergence of Agriculture: A Global View.* London: Routledge.

Whitmore, T. M., et al. 1990. Long-term population change. In *The Earth as Transformed by Human Action*, ed. B. L. Turner II et al., 25–39. Cambridge: Cambridge University Press.

WHO(World Health Organization). 2002. *Protein and Amino Acid Requirements in Human Nutrition.* Geneva: WHO.

WHO. 2015a. Life expectancy. http://apps.who.int/gho/data/node.main.688.

WHO. 2015b. Road traffic injuries. http://www.who.int/mediacentre/factsheets/fs358/en.

Wier, S. K. 1996. Insight from geometry and physics into the construction of Egyptian Old Kingdom pyramids. *Cambridge Archaeological Journal* 6:150–163.

Wikander, Ö. 1983. *Exploitation of Water-Power or Technological Stagnation?* Lund: CWK Gleerup.

Wilkins, J., et al. 2012. Evidence for early hafted hunting technology. *Science* 338:942–946.

Williams, M. 2006. *Deforesting the Earth: From Prehistory to Global Crisis.* Chicago: Chicago University Press.

Williams, M. R. 1997. *History of Computing Technology.* Los Alamitos, CA: IEEE Computer Society.

Williams, T. 1987. *The History of Invention: From Stone Axes to Silicon Chips.* New York: Facts on File.

Wilson, A. M. 1999. Windmills, cattle and railroad: The settlement of the Llano Estacado. *Journal of the West* 38(1): 62–67.

Wilson, A. M. et al. 2001. Horses damp the spring in their step. *Nature* 414:895–899.

Wilson, C. 1990. *The Gothic Cathedral: The Architecture of the Great Church 1130–1530.* London: Thames and Hudson.

Wilson, C. 2012. Up-scaling, formative phases, and learning in the historical diffusion of energy technologies. *Energy Policy* 50:81–94.

Wilson, D. G. 2004. *Bicycling Science.* Cambridge, MA: MIT Press.

Winkelmann, R., et al. 2015. Combustion of available fossil fuel resources sufficient to eliminate the Antarctic Ice Sheet. *Science Advances* 1:e1500589.

Winter, T. N. 2007. *The Mechanical Problems in the Corpus Aristotle.* Lincoln: University of Nebraska, Classics and Religious Studies Department.

Winterhalder, B., R. Larsen, and R. B. Thomas. 1974. Dung as an essential resurce in a highland Peruvian community. *Human Ecology* 2:89–104.

Wirfs-Brock, J. 2014. Explore 15 years of power outages. http://insideenergy.org/2014/08/18/data-explore-15-years-of-power-outages/.

WNA(World Nuclear Association). 2014. Decommissioning nuclear facilities. http://www.world-nuclear.org/info/nuclear-fuel-cycle/nuclear-wastes/decommissioning-nuclear-facilities.

WNA. 2015a. Uranium enrichment. http://www.world-nuclear.org/info/Nuclear-Fuel-Cycle/Conversion-Enrichment-and-Fabrication/Uranium-Enrichment.

WNA. 2015b. World nuclear power reactors & uranium requirements. http://www.world-nuclear.org/info/Facts-and-Figures/World-Nuclear-Power-Reactors-and-Uranium-Requirements.

Wolfe, D. A., and A. Bramwell. 2008. Innovation, creativity and governance: Social dynamics of economic performance in city-regions. Innovation: Management. *Policy & Practice* 10:170–182.

Wolff, A. R. 1900. *The Windmill as Prime Mover.* New York: John Wiley.

Wölfel, W. 1987. *Das Wasserrad: Technik und Kulturgeschichte.* Wiesbaden: U. Pfriemer.

Womack, J. P., D. T. Jones, and D. Roos. 1990. *The Machine that Changed the World: The Story of Lean Production.* New York: Simon and Schuster.

Wood, W. 1922. *All Afloat.* Toronto: Glasgow, Brook & Company.

Woodall, F. P. 1982. Water wheels for winding. *Industrial Archaeology* 16:333–338.

Woolfe, J. A. 1987. *The Potato in the Human Diet.* Cambridge: Cambridge University Press.

World Bank. 2015a. Energy use. http://data.worldbank.org/indicator/EG.USE.PCAP. KG.OE.

World Bank. 2015b. Motor vehicles(per 1,000 people). http://data.worldbank.org/ indicator/IS.VEH.NVEH.P3.

World Bank. 2015c. Trade. http://data.worldbank.org/indicator/NE.TRD.GNFS.ZS.

World Bank. 2015d. Urban population(% total). http://data.worldbank.org/indicator/ SP.URB.TOTL.IN.ZS.

World Coal Association. 2015. Coal mining. http://www.worldcoal.org/coal/coal-mining.

World Digital Library. 2014. Telegram from Orville Wright in Kitty Hawk, North Carolina, to his father announcing four successful flights, 1903 December 17. http://www. wdl.org/en/item/11372.

World Economic Forum. 2012. Energy for economic growth. http://www3.weforum.org/ docs/WEF_EN_EnergyEconomicGrowth_IndustryAgenda_2012.pdf.

Wrangham, R. 2009. *Catching Fire: How Cooking Made Us Human.* New York: Basic Books.

Wright, O. 1953. *How We Invented the Airplane.* New York: David McKay.

Wrigley, E. A. 2002. The transition to an advanced organic economy: Half a millennium of English agriculture. *Economic History Review* 59:435–480.

Wrigley, E. A. 2006. The transition to an advanced organic economy: Half a millennium of English agriculture. *Economic History Review* 59:435–480.

Wrigley, E. A. 2010. *Energy and the English Industrial Revolution.* Cambridge: Cambridge University Press.

Wrigley, E. A. 2013. Energy and the English Industrial Revolution. *Philosophical Transactions of the Royal Society A* 371. doi:10.1098/rsta.2011.0568.

Wu, K. C. 1982. *The Chinese Heritage.* New York: Crown Publishers.

Wulff, H. E. 1966. *The Traditional Crafts of Persia.* Cambridge, MA: MIT Press.

Xie, Y., and Y. Jin. 2015. Household wealth in China. *China Sociological Review* 47:203–229.

Xinhua. 2015. China boasts world's largest highspeed railway network. http://news. xinhuanet.com/english/photo/2015-01/30/c_133959250.htm.

Xu, Z., and J. L. Dull. 1980. *Han Agriculture: The Formation of Early Chinese Agrarian Economy, 206 B.C.–A.D. 220.* Seattle: University of Washington Press.

Yang, J. 2012. *Tombstone: The Great Chinese Famine, 1958–1962.* New York: Farrar, Straus and Giroux.

Yates, P. 2012. *Evaluation and Model of the Chinese Kang System.* Fort Collins, CO: University of Colorado.

Yates, R. S. 1990. War, food shortages, and relief measures in early China. In *Hunger in*

History, ed. L. F. Newman, 147–177. Oxford: Basil Blackwell.

Yenne, B. 2006. *The American Aircraft Factory in World War II*. Minneapolis, MN: Zenith Press.

Yergin, D. 2008. *The Prize: The Epic Quest for Oil, Money, and Power*. New York: Simon and Schuster.

Yesner, D. R. 1980. Maritime hunter-gatherers: Ecology and prehistory. *Current Anthropology* 21:727–750.

Yonekura, S. 1994. *The Japanese Iron and Steel Industry, 1850–1990: Continuity and Discontinuity*. New York: St. Martin's Press.

Zaanse Schans. 2015. Zaanse Schans. http://www.dezaanseschans.nl/en.

Zeder, M. 2011. The origins of agriculture in the Near East. *Current Anthropology* 52(Supplement): S221–S235.

Ziemke, E. F. 1968. *The Battle for Berlin: End of the Third Reich*. New York: Ballantine Books.

图书在版编目（CIP）数据

能量与文明 /（加）瓦茨拉夫·斯米尔著；吴玲玲，李竹译. -- 北京：九州出版社，2020.11（2023.12重印）

ISBN 978-7-5108-9540-1

Ⅰ. ①能⋯ Ⅱ. ①瓦⋯ ②吴⋯ ③李⋯ Ⅲ. ①能—研究 Ⅳ. ①O31

中国版本图书馆CIP数据核字(2020)第179548号

著作权合同登记号：图字 01-2020-5930

能量与文明

作　　者	［加］瓦茨拉夫·斯米尔　著　吴玲玲　李竹　译
责任编辑	周　春
出版发行	九州出版社
地　　址	北京市西城区阜外大街甲35号（100037）
发行电话	（010）68992190/3/5/6
网　　址	www.jiuzhoupress.com
电子信箱	jiuzhou@jiuzhoupress.com
印　　刷	河北中科印刷科技发展有限公司
开　　本	655毫米×1000毫米　16开
印　　张	33
字　　数	475千字
版　　次	2021年5月第1版
印　　次	2023年12月第4次印刷
书　　号	978-7-5108-9540-1
定　　价	110.00元